现代胶体化学

沈青◎著

Modern Colloid Chemistry

上海科学技术文献出版社
Shanghai Scientific and Technological Literature Press

图书在版编目（CIP）数据

现代胶体化学 / 沈青著 . —上海 : 上海科学技术文献出版社 , 2022
ISBN 978-7-5439-8570-4

Ⅰ . ①现… Ⅱ . ①沈… Ⅲ . ①胶体化学 Ⅳ . ① O648

中国版本图书馆 CIP 数据核字 (2022) 第 097744 号

组稿编辑：张　树
责任编辑：付婷婷
封面设计：袁　力

现代胶体化学
XIANDAI JIAOTI HUAXUE
沈　青　著
出版发行：上海科学技术文献出版社
地　　址：上海市长乐路 746 号
邮政编码：200040
经　　销：全国新华书店
印　　刷：常熟市人民印刷有限公司
开　　本：720mm × 1000mm　1/16
印　　张：20.5
字　　数：325 000
版　　次：2022 年 9 月第 1 版　2022 年 9 月第 1 次印刷
书　　号：ISBN 978-7-5439-8570-4
定　　价：88.00 元
http://www.sstlp.com

前　言

胶体化学是一门研究粒子分散系统的科学，一般公认源自1861英国科学家托马斯·格雷厄姆(Thomas Graham)首先提出的晶体和胶体的概念，并随着分析技术的不断发展，在1907年由德国科学家威廉·奥斯特瓦尔德(Wilhelm Ostwald)创办了第一本胶体化学的专门刊物《胶体化学和工业杂志》，形成胶体化学这一独立学科。

顾名思义，现代胶体化学讲的是胶体化学的新概念，是传统胶体化学书上未涉及的内容。所以，本书的论著基本上是从传统的胶体概念转入现代的胶体概念。比如，传统胶体化学有一个非常著名的基本理论，以四位科学家姓名的首字母而命名为DLVO理论(Derjaguin、Landau、Verwey、Overbeek)。这是一个与胶体稳定性密切相关的经典理论，被所有胶体化学的教科书所论述。但是自20世纪80年代以来，随着新的实验仪器、技术与方法的出现和革新，人们在胶体系统中发现了一些DLVO理论无法解释的“反常”现象，如离子相关力、空位力、结构震荡力、溶剂化及空缺力、溶剂缔合力、水化排斥与憎水吸引力，带同种电荷的颗粒间存在着长程的静电吸引力现象等。开始出现一系列的研究论文以非DLVO理论而引起新的关注。现代DLVO理论就此而形成了。

对胶体化学而言，纳米粒子的出现就明显属于新的内容，因而自然而然地被列为现代胶体化学的范畴。

同样的，Hamaker常数是一个反映材料表面分子特性的参数，被认为与van der Waals引力具有同样重要性，可适用于液体和固体。但我们已经对此的常数性关注了一段时间，因为这个常数其实有明显的非常数行为。在本书中，我们给出了我们近期的研究成果，即这个常数在一定的条件下可以成为一个真正的常数。

本书的出版，得到了东华大学纤维材料改性国家重点实验室的支持。

目　录

1

胶体的结构形态

1.1 导语

胶体(colloid)是指在分散体系中，含有至少一个尺度上的大小在 1～1 000 nm 的分散相粒子。这种分散相粒子直径介于粗分散体系和溶液之间的一类分散体系，属于一种高度分散的多相不均匀体系。胶体的使用已经有很悠久的历史，古代中国和古埃及书写所用的墨水就是胶体。从应用上来看，像墨水、染料、石油产品、蛋黄素(卵磷脂)胶体、共聚物凝胶、金属、陶瓷等材料中加入固态胶体粒子等都属于胶体[1]。虽然上述关于胶体的定义已经包含了纳米尺度，但近年来纳米材料的实质性发展还是使人们发现了一些问题，比如：传统的胶体理论不能完全解释以纳米体系组成的现代胶体体系的现象，也不能应用于现代胶体的生产与应用[1,2]。这意味着，研究现代胶体的理论与方法已经是一种社会发展的需要。

微纳米乳液是现代胶体的一大种类，由两种互不相溶的液体组成，就如同油和水一样，是互不相溶的两种液体中的液滴离散地分布在一起，但其中含有纳米尺度的结构。乳液的聚集率是高于其干扰点的，因而液体中的液滴被高度压缩，引起结构发生改变，形成与泡沫类似的结构。泡沫是气态泡离散分布在表面活性溶剂的溶液中形成的一个特别形态，因为两者相似，都是被吸附在界面上被具有表面活性的分子所固定且较为稳定。尽管乳液可以在数月内保持性能稳定，而泡沫的维稳性在时间上较短，但两者的老化机制也是类似的，而且有着类似的力学响应行为[1,2]。事实上，液态泡沫和乳液和其他集中分散的固体软颗粒拥有许多共通的特性，属于结构无序、亚稳定性的、互不相容、柔软、有弹性结构材料[3-5]。

1.2 胶体的结构形态

泡沫和乳液的结构动力学取决于颗粒的尺寸和分散相体积分数 Φ[1]。稳定的乳状液滴会存在于半径小于 1 μm 的胶状体极限半径内。当这种尺寸的气泡处于高度不稳定的状态时，液滴的热运动会变得至关重要，使得在静止的泡沫或乳液中的小颗粒受到干扰挤压成为致密的堆积物，如图 1－1 所示。由于范德瓦耳斯(van der Waals)力、带电的表面活性剂的静电力、空间位阻或是能量的消耗等因素的作用，自由能密度可以反映颗粒间的相互作用。在平衡状态下，能量达到稳定粒子点所需的最低极限。这些相互作用在各自的影响下产生了厚度为 h 的薄膜将相邻的颗粒分隔开来。

由于缺乏相互吸引的作用，倘若厚度 h 远小于半径 R，那么堆积的形态结构将会由界面的张力来控制[1]。如图 1－1(b)，在一个干燥的泡沫中，气泡的形状是多面体的均匀堆积，服从稳定规则[1]：即①具有夹角为 120°的多角膜结构，形成许多纤细的液体流动通道，而这个通道被称为稳定边界；②具有夹角为 109.5°的边界结构[图 1－1(c)]。如果聚集率下降到临界值 Φ_c 的 2/3，则颗粒变得具有球形结构[图 1－1(a)和图 1－1(d)]，这样的泡沫被称作湿泡沫。当 Φ 小于 Φ_c，则泡沫的结构发生松动，使得堆积体松动，导致分散体系缺失弹性固体的性质。由于单分散粒子的有序面心立方结构(fcc)或六方最密堆积结构(hcp)的临界值 $\Phi_c=0.74$，而其他任意密堆积的结构临界值 $\Phi_c=0.64$，所以在多分散的离散体系中[图 1－1(f)]，干扰点的聚集率 Φ_c 大于 0.64[3-5]。如果膜的厚度 h 远小于颗粒的半径，则长程力[van der Waals 引力、库仑(Coulomb)斥力]对于颗粒的形状会产生影响；当 Φ 小于 Φ_c 时，颗粒也可能是非球形的。虽然在这种情况下相邻的颗粒之间并没有发生接触，但界面能会降低分子间的势能[7]。受长程力影响的相邻颗粒间的相互作用关系与有效体积分 Φ_{eff} 有关，它的值一般大于 Φ。因此进一步有：$\Phi_{eff} \approx \Phi[1+3h/(2R)]$[8]。因为泡沫与乳液的稳定性是通过静电排斥效应所产生的带电表面活性剂来维持的，所以典型的薄膜厚度 h 是在 5～20 nm[9]。对于一个给定的 Φ，厚度 h 的精确测定需要最小化的总自由

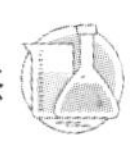

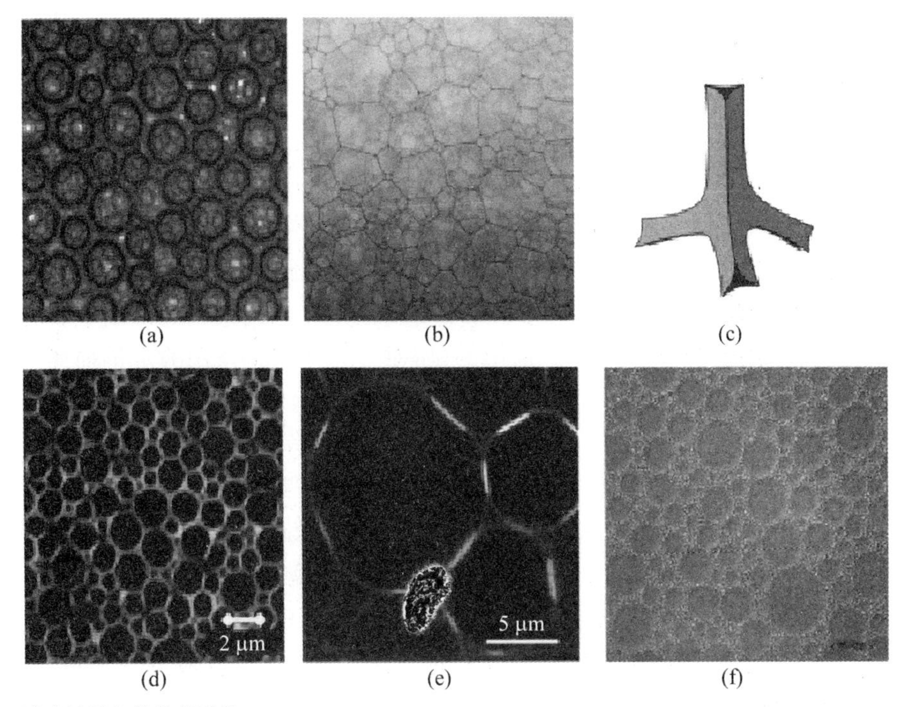

液态泡沫气体体积分数：

(a) $\Phi \approx 0.64$

(b) $\Phi \approx 0.99$

(c) 四个稳定边界连接汇聚到一个顶点

(d) 水油不相溶型乳液中油相所占体积分数 $\Phi \approx 0.80$

(e) 黏性水油两相乳液。在两个相邻液滴之间用荧光剂显示出亮斑点即为黏性区域[6]

(f) 二分散相水油乳液体积分数 $\Phi \approx 0.85$，是由两种尺寸分别为 17 μm 与 3 μm 的小液滴以 80/20 的体积分数混合形成的

小型气泡填补在大气泡之间的空隙中，最终形成一个临界的体积分数 Φ_c，数值大于任意一个最密堆积的体积分数[3]

图 1-1 不稳定状态时液滴的热运动

能[7]。在纳米乳液的状态下，体积分数 Φ_{eff} 与 Φ 的区别可能会被放大。实验数据表明干扰堆积可能是液滴尺寸的递减函数[7]。

相互吸引的作用也会对形态以及粒子的堆积造成影响。当悬浮液中所含表面活性剂浓度 C 远大于临界胶束浓度（CMC）的时候，短程吸引力在消耗能量的基础上产生。吸引力的相互作用影响非常大，以至于可以将颗粒黏结在一起，这样堆积的结构以及流变性能才获得显著地改善[10,11]。又或者，相邻液滴之间的吸附力可以通过连接水油两相界面上所附着的受体分子来促进[6](图 1 - 1e)。最小化的总自由能是可以通过对薄膜的厚度以及半径的测量来预测的,它包括长程相互作用所潜在的能量、界面能以及表面吸附能[12]。

泡沫与乳液界面的稳定性不仅仅取决于表面活性剂,还受到固体颗粒的影响。吸附的大分子或固体颗粒层层紧密地堆垛在界面上,为薄膜空间结构的稳定性作出贡献,除此之外表面静电斥力大小取决于等电子点(经常通过 pH 来调节)[13]。吸附大分子或贯穿薄膜纳米网络结构的形成也会导致空间中的位阻斥力[12,14,15]。遗憾的是,对于这些相互作用的定量描述依然是缺失的[13]。泡沫与乳液具有稳定的形态结构。经过除水、粗化、聚集等过程,结构随时间的变化发生相应的改变(也称为 Ostwald 熟化稀乳液)[1,8,16]。在乳液中,如果两种不同的物质密度是匹配的,那么便可以进行脱水(也称为重力脱水)。在泡沫中,脱水可以在微重力的条件下进行[17],也可以在一个已经发生屈服的连续阶段下进行。泡沫与乳液的粗化,是在拉普拉斯(Laplace)压力差的驱动下,从相邻颗粒分散相的化学扩散中进行的。对于能够通过微流变装置制造出的单分散的泡沫与乳液,这样的差异能够得到缩减[18-21]。在某些情况下,粗化使平均粒径随着时间的增长伴随着间歇性的重排[1]。但是,对于类似的小液滴和泡沫尺度来说,由于连续相内部密度和溶解度存在差异,在乳液中的粗化速度比在泡沫中的粗化速度要更慢一些。因此,具有亚微米级尺度液滴的乳液相较于具有同等尺度气泡的泡沫来说,能够在几个月内保持稳定性质;而泡沫的稳定性排在第二。聚结是当两个气泡或者液滴在发生合并后又发生薄膜破裂的过程。聚结这种效果可以通过使用含浓度充足表面活性剂的泡沫和乳液从而得到抑制。在接下来的内容中,我们将重点叙述泡沫和乳液的结构随着时间的推移向时间尺度测量过渡的过程,从而证明测量力学性能的确是具有良好定义的颗粒尺度和分散体积分数的泡沫或乳液的依据。

由于粗化和在干泡沫中触发的聚结效应[1],拓扑粒子的重排反应一般发生在泡沫与乳液中[22]。重排现象也是塑性流变的基本特征[1]。在干燥的泡沫或乳液中,拓扑结构所发生的变化被称作 T1 现象。

1.3 胶体的静态弹性

基于应用载荷和堆积分数 Φ,泡沫和乳液既表现出类固体的形态又表

现出类液体的形态。在屈服点之前受到了形变作用，具有排斥性的泡沫与乳液在差热制度下呈现出固体的性质，其弹性来自于界面能的密度。静态剪切模量 G_0 可以表示为 γ/R，它可以表示界面张力 γ，当体积分数达到 $\Phi=\Phi_c$ 的干扰转变点时，G_0 就可以近乎为01不存在。为了避免对具有复杂界面泡沫和乳液几何形状的详细描述，这些材料往往被构建成一个模型，这种模型是含有成对相互作用的颗粒聚集体。它们的特点是由一个潜在的 $V(r)$ 根据相邻粒子中心和黏结强度公式 $k=\partial_2 V(r)/\partial r_2$ 所表现出来，这种特点被称作弹簧系数。潜在的V的函数关系是谐振的表现形式，弹簧系数k取决于 r 的大小。在经过压缩作用后，省略结构重排，这个距离呈几何形态的与堆积分数相关[23]：$\Phi(r)=(2R/r)^{3\Phi c}$，这样 k 便可以用一个关于$\Phi(r)$的堆积函数来表示。在这个框架下，模量是从每单位体积成对颗粒相互作用产生的能量中推导出来的[9,23]。聚集的力学特性主要取决于接触粒子的平均数目 Z。在外力干扰的转变点附近，聚集是均衡的接触粒子平均数目 Z 等同于 $Z_c=6$。当 $Z<Z_c$ 时，在不受任何弹性应力影响下聚集结构发生变形。当 $Z\geqslant Z_c$ 时，G_0 的值取决于接触粒子多余的平均数目 $Z-Z_c$，并以此作为黏结强度的范围。通过数值模拟[24]和实验结合[25]，我们将公式 $Z-Z_c\cong 7.9\sqrt{\Phi-\Phi_c}$ 以3D的形式表现出来，G_0 也表示为 $G_0\cong 0.08k(\Phi)*\sqrt{\Phi-\Phi_c/R}$，经过整理最终得到公式[23]，如下：

$$G_0(\Phi)\cong 1.5\frac{\gamma}{R}[\Phi^{8/3}(\Phi-\Phi_c)^{0.8}+\Phi^{5/3}(\Phi-\Phi_c)^{1.8}] \qquad (1-1)$$

这个表达式定量地描述了 G_0 对 Φ 的依赖性，并且观察到乳液中亚微米级液滴聚集分数 Φ 的范围在 0.62～0.93，并且 0.62 是有效的聚集分数 Φ_c[23]。

公式(1－1)符合经验公式，那就是对于无序分布的泡沫的 Sauter 半径 R_{32} 与范围在 0.64～0.97 有效聚集分数 $\Phi_c=0.64$ 的经验公式[1]，如下：

$$G_0(\Phi)\cong 1.4\frac{\gamma}{R_{32}}\Phi(\Phi-\Phi_c) \qquad (1-2)$$

在较强的多分散体系中，由于较大的随机紧密堆积的球形颗粒之间充斥着较小的颗粒，所以在设置干扰以及粒子变形的聚集分数 Φ_c 要大于0.64[5]。然而，仅仅调整堆积分数 Φ_c 的值对获得分子量分布(图 1－1f)的影响是远远不够的。Foudazi 等表明对于含有表面接枝的液滴尺寸分布的乳液，公式 $G_0R_{32}/[\Phi(\Phi-\Phi_c)]$ 的数值根据公式(1-2) 推断应该是一个常数，而作为多分散性的函数来说差别至关重要。这个数值表现出当 Φ_c 接近最大值时大小液滴体积的比率接近最大值。

预计的剪切模量(公式 1-2)忽略了黏弹性的弛豫过程，这个预计由于界面松弛的连接效应，通常按照上述的公式设置频率约为 1 Hz[26-30]。除此之外，在进行泡沫粗化的时候，由于粗化诱导重排后弹性受到局部的损失，于是出现了一种缓慢力学弛豫现象。因此，当频率低于特征弛豫频率(通常数量级为兆赫兹)，泡沫表现为一种麦克斯韦(Maxwell)液体，它的剪切弹性模量 $\approx G_0$，它的黏度可以用粗化诱导泡沫的重排率的反函数来表示[16]。由于存在这些原因，当复杂的剪切模量的实数部分可以被估算为频率的函数时，通过公式(公式 1-2)估算的模量表现出峰值，通常为 0.01～1 Hz。

对于含有表面活性剂的泡沫和乳浊液，除了之前提到的排斥性毛细管的屏蔽，还必须考虑相邻粒子之间成对的相互作用。对于黏结强度的静电贡献 $k(\Phi)$，是双电子层之间相互作用的函数。它的规模是由德拜(Debye)长度 λ_D 和间隙距离 h 规划出来的，这两个值的大小取决于聚集分数比例。这样的计算方式允许有效容积分数 Φ_{eff} 的确定比近似关系更加规范严格[7]。在较大的容积分数 Φ 中，总势能 $V(r)$ 由界面能来主导，而在较小的容积分数 Φ 中，静电能则占据主导作用。对和 Φ 有关的 G_0 的变化描述考虑到静电的排斥作用，特别是对于小液滴 ($R<1\ \mu\mathrm{m}$) 来说，研究发现，模量并没有被消除而且 Φ 远远低于 0.64[7]。飞沫受到尺寸的限制，通常半径 $R\geqslant 1.5\ \mu\mathrm{m}$，这样 $R/\lambda_D\gg 1$，静电力就变得可以忽略不计。

因为颗粒的尺寸低于胶体的尺寸，由于布朗(Brownian)运动的平移运动从而导致熵效应的产生。熵效应对体系的总自由能作出了极大贡献，并且对剪切模量和渗透压产生了影响，主要影响体现在干扰点的附近[9,31]。通过剪切应变，并且忽略静电斥力，可以将每个粒子的总自由能最小化，进而推导出剪切模量，然后得到自由能的表达式[31]：

$$G_0(\Phi)\approx 4.5\xi\frac{\gamma}{R}\Phi\left(\Phi-\Phi_c+\sqrt{(\Phi-\Phi_c)^2+\Phi_T^2}\right) \qquad (1-3)$$

ξ 是一个数值为 0.1 的无量纲几何参数。无量纲的 $\Phi(T/2)$ 是热能量

密度与界面能量密度的比值，它被定义为

$$\Phi_T^2 = 3k_B T/(2\pi\xi\gamma R^2) \tag{1-4}$$

对于非热效应的系统（$\Phi \to 0$，$T \to 0$）来说，公式(1-3)在公式(1-2)中成立的范围是体积分数 $\Phi_c \leqslant \Phi \leqslant 0.8$。它同时也符合先前测量的胶体排斥乳液的公式 $G_0(\Phi)$，范围是有效体积分数 $0.55 \leqslant \Phi_{\text{eff}} \leqslant 0.8$[31]。

粒子之间较强的附着力还可以对泡沫和乳液造成影响。举例来说，由于胶束的枯竭黏附在乳液中，实验表明，对于排斥性的乳液来说，倘若聚集分数大于 Φ_c，那么剪切模量仍然可以 γ/R 来表示[10]。然而，模量 G_0 并没有因为 Φ_c 而消去。取而代之的是，由于一种由液滴聚合的网络结构的形成，弹性行为得以保持，Φ 下降到大约为 0.3[10]。不寻常的弹性行为被认为是一种特殊的乳液，这种乳液被用于制作炸药，反应的环境是在一种小液滴中进行，这种小液滴是在含有大量表面活性剂的油相中的过饱和硝酸盐水溶液组成的[32]。不同于用 $1/R$ 来表示，如果弹性是来源于界面的能量密度，那么 G_0 可以用 $1/R^2$ 来表示。在这些不平衡的体系中，弹性的来源还有待研究证实。

仅由于水溶性蛋白质来稳定的含水泡沫可能会表现出剪切模量是 $G_0 \propto \gamma/R$ 这样一种关系，因为它是一种用酪蛋白稳定的泡沫[33]，或者是一种通过其他行为形成的泡沫，所以 G_0 不能简单地用 γ/R 来表示。

举例来说，像 β-乳球蛋白这一类的球状蛋白质可以用来稳定泡沫的性质，模量 G_0 的数量级[4,15,34]达到一个比公式(1-2)测量值大的程度。模量 G_0 的提高取决于 pH 和离子强度的大小。在所对应 pH 的等电点，当蛋白质不带电荷时，分子间的斥力降低，最终导致薄膜聚合网状结构的形成[15,34]。高增强型机械性能的泡沫的形成归结于这种效应[15,34]。

1.4 胶体的渗透压

如果连续相是从泡沫或者乳液中提取的，提取方法是使用一种粒子无法透过的膜，使聚集体受到压缩，粒子发生变形，从而导致界面能量增大。每单位体积所产生的能量决定了材料的渗透压 Π[1]，它等价于在颗粒材料中经常使用的极限压力。利用 Irvin-Kirkwood 关系式[24]即可得出。渗透压Π也可以被认为是一个介于相邻气泡或液滴之间的平均作用力，主导着由泡沫重排所诱发的重排反应的持续时间，这就是湿法泡沫的结构定律，该定律进一步包含了泡沫与乳液的壁滑移。最近研究工作的中心集中在一些问题上，那就是渗透压是怎样取决于粒子的热运动[31]、聚集结构、变形以及界面张力γ并受它们影响的[25,35,36]。

三维参数表明，如果粒子聚集的能量主要是由界面能引发的，那么渗透压Π就可以表示为γ/R。因此，统一标准的渗透压通常表示为$\Pi=\Pi/(\gamma/R)$。实验研究的结果是无序的泡沫与排斥性的乳液在聚集分数为$0.7\leqslant\Phi\leqslant0.99$的范围内，同时有较宽的粒子尺寸和界面张力，这样的实验结果通常被描述为是一种经验法则，聚集分数$\Phi_c=0.64$[36]，如图1-2所示。

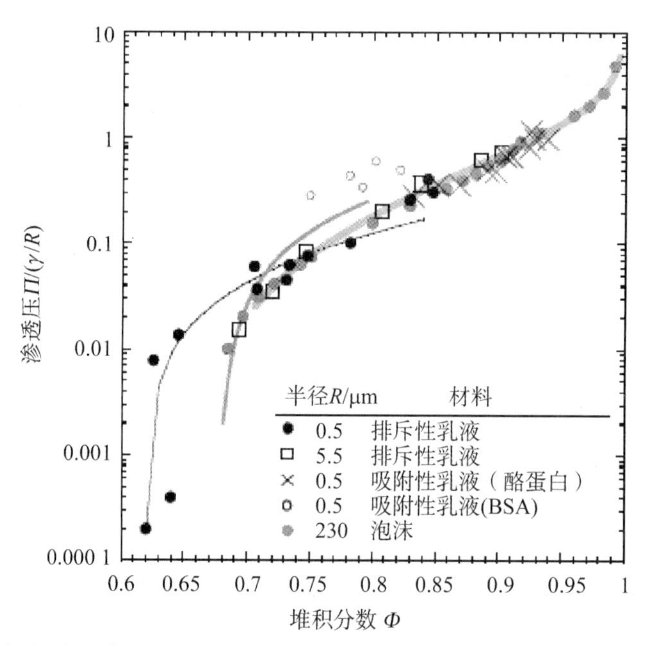

统一规整的渗透压与无序泡沫或乳液聚集分数进行比较。图中粗壮的线表示公式(1-5)的聚集分数$\Phi_c=0.64$，较细的图线表示公式(1-8)中的参数($P_0=3.0$ Pa、$P_t=14.8$ Pa、$\Phi_c=0.68$、$R=2.5\,\mu$m、$\gamma=9.2$ mN/m)拟合离散乳液[25]。细状黑色图线表示公式(1-7)中的参数$\Phi_T=0$、$\Phi_c=0.62$、$\zeta=0.18$。实心圆圈(•)对应于标准单分散体系的乳液[9]。泡沫和离散的乳液体系(□)都是多分散的，半径R也被确定为Sauter平均半径[36]。这两个有吸引作用的乳液体系都是多分散的[37]。对于含有亚微米级液滴的乳液体系来说，聚集分数使用有效聚集分数Φ_{eff}

图1-2　统一规整的渗透压与无序泡沫或乳液聚集分数比较示意图

$$\widetilde{\Pi} \equiv \frac{\Pi R}{\gamma} = 3.2\,\frac{(\Phi - \Phi_c)^2}{(1-\Phi)^{1/2}} \tag{1-5}$$

在单分散体系下，实验与表面变化模拟总结出一个与泡沫事实符合的理论体系，有效聚集分数比 Φ_c 要稍稍大几个百分比，于是 7.3 被 3.2 所代替，使得 $\Phi_c = 0.74$[36]。

对于具有吸引作用的乳液来说，它的渗透压数据并不是系统地遵循图 1-2 中推得的公式(1-5)。举例来说，由酪蛋白稳定的乳液体系的标准渗透压 Π 遵循公式(1-5)，对于由牛血清蛋白稳定的乳液体系，标准渗透压 Π 相对于具有排斥作用的乳液得以增强，聚集分数为 $0.75 < \Phi < 0.85$。这种下降的趋势是令人惊讶的，因为实验预期是紧密排列的粒子间的相互吸引作用可以减少为了达到所需聚集分数的负载压力。然而，只要当粒子第一次相互碰撞产生所需样品产物即粒子紧密相粘，那么将会得到一个相对冻结的宽松聚集体系，这种体系结构比相对分散的宽松聚集体系更加难以压缩到一个给定的 Φ。

上述论证的经验公式(公式 1-5)描述了一种呈现特殊增长模式的渗透压公式 $\Pi \propto (1-\Phi)^{-1/2}$，当其中 Φ 极限趋于 1 的时候，初始值可以理解为：通过降低 Plateau 边界值来增加曲率 $1/r_{pb}$ 同时可以得出控制渗透压的毛细管压力 γ/r_{pb}。[1] 在干泡沫与乳液中 $r_{pb} \approx 0.6R(1-\Phi)^{1/2}$，其中 R 为与标准泡沫相当体积的球形半径[1]。

在干扰转变点附近，配位数 $Z = 6$ 的简单立方堆积结构的 3D 表面变形模拟实验结果表明了在相邻粒子之间存在一种近似谐振波形的弹性相互作用。在这样的研究基础上经过计算以及逐渐扩展得到

$$\widetilde{\Pi} \propto \Phi^2 (\Phi - \Phi_c)^{\xi} \tag{1-6}$$

公式(1-6)中 ξ 的值接近 1[9]。

因为无序排列的堆积结构与简单立方堆积有着相同的配位数 $Z = 6$，于是我们就可以推测这种无序的堆积也有着与立方堆积相同的粒子间相互作用规律和由公式(1-6) 推得的相同的渗透压计算关系、相同的 ξ，唯一的差别在于 Φ_c 不同。对于泡沫或者乳液来说，它们一大部分的连续相是包含在薄膜中的，我们现在回顾之前的研究得出堆积分数必须使用一个有效值 Φ_{eff} 来代替。除了界面对粒子堆积自由能的贡献外，熵效应的贡献预计是由胶体

液滴提供的，如果粒子能够在力学平衡的位置左右自由移动，那么界面贡献则是由微观状态的颗粒提供的。这两种贡献经过组合成为下面的表达式，这个表达式是渗透压 Π 关于堆积分数 Φ 的关系式，其中 Φ 接近于 Φ_c [31]。

$$\widetilde{\Pi}(\Phi)=3\alpha\Phi^2\left[(\Phi-\Phi_c)+\sqrt{(\Phi-\Phi_c)^2+\Phi_T^2}\right] \tag{1-7}$$

实验验证的参数 α 与公式(1－3)中的 α 等同，而数值 Φ_T 也就是公式(1－4)中所提到的值。尺寸大于 1 μm 的粒子，并且考虑到熵效应的影响，可以得出在干扰理论中，堆积分数 Φ_T 对渗透压 Π 造成的影响很小。然而，这种贡献被认为是乳液体系中的主导作用[7]。图 1－2 表明，对于无序单分散的乳液体系的实验数据来说，经过拟合的参数 α 和公式(1－7)中的 Φ_c 粒子堆积分数产生了正面的作用，使 Φ 的值达到约等于 0.75。调整 α 和 Φ_c 的值，产生与图 1－2 相似的其他多分散乳液与泡沫的合适的堆积分数 Φ_c 范围。

Jorjadze 等基于早前对于具有谐波粒子相互作用的任意弹性堆积模式的模拟结果提出了一个不同的形式，他指明体积模量 $\Phi\partial\Pi/\partial\Phi$ 并没有在干扰转变点失去作用[38]。体积模量随着堆积分数的增加而增加，这种关系被推测为过饱和配位线性关系 $Z-Z_c$。使用配位数与堆积分数 $Z-Z_c\propto\sqrt{\Phi-\Phi_c}$ 的正比关系，渗透压的经验公式在下面被推断出来，其中 P_0 与 P_1 是自由参数[25]：

$$\Pi=P_0(\Phi-\Phi_c)+P_1(\Phi-\Phi_c)^{1.5} \tag{1-8}$$

实验数据表明，一个给定的接近干扰转变点的泡沫或乳液体系可以通过调整公式(1－7)(ξ 和 Φ_c)和公式(1－8)(P_0、P_1、Φ_c)的参数来准确确定。为了确定这些方法的相关性，基于泡沫与乳液体系的微观结构来对公式中自由参数的推断是一个切实可用的方式。

通过实验观察到渗透压关于 $\Phi-\Phi_c$ 呈非线性增长，造成这样的原因一方面可能是配位数 z 的增加，另一方面也可能是非简谐运动粒子相互间作用的增加所引起的[9]。这种效应通过不同有序结构泡沫聚集的 3D 结构变化模拟得到证明，其中配位数相对于不同结构的堆积是独立的[9]。综上所述，对于简单立方堆积来说，当配位数 $Z=6$ 时(无序情况下 $\Phi\rightarrow\Phi_c$)，粒子间相互作用接近谐波振动，最终形成公式(1－6)并且参数 $\xi\approx1$。而对于面心

立方堆积来说，当配位数 $Z=12$，如同结构无序的干泡沫中观察的一样[39]，非谐振相互作用起主导作用，参数 $\xi\approx1.5$，同时公式(1－6)中的因数等于10.5[9]。实验中通过3D表面变化模拟方式得到图1－3，图1－3表面不存在介于非谐振模型和面心立方泡沫渗透压数据之间可调节参数与 $\Phi-\Phi_c\approx0.2$ 良好对应[35]。图1－3说明，具有谐振相互作用假想的面心立方堆积堆积分数 Φ 的渗透压的变化预测是符合模拟测试的结果和实验数据的。图1－3同时表明，有关具备配位数 z 的锥形模型的实验模拟数据，在研究分析表明界面最小化时是被用作判定相界面能量是如何取决于邻泡沫中心的间距的[40]。当堆积分数接近干扰转变点时，具备配位数 Z 的锥形模型产生了[40]：

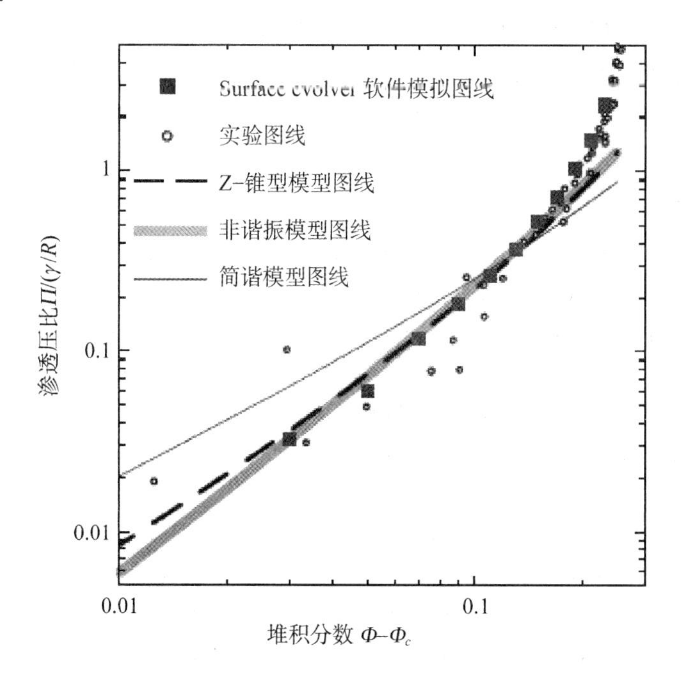

标准渗透压与具备有序面心立方结构的单分散泡沫的堆积分数，在干扰转变点的附近。对于这种泡沫（配位数 $Z=12$、$\Phi_c=0.74$[35]）的实验数据与表面变化模拟数据与因数为10.5，指数 ζ 为1.5为公式(1－6)进行比较[9]。数据同时也与具备配位数 z 的锥形模型（公式1－9）进行比较[40]，对于经过因数调整的谐波相互作用的经验公式（即公式1－6、$\zeta=1$）而言适合的堆积分数范围在 $\Phi-\Phi c=0.1$。在实验中，气泡的半径达到150 μm，于是熵效应对渗透压的贡献可以忽略不计

图1－3　标准渗透压比与堆积分数

$$\widetilde{\Pi}=\frac{z(1-\Phi)^2}{3(1-\Phi_c)^2}\frac{\Phi_c-\Phi}{\ln(\Phi-\Phi_c)} \tag{1-9}$$

这个公式只适用与结构中粒子间排布一致的简单立方堆积或是面心立方堆积，但这些提供了一种无参数的猜想。

1.5 小结

随着纳米材料全面进入胶体体系及近年来出现的一些新测试技术，对现代胶体的结构进行重新测试不仅是必要的也是完全应该的。这是因为人的认识永远是随着时代的发展而进步的。胶体结构特征反映了与固体界面之间的关系、与渗透压和体积分数等复杂柔性材料之间的关系及与凝胶态动力学等热力学体系之间的相互作用等。认识现代胶体体系，首先就是认识其结构。

参考文献

[1] Cantat I, Cohen-Addad S, Elias F, et al. Foams: structure and dynamics. Oxford: Oxford University Press; 2013.

[2] Stevenson P. Foam engineering: fundamentals and applications. J. Wiley; 2012.

[3] Foudazi R, Masalova I, Malkin AY. The rheology of binary mixtures of highly concentrated emulsions: effect of droplet size ratio. J Rheol 2012, 56, 1299-314.

[4] Lexis M, Willenbacher N. Yield stress and elasticity of aqueous foams from protein and surfactant solutions. The role of continuous phase viscosity and interfacial properties. Colloids Surf A 2013, 459, 177-85.

[5] Farr RS, Groot RD. Close packing density of polydisperse hard spheres. J Chem Phys 2009, 131, 244104-1.

[6] Pontani L-L, Jorjadze I, Viasnoff V, et al. Biomimetic emulsions reveal the effect of mechanical forces on cell-cell adhesion. Proc Natl Acad Sci USA 2012, 109, 9839-44.

[7] Scheffold F, Wilking JN, Haberko J, et al. The jamming elasticity of emulsions stabilized by ionic surfactants. Soft Matter 2014, 10, 5040-4.

[8] Sjoblom J. Encyclopedic handbook of emulsion technology. New-York:

Marcel Dekker; 2001.
[9] Mason TG, Lacasse M-D, Grest GS, et al. Osmotic pressure and viscoelastic shear moduli of concentrated emulsions. Phys Rev E 1997, 56, 3150.
[10] Datta SS, Gerrard DD, Rhodes TS, et al. Rheology of attractive emulsions. Phys Rev E 2011, 84, 041404.
[11] Jorjadze I, Pontani L-L, Newhall K, et al. Attractive emulsion droplets probe the phase diagram of jammed granular matter. Proc Natl Acad Sci U S A 2011, 108, 4286 - 91.
[12] Dickinson E. Food emulsions and foams. Stabilization by particles. Curr Opin Colloid Interface Sci 2010, 15(1 - 2), 40 - 9.
[13] Wierenga PA, Gruppen H. New views on foams from protein solutions. Curr Opin Colloid Interface Sci 2010, 15(5), 365 - 73.
[14] Lam S, Velikov KP, Velev OD. Pickering stabilization of foams and emulsions with particles of biological origin. Curr Opin Colloid Interface Sci 2014, 19(5), 490 - 500.
[15] Engelhardt K, Lexis M, Gochev G, et al. pH effects on the molecular structure of beta-lactoglobulin modified air - water interfaces and its impact on foam rheology. Langmuir 2013, 29, 11646 - 55.
[16] Cohen-Addad S, Höhler R, Pitois O. Flow in foams and flowing foams. Annu Rev Fluid Mech 2013, 45, 241 - 67.
[17] Vandewalle N, Caps H, Delon G, et al. Foam stability in microgravity. J Phys Conf Ser 2011, 327, 012024.
[18] Marmottant P, Raven J-P. Microfluidics with foams. Soft Matter 2009, 5, 3385 - 8.
[19] Bremond N, Bibette J. Exploring emulsion science with microfluidics. Soft Matter 2012, 8, 10549 - 59.
[20] Huerre A, Miralles V, Jullien M-C. Bubbles and foams in microfluidics. Soft Matter 2014, 10, 6888 - 902.
[21] Rodriguez-Rodriguez J, Sevilla A, Martinez-Bazan C, et al. Generation of microbubbles with applications to industry and medicine. Annu Rev Fluid Mech 2015, 47, 405 - 29.
[22] Biance A-L, Delbos A, Pitois O. How topological rearrangements and liquid fraction control liquid foam stability. Phys Rev Lett 2011, 106, 068301.

[23] Scheffold F, Cardinaux F, Mason TG. Linear and nonlinear rheology of dense emulsions across the glass and the jamming regimes. J Phys Condens Matter 2013, 25, 502101.

[24] van Hecke M. Jamming of soft particles: geometry, mechanics, scaling and isostaticity. J Phys Condens Matter 2010, 22, 033101.

[25] Jorjadze I, Pontani L-L, Brujic J. Microscopic approach to the nonlinear elasticity of compressed emulsions. Phys Rev Lett 2013, 110, 048302.

[26] Krishan K, Helal A, Höhler R, et al. Fast relaxations in foam. Phys Rev E 2010, 82, 011405.

[27] Costa S, Höhler R, Cohen-Addad S. The coupling between foam viscoelasticity and interfacial rheology. Soft Matter 2013, 9, 1100 - 12.

[28] Costa S, Cohen-Addad S, Salonen A, et al. The dissipative rheology of bubble monolayers. Soft Matter 2013, 9, 886 - 95.

[29] Besson S, Debregeas G, Cohen-Addad S, et al. Dissipation in a sheared foam: from bubble adhesion to foam rheology. Phys Rev Lett 2008, 101, 214504 - 4.

[30] Wintzenrieth F, Cohen-Addad S, Le Merrer M, et al. Laser speckle visibility acoustic spectroscopy in soft turbid media. Phys Rev E 2014, 89, 012308.

[31] Mason TG, Scheffold F. Crossover between entropic and interfacial elasticity and osmotic pressure in uniform disordered emulsions. Soft Matter 2014, 10, 7109 - 16.

[32] Masalova I, Foudazi R, Malkin AY. The rheology of highly concentrated emulsions stabilized with different surfactants. Colloids Surf A 2011, 375, 76 - 86.

[33] Marze SPL, Saint-Jalmes A, Langevin D. Protein and surfactant foams: linear rheology and dilatancy effect. Colloids Surf A 2005, 263, 121 - 8

[34] Lexis M, Willenbacher N. Relating foam and interfacial rheological properties of beta-lactoglobulin solutions. Soft Matter 2014. http://dx.doi.org/10.1039/ C4SM01972E.

[35] Höhler R, Yip Cheung Sang Y, Lorenceau E, et al. Osmotic pressure and structures of monodisperse ordered foam. Langmuir 2008, 24, 418 - 25.

[36] Maestro A, DrenckhanW, Rio E, et al. Liquid dispersions under gravity: volume fraction profile and osmotic pressure. Soft Matter 2013, 9, 2531 - 40.

[37] Dimitrova T, Leal-Calderon F. Bulk elasticity of concentrated protein-stabilized emulsions. Langmuir 2001, 17, 3235-44.

[38] Ellenbroek WG, Zeravcic Z, Van Saarloos W, et al. Non-affine response: jammed packings vs. spring networks. Europhys Lett 2009, 87, 34004.

[39] Lambert J, Mokso R, Cantat I, et al. Coarsening foams robustly reach a self-similar growth regime. Phys Rev Lett 2010, 104, 248304.

[40] Hutzler S, Murtagh RP, Whyte D, et al. Z-cone model for the energy of an ordered foam. Soft Matter 2014, 10, 7103-8.

2

胶体的现代粒子理论

2.1 导语

胶体粒子理论是胶体化学的基本研究内容之一。近来,由于纳米粒子的出现及其独特的和异常的磁性、光学、电子和催化性能,以及在许多生物医学[1,2]、催化剂[3,4]、燃料电池[5]、数据磁存储[6]、农业[7]和太阳能电池等方面的创新应用[8],使得人们对纳米粒子的研究和应用给予了极大的关注。这其中所涉及的胶体粒子理论也因此被认为是现代胶体粒子理论。

纳米微粒的成核与增长机制经常是通过其破裂成核过程来进行描述的[9-11]。Reiss[12]提出了一种基于 Lifshitz-Slyozov-Wagner(LSW)理论的模型曾经被普遍认为是一种唯一的成核理论[13,14]。这是因为 LSW 理论的提出是基于一些相应的测试方法。比如,应用紫外光谱、小角 X 射线散射(SAXS)和透射电子显微镜(TEM)[15-23]。研究表明:纳米粒子在溶液[24-26]、蒸汽[27]和外延生长[28]中的成核与增长过程如图 2-1 所示。

但 Watzky 和 Finke[29]提出微粒也可能是通过自催化增长并持续缓慢成核的。这意味着胶体粒子的成形过程是一个复杂的还有待于继续深入研究的课题。

2.2 胶体的传统粒子理论

传统胶体粒子理论认为:成核是发生在纳米或微纳米尺度下,子相在

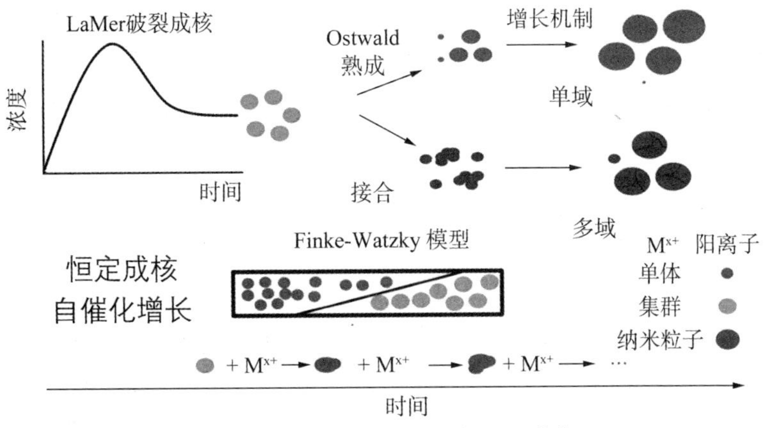

图 2-1 胶体粒子的形成机制[29]

母相中形成最初晶核的一个过程[30]。成核过程的本质是降低体自由能和增加表面自由能的竞争过程，这种竞争形成了成核势垒和临界核尺寸。成核始于随机涨落以克服发生相变的能量势垒，一旦这种涨落发生，更有利于其进一步的生长。

经典成核理论(classical nucleation theory, CNT)是目前广泛使用的成核理论，源于 1935 年 Becker 等[30]人的工作。根据该理论，晶核的吉布斯自由能 ΔG 等于体自由能 ΔG_V 和表面自由能 ΔG_S 之和，如式(2-1)所示：

$$\Delta G = \Delta G_V + \Delta G_S \tag{2-1}$$

对球形晶核而言，吉布斯自由能表示为[30]：

$$\Delta G = -(3/4)\pi r^3 n \Delta G_V + 4\pi r^2 n\gamma \tag{2-2}$$

其中 r 为球形晶核半径，n 为单位体积内半径为 r 的球形晶核，γ 表示单个晶核的界面自由能面密度。

上式中令 $dG/dr=0$，则得到晶核的临界半径即可以长大而不会消失的最小晶核半径 r_C，如式(2-3) 所示：

$$r_C = 2\gamma/\Delta G_V \tag{2-3}$$

由临界核半径可进一步得到成核势垒 ΔG_K：

$$\Delta G_K = 16\pi n\gamma^3/3\Delta G_V^2 \tag{2-4}$$

由于固态比液态更稳定，所以形成晶核时体自由能降低，然而，新形成的界面由于晶核的变大，表面自由能增加，因此，晶核的生长取决于有利于晶核生长的体自由能 ΔG_V 的降低和不利于晶核生长的表面自由能 ΔG_S 的增加之间相互竞争的结果。

2.2.1 粒子成核理论

根据 Mullin[31]的定义，成核初期是没有其他晶体物质存在的，而成核其实是一个晶体生长的过程。除了多孔固体的形成并不总是遵循溶液中的这个经典结晶-成核模式，这个理论可以用来描述许多化学合成的成核过程[31-33]。Habraken 等[34]证明了离子缔合物结合磷酸钙的仿生成核过程既符合经典理论也符合非经典理论。这是因为均匀成核发生在核的形成统一阶段，而异相成核则发生在结构非均匀时(表面、杂质、晶界、脱位)。在液相中，异构更容易发生，因为一个稳定的成核表面已经存在。从热力学角度看均匀核形成的过程可通过纳米粒子的总自由能来观察，总自由能定义为体积自由能与表面自由能的总和[25,31]。对一个半径 r 的球形颗粒，其表面能量 γ 和大部分晶体的自由能 ΔG_V 与总自由能 ΔG 有关，如上述方程(2-1、2-2、2-3、2-4)所示。由于晶体自由能的 ΔG_V 依赖于温度 T、Boltzmannk 常数 k_b、溶液的饱和度 S 和它的摩尔体积 V，因此 ΔG_V 也可以如方程公式(2-5)所定义：

$$\Delta G_v = \frac{-k_B T \ln(S)}{V} \tag{2-5}$$

由于表面自由能永远是积极的，而晶体自由能则始终是被抑制的，所以可能存在一个最大的自由能，而使得原子核可以通过其来形成一个稳定的核，并可以通过 r 的角度来区别 ΔG 并把它设置为0，即 $\mathrm{d}\Delta G/\mathrm{d}r=0$。由此产生了一个临界自由能如方程公式(2-6)所示。其中的临界半径定义如方程公式(2-7)所示：

$$\Delta G_{\text{crit}} = \frac{4}{3}\pi\gamma r_{\text{crit}}^2 = \Delta G_{\text{crit}}^{\text{homo}} \tag{2-6}$$

$$r_{\text{crit}} = \frac{-2\gamma}{\Delta G_v} = \frac{2\gamma v}{k_B T \ln S} \tag{2-7}$$

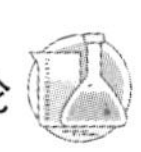

这个临界半径所对应的最小尺寸是一个粒子可以在溶液中不溶解的尺寸，其对粒子自由能同样适用。基于临界自由能的粒子稳定性如图 2-2 所示。

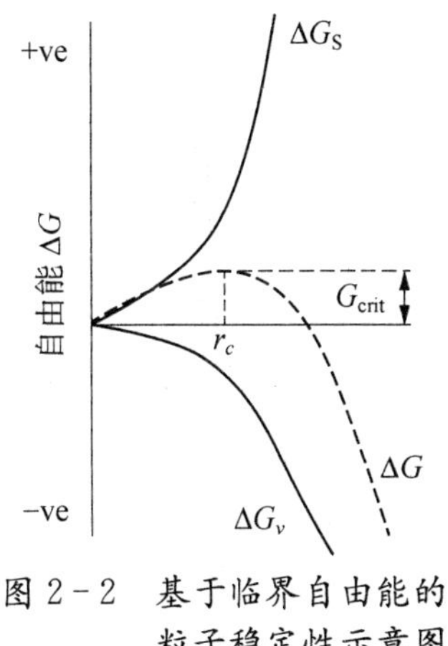

图 2-2　基于临界自由能的粒子稳定性示意图

图 2-2 说明了临界晶核存在条件下的核自由能与粒子稳定性之间的关系，其中 N 粒子在时间 t 内的成核速率，能用 Arrhenius 方程（方程 2-8、2-9）进行描述，其中 A 是一个指前因子。

$$\frac{\mathrm{d}N}{\mathrm{d}t}=A\exp\left(-\frac{\Delta G_{\mathrm{crit}}}{k_B T}\right) \tag{2-8}$$

$$\frac{\mathrm{d}N}{\mathrm{d}t}=A\exp\left(\frac{16\pi\gamma^3 v^2}{3k_B^3 T^3(\ln S)^2}\right) \tag{2-9}$$

从方程(2-9)可以看出 3 个实验参数：过饱和度、温度和表面自由能[25]对成核速率有很大的影响，尤其是过饱和度，这在图 2-3 中有进一步的描述。

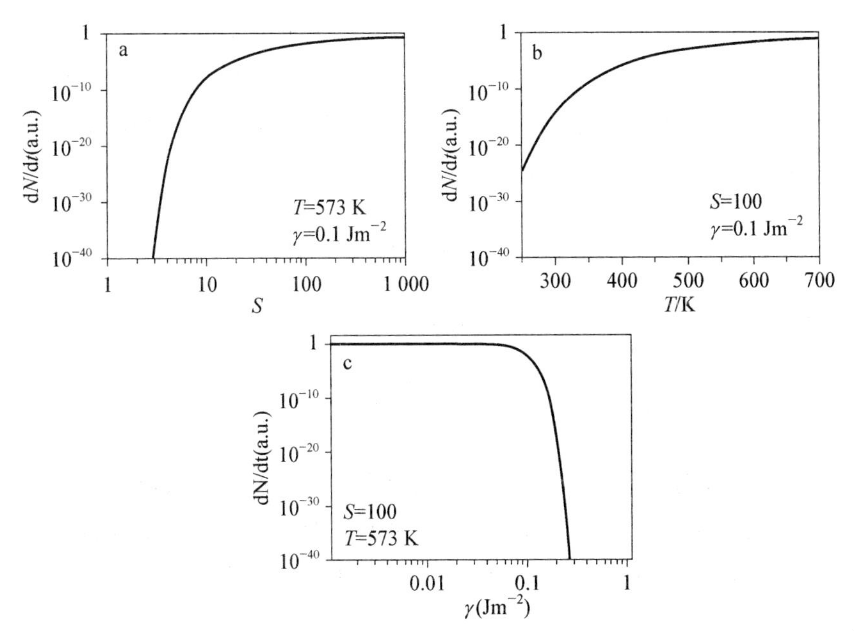

图 2-3　成核速率的函数与过饱和度(a)、温度(b)和表面自由能(c)之间的关系[34]

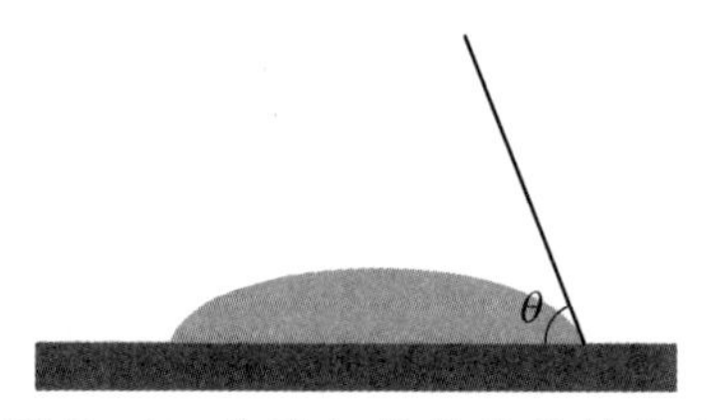

图 2-4　非均相成核的接触角 θ

在许多环境下，溶液能包含其他相的杂质组成一个复杂的系统，如含有杂质、外壁、气泡、滴状物等。不同于均匀地成核，原子核形成于外部的第一个表面，并支持表面迅速成长的原子使其不再有球形形状(经典成核理论的假设)，但其会支持形成一个球面接触角 θ 如图 2-4 所示。但这个图存在的前提是 $\theta \leqslant \pi$。

为了解释图 2-4，必须引入一个接触角方程(方程 2-10)使异相成核需要的自由能与均相成核的自由能之间可以相关[35]。

$$\Delta G_{\text{crit}}^{\text{hetero}} = \phi \Delta G_{\text{crit}}^{\text{homo}} \tag{2-10}$$

其中 ϕ 是一个由接触角 θ 决定的因素，如公式(2-11)所示：

$$\phi = \frac{(2+\cos\theta)(1-\cos\theta)^2}{4} \tag{2-11}$$

2.2.2　粒子增长理论

纳米粒子的生长有两种机制：表面反应和表面的单体扩散[36]。可以通过 Fick 第一扩散定律来定义模型增长(方程 2-12)，这里粒子半径分别为 r、J、D 和 C，单体的总通量穿过一个球面半径为 r 的球面时的扩散系数和浓度设置为 x，如图 2-5 所示。

$$J = 4\pi x^2 D \frac{\mathrm{d}C}{\mathrm{d}x} \tag{2-12}$$

Fick 第一定律可被改写成方程(2-13)：

$$J = \frac{4\pi Dr(r+\delta)}{\delta}(C_b - C_i) \tag{2-13}$$

图 2-5 描述了纳米粒子在溶液中的情形，δ 是溶液中从粒子表面到单体的体积浓度较大部分的距离，C_b 是溶液中单体的浓度较大的部分的浓度，C_i 是在固体/液体界面的单体浓度，C_r 是粒子的溶解度。

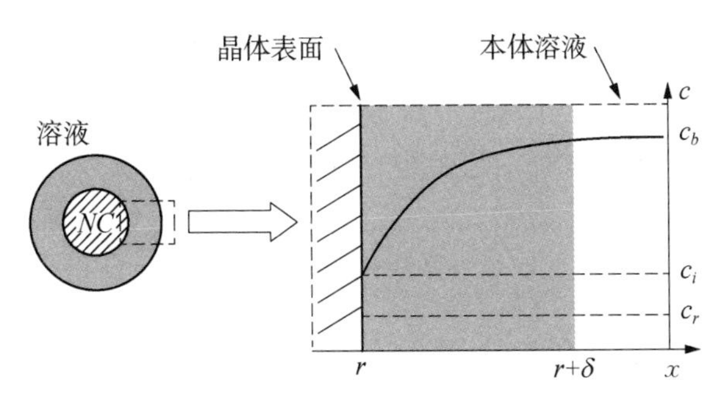

纳米晶体表面附近扩散层的结构示意图(左)和把单体浓度作为横轴 x 的函数的示意图(右)。阴影区域表示扩散层[36]

图 2-5　纳米粒子在溶液中的情形

由于溶质扩散是一个稳态过程,所以 J 是一个与 x 无关的常数,可以得到方程(2-14):

$$J = 4\pi Dr(C_b - C_i) \tag{2-14}$$

引入一个被假定为与粒子尺寸无关的表面反应速率 k,上述方程式可以被写成方程(2-15):

$$J = 4\pi r^2 k(C_i - C_r) \tag{2-15}$$

方程(2-14)和方程(2-15)有两个限制因素:一是单体扩散至表面,二是在表面的这些单体的反应速率。假如扩散是一个限制因素,则随时间而改变的粒子尺寸由方程(2-16)给出:

$$\frac{\mathrm{d}r}{\mathrm{d}t} = \frac{Dv}{r}(C_b - C_r) \tag{2-16}$$

相似的,如果表面反应是限制因素,则方程(2-14)和方程(2-15)能被改写成方程(2-17):

$$\frac{\mathrm{d}r}{\mathrm{d}t} = kv(C_b - C_r) \tag{2-17}$$

当纳米粒子的增长不是由扩散或表面反应控制时,则粒子半径随时间的增长可以被写成方程(2-18):

$$\frac{\mathrm{d}r}{\mathrm{d}t} = \frac{Dv(C_b - C_r)}{r + D/k} \tag{2-18}$$

由于纳米粒子的溶解度不可能与粒子尺寸无关，而根据 Gibbs-Thomson 理论(方程 2-6)，球形粒子有一个额外的化学式 $\Delta\mu = 2\gamma v/r$。在此 C_r 是一个 r 的函数，而 v 是大部分晶体的摩尔体积、C_b 是溶液的浓度。

$$C_r = C_b \exp\left(\frac{2\gamma v}{rk_B T}\right) \tag{2-19}$$

因此，对于纳米粒子的增长可以通过综合式(2-17)和(2-18)得到公式(2-20)[37,38]：

$$\frac{\mathrm{d}r^*}{\mathrm{d}\tau} = \frac{S - \exp\left(\frac{1}{r_{\text{cap}}}\right)}{r_{\text{cap}} + K} \tag{2-20}$$

其中的 3 个无量纲常数分别定义如下：

$$r_{\text{cap}} = \frac{RT}{2\gamma v} r \tag{2-21}$$

$$\tau = \frac{k_B^2 T^2 D C_b}{4\gamma^2 v} t \tag{2-22}$$

$$K = \frac{k_B T}{2\gamma v} \frac{D}{k} \tag{2-23}$$

在上述方程中，$2\gamma v/kBT$ 是细管长度、K 是 Damkohler 数。Damkohler 数表明反应是否由扩散或反应速率或其他因素决定。如果 $D \ll 1$ 说明扩散速率在表面反应中占主导地位[37]。

2.2.3 粒子分布理论

根据 Ostwald 的粒子尺寸聚焦效应，一般情况下粒子将形成、成长和溶解在一个临界半径内。这意味着可以通过观察受控制的扩散增长并用方程(2-24)来代替方程(2-17)。这里的 r^* 是在溶液中的平衡粒子半径。

$$\frac{\mathrm{d}r}{\mathrm{d}t} = \frac{K_D}{r}\left(\frac{1}{r^*} - \frac{1}{r}\right) \tag{2-24}$$

其中 K_D 定义如下：

$$K_D = \frac{2\gamma D v^2 C_b}{k_B T} \tag{2-25}$$

这里的 r 是平均粒子半径。

当特别强调由过饱和度决定的物理环境时，方程(2-24)也可以表达成方程(2-26)。如果过饱和度高以致 $r/r^* \geqslant 2$ 和 $\mathrm{d}(\Delta r)/\mathrm{d}t \leqslant 0$，则系统的增长是由尺寸分布自发形成和加强的；当 $r/r^* < 2$ 而 $\mathrm{d}(\Delta r)/\mathrm{d}t > 0$，则尺寸分布趋向于扩展并受扩散的控制。

$$\frac{\mathrm{d}r}{\mathrm{d}t} = K_R\left(\frac{1}{r^*} - \frac{1}{r}\right) \tag{2-26}$$

方程(2-26)反映了受控制的表面反应增长的过程，这里的 K_R 由方程(2-27)给出定义：

$$K_R = \frac{2\gamma k v^2 C_b}{RT} \tag{2-27}$$

因此可以得出：

$$\frac{\mathrm{d}(\Delta r)}{\mathrm{d}t} = \frac{K_R \Delta r}{\bar{r}^2} \tag{2-28}$$

当表面反应占主导地位时，尺寸分布将始终处在拓展状态，这使得对于 r 的作用及 $\mathrm{d}(\Delta r)/\mathrm{d}t$ 的变化符合 Gibbs-Thomson 方程(2-6)。在受控制的扩散增长机制中，随着时间的增加将使得 Gibbs-Thomson 效应涉及一个粒子的溶解度可以忽略，此时的 r^* 值与 $1/K_D \mathrm{d}r/\mathrm{d}t$ 之间的关系如图 2-6 所示[38,39]。

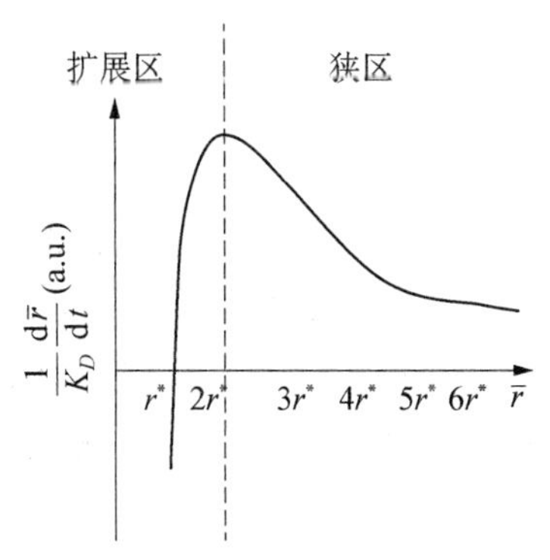

图 2-6 以 r 为函数的 $(\mathrm{d}r/\mathrm{d}t)/K_D$ 受控制扩散增长的函数图解[38]

2.3 胶体的现代粒子理论

2.3.1 LaMer 理论

第一个现代胶体粒子理论是 LaMer 理论[9,10]，它将成核与增长两个概念进行了分离，即分为两个阶段三个部分如图 2-7 所示。LaMer 从分解的硫代硫酸钠中研究了硫溶胶的合成有两个步骤：首先是从硫代硫酸盐中形成单体硫，然后是在溶液中形成硫溶胶。根据 LaMer 的进一步描述，成核与增长的过程有以下三个部分：一是溶液中的游离单体浓度急速增长Ⅰ；二是单体经历了突发成核，从而明显减少了溶液中游离单体的浓度，这个成核速率被描述为“无限有效”，在这之后，由于单体的低浓度状态使得没有进一步的成核发生Ⅱ；三是发生在溶液中通过单体扩散控制的成核增长Ⅲ。图 2-7 也被称为 LaMer 成核图[40-42]。

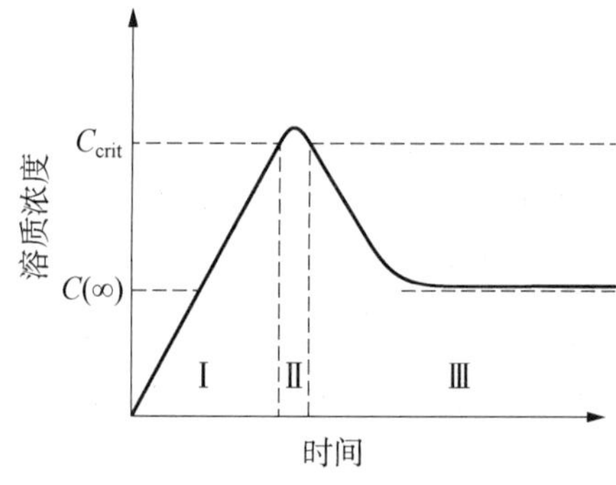

图 2-7 LaMer 成核示意图[40]

2.3.2 Ostwald 熟成理论

Ostwald 熟成理论认为粒子成核的增长是由溶解度的变化而引起的，这与 Gibbs-Thomson（方程 2-6）描述的纳米粒子尺寸有关。由于溶液中更小的粒子具有更高的溶解度和表面能，这将使得溶解加速。Ostwald 熟成理论曾经在一个密闭系统中的数学描述被 Lifshitz-Slyozov[13] 和 Wagner[14] 进行推理。

值得一提的是与 Ostwald 熟成理论相反的有一个消化熟成理论，是由

Lee 等人[43]提出的。他们认为粒子成核过程是被溶液中粒子的表面能所控制的。

2.3.3 Finke-Watzky 两步理论

Finke-Watzky 两步理论指的是成核与生长的两个过程[15]。第一步是一个连续缓慢的成核过程,如方程(2-29)所示,第二步是一个不受扩散控制的自催化表面增长过程,如方程(2-30)所示:

$$A \rightarrow B \quad (2-29)$$

$$A + B \rightarrow 2B \quad (2-30)$$

这个理论已被证明很好地适用于许多系统,包括铱[15,44]、铂[45]、钌[45]和铑[46]。但也有发现不合适的情况[46]。

2.3.4 接合与定向连接理论

该理论认为:粒子在晶界上的晶格方向是不同的,其接合过程并无特别的连接倾向,即无定向的[24];而定向连接是一个在连续晶面上进行的连接,表现为晶体具有的排列状态[47]。这个理论被 Li 等人的实验证实是正确的[48]。他们用高分辨率透射电子显微镜(HRTEM)发现,水合氧化体的定向连接过程中粒子产生旋转并彼此联系直到两个晶体的晶向相互匹配或成对匹配,其中的吸引力是库仑力。

2.3.5 粒子内的熟成理论

粒子内的熟成理论由 Peng 等人[49-51]提出。这个理论考虑的是一种特殊情况,当溶液中单体的能量低于纳米颗粒,即粒子的表面能等同于溶液的表面能,由于不会有扩散发生,所以此时纳米粒子表面的单体是随时间扩散而改变了形状。由于这个系统唯一的不稳定性是粒子各面的表面能不同,而高能量面比低能量面更容易溶解,所以属于一个明显的粒子内扩散。

2.4 胶体现代粒子理论的应用

现代胶体粒子理论在许多方面都有应用,比如在贵金属粒子、金属氧化物粒子和量子点量子方面。金溶胶的合成自 Faraday 报道始可追溯至 1857 年[52]，从那以后，Turkevich[53] 和 Rothenberg[54] 等做了大量的研究并试图解释金粒子的成核与增长过程。Turkevich 曾经描述了一个合成方法，其关键步骤是将枸橼酸钠注入氯化金酸的沸腾溶液中[53]。Rothenberg 使用紫外可见光谱追踪了金纳米粒子在溶液中的形成。目前，X 射线光谱也已经被用来监控金纳米粒子的生长[54,55]。Ji 等[56]的研究发现，金纳米粒子的合成与 pH 有关，并据此形成两种途径。但 Fren[57]的进一步研究发现，pH 是由枸橼酸钠的浓度所决定的；对于低 pH(3.7～6.5)，粒子在 10 s 内成核的是$[AuCl_3(OH)]^-$中间体，是一个 LaMer 破裂成核、快速随机接合并最终发生粒子内熟成的过程。而对于高的 pH(6.5～7.7)，粒子的成核时间大概在 60 s，其过程是$[AuCl_2(OH)]_2^-$和$[AuCl(OH)]_3^-$还原并缓慢生长，如图 2-8 所示。

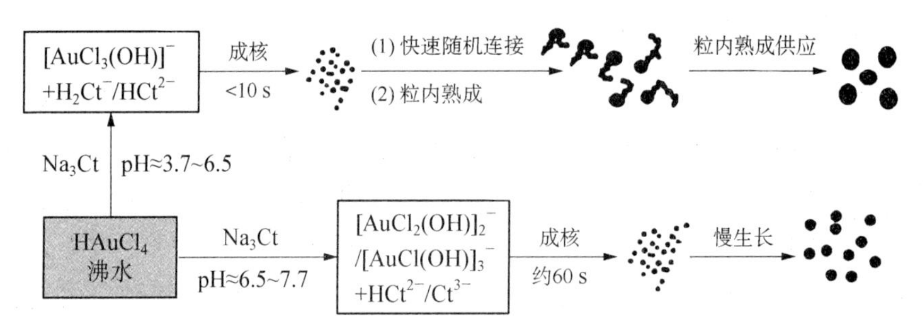

图 2-8 通过枸橼酸钠的还原形成的金纳米粒子的两种反应途径的原理示意图[57]

在金纳米粒子的合成中，有两个分离的金可以发生的途径。首先是结合离子发生还原如方程(2-31、2-32)所示，或是先发生再还原结合成为金原子如方程(2-33、2-34、2-35)所描述的[58]：

$$M^{x+} + xe \rightarrow M^0 \tag{2-31}$$

$$M^0 + M_n^0 \rightarrow M_{n+1}^0 \tag{2-32}$$

$$M^{x+} + e \rightarrow M^{(x-1)+} \tag{2-33}$$

$$M^{(x-1)+} + M^{(x-1)+} \rightarrow M_2^{(2x-2)+} \tag{2-34}$$

$$M_2^{(2x-2)+} + xe \rightarrow M_x \tag{2-35}$$

Pong 等人[59]对 Turkevich 合成中的快速随机连接做了进一步的研究，发现可通过透射电子显微镜和紫外可见光谱发现链式金粒子的合成过程，而这个过程遵循的其实是 Ostwald 熟成理论。

Polte 等人[60]应用 SANES、SAXS 和紫外可见光谱研究了这个反应过程，并描述了加入枸橼酸钠的四氯金酸氢实验及水溶液中金纳米粒子的生长过程。图 2-9 展示了 Polte 所推理的粒子形成的 4 个步骤：第一步是成核，在最初的 20 s 时间内约有 20%的金盐粒子形成了金粒子，其平均粒子半径小于 2 nm；然后在 20 min 内大约有 45%的多分散样本进行了接合形成平均半径 4 nm 左右的金粒子；其中从 2 nm 生长到 4 nm 的过程遵循 Ostwald 熟成理论[61-64]。第二步是粒子增长至一个平均尺寸在 5.2 nm 的过程，这时样品的分散性明显降低，是一个增长扩散的过程；这个扩散控制的增长进行了 25～50 min，这个长时间的扩散控制增长的原因是溶液中发生的持续的金的还原，这时的影响因素是溶液里的金的浓度。第三步是一个延续的缓慢增长过程。第四步是溶液中剩余金盐的急速消耗，使得粒子尺寸迅速地从 5.2 nm 增长到 7.7 nm，并持续 50～70 min，使得多分散性下降至 10%，所以金纳米粒子的成核过程其实是一个表面自催化还原过程。

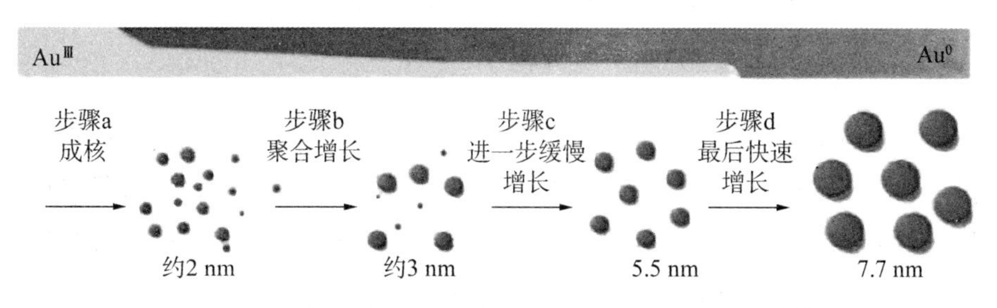

图 2-9　金纳米粒子形成过程的 4 个步骤示意图[60]

Polte 等人[65]还在一个连续流动静态混合器中进行了氯化金酸的还原，并通过小角 X 射线散射、紫外光谱等的分析发现金盐和成核的还原时间少于 200 ms(图 2-10)。由于在溶液中缺乏各种稳定剂，通常是枸橼酸(柠檬酸)，在开始点之后增长甚至持续 24 h。Polte 等人[65]还跟踪研究确认了金纳米粒子的自催化增长与金盐的添加及其引出的金盐的还原过程有关。

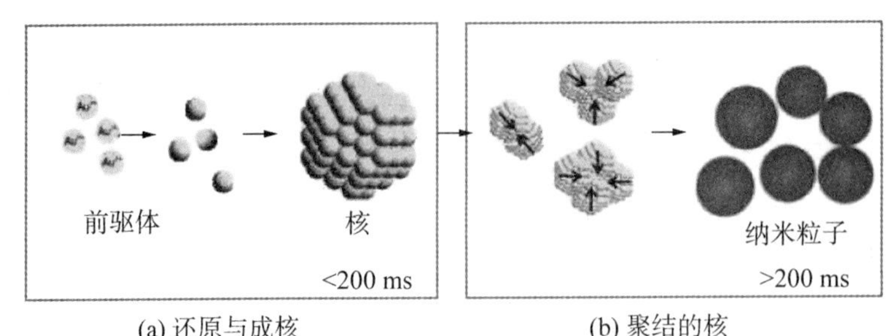

(a) 还原与成核　　(b) 聚结的核

图 2－10　金纳米粒子的成核过程示意图[65]

Mikhlin 等人[66]通过枸橼酸钠研究了氯化金在氢氧化钠中的还原。通过加热金盐的溶液并且在 70℃时注入枸橼酸和氢氧化钠，然后将溶液迅速冷却至室温以停止反应，他们应用原子力显微镜 AFM、SAXS 和紫外光谱进行分析发现，结果与 Polte 发现的结果尤其是粒子接合理论一致。这进一步揭示了金离子在溶液中还原形成金粒子的过程正如图 2－11 所示。

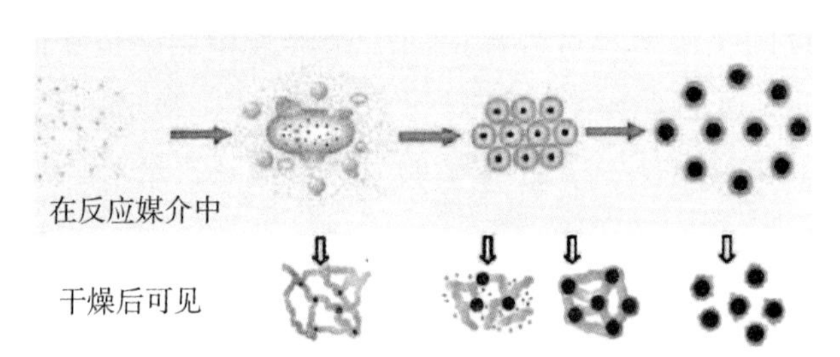

图 2－11　用 AFM 研究的金纳米粒子的形成示意图[66]

粒子接合理论同样被 Shields 等人[67]在硫醇盐金粒的形成过程观察到。通过 180℃时在甲苯中硼氢化钠、四辛基溴化铵、TOABr 和硫代癸烷中进行氯化金酸的还原，高分辨率透射电子显微镜证实了粒子确实是在接合条件下生长并经历了 Ostwald 熟成过程。

金粒子的成核过程已经被研究了。通过 70℃时在水中与金酸、枸橼酸和聚乙烯吡咯烷酮的反应，Yao 等[59]根据 X 射线吸收精细结构谱（XAFS）观察到金原子之间的键的理论键长在 2.55 至 2.70 Å 范围内，比大部分 2.87 Å 的键长更短一些。这揭示了金粒子的成长过程。

银纳米粒子在各种各样的情况下的形成机制已经被许多人进行了研究。首先是 Rothenberg 等进行的研究[53]。而为了更好地了解银粒子成核与增长的机制，Henglein 等[68]研究了在丙醇、N_2O 和枸橼酸钠存在下的 γ－

辐射，他们发现低浓度的枸橼酸会引起粒子接合，而高浓度枸橼酸会发生粒子表面的阴离子还原。为此，Henglein 等人[68]提出了两种银纳米粒子的增长机制如图 2－12 所示。其中一种是由单分散性粒子的表面还原增长引起的电子转移，该过程会使 Ag^+ 离子还原在溶液中已存在的粒子的表面。该研究还发现，如果枸橼酸的浓度比较低，则银纳米粒子不会完全充分地被稳定的枸橼酸覆盖，所以不会发生成核接合[68]。但在高浓度条件下，溶液中的离子强度会使粒子不稳定。根据 Henglein 等人[68]的研究，所有的银还原会使存在的粒子更大而不是制造新粒子，由辐射制造的粒子会根据银离子数量而增长尺寸。

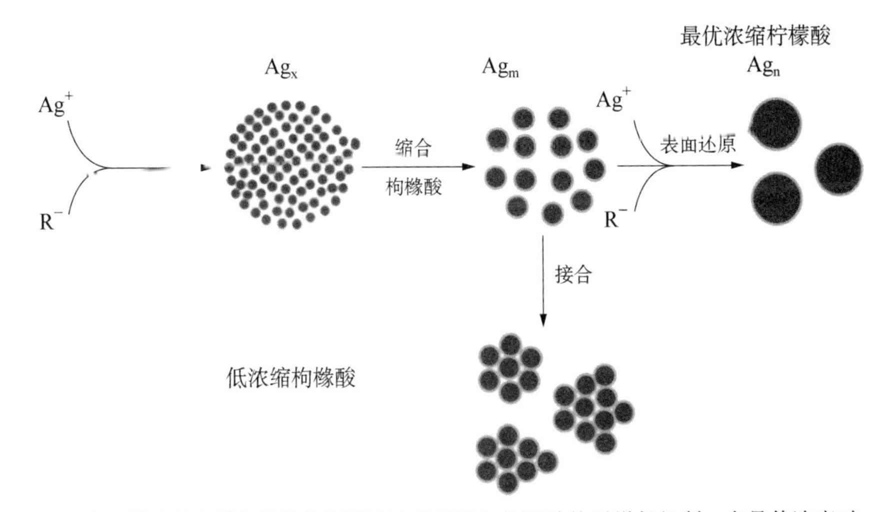

Henglein 提出的在低和最佳的枸橼酸浓度下发生的两种粒子增长机制。在最佳浓度时，银离子的表面还原发生在形成的纳米粒子表面，是由于枸橼酸吸附在表面使其有还原可能性；在低浓度时，发生了的是更小的银纳米粒子群的接合[68]

图 2－12　两种银纳米粒子增长机制示意图

随着 SAXS 的应用，Harada 和 Katagiri[69]调查了在有 PVP 存在时高氯酸银的光致还原作用，并在有苯偶姻(二苯乙醇酮)作为光漂剂在 1∶1 比例的乙醇水溶液中反应，随后使用紫外可见光谱和 SAXS 进行了观测。他们发现银粒子的形成经历了两个阶段：第一阶段是起始阶段，溶液中银粒子数量在起初的 10 min 快速增长，此时成核的有 20％是大分散性的 Ag^+ 离子还原到 Ag^0 的过程，这个阶段属于 Finke-Watzky[43]两步自催化还原成核机制。在第二阶段，粒子数量的增加有一个明显的下降，然而同时粒子的尺寸是明显增加的，这能通过 Ostwald 熟成直接解释，而相应数据也与 LSW 理论[13,14]完美吻合。对于 5mM 银的最低浓度在 30～90 min 的第三阶段，这时粒子半径逐步增长，适用的是溶液中粒子的动态接合模型。在第三阶段的 50～85 min 阶段，粒子的分布表明是 Ostwald 熟成到接合的过程，而这个分布与 Wagner 类 Ostwald 熟成模型吻合，说明该过程是一个从 Ostwald 熟成增长到基础接合增长的瞬变状态[69-71]。此时粒子分布有一些大尺寸，可以通过 LSW 理论使 Ostwald 熟成而得到进一步的排除[72,73]，从而与透射电子显微镜的结果吻合（图 2 - 13）[72,73]。

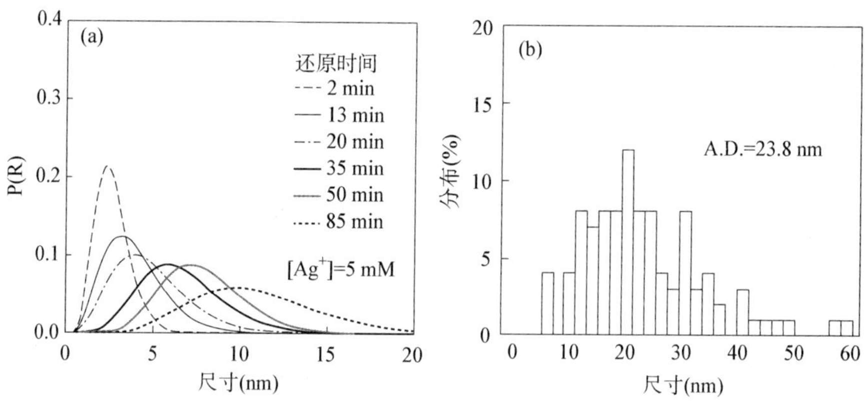

图 2 - 13　根据 SAXS 观测得到的[Ag]＝5 mM 的粒径分布[72,73]

使用[$(PPh_3)_2Ag(O_2CC_{13}H_{27})$]作为反应监控剂，Richards 等人[74]通过 3 个独立的实验研究了银粒子成核过程，如应用等离子体谐振的紫外线可见光谱、核磁共振谱和 TEM。他们的反应混合物是由银前驱体和偶氮二异丁氰组成的，在 130℃的聚乙烯(1 -十六碳烯)$_{0.67}$ -一氧化碳-(1 -乙烯吡咯烷酮)$_{0.33}$ 中，TEM 图反映了粒子的尺寸分布，说明这个反应的开始是渐进的并随时间而形成双峰，如图 2 - 14(a)所示。这意味着此阶段的粒子增长机制不属于 Ostwald 熟成。图 2 - 14(b)下展示了在高分辨 TEM 照片，直接看到此时的粒子是多分散性的，一个集束式的接合增长过程。

这个过程被认为是一种结合型的粒子增长动力学过程，而粒子的增长遵循 S 形[27,37,44,75,76]，直到 Ostwald 熟成发生并导致一个线性增长如图 2 - 15 所示。

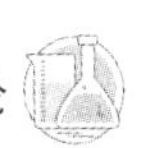

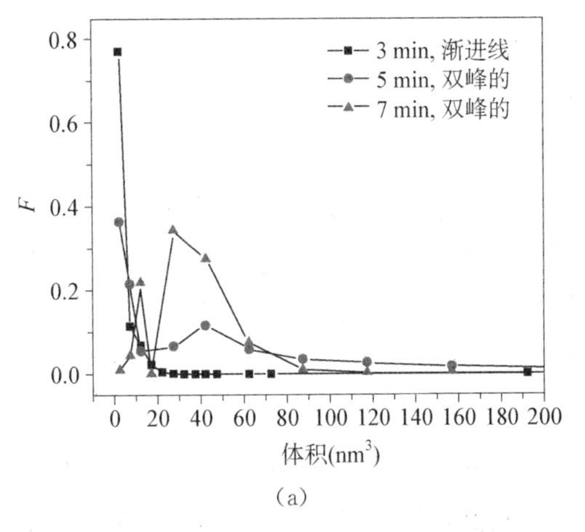

(a)

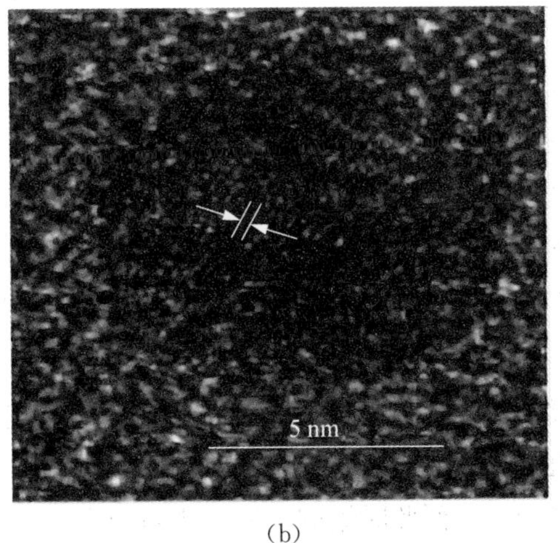

(b)

图 2-14　基于 TEM 测量的粒径分布图(a)及纳米粒子 TEM 照片(b)[74]

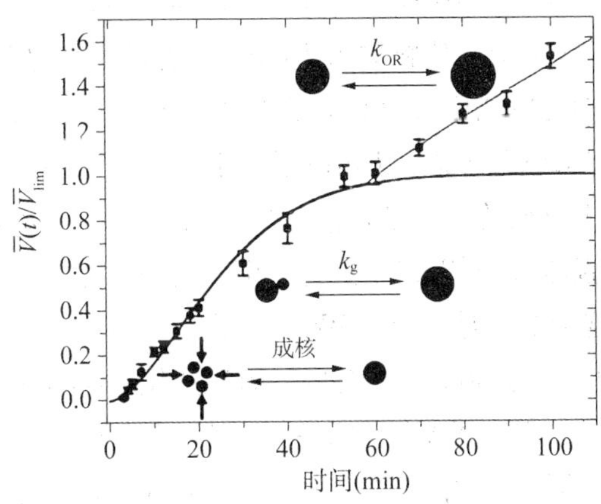

图 2-15　粒径随时间增长的 S 形曲线图及 Oswald 熟成发生而导致的线性接合增长[74]

这个例子说明了粒子成核的几个步骤：其中爆发成核遵循的是 LaMer 机制，此时有一个双峰粒度分布。而后是多晶粒子的结合增长，并在 60 min 反应时间内发生 Ostwald 熟成。

为进一步了解粒子的接合增长过程，Takesue 等[77]在银纳米粒子合成时就应用 SAXS 进行了观察，该实验过程应用硝酸银被水中的枸橼酸钠和单宁酸还原，而水用氢氧化钠调节到 pH＝12。他们发现 SAXS 记录了在 0.18～0.98 ms 的反应阶段的粒子成核过程，首先是在 0.39 ms，此时硝酸银的还原开始但是成核还没有发生；在 0.39～0.59 ms 阶段，有了一些形式的成核，但粒径太小不能被 SAXS 探测到；在 0.59～0.79 ms 阶段，观测到在 0.7 nm 时出现 Ag_{13} 族群，尺寸大约在 10 nm，这些粒子被认为是发生在与成核阶段相同的的结合增长时。在 0.98 ms 时，粒子的平均粒径从 0.71 nm 增长到 3.36 nm，表明 Ag_{13} 在形成更大的粒子。Ag_{55} 粒子约有 1.2 nm，其从 0.98 到 3.93 ms 过程粒径从 3.36 nm 增长到 6.95 nm，随后进一步增长到约 20 nm，但是在 5.89 ms 发现这个尺寸后该 Ag_{55} 粒子的直径就再没有发生改变。由此可知，这个合成过程有 3 个阶段：首先是银离子还原为银金属，然后是银形成 Ag_{13} 族群作为主要增长，最后这些接合形成更大的粒子[78]。

基于透射电镜 TEM 观测的有效性，Woehl 等[79]研究了 1 mM(mM＝mmol/L)水硝酸银的还原。通过 TEM 中电子束辐射水，它分裂为许多产品例如 e_{aq}^-、H^+ 和 OH^-，而此时银的还原发生可以通过溶液中的氢自由基或自由电子[79]。事实上，硅硝酸也能通过辐射而转移到水溶液中[80]，而银能被羟基自由基氧化[81]。根据 Woehl 等人的研究，成核过程依然有许多不能理解的现象，但这属于可预料的 LaMer[9]类爆发成核过程。银粒子在一个扩散控制机制中的成核增长速率被发现是 $r \propto t^{1/8}$，比 LSW 模型预测的 $t^{1/3}$ 值小 3 倍。但 LSW 模型已被知道不适于一些场合，这是因为大多数银粒子是在硅硝酸中成长的而不是在溶液中生长的[79]。此外，由于银粒子密度非常高并会一直增长，所以在较低电子束电流下的生长显示了 $r \propto t^{1/2}$ 的实际增长率，而这个规律是符合 LSW 模型的[79]。

在 NaOH 的水中还原随丙烯酸酯钠的硝酸银，Nishimura 等人[82]合成了银纳米粒子，并用 UV、XAFS 和 XANES 进行观测和研究。他们发现这个过程有一个颜色渐变，其中溶液的颜色从透明到黄色变化，而它的反应回

流过程则取决于 NaOH 与硝酸银的比例。他们还发现这个反应过程中的 NaOH 可以如图 2-16 所示通过紫外光谱进行观测。这个过程的速率改变也能通过反应中的反应物来进行解释，由于这里的反应物主要是 Ag_2O，它在 pH>10.5 的银溶液中可以产生如 XAFS 和 XANES 观测到的结果，如图 2-17 所示[83]。

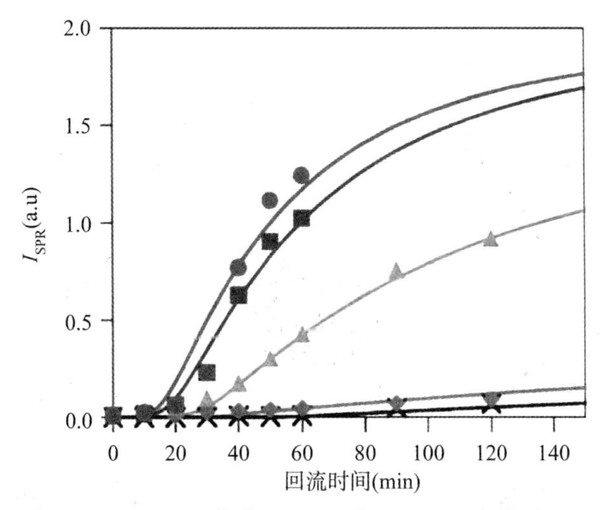

对于 x=(×)、0.4(菱形)、1.1(三角)、1.8(正方形)和 3.6(圆形)的情况，这里 x 是银和 NaOH 的比例，$1/x$。实线代表计算结果[82]

图 2-16　表面等离子体共振强度的时间演变

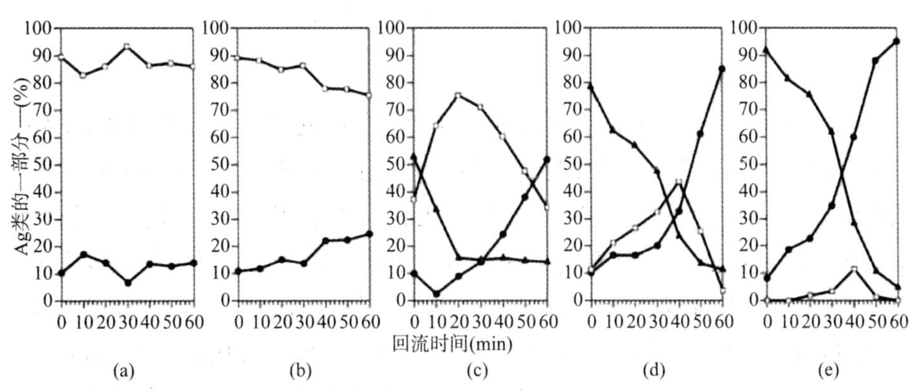

在 x=(a)0、(b)0.4、(c)1.1、(d)1.8 和(e)3.6 的情况下，空心方形- ϕ_1[Ag+(AgNO$_3$)]、圆- ϕ_2(Ag)和实心三角- ϕ_3[Ag+(原始 Ag$_{20}$)][83]

图 2-17　不同 Ag 种类(ϕ_i)的成核过程动力学

根据这些数据，Nishimura 等[83]总结出了一个 3 步成核机制：首先是 Ag_2O 在溶液中形成，其数量取决于硝酸银与 NaOH 的比例，加热使得 Ag_2O 溶解从而形成 Ag^+ 离子，最后 Ag^+ 被还原并在溶液中成核且通过增加 NaOH 浓度而进一步加速成核。

图 2-18 描述了 $Ag(OH)_x$ 为例子的银纳米粒子成核机制[84,85]。

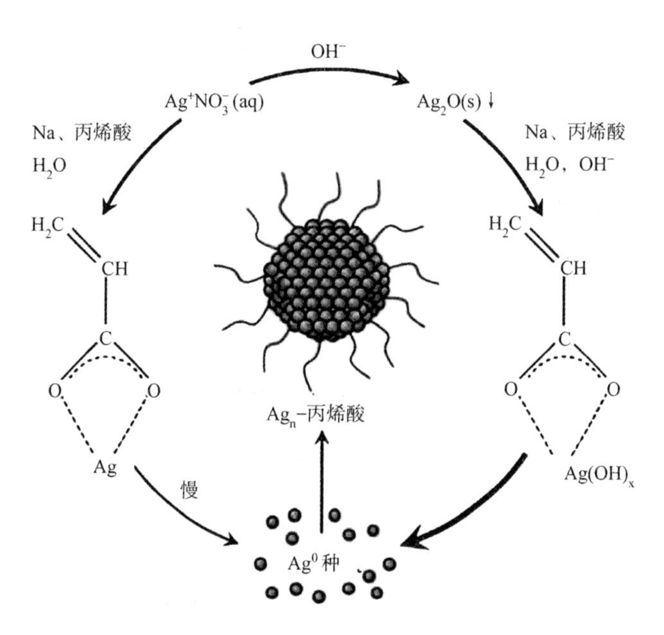

图 2-18　银纳米粒子的成核机制[84]

Polte 等人[86]在 SAXS 观测过程进行了与时间同步的光谱解析，主要应用了紫外光谱 UV 和透射电镜 TEM 进行同步观测。在银粒子的形成中使用硼氢化钠还原高氯酸银并且是在无论有没有 PVP 存在时。在没有 PVP 存在的情况下，发现在前 100 ms 时 1 nm 的粒子快速形成并在接下来的 400 ms 后，尺寸和数量都有一个快速的上升；在接下来的 2 s 内，伴随粒子数量减少粒径会持续增大直至 4.6 nm。这个现象符合接合生长机制，此时溶液中的小粒子会结合形成大的粒子，使得粒子总数减少，如图 2-19 所示。

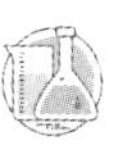

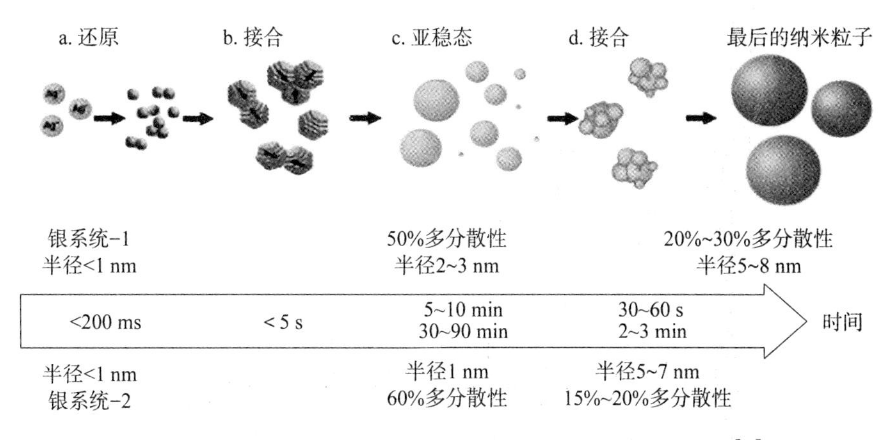

图 2-19 银纳米粒子系统推导的 4 步增长机制的图示[86]

铜纳米离子的形成用紫外线可见光谱和时间解析 X 射线来进行研究[87]。反应过程将 $Cu(OAc)_2$ 和 PVP 在水中混合然后室温、氮气环境下注入 $NaBH_4$ 和 NaOH 使整个溶液体系呈碱性。紫外可见光谱发现 PVP 溶液中粒子是不稳定的且随时间凝聚，如图 2-20 所示。

上述过程中，PVP 的存在是关键，其反应机制如图 2-21 所示。这时 $Cu(OAc)_2$ 形成氢氧化铜溶解在溶液中。$NaBH_4$ 还原了铜通过 Coulomb 力相互作用使它与 PVP 绑定在一起，随后依次被 $NaBH_4$ 还原来形成 Cu 纳米粒子[87]。

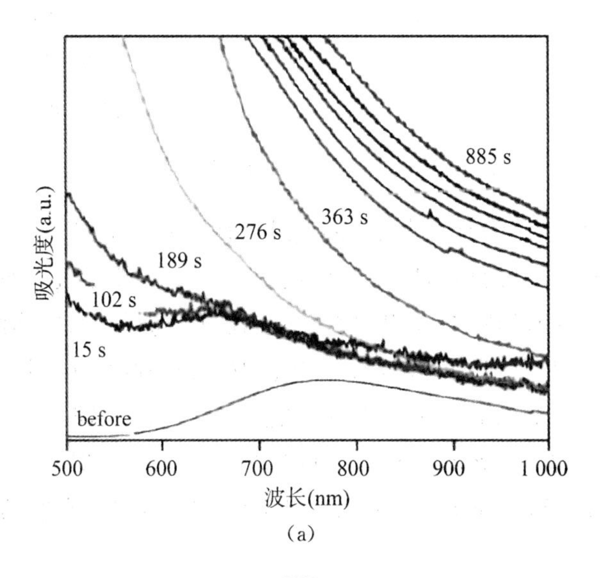

(a)

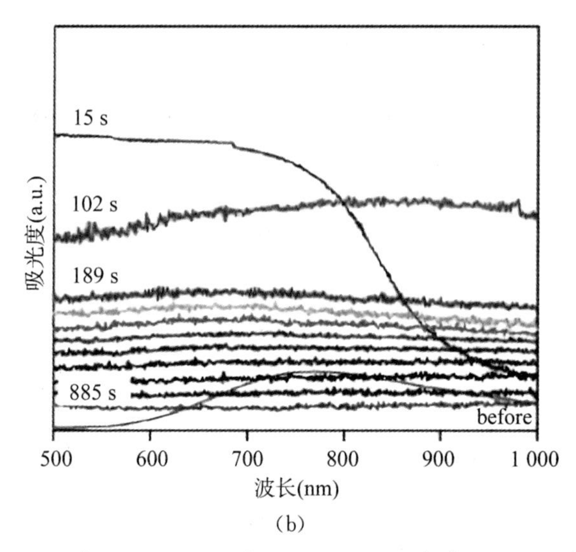

(b)

图 2-20　在注入 $NaBH_4/NaOH$ 溶液后在有(a)和没有(b) PVP 存在时定期测试的反应溶液的紫外光谱[87]

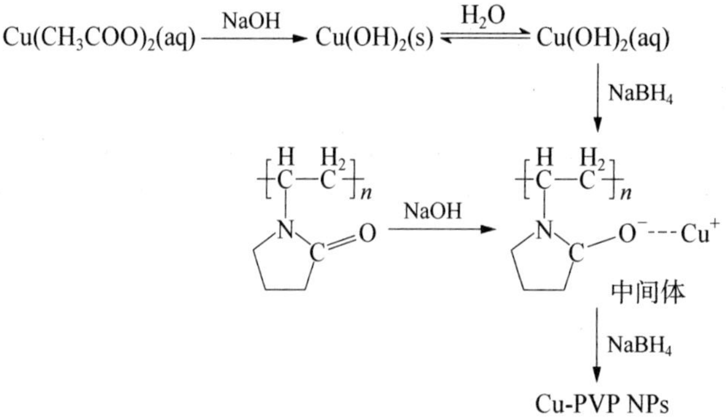

$Cu(CH_3COO)_2(aq) \xrightarrow{NaOH} Cu(OH)_2(s) \underset{}{\overset{H_2O}{\rightleftharpoons}} Cu(OH)_2(aq) \xrightarrow{NaBH_4}$

PVP $\xrightarrow{NaOH}$ 中间体（$C{-}O^{-}\cdots Cu^{+}$） $\xrightarrow{NaBH_4}$ Cu-PVP NPs

图 2-21　铜纳米离子的形成机制[87]

由此可知,金纳米粒子的成核制造过程有 3 个步骤,第一步是水中用柠檬酸三钠(枸橼酸三钠)的 $HAuCl_4$ 的还原,第二个是用硼氢化钠的 $HAuCl_4$ 的还原并最终在有枸橼酸和 PVP 存在时的还原,这个方法即枸橼酸三钠来还原金盐方法也被称为 Turkevitch 方法,被认为是遵循在中性 pH 附近的一个 Ostwald 熟成的 LaMer 类爆发成核过程。在 pH 低时是一个 Ostwald 熟成发生之前的增长形式的接合,当接合在大约 200 ms 时遵循 Ostwald 熟成规律形成单分散性粒子。在 PVP、$HAuCl_4$ 和 $NaBH_4$ 存在的条件下,由

于 PVP 具有稳定效应，所以可以分离金的二聚体和三聚体，其中最初的增长产生过程是一个 Ostwald 熟成的接合过程。

银纳米粒子的合成可以有很多种方法，其中的区别主要在于不同的成核与增长过程，比如遵循 Ostwald 熟成的 LaMer 爆发成核、伴随明显分离的增长阶段及成核与增长的混合过程；而增长方式也有不同的方法，比如自催化表面反应、接合和 Ostwald 熟成。Takesue[77] 的小角度 X 射线散射研究还发现，形成一个 Ag_{13} 族群是银粒子形成的一个初始阶段。

溶液中的铁离子形成经常取决于氧化态的六水合物的离子且在不同 pH 时受羟基化反应的影响。室温下的铁(Ⅱ)羟基化反应发生在 pH 7～9 时，而铁(Ⅲ)的羟基化反应在 pH 1～5 条件下发生[88,89]。这些金属羟化复合物在溶液中是不稳定，且通过铁离子的配位键发生缩合反应如图 2－22 所示。

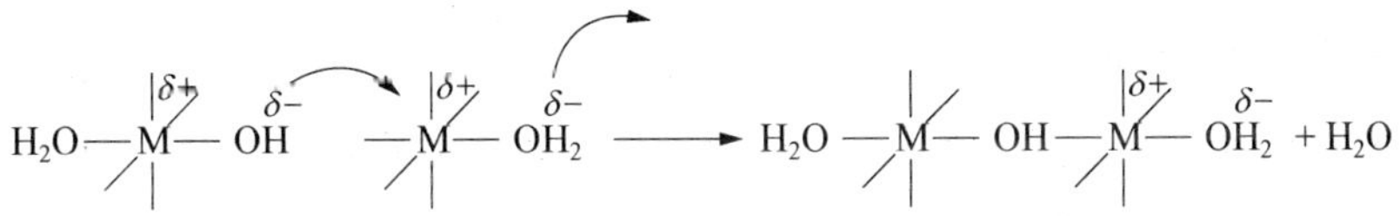

图 2－22　铁离子缩合反应的羟联机制，其中水分子被消除来形成了羟键[88]

因为配位水分子是不稳定的且这个反应的速率很快，所以含氧羟基化合物如$[MO_a(OH)_b]^{(z-2a-b)+}$没有可被消除的配位水，因而通过缩合反应形成了水(图 2－23)。

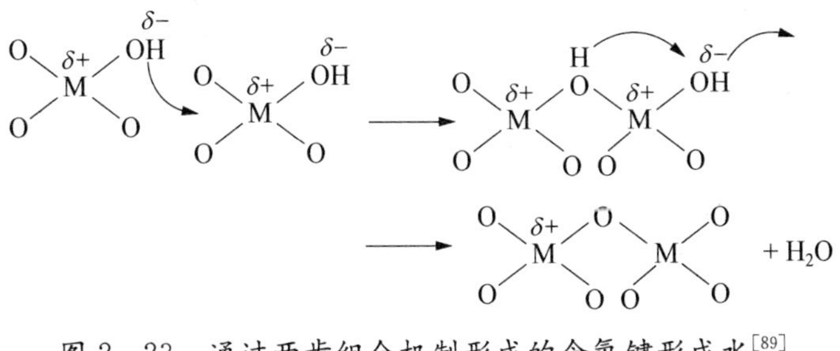

图 2－23　通过两步组合机制形成的含氧键形成水[89]

无水环境中，金属氧化物的合成是通过醛原子团的合成而发生的。来自铁(Ⅲ)癸酸盐的分解铁氧化物的形成如图 2－24 所示，通过羧酸盐与铁之间的反应形成铁原子团，并通过氧化进一步形成铁氧化物。

假如初始原料中没有类似的羧基例如乙酰丙酮化铁，然后配合基在溶液中发生了交换，则首先形成的是一个铁羧酸盐也如图 2-24 所示[90]。

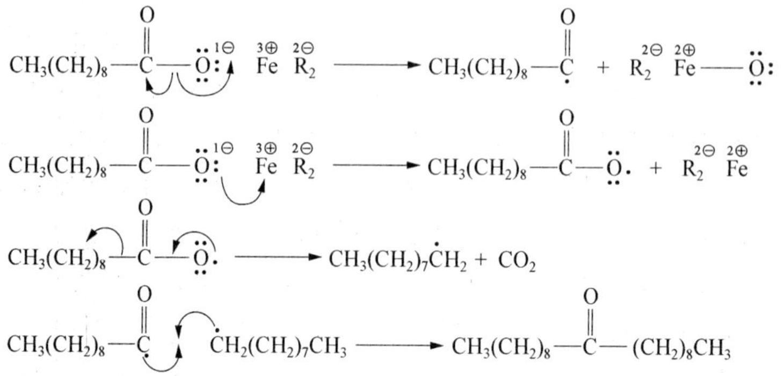

$$CH_3(CH_2)_8—\overset{O}{\overset{\|}{C}}—\ddot{O}:^{1\ominus}\ \overset{3\oplus}{Fe}\ \overset{2\ominus}{R_2} \longrightarrow CH_3(CH_2)_8—\overset{O}{\overset{\|}{C}}\cdot + \overset{2\ominus}{R_2}\ \overset{2\oplus}{Fe}—\ddot{O}:$$

$$CH_3(CH_2)_8—\overset{O}{\overset{\|}{C}}—\ddot{O}:^{1\ominus}\ \overset{3\oplus}{Fe}\ \overset{2\ominus}{R_2} \longrightarrow CH_3(CH_2)_8—\overset{O}{\overset{\|}{C}}—\ddot{O}\cdot + \overset{2\ominus}{R_2}\ \overset{2\oplus}{Fe}$$

$$CH_3(CH_2)_8—\overset{O}{\overset{\|}{C}}—\ddot{O}\cdot \longrightarrow CH_3(CH_2)_7\dot{C}H_2 + CO_2$$

$$CH_3(CH_2)_8—\overset{O}{\overset{\|}{C}}\cdot\quad \cdot CH_2(CH_2)_7CH_3 \longrightarrow CH_3(CH_2)_8—\overset{O}{\overset{\|}{C}}—(CH_2)_8CH_3$$

图 2-24　非水溶液中的铁原子团形成及进一步的铁氧化物形成过程示意图[90]

热分解在非水介质合成中是一个比较常见的现象。当用可追踪材料作为起始原料，并通过紫外可见光谱进行跟踪检测时，Casula 等[92]发现氧化铁 Fe_3O_4 通过间氯过氧苯甲酸(mCPBA)氧化合成了 $Fe(CO)_5$。当有二辛醚中的十三酸存在时，这种方法可以形成铁原子，此时 $Fe(CO)_5$ 和 mCPBA 在 293℃被注入十三酸的热溶液中氧化反应 1 h 后开始形成粒子，如图 2-25 所示[93,94]。这个过程其实是一个 LaMer 成核及爆裂成核的过程[9,10]。

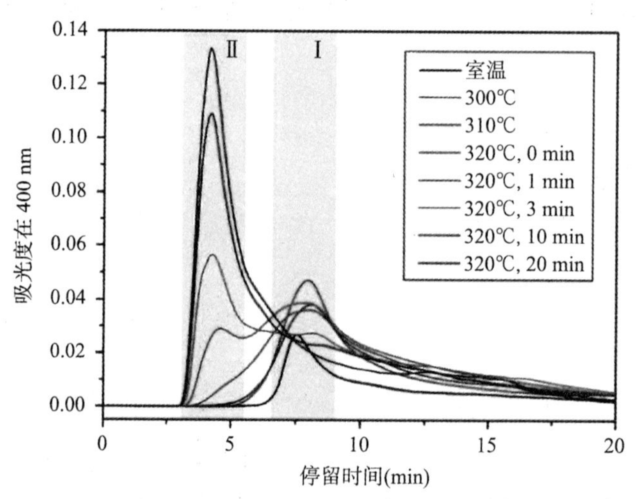

在 400 nm 处的可在溶液中溶解的样本的吸收度色谱，这在氧化铁纳米晶体的合成反应时。1-十八烯被用作反应的溶剂。阴影区域分别表明区域Ⅰ(右)和区域Ⅱ(左)[93,94]

图 2-25　氧化铁纳米晶体合成反应时吸收度色谱图

Kwon 等[26]应用体积排除色谱法(size exclusion chromatography，SEC)进行了氧化铁成核与增长的研究。合成方法是在 120℃把油酸铁注入 1-十八烯然后加热这个混合物到 320℃并且使混合物保持这个温度。通过观察 400 nm 的波长，同时观测氧化铁纳米晶体和油酸铁化合物的变化。图 2-26 展示了两个滞留区域，区域(Ⅰ)从 6.5 min 到 9 min 和区域(Ⅱ)从 3 min 到 5.5 min。随着时间区域Ⅰ的峰值降低了然而区域Ⅱ的峰值上升了，区域(Ⅰ)包含了起始原料油酸铁和任何中间体的峰值。

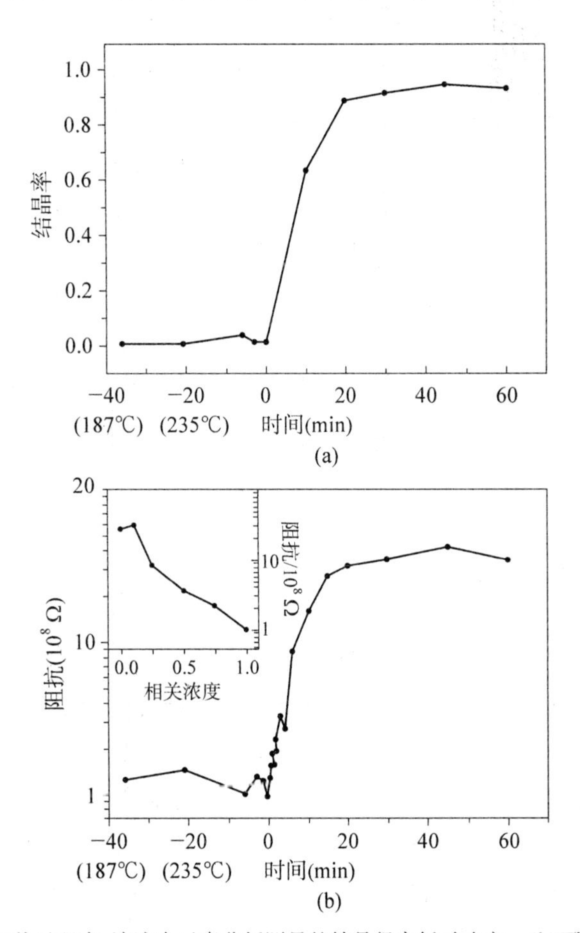

(a)在加热过程中，溶液中元素分析测量的结晶得率暂时改变。(b)可在四氢呋喃中全部散布的样本的交流阻抗平面图(图中油酸铁浓度决定交流阻抗值、相对浓度由原始反应溶液浓度标准化的。在时间轴的 a 和 b 板上，$t=0$ 在溶液温度正好到达 320℃。对 $t<0$，每个时间相对应的溶液温度在括弧中表示。1-十八烯被用作所有溶剂[26]

图 2-26　两个滞留区域

因为纳米晶体的低流动性，比溶液中离子还慢。他们还用电化学阻抗光谱测量了 Fe^{2+} 和 Fe^{3+} 被吸收进氧化铁纳米晶体的含量。图 2－26 展示的数据与 SEC 数据一致，说明这时油酸铁和中间体很快地形成了纳米晶体。TEM 的进一步研究发现这个纳米粒子的形成过程是一个 Ostwald 熟成的过程[26]。

成核方法也许是金属氧化物形成的最好解释，这是因为金属氧化键是通过羟基化或氧桥合作用而形成的[88-90]。此外在有机溶液中的合成通过自由基来进行[91]。尽管粒子成核与增长的途径是已知的，但由于过去测量技术的缺失，对于这些过程的研究还是很少的。紫外线可见光谱已经被广泛应用于贵金属和量子点，但这对金属氧化物不是一个很直接的技术，这里没有表面等离子体共振 SPR。Casula 等人[92]通过使用 mCPBA 克服了 SPR 的直接缺失，mCPBA 没有随时间可追踪的紫外线可见峰。SPR 的缺失导致 SEC 的使用，并且用电化学阻抗随时间的变化作为测量粒径的方法[26]。在相似的技术于理想状况下金属氧化物系统相比于贵金属应该被首要研究，SAXS 与 XAFS 或 TRXNES 协调使用能够同时测量大尺寸和小尺寸粒子。由于这些粒子当下及未来在生物医学和其他领域的应用，应该是一个积极进行研究的领域。能够理解这些过程将使合成变得比它们现在更加好。

2.5 量子点胶体粒子

量子点(quantum dot)是一种纳米级别的半导体，主要是一些Ⅳ、Ⅱ～Ⅵ，Ⅳ～Ⅵ或Ⅲ～Ⅴ元素组成的无机物。通过对这种纳米半导体材料施加一定的电场或光压，它们便会发出特定频率的光，而发出的光的频率则会随着这种半导体尺寸的改变而发生变化。因此，控制量子点的尺寸就可以控制其发出的光的颜色。这即是量子点的电子空穴(electron hole)特性。由于其粒子特性明显不同于普通的粒子，所以有必要单独列出。

半导体纳米粒子、量子点的合成过程常用紫外可见光谱、NMR[95]和 SAXS[96,97]来进行研究。由于$(CdSe)_{34}$[98]具有特别稳定及独一无二的成核与增长路径，因而被广泛研究[98-100]。Yu 等提出了其纳米粒子只经历了成核但没有任何增长的理论[101]，Kudera 等[102]基于稳定性提出了其 Ostwald

熟成过程是不会发生的，而其微小粒子不会再溶解来增长形成大的粒子。Kudera[102]研究发现，硒化镉在200℃、惰性气体保护下可以通过混合十二烷胺和壬酸与氧化铬形成。当溶液冷却到80℃并在80℃烧瓶的三辛基溶液中加入硒进行反应，可以在紫外可见光谱330 nm和350～360 nm发现其峰值是不随时间变化而改变的；反之，峰值则会缓慢失去强度并在431～447 nm峰值时强度有所增加，如图2-27所示。这说明该量子点的合成过程是一个没有Ostwald熟成的过程。

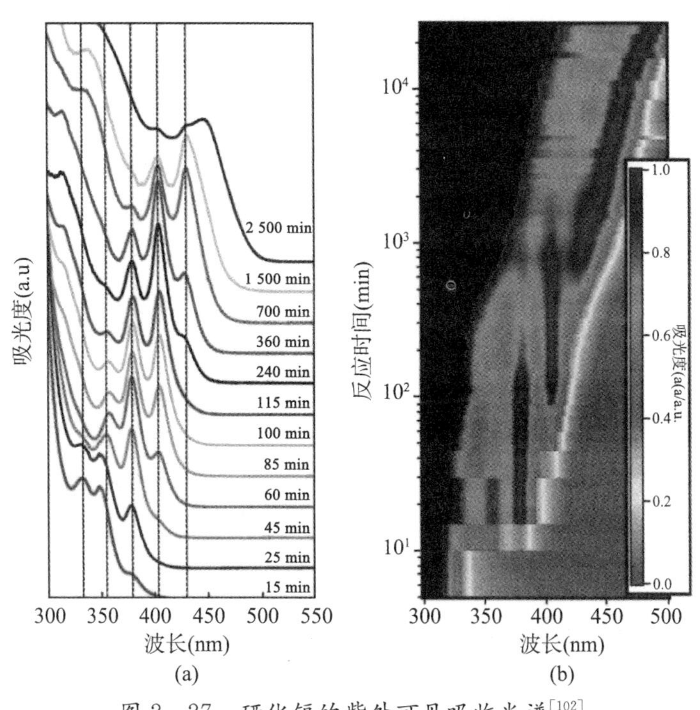

图2-27 硒化镉的紫外可见吸收光谱[102]

Yu等人[101]通过观察溶液中镉和硒前驱体的形成给出了量子点形成的热力学解释。两种前驱体在100℃氮气下混合并加热到120℃并进一步加热到240℃，然后分别保持这个温度40～60 min。他们认为这个过程遵循方程(2-36)、(2-37)和方程(2-38)。显然，这些方程对了解$(CdSe)_m$(固体)的数量和尺寸变化是有帮助的。

$$(Cd)_p + (Se)_p \longrightarrow (Cd-Se)(\text{可溶}) \tag{2-36}$$

$$(Cd-Se)(\text{可溶}) \longrightarrow CdSe(CdSe)_x(\text{可溶}) \tag{2-37}$$

$$(\mathrm{CdSe})(\text{可溶}) \longleftrightarrow (\mathrm{CdSe})_m(\text{固体}) \quad (2-38)$$

^{31}P 核磁共振发现该量子点的尺寸变化过程之间有一个非常依赖于温度的跨度，而此时纳米粒子的浓度完全依赖于(CdSc)m(固体)的溶解[101]。

Newton 等用紫外可见光谱观测了硒化镉的合成，发现反应 5 h 后溶液变红，粒子开始发生增长[99-103]。根据紫外线峰值的满半峰估算出此时溶液中的量子点粒径小于 2 nm[99,100,104-107]。

事实上，常规量子点已经被用于紫外可见光谱并进行了广泛地研究[108-116]。图 2-28 显示了纳米粒子在不同温度下的一系列反应如何随时间改变，其中的数据与 Ostwald 熟成和定向连接的动力学模型基本匹配。发现在低温时，$0℃ \leqslant T \leqslant 25℃$，对时间 $t > 0.5$ s，Ostwald 熟成占主导。然而在高温时，$30℃ \leqslant T \leqslant 45℃$，早期增长由 Ostwald 熟成主导，$0 < t < 20$ s，然后是定向连接。考虑到系统能量这是合理的。在高温时系统中会有能增加 Brownian 运动的更大的热能。运动的增长导致了粒子之间的相互作用，使发生的定向连接有正确的晶体取向。

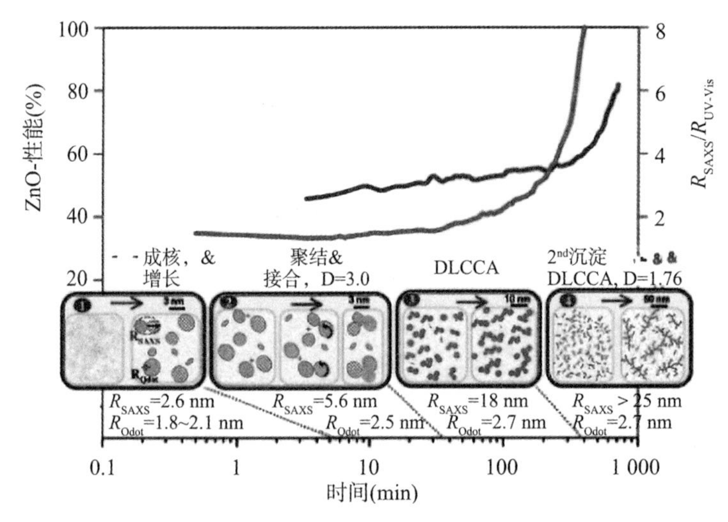

其中 $R_{UV\text{-}vis}$ 是基于紫外光谱的量子点半径，R_g(SAXS)是基于 SAXS 的回转聚结半径[96]

图 2-28　ZnO 量子 i 点的形成示意图

为了更深入地了解 ZnO 的形成，Caetano 等人[96]做了 XAFS、SAXS 和紫外可见光谱的研究。他们继续了 Spanhel 和 Anderson[117]的工作。在

醋酸锌作用下，Zn_4OAc_6 水解并溶解在氢氧化钾中，并在纯乙醇中进行缩合反应。在 1 000 min 的反应过程中粒子有 4 个发展阶段：成核、不规则增长、二次成核和分形絮聚增长。成核过程中第 1 阶段 $t < 5$ 量子点半径从 1.8 nm 增长到 2.1 nm；第 2 阶段的过程（5～100 min）定向连接发生[118,119]；第 3 阶段（$100 < t < 350$ min）是集群聚结，此时粒径的近线性增长与扩散型集群聚契合[120]；最后阶段 $t > 350$ min 是聚结的前期过程，此时 ZnO 的二次形成被干扰，使得 ZnO 的化学性质不稳定[121-125]；而第 4 阶段则是该量子点的成形过程。

二氧化硅纳米粒子形成的 Stober 方法[126]已经被研究多年。Pontoni 等[127]应用 SAXS 研究了纳米粒子的增长机制。Green 等[128]通过动态光散射（DLS）、NMR 和 SAXS 研究二氧化硅纳米粒子的形成过程，证实是一个初级粒子的控制聚结协调的持续成核过程[29]。二氧化硅纳米粒子的合成过程还被发现是一个随时间缓慢饱和的过程[129-131]。

Fouilloux 等[132,133]用 SAXS 方法发现，LaMer 机制和经典成核理论都能获得正确尺寸和离子浓度，但不能获得正确的尺寸分布。SAXS 和 Raman 光谱研究还发现大多数粒子通过接合时间形成更大密度的粒子[97]。

在最新的研究中，Yamada 等[134]和 DePaz-Simon 等[135]发现紫外光谱也可以以用来观测周期性介孔。而在 1-十八烯中硒化镉中量子点的成核与增长极具特色[136-138]。即在此条件下量子点的形成非常依赖形成粒子的单体。[95,104,136,137]

此外，在 Yu[139]的研究报告中起始原料经常是醋酸镉 $Cd(OAc)_2$，这里的十八烯酸可以与单或双配位体进行交换，然后继续形成硒化镉单体。在对双配位体交换过程中，高过饱和度下形成尺寸核和低饱和度下形成常规核是可能的；然而对于单配位体交换，Cd(OAc)-(油酸)复合体只有粒子核形成。

由于量子约束效应，量子点可以通过紫外可见光谱进行研究。但这个过程很大程度上依赖于经验计算来获得其粒子尺寸。研究量子点的形成过程可以用 ^{31}P NMR 来显示活性种子的最初阶段，但不能给出粒子形成过程的参数。量子点的离散大小之间的区域是不明确的、不稳定的，且很难进行测量，因此这个区域内的两点之间的信息是未知的[140]。目前对这个区域的研究主要依靠 SAXS 和 TEM，如图 2-29 所示。

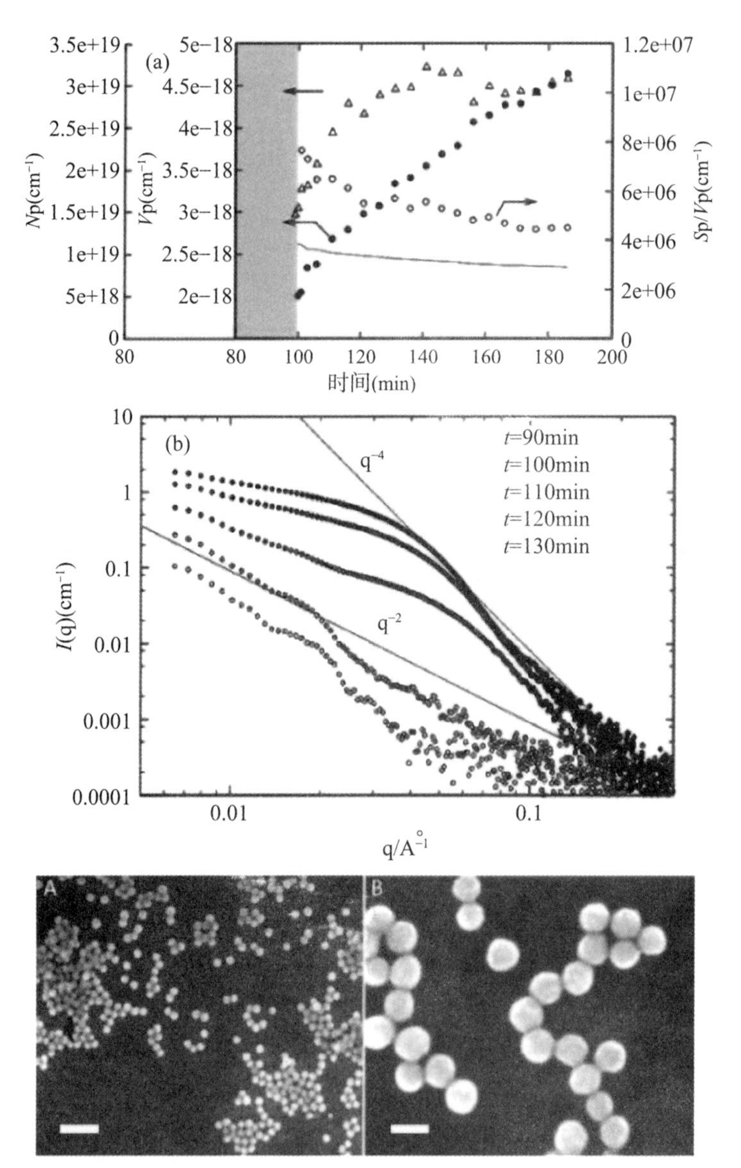

散射体体积 V_p(●)的演变，粒子数浓度(Δ和 ρ 假设为 2.2 g/cm^3)，散射体表面体积比率 S_p/V_p(○)作为反应时间的一个函数在 $C = 40$ mM 和 $T = 80$℃时的变化(a)。线代表了球体的体积 V_p 的表面体积比率。在 $t = 100$ min 之前的灰线表明了定义的 Porod 限制的缺失(b)。下图 A 是小角 X 射线散射强度作为一个对在 20 mM 的左旋精氨酸和 $T = 70$℃时制备的样本时间的函数，下图 B 是扫描电子显微镜影像，在反应时间的最后获得($C_{左旋精氨酸} = 6$ mM, $T = 65$℃)。A 和 B 的刻度分别是 200 nm 和 40 nm[140]

图 2-29　纳米析出 SAXS 和 TEM 图示

2.6 微纳米乳液中的纳米粒子成形

微纳米乳液和一般的乳液主要的不同点在于乳化剂作用下的纳米粒子尺寸作用会影响液滴的自发形成过程和结果[141-145]。由于胶体形成过程需要一定的能量注入，比如以高剪切外力来减小分散相液滴的尺寸大小并使之均匀，从而使得胶体的动力稳定性得以增加。所以一般情况下乳化剂不但可以形成微纳米乳液，而且还可以使其具有热力学稳定的低黏度特点。纳米液滴的尺寸是受曲率自由能和表面活性剂薄膜的弹性支配的。在微观水平，具有各种各样微观结构的液滴能形成油珠分散在一个连续的水相（O/W 型，即水包油型微乳液）形成双连续相，而小水滴可以分散在一个连续的油相（W/O 型，即油包水型微乳液）。这个过程取决于很多因素，例如油和表面活性剂的化学性质、浓度和物理状态，如温度、压力、pH、粒了强度等。值得一提的是微纳米乳液中的水也可以被其他极性溶剂所替代[141-145]。

近年来研究发现，微纳米乳液还是一种方便的模板可以直接用来合成纳米粒子，而自发形成的纳米粒子又可以促进微纳米乳液作为一种纳米反应器来加以应用[145]。W/O 型微纳米乳液已经作为无机纳米粒子综合体的区划系统来开发，在这个特殊的系统中让人特别感兴趣的事可能可以通过这样一个事实来解释，与 O/W 型微纳米乳液相比，他们想要更容易的形成，并且他们通常有更好的溶解能力[142,143]，综合的考虑微纳米乳液中颗粒的形成机制和生长是有效的[141,145-147]。但是，最近对于微纳米乳液作为有机纳米粒子的前体的开发越来越受到关注。

应该强调的是，因为微纳米乳液系统的动态特性，它不应该仅仅被看作是能严格控制合成粒子形状和大小的静态的模板。由于布朗运动，微纳米乳液中的纳米级液滴之间不断地发生碰撞，使得其内部不断地发生变化。而许多参数，如表面活性剂膜的弹性、温度、内部相的体积分数等则控制了这个变化过程[146-148]。所以，在微纳米乳液中形成纳米粒子的过程不仅是一种技术制备过程，而且还充满着科学意义及挑战性。

有机纳米粒子在微纳米乳液中的形成方法有以下几种。

2.6.1 聚合形成

微乳液的自发形成为其创造了便利条件，通过聚合得到制得纳米粒子的廉价的模板。每年大量的描述微乳液中聚合纳米粒子的形成的科学论文被发表。亲水和疏水单体都有可能被用于形成乳胶粒子。单体和引发剂的溶解度、浓度、初始微乳液组成、反应条件和很多其他的因素会影响最终的结构、组成、聚合物粒子的大小和形状[149]。聚合的进行也可能发生在表面，因此导致了核壳粒子的形成，或者继续通过分散相和胶团，形成均匀的固体球。用于微乳液的聚合纳米粒子的几个准备方法，已经在过去的几十年阐明[149-152]。近些年，在这个领域 Rades 和他的合作者做了大量的工作[153-157]。聚(烷基氰基)核心/闭式粒子从各种微乳液中被合成，其中没有添加引发剂，或多或少地截留住一些亲水的有机材料，例如蛋白质。从油包水型微乳液中形成聚(烷基氰基)粒子的机制最初由 Gasco 和 Trotta 提出的[150]。他们假设，最初时通过水中亲核的氢氧离子，氰基丙烯酸烷酯的聚合发生在油水液滴界面。但实际上观察到的是，这些胶囊的尺寸通常明显超过了最初微乳液液滴的尺寸。Watnasirichaikul 等人[151]提出单体的聚合不是仅仅发生在液滴的周围，也发生在结构破坏的胶束簇的水油界面处，导致纳米粒子的尺寸在 250 nm 左右。Rades 等人[153-157]更进一步地评估了几个制备工艺参数的影响，例如微乳液的构成、它的内部结构以及它的动态变化；反应的氰基丙烯酸烷酯单体的烷基链的长度、活性物质截留的尺寸、聚合物分散度、形态、电荷和得到的电子的加载能力。惊奇地发现，产生于各种类型微乳液的空的聚(烷基氰基)粒子，包括油包水型、双连续和水包油型[153,156,157]，甚至在水被替换为尺寸、多分散指数、电动电势、形态相似的乙二醇的无水的微乳液中[154]。假设密闭液滴不是这种方法形成纳米粒子的必要条件，当新的聚合物相形成，最初存在的亲核液体有通过形成几个尺寸范围内上百纳米的球体的方法来最小化它的界面面积的趋势。另一方面，亲水性有机材料在这种液滴中的截留效率通常取决于最初的微乳液的结构的类型，尽管会对最初的系统增大载荷的假设产生质疑[153,156,157]。

Wu 等人[158]合成聚甲基丙烯酸缩水甘油酯纳米粒子，进行改性通过葡萄聚糖来使起活性作用的蛋白质嵌入。这个粒子通过在一个已烷-水的微乳液中的界面聚合制得，由双(2-乙基己基)磺基琥珀酸钠稳定(AOT)，并且包含亲水性非质子溶剂。因此，聚合的引发剂被加入这个系统中，得到的粒子的平均尺寸在 110 nm 左右，他们表现出良好的耐储存性[158]。

聚吡咯的导电纳米粒子通过吡咯在吡咯-水的微乳液中聚合而制得，由

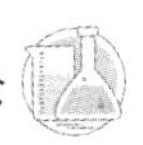

低浓度的十二烷酯硫酸钠作为表面活性剂达到稳定，乙醇作为助表面活性剂，用低浓度的氧化剂，如过硫酸钾[159]。这个工作中，据报道，合成的聚吡咯纳米粒子具有窄的尺寸分布，平均尺寸低于 50 nm。可以得出结论，π 键的键长随着聚吡咯的链长、颗粒的尺寸、酒精浓度的增加而增加。

Zhao 等人[160]制得聚合荧光或有机粒子的纳米粒子，通过甲基丙烯酸甲酯的共聚和可聚合的阴离子型表面活性剂（全氟辛烷磺酸），从微乳液中的甲基丙烯酸甲酯和水中溶解的荧光的有机材料。氧化还原引发剂被加入到微乳液中，合成粒子在 40～80 nm 是硬质的球体，当荧光分子和表面活性剂被结合到聚合物的网状物中。

2.6.2 油脂类纳米粒子的形成

固体脂质纳米颗粒（solid lipid nanoparticles，SLN）可以从由作为油相的低熔点的脂质组成的热水包油乳液中准备（甘油三酯/脂肪酸），这些微乳液被温和地加热到可以吸收油脂，然后分散到冷水中来实现 SLN 的形成。温热的微乳液中的纳米液滴被转化成固体脂质纳米颗粒。各种各样不溶于水的有机材料有可能在这种热的脂质中被溶解，随后与纳米粒子融为一体。亲水的物质可能也会被结合到 SLN 中。这些组成单位可能通过微粒均匀分散，或者位于壳或核心，这取决于他们在脂质和表面活性剂层中的浓度和溶解度[161,162]。对于设计 DLN 需要的特定性能，要求仔细选择脂质和乳化剂[162]。装载着药物的各种各样的 SLN 因为有更长的循环时间，通过血脑屏障的程度更高而更易于口服吸收[161]。

SLN 还被表现出口服后以淋巴系统为目标[161]。作为一个药物剂型，这些纳米粒子对于掺入的药物是合适的，这些药物有不利的药物动力学，并且需要长时间的高血浆浓度。Kalam 等人[163]准备了 SLN 的亲水性药物——沙星类药物，是从温热的水包油的硬脂酸微乳液中或硬脂酸和山嵛酸甘油酯，通过泊洛沙姆-188、牛磺胆酸钠稳定，以乙醇为助表面活性剂。油类物质的混合物（硬脂酸和山嵛酸甘油酯）产生了不透明的、在尺寸上更小的、能确保更高的药物截留与纯净的硬脂酸 SLN 比较的微粒。明显可以看出，可以通过山嵛酸甘油酯促进药物包封存在的结晶度的降低。

Bondi 等人[164]从山嵛酸甘油酯在水的温热乳中加工出利鲁唑加载 SLN，通过卵磷脂和牛磺胆酸钠稳定。利鲁唑是一种不充分的溶于水的抗癫痫药物，被用于治疗肌萎缩性脊髓侧索硬化症。它的 SLN 的平均大小直径是 88 nm，他们可以成功通过血脑屏障。

Li 等人[165]准备了 SLN 和纳米结构的脂质载体，它们是由固体和液体的脂质组成的纳米粒子混合物。NLC 和 SLN 的主要区别在于熔点的降低和前者结晶度的降低，这使得它们能吸收更多数量的活性成分，例如一个药品。这些微粒由水包油的微乳液中准备制得，用单葵酸酯(为了防止 SLN)或者单葵酸酯和中链甘油三酯的混合物(为了防止 NLC)。氯霉素，一个亲脂性药物，被各种类型的微粒吸收。有发现称掺入充足量的液体油脂到纳米粒子中，会一直结晶，并且会导致微粒尺寸下降。还有发现称积累的药物释放，在体外，也会随着液体脂质的比例而上升。

Baboota 等人[166]准备了从温热的水包硬脂酸中获取的尺寸在 120～200 nm 的卡维地洛加载 SLN，通过泊洛沙姆 188、牛胆黄酸钠稳定，由乙醇作为助表面活性剂。卡维地洛是抗高血压的药物，通过肝脏在胃肠吸收之后立即进行广泛的新陈代谢，这导致其缺乏抵抗力的口服生物利用度。这项研究表明卡维地洛加载 SLN 能被成功运送到体循环，通过淋巴系统，因此能躲开肝脏的首次代谢。泊洛沙姆 188 过量(超过了生产标准的微粒所需的浓度)对微粒的稳定性和淋巴摄取有不好的影响。

Dong 等人[167]发展了一种抗癌亲脂性药物，紫杉醇中的无氢化蓖麻油的脂质为基础的纳米颗粒。两种类型的紫杉醇酯质纳米粒子从温热的微乳液前体中获得，一种是基于液体介质的中链甘油三酯(Miglyol812)，通过 20-聚氧乙烯硬脂基醚和 d-α 生育酚聚乙烯 1000 琥珀酸盐稳定，其他是基于固体脂质的癸酸丙三醇酯，通过(表面活性剂)玻雷吉 78 稳定。第一个纳米粒子的类型表现的是一个储集类型的系统，在这里药物可持续溶解进液体脂质的核心中，而第二种类型的纳米粒子是低结晶度的固体脂质纳米粒子。它们的尺寸都小于 200 nm，有良好的稳定性和体外活性。

Kuo 等人[168]形成了抗病毒亲脂性药物，沙奎那韦的阳离子的 SLN，通过使药物嵌入温热的包括两种阳离子脂质体(硬脂胺和双十八烷基二甲基溴化铵)和两种非离子脂质(甘油二十二烷酸酯和可可油脂)的微乳液中，通过聚山梨醇酯-80 稳定，以乙醇作为助表面活性剂。微乳液之后与冷水混合，因此获得了带有脂质中心的非电离脂质和外围的阳离子脂质的微粒。这些微粒在形状上是椭圆形的，平均直径小于 200 nm。

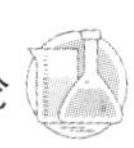

Souza 等人[169]生产了 SLN 和加载着亲水性抗癌性药物托普勒肯的 NLC，通过用一个温热的各种硬脂酸和十八烯酸的混合物的微乳液，通过卵磷脂和牛磺脱氧胆酸盐稳定，微粒的尺寸都在 200 nm 以下，这能够改善它的化学稳定性和拓扑替康的细胞毒性，提供缓释。惊奇的是，在这个研究中 SLN 和 NLC 的表现没有区别。

Pang 等人[170]能够生产出加载着疏水性药物，布洛芬的有磁性的 SLN，通过合并磁铁矿，表面覆盖十八烯酸到最初的微乳液之中。

2.6.3 在水滴中的沉淀形成

合成疏水有机材料的纳米粒子的方法是由 Nagy 和他的同事们报告的[145,171-173]。这个方法由以下几个部分组成，加入溶水性较差的有机材料，溶入一个适当的有机溶剂到水包油的微乳液和它的直接的沉淀到纳米级的水中。按照研究的假设，有机纳米粒子的形成存在着几个阶段。第一个阶段，形成了水包油的微乳液。第二个阶段，被溶解到有机溶剂的活性物质被以一滴一滴的方式加入到微乳液中。第三个阶段，有机材料通过扩散渗透到水芯的行为通过施加超声波或磁搅动而受到促进。溶剂在有机分子到水芯的运输中起到了很大的作用，因为如果物质没有在添加剂前溶解，这一步不会发生。第四个阶段，有机材料因在水中不溶解而沉淀在水芯中。核心形成了，并由表面活性剂达到稳定。第五个阶段，发生了溶剂的取代，在作为恒定碰撞的水芯中发生了有机分子的交换，因此，形成的核心的增长，并取而代之。图 2-30 中可以看到微粒形成的过程。

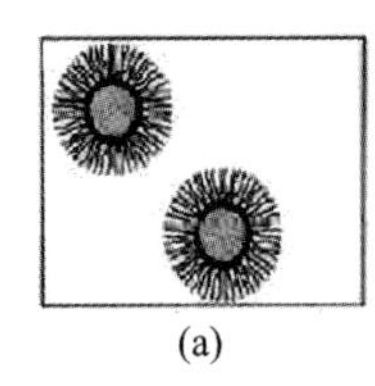
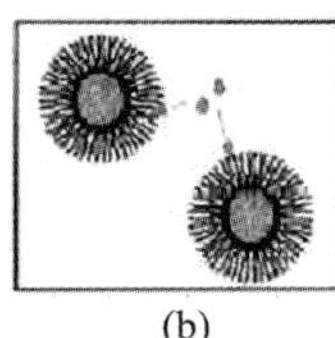
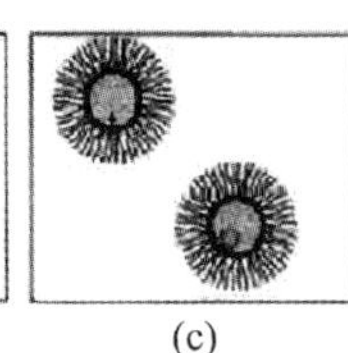
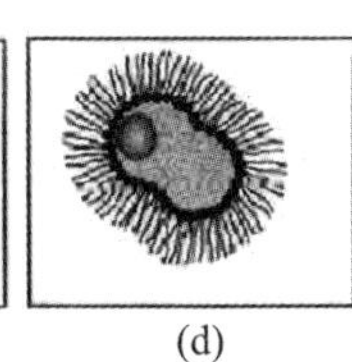
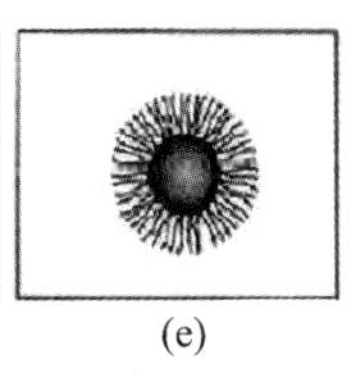

(a) (b) (c) (d) (e)

(a) 油包水微乳液形成
(b) 有效成分溶解在有机溶剂中通过有机媒介转化到表面活性剂形成的界面上
(c) 原子核形成并且在界面上通过与表面活性剂分子相互作用达到稳定
(d) 带有其他有机分子的水核和形成的纳米粒子之间的快速交换。生长可以来自于水芯之间的碰撞，也可以来自于溶剂水芯之外的孤立分子
(e) 最后，纳米粒子的尺寸超过了一种限制，当达到一个确定的尺寸时，最初的水芯和微利的生长都会停止生长(热力学控制)或者当原子核耗尽时[172]

图 2-30 在油包水微乳液中直接沉淀的有机纳米粒子的形成机制

研究人员提出了两种方法试图来解释微粒的形成机制[172]。第一个是基于 LaMer 图表,这个图表普遍地解释了在过饱和溶液中的沉淀过程。这个方法是基于成核现象在每一个沉淀反应中都受到限制的原理。根据模型,在第一个阶段中,有机溶剂在水芯的浓度不断地随着微乳液中有机溶液的添加而上升。当浓度达到一个临界过饱和值时,成核现象发生。这导致溶质浓度和通过扩散的微粒的生长的下降。这种生长一直存在直到浓度达到溶解值。因为在水滴中原子核形成的数量是恒定的,有机前体添加的上升导致了微粒尺寸上的增大。

第二个模型是基于微粒通过表面活性剂达到的热力学稳定。根据这个模型来看,在纳米粒子形成的过程中成核现象是一直存在的,与此同时伴随着微粒的生长。假若这样,微粒的尺寸将会保持恒定,不受前体浓度和水滴大小的支配。

研究人员发现存在显示出两种模型形成机制的平衡系统。在热力学稳定的情况下,当热力学上达到一个有利的尺寸时,微粒的生成停止。在尺寸增加的情况下,根据 LaMer 模型,缓慢的成核现象控制着第一核的数量,随后其不断生长直到所有自由的有机前体被耗尽。这两个模型都存在着一些局限性,LaMer 图表没有考虑到微粒通过表面活性剂达到的稳定性,而热力学稳定性模型没有考虑到微粒的成核现象是一种比扩散生长更复杂的过程的事实。

Destree 等人[172,173]就胆固醇和从水包庚烷微乳液中,由 AOT 稳定的维生素 A 纳米粒子的制备做了报告。接着在水芯中直接生成的沉淀,小的、低分散性的微粒被制得。这些胆固醇平均的尺寸是 3～7 nm,维生素 A 是 4～10 nm。它们通过一层表面活性分子和一层最初是用来溶解活性物质的有机溶剂达到稳定。

Vyas 等人[174]通过一个类似的方法制造了纳米粒子,在水包正丁醇微乳液中,通过聚乙二醇辛基苯基醚稳定。在这个研究中得到了比平均尺寸 15～31 nm 更大的微粒。空的微乳液注入溶液原子核的形成在水芯和增长的核中纳米粒子稳定交换活性化合物。

2.6.4 直接的溶剂蒸发形成

以挥发性有机溶剂为基础的微乳液可用作固体颗粒制备的模板,这些

固体不含脂类基质，也不被密封在聚合的壳体中[175]。理论上来说，溶剂和水从微乳液中的同时蒸发被预想为导致液滴和固体颗粒形成的降低。最初溶解在微乳液内液滴中的疏水性有机材料的纳米粒子，可能就是由这种方法发明的。因此，溶解性差的药物的纳米粒子[176-178]、化妆品添加剂[179,180]、荧光疏水材料[181]和杀虫剂[182,183]都按如下过程制备。首先在挥发性的溶剂中溶解疏水性的物质，例如乙酸丁酯或甲苯，然后通过加入固体表面活性剂和有挥发性的助表面活性剂生成一种油包水的微乳液，最后蒸发溶剂。溶剂蒸发可能会去除有机溶剂，水分可能被同时带走或者逐步蒸发掉。喷雾干燥和冷冻干燥法都是应用于将溶剂和水去除的技术。这个进程的最终结果是由活性材料和固体表面活性剂的纳米粒子组成的粉末。这种粉末可以很容易就在水中分散形成纳米分散体。真空蒸发可以被用来先去除有机挥发性溶剂，用来形成水分散体的纳米粒子。喷雾干燥被用于蒸发并形成纳米粒子的过程如图 2-31 所示。

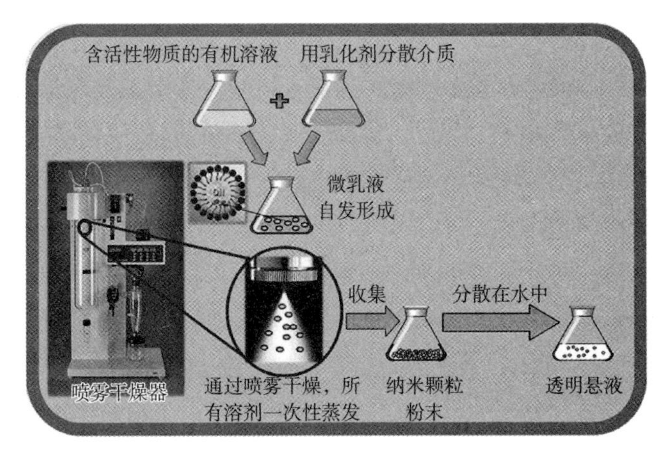

图 2-31　喷雾干燥使溶剂进行蒸发的纳米粒子形成过程示意图[182,183]

相关发现表明相对于疏松物质[182,183]，通过这种方法被磨成粉末的纳米粒子展现出了更好的溶解性[176,177]和被改良的生物活性。在以这种方法制备的疏水性药物，塞来昔布纳米颗粒的溶解方面显著增强，可以在图 2-32 中看到。纳米粒子的溶解状况，塞来昔布粉体，塞来昔布在表面活性剂存在下的比较。图 2-32 表示，当以纳米粉末形式存在时，大约 90%的药物在 5 min 之内溶解，相比较而言，在相同表面活性剂的情况下只有 10%的物理混合的药物溶解。

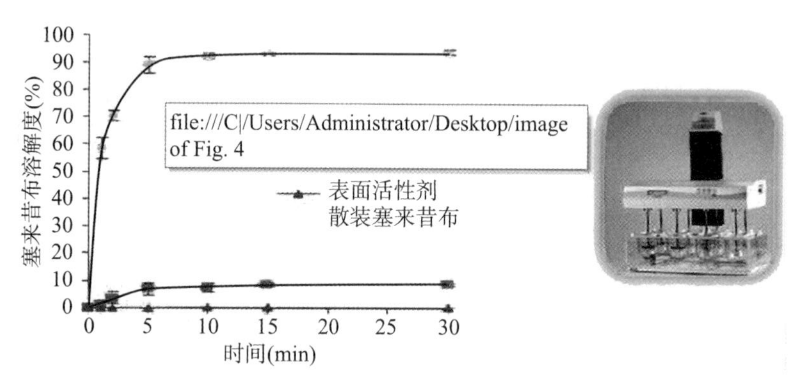

图 2-32 塞来昔布纳米粉末的溶解性比较[176,177]

相关发现显示通常情况下，最后的微粒的尺寸会比最初的微乳液液滴的尺寸大[177,179]。关于这点，表明关于微粒尺寸增大的原因可能是在微乳液中挥发组分蒸发时，微乳液结构短暂的分裂。另外一个可能的原因是微乳液体系内部的动力学系统和液滴持续的碰撞。据报告称当最初的系统通过单一的正负离子表面活性剂形成，不含有任何的挥发性助表面活性剂，最后的亲脂的抗氧化剂的微粒，丁基羟甲苯（butylated hydroxytoluene，BHT）会比最初的液滴小大约 1/3，这证实了微乳液结构保存的可能性，或者界面处更高的硬度。这种情况下微粒的成型如图 2-33 所示。对于上面所说的溶剂蒸发的方法的改良最近被报告出来，是利用挥发性的微乳液蒸

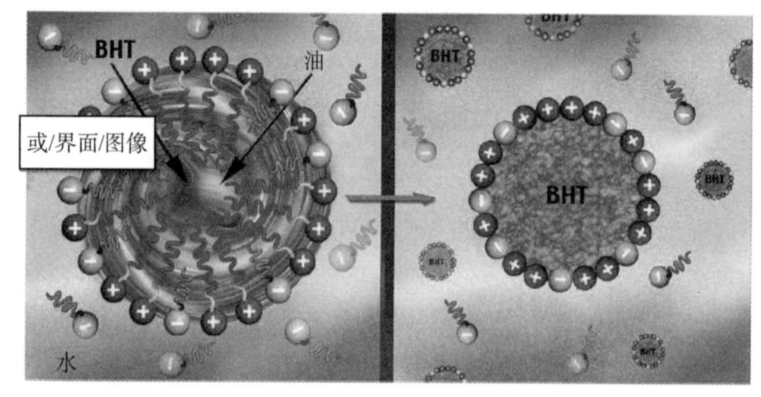

图 2-33 混合纳米粒子的 BHT 的形成通过直接的溶剂蒸发[176,177]

发的静电纺丝的过程,这将导致纳米粒子嵌入聚合物纤维中。因此,形成尼泊金丙酯,是一种抗菌剂,它的纳米粒子的一步法,在一个静电放肆 PEO 亲水性纳米纤维中被证明。这个纳米粒子由尺寸在 30～120 nm[184],嵌入在纳米纤维中的尼泊金丙酯微晶组成,因此能在一个在惰性基质内部形成新的传送系统,使纳米纤维立刻溶解。

2.6.5 超临界沉淀形成

从微乳液中产生聚合纳米粒子的方法,连同超临界 CO_2 沉淀物的加工进程由 Ge 等人[185]提出。二氯甲烷包水的微乳液被用于 tRNA 的包装在一个通过超临界 CO_2 聚合物的沉淀预先做好的疏水性的聚合物中[185]。最初的二氯甲烷包水微乳液通过以糖为成分的表面活性剂,*n* -辛基 b - D -吡喃葡萄糖苷和正丁烷作为助表面活性剂达到稳定。亲水的核酸被溶解于水中,因此位于水芯中,可生物降解的共聚物聚乙烯(左旋乳酸)-聚乙烯(乙二醇)被溶解在连续相中。微乳液被注入超临界 CO_2,造成与核酸分子结合在聚合纳米粒子的沉淀。这个进程要与超临界的溶剂的流体抽出加以区分,那种方法是基于纳米粒子悬浮液是通过水包油微乳液总有机溶剂超临界液体的抽出的准则。

2.6.6 微乳液中的溶剂扩散形成

这个方法是为了制备疏水性抗真菌药物灰黄霉素的纳米粒子被提出的[186]。灰黄霉素的纳米粒子是从水-稀释的丁基乳酸盐-水的微乳液中的溶剂扩散制得[186]。在这个方法中,一个有着虽然溶解度低,但是很明显的水溶性的有机溶剂,被用来溶解疏水性的活性成分。在后期,微乳液被大量的水稀释,造成了溶剂到水相的扩散。这导致过度饱和而使液滴中溶剂浓度下降,这将引发固相颗粒的形成。

2.6.7 合并到硅石微粒中

有机分子合并到纳米粒子尺寸范围的球形硅石微粒中可能通过硅醇盐添加到反相的水混油微乳液中做到,伴随着亲水的有机分子溶解到水域中[187]。醇盐扩散到水滴中导致醇盐的水解作用和在催化剂的作用下水解了的二氧化硅物种的浓度。在添加硅醇盐之前被溶解到水滴中的亲水的有机分子，当它们在微乳液中形成时能够被密封在纳米粒子中。除此之外，二氧化硅壳体可以扮演一个保护性屏障的角色来限制环境对密封材料的影响。

这种密封的方法最近被用来压缩带负电的聚合物，增强型绿色荧光蛋白的多组氨酸，之前对此提出过一个要求，因为二氧化硅的表面负电荷的斥力[188]。通过从由钙离子存在下的 TX100 稳定的环己烷的水微乳液中生产二氧化硅壳体压缩聚合物的方法被提出，这是一个溶胶-凝胶的过程。钙离子由二氧化硅表面的电荷形成离子键，因此防止了静电排斥。尺寸范围在几百纳米粒子范围内的芯壳粒子通过 TEM 被显示出来，并且表现出蛋白质对于变性剂、蛋白酶和高温的防护。

Chen 等人[189]改进了得到固体脂质纳米粒子的过程，从融化了的水包油微乳液中通过先用外水凝胶网络作稳定化处理，之后在接触面进行一个溶胶凝胶的过程构建二氧化硅包覆颗粒。他们起初发明了增稠的水凝胶，合并了药物模型，足叶草毒素或者雷公藤甲素的温热的水包油微乳液。有机硅氧烷[四乙氧基硅烷（tetraethoxysilane，TEOS）]之后被加入热的油相，为溶胶-凝胶反应提供一个合适的 pH。获得的微粒是稳定的，尽管他们的尺寸随着反应情况而变化，都小于 200 nm。二氧化硅涂层被用来增强药物对皮肤的渗透，因此促进了透皮肤给药。

2.6.8 热诱导的蛋白聚集体的形成

W/O 型食品级微乳液被用作纳米反应器通过热处理来制备热稳定的乳清蛋白纳米粒子[190]。乳清蛋白的水溶液先被合并进柠檬烯水微乳液的内相中，该微乳液通过 Tween60 稳定，由正丁醇作为助表面活性剂。之后，含有蛋白质的微乳液被加热到 90℃，再立即进行冷却。纳米蛋白质聚集体被制成，尽管大多数微粒的尺寸小于 100 nm，但是他们与自然蛋白质相比表现出更优异的热学稳定性。这个过程在图 2 - 34 中被表示出。

同一组研究者们还从类似的 W/O 型微乳液中制得了乳清蛋白纳米粒子[191]，通过交叉结合蛋白质和谷氨酰胺转移酶，更增强了微粒的热稳定性。交叉结合的反应在将蛋白质合并到微乳液之前或之后发生，再进行热处理。

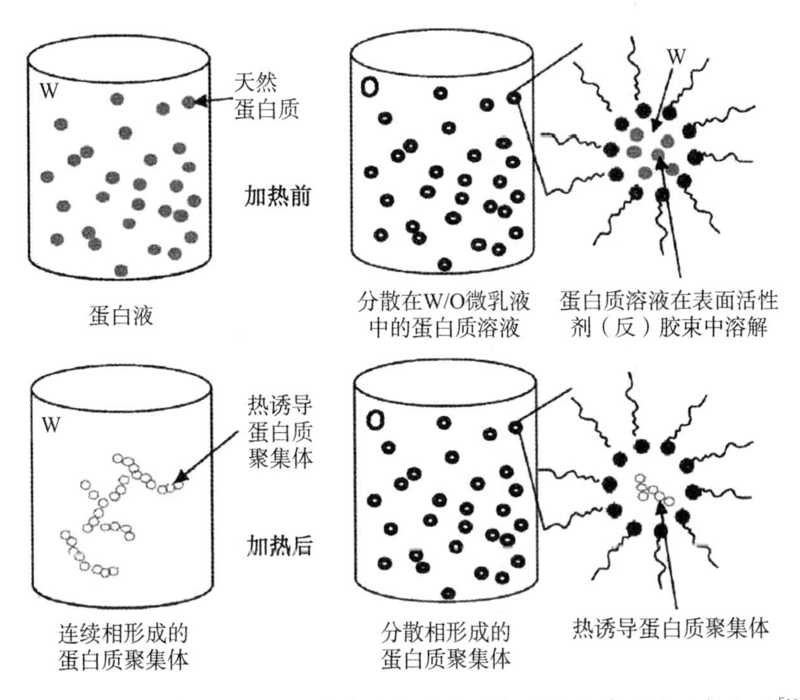

图 2-34 用 W/O 型微乳液作为纳米反应器来形成乳清蛋白纳米粒子[190]

2.7 小结

粒子理论是胶体化学的主要研究内容，随着纳米材料的发展，尤其是量子点纳米材料的出现，使得现代胶体化学的研究格外重视因粒子尺寸变小而出现的新现象，从而也促进了应用新方法研究纳米粒子的形成与变化，并形成新的理论。本章大致描述了经典的粒子成核理论和现代粒子成核理论。但必须指出，纳米粒子的成核与生长机理依然是现在研究的一个使人产生浓厚兴趣的领域，因为控制纳米粒子合成包括其尺寸和分散性可以适应应用领域的需要。

研究利用微纳米乳液作为前提系统来制备有机纳米粒子最近被注意到且有重大进展。多种多样的方法已经出现，利用纳米级的自发形成的限制性的区域为了亲水的和亲脂性的低成本的综合体。这些方法不仅仅是技术上的变化，还有最初微乳液体系的化学结构上的变化。因此，水包油、油包水、双连续的，甚至无水微乳液，都可以颗粒合成体的模板。有机溶剂的水混溶性、蒸汽压、表面活性剂和助表面活性剂的化学结构，高分子的存在，可能会影响最终微粒的特性和决定制备合成体合适的方法。每种方法的形成机制都可看作是独特的，因为微乳液的动态特性，预测制备结果的能力通常是一个挑战。微乳液中的有机纳米粒子合成体的最新动向在这里作了讨论，但是需要强调的是其他技术对于此也是可行的。当从微乳液中制备有机纳米粒子时这些因素应该被考虑其中，它们有：有机物质物理化学的性能、溶解度，最终纳米粒子被要求的特性(尺寸、电荷、密封材料)，对于应用目标(存在溶剂、表面活性剂、聚合物)的系统的实用性和经济技术方面的选择方法。

参考文献

[1] Thanh NTK. Magnetic Nanoparticles, from Fabrication to Clinical Applications; CRC Press, 2012.

[2] Pankhurst QA, Thanh NTK, Jones SK, Dobson J. Progress in applications of magnetic nanoparticles in biomedicine, J. Phys. D, 2009, 42, 224001.

[3] Narayanan R, El-Sayed MA. Catalysis with Transition Metal Nanoparticles in Colloidal Solution: Nanoparticle Shape Dependence and Stability, J. Phys. Chem. B 2005, 109, 12663.

[4] Astruc D, Lu F, Aranzaes JR. Nanoparticles as Recyclable Catalysts: The Frontier between Homogeneous and Heterogeneous Catalysis, Angew. Chem. Int. Ed. 2005, 44, 7852.

[5] Bönnemann H, Richards R. Nanoscopic Metal Particles-Synthetic Methods and Potential Applications, Eur. J. Inorg. Chem. 2001, 2455.

[6] Hyeon T. Chemical synthesis of magnetic nanoparticles. Chem. Commun. 2003, 927.

[7] Sozer N, Kokini JL. Nanotechnology and its applications in the food sector. Trends Biotechnol. 2009, 27, 82.

[8] Atwater HA, Polman A. Plasmonics for improved photovoltaic devices, Nat. Mater. 2010, 9, 205.

[9] LaMer VK, Dinegar RH. Theory, Production and Mechanism of Formation of Monodispersed Hydrosols, J. Am. Chem. Soc. 1950,

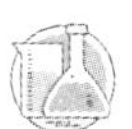

72, 4847.

[10] LaMer VK. Nucleation in phase transition, Ind. Eng. Chem. 1952, 44, 1270.

[11] Ostwald WZ. Studien uber die Bildung und Umwandlung fester Korper. Phys. Chem. 1900, 34, 495.

[12] Reiss HJ. The growth of uniform colloidal dispersions, Chem. Phys. 1951, 19, 482.

[13] Lifshitz I, Slyozov VJ. The kinetics of precipitation from supersaturated solid solutions, J. Phys. Chem. Solids. 1961, 19, 35.

[14] Berner RA. Principles of Chemical Sedimentology, McGraw-Hill, Inc., New York, USA, 1971.

[15] Carbone L, Cozzoli PD. Colloidal heterostructured nanocrystals: Synthesis and growth mechanisms, Nano Today 2010, 5, 449.

[16] Yu WW, Qu L, Guo W, et al. Experimental Determination of the Extinction Coefficient of CdTe, CdSe, and CdS Nanocrystals, Chem. Mater. 2003, 15, 2854.

[17] Mikulec FV, Kuno M, Bennati M, et al. Organometallic Synthesis and Spectroscopic Characterization of Manganese-Doped CdSe Nanocrystals, J. Am. Chem. Soc. 2000, 122, 2532.

[18] Rogach AL, Eychmuller A, Hickey SG. et al. Infrared-Emitting Colloidal Nanocrystals: Synthesis, Assembly, Spectroscopy, and Applications, Small 2007, 3, 537.

[19] Schmelz O, Mews A, Basché TT, et al. Supramolecular Complexes from CdSe Nanocrystals and Organic Fluorophors, Langmuir 2001, 17, 2861.

[20] Cademartiri L, Montanari E, Calestani G, et al. Size-Dependent Extinction Coefficients of PbS Quantum Dots, J. Am. Chem. Soc. 2006, 128, 10337.

[21] Sun J, Goldys EM. Linear Absorption and Molar Extinction Coefficients in Direct Semiconductor Quantum Dots, J. Phys. Chem. C 2008, 112, 9261.

[22] van Embden J, Jasieniak J, Mulvaney P. Mapping the Optical Properties of CdSe/CdS Heterostructure Nanocrystals: The Effects of Core Size and Shell Thickness, J. Am. Chem. Soc. 2009, 131, 14299.

[23] Jasieniak J, Smith L, Embden JV, et al. Re-examination of the Size-Dependent Absorption Properties of CdSe Quantum Dots, J. Phys. Chem.

C 2009, 113, 19468.

[24] Zheng H, Smith RK, Jun YW, et al. Observation of Single Colloidal Platinum Nanocrystal Growth Trajectories, Science. 2009, 324, 1309.

[25] Kwon SG, Hyeon T. Formation Mechanisms of Uniform Nanocrystals via Hot-Injection and Heat-Up Methods, Small. 2011, 7, 2685.

[26] Kwon SG, Piao Y, Park J, et al. Kinetics of Monodisperse Iron Oxide Nanocrystal Formation by "Heating-Up" Process, J. Am. Chem. Soc. 2007, 129, 12571.

[27] Finney EE, Finke RG. Nanocluster nucleation and growth kinetic and mechanistic studies: A review emphasizing transition-metal nanoclusters, J. Colloid Interface Sci. 2008, 317, 351.

[28] Zhang R, Khalizov A, Wang L, et al. Nucleation and Growth of Nanoparticles in the Atmosphere, Chem. Rev. 2012, 112, 1957.

[29] Watzky MA, Finke RG. Nanocluster Size-Control and "Magic Number" Investigations. Experimental Tests of the "Living-Metal Polymer" Concept and of Mechanism-Based Size-Control Predictions Leading to the Syntheses of Iridium(0) Nanoclusters Centering about Four Sequential Magic Numbers, Chem. Mater. 1997, 9, 3083.

[30] Becker R, Döring W. Kinetische Behandlung der Keimbildung in übersttigten Dämpfen, Ann. Phys 1935, 24, 752.

[31] Mullin JW. In: Crystallization; Mullin JW, Ed. Butterworth-Heinemann, Boston, 1997.

[32] Puntes VF, Zanchet D, Erdonmez CK, et al. Synthesis of hcp-Co Nanodisks, Synthesis of hcp-Co Nanodisks. J. Am. Chem. Soc. 2002, 124, 12874.

[33] Robinson I, Zacchini S, Tung LD, et al. Synthesis and Characterization of Magnetic Nanoalloys from Bimetallic Carbonyl Clusters, Chem. Mater. 2009, 21, 3021.

[34] Habraken WJ, Tao J, Brylka LJ, et al. Ion-association complexes unite classical and non-classical theories for the biomimetic nucleation of calcium phosphate, Nat. Commun. 2013, 4, 1507.

[35] Volmer M, Weber A. Keimbildung inubersattigten gebilden, Phys. Chem. 1926, 119, 277.

[36] Sugimoto T. Monodispersed Particles; Elsevier, Amsterdam, 2001.

[37] Rao CNR, Achim M, Cheetham AK. Nanomaterials Chemistry, recent

developments and new directions; Wiley, 2007.

[38] Talapin DV, Rogach AL, Haase M, et al. Evolution of an Ensemble of Nanoparticles in a Colloidal Solution: Theoretical Study, J. Phys. Chem. B 2001, 105, 12278.

[39] Rogach A, Talapin D, Shevchenko E, et al. Organization of Matter on Different Size Scales: Monodisperse Nanocrystals and Their Superstructures, Adv. Funct. Mater. 2002, 12, 653.

[40] Sugimoto T, Shiba F, Sekiguchi T, et al. Spontaneous nucleation of monodisperse silver halide particles from homogeneous gelatin solution I: silver chloride, Colloids Surf. A 2000, 164, 183.

[41] Sugimoto T, Shiba F. Spontaneous nucleation of monodisperse silver halide particles from homogeneous gelatin solution II: silver bromide, Colloids Surf. A 2000, 164, 205.

[42] Sugimoto T. Underlying mechanisms in size control of uniform nanoparticles, J. Colloid Interface Sci. 2007, 309, 106.

[43] Lee WR, Kim MG, Choi JR, et al. Redox-Transmetalation Process as a Generalized Synthetic Strategy for Core-Shell Magnetic Nanoparticles, J. Am. Chem. Soc. 2005, 127, 16090.

[44] Watzky MA, Finney EE, Finke RG. Transition-Metal Nanocluster Size vs Formation Time and the Catalytically Effective Nucleus Number: A Mechanism-Based Treatment, J. Am. Chem. Soc. 2008, 130, 11959.

[45] Besson C, Finney EE, Finke RG. A Mechanism for Transition-Metal Nanoparticle Self-Assembly, J. Am. Chem. Soc. 2005,127, 8179.

[46] Yao S, Yuan Y, Xiao C, et al. Insights into the Formation Mechanism of Rhodium Nanocubes, J. Phys. Chem. C 2012, 116, 15076.

[47] Niederberger M. , Colfen H. Oriented attachment and mesocrystals: Non-classical crystallization mechanisms based on nanoparticle assembly. Phys. Chem. Chem. Phys. 2006, 8, 1.

[48] Li D, Nielsen MH, Lee JRI, et al. Direction-specific interactions control crystal growth by oriented attachment. Science 2012, 336, 1014.

[49] Penn R, Banfield JF. Morphology development and crystal growth in nanocrystalline aggregates under hydrothermal conditions: insights from titania, Geochim. Cosmochim. Acta 1999, 63, 1549.

[50] Peng X, Manna L, Yang W, et al. Shape control of CdSe nanocrystals, Nature 2000, 404, 59.

[51] Peng ZA, Peng X. Mechanisms of the Shape Evolution of CdSe Nanocrystals, J. Am. Chem. Soc. 2001, 123, 1389.
[52] Faraday M. X. The Bakerian Lecture. —Experimental relations of gold (and other metals) to light, Philos. Trans. R. Soc. London 1857, 147, 145.
[53] Turkevich J, Stevenson PC. A study of the nucleation and growth processes in the synthesis of colloidal gold, Discuss. Faraday Soc. 1951, 11, 55.
[54] Wang J, Boelens HFM, Thathagar MB, et al. In Situ Spectroscopic Analysis of Nanocluster Formation, ChemPhysChem 2004, 5, 93.
[55] Abécassis B, Testard F, Spalla O, et al. Probing in situ the Nucleation and Growth of Gold Nanoparticles by Small-Angle X-ray Scattering, Nano Lett. 2007, 7, 1723.
[56] Abécassis B, Testard F, Kong Q, et al. Influence of Monomer Feeding on a Fast Gold Nanoparticles Synthesis: Time-Resolved XANES and SAXS Experiments, Langmuir 2010, 26, 13847.
[57] Ji X, Song X, Li J, et al. Size Control of Gold Nanocrystals in Citrate Reduction: The Third Role of Citrate, J. Am. Chem. Soc. 2007, 129, 13939.
[58] Chow M, Zukoski C. Gold Sol Formation Mechanisms: Role of Colloidal Stability, J. Colloid Interface Sci. 1994, 165, 97.
[59] Yao T, Sun Z, Li Y, et al. Insights into Initial Kinetic Nucleation of Gold Nanocrystals, J. Am. Chem. Soc. 2010, 132, 7696.
[60] Pong BK, Elim HI, Chong JX, et al. New Insights on the Nanoparticle Growth Mechanism in the Citrate Reduction of Gold(III) Salt: Formation of the Au Nanowire Intermediate and Its Nonlinear Optical Properties, J. Phys. Chem. C 2007, 111, 6281.
[61] Polte J, Ahner TT, Delissen F, et al. Mechanism of Gold Nanoparticle Formation in the Classical Citrate Synthesis Method Derived from Coupled In Situ XANES and SAXS Evaluation, J. Am. Chem. Soc. 2010, 132, 1296.
[62] Madras G, McCoy BJ. Ostwald ripening with size-dependent rates: Similarity and power-law solutions, J. Chem. Phys. 2002, 117, 8042.
[63] Mandal M, Ghosh SK, Kundu S, et al. UV Photoactivation for Size and Shape Controlled Synthesis and Coalescence of Gold Nanoparticles in

Micelles, Langmuir 2002, 18, 7792.

[64] Polte J, Erler R, Thunemann AF, et al. Nucleation and Growth of Gold Nanoparticles Studied viain situ Small Angle X-ray Scattering at Millisecond Time Resolution, ACS Nano 2010, 4, 1076.

[65] Polte J, Herder M, Erler R, et al. Mechanistic insights into seeded growth processes of gold nanoparticles, Nanoscale 2010, 2, 2463.

[66] Mikhlin Y, Karacharov A, Likhatski M, et al. Submicrometer intermediates in the citrate synthesis of gold nanoparticles: New insights into the nucleation and crystal growth mechanisms, J. Colloid Interface Sci. 2011, 362, 330.

[67] Shields SP, Richards VN, Buhro WE. Nucleation Control of Size and Dispersity in Aggregative Nanoparticle Growth. A Study of the Coarsening Kinetics of Thiolate-Capped Gold Nanocrystals, Chem. Mater. 2010, 22, 3212.

[68] Henglein A, Giersig M. Formation of Colloidal Silver Nanoparticles: Capping Action of Citrate, J. Phys. Chem. B 1999, 103, 9533.

[69] Harada M, Katagiri E. Mechanism of Silver Particle Formation during Photoreduction Using In Situ Time-Resolved SAXS Analysis, Langmuir 2010, 26, 17896.

[70] Gubanov PY, Maksimov IL, Morozov VP. Kinetics of Ostwald Ripening: Crossover From Wagner's Mode to the Lifshitz - Slezov Mode, Mod. Phys. Lett. B 2007, 21, 941.

[71] Lo A, Skodje RT. Kinetic and Monte Carlo models of thin film coarsening: Cross over from diffusion-coalescence to Ostwald growth modes, J. Chem. Phys. 2000, 112, 1966.

[72] Robson JD. Modelling the evolution of particle size distribution during nucleation, growth and coarsening, Mater. Sci. Technol. 2004, 20, 441.

[73] Brown L. Structures of Fe-Ge Amorphous Thin Films. Acta Metall. 1989, 37, 71.

[74] Coughlan S, Fortes M. Self similar size distributions in particle coarsening, Scripta Metall. Mater. 1993, 28, 1471.

[75] Richards VN, Rath NP, Buhro WE. Pathway from a Molecular Precursor to Silver Nanoparticles: The Prominent Role of Aggregative Growth, Chem. Mater. 2010, 22, 3556.

[76] Huang F, Zhang H, Banfield JF. Two-Stage Crystal-Growth Kinetics

Observed during Hydrothermal Coarsening of Nanocrystalline ZnS, Nano Lett. 2003, 3, 373.

[77] Hiramatsu H, Osterloh FE. A Simple Large-Scale Synthesis of Nearly Monodisperse Gold and Silver Nanoparticles with Adjustable Sizes and with Exchangeable Surfactants, Chem. Mater. 2004, 16, 2509.

[78] Takesue M, Tomura T, Yamada M, et al. Size of Elementary Clusters and Process Period in Silver Nanoparticle Formation, J. Am. Chem. Soc. 2011, 133, 14164.

[79] Woehl TJ, Evans JE, Arslan I, et al. Direct in Situ Determination of the Mechanisms Controlling Nanoparticle Nucleation and Growth, ACS Nano 2012, 6, 8599.

[80] Bogle KA, Dhole SD, Bhoraskar VN. Silver nanoparticles: synthesis and size control by electron irradiation, Nanotechnology 2006, 17, 3204.

[81] Song Wei, Liu Kuo, Feng Lei, et al. Controlled formation of barium fluoride nanocrystals by electric-assisted phase separation and precipitation. CrystEngComm. 2015, 17, 4444 - 4448.

[82] Belloni J. Nucleation, growth and properties of nanoclusters studied by radiation chemistry: Application to catalysis, Catal. Today. 2006, 113, 141.

[83] Nishimura S, Mott D, Takagaki A, et al. Role of base in the formation of silver nanoparticles synthesized using sodium acrylate as a dual reducing and encapsulating agents, Phys. Chem. Chem. Phys. 2011, 13, 9335.

[84] Murray BJ, Li Q, Newberg JT, et al. Shape- and Size-Selective Electrochemical Synthesis of Dispersed Silver(I) Oxide Colloids, Nano Lett. 2005, 5, 2319.

[85] Evanoff DD, Chumanov G. Size-Controlled Synthesis of Nanoparticles. 1. "Silver-Only" Aqueous Suspensions via Hydrogen Reduction, J. Phys. Chem. B 2004, 108, 13948.

[86] Biedermann G, Sillen LG. Some Graphical Methods for Determining Euilibrium Constants II. On 'Curve-Fitting' Methods for Two-Variable Data, Acta Chem. Scand. 1960, 14, 717.

[87] Polte J, Tuaev X, Wuithschick M, et al. Formation Mechanism of Colloidal Silver Nanoparticles: Analogies and Differences to the Growth of Gold Nanoparticles, ACS Nano 2012, 6, 5791.

[88] Nishimura S, Takagaki A, Maenosono S, et al. In Situ Time-Resolved

XAFS Study on the Formation Mechanism of Cu Nanoparticles Using Poly (N-vinyl-2 - pyrrolidone) as a Capping Agent, Langmuir 2010, 26, 4473.

[89] Jolivet JP, Chaneac C, Tronc E. Iron oxide chemistry. From molecular clusters to extended solid networks, Chem. Commun. 2004, 477.

[90] Jolivet JP, Tronc E, Chaneac CCR. Iron oxides: From molecular clusters to solid. A nice example of chemical versatilityOxydes de fer: du complexe moléculaire au solide. Un bel exemple de versatilité chimique, Comp. Rendus Geosci. 2006, 338, 488.

[91] Grabs IM, Bradtmöller C, Menzel D, et al. Formation Mechanisms of Iron Oxide Nanoparticles in Different Nonaqueous Media, Cryst. Growth Des. 2012, 12, 1469.

[92] Perez N, Lopez-Calahorra F, Labarta A, et al. Reduction of iron by decarboxylation in the formation of magnetite nanoparticles, Phys. Chem. Chem. Phys. 2011, 13, 19485,

[93] Casula MF, Jun Y, Zaziski DJ, et al. The Concept of Delayed Nucleation in Nanocrystal Growth Demonstrated for the Case of Iron Oxide Nanodisks, J. Am. Chem. Soc. 2006, 128, 1675.

[94] Bentzon MD, van Wonterghem J, Mørup S, et al. Ordered aggregates of ultrafine iron oxide particles: 'Super crystals', Philos. Mag. B 1989, 60, 169.

[95] Dante S, Hou Z, Risbud S, et al. Nucleation of Iron Oxy-Hydroxide Nanoparticles by Layer-by-Layer Polyionic Assemblies, Langmuir 1999, 15, 2176.

[96] Steckel JS, Yen BKH, Oertel DC, et al. On the Mechanism of Lead Chalcogenide Nanocrystal Formation, J. Am. Chem. Soc. 2006, 128, 13032.

[97] Caetano BL, Santilli CV, Meneau F, et al. In Situ and Simultaneous UV-vis/SAXS and UV-vis/XAFS Time-Resolved Monitoring of ZnO Quantum Dots Formation and Growth, J. Phys. Chem. C 2011, 115, 4404.

[98] Fouilloux S, Tachë O, Spalla O, et al. Nucleation of Silica Nanoparticles Measured in Situ during Controlled Supersaturation Increase. Restructuring toward a Monodisperse Nonspherical Shape, Langmuir 2011, 27, 12304.

[99] Bowers MJ, McBride JR, Rosenthal SJ. White-Light Emission from Magic-Sized Cadmium Selenide Nanocrystals, J. Am. Chem. Soc. 2005, 127, 15378.

[100] Park YS, Dmytruk A, Dmitruk I, et al. Aqueous Phase Synthesized CdSe Nanoparticles with Well-Defined Numbers of Constituent Atoms, J. Phys. Chem. C 2010, 114, 18834.
[101] Kasuya A, Sivamohan R, Barnakov YA, et al. Ultra-stable nanoparticles of CdSe revealed from mass spectrometry. Nat. Mater. 2004, 3, 99.
[102] Yu K, Hu MZ, Wang R, et al. Thermodynamic Equilibrium-Driven Formation of Single-Sized Nanocrystals: Reaction Media Tuning CdSe Magic-Sized versus Regular Quantum Dots, J. Phys. Chem. C 2010, 114, 3329.
[103] Kudera S, Zanella M, Giannini C, et al. Sequential Growth of Magic-Size CdSe Nanocrystals, Adv. Mater. 2007, 19, 548.
[104] Newton JC, Ramasamy K, Mandal M, et al. Low-Temperature Synthesis of Magic-Sized CdSe Nanoclusters: Influence of Ligands on Nanocluster Growth and Photophysical Properties, J. Phys. Chem. C 2012, 116, 4380.
[105] Owen JS, Chan EM, Liu H, et al. Precursor Conversion Kinetics and the Nucleation of Cadmium Selenide Nanocrystals, J. Am. Chem. Soc. 2010, 132, 18206.
[106] Rempel JY, Bawendi MG, Jensen KF. Insights into the Kinetics of Semiconductor Nanocrystal Nucleation and Growth, J. Am. Chem. Soc. 2009, 131, 4479.
[107] Park YS, Dmytruk A, Dmitruk I, et al. Size-Selective Growth and Stabilization of Small CdSe Nanoparticles in Aqueous Solution, ACS Nano 2010, 4, 121.
[108] Cossairt, B. M.; Owen, J. S. CdSe Clusters: At the Interface of Small Molecules and Quantum Dots, Chem. Mater. 2011, 23, 3114.
[109] Xie R, Li Z, Peng X. Nucleation Kinetics vs Chemical Kinetics in the Initial Formation of Semiconductor Nanocrystals, J. Am. Chem. Soc. 2009, 131, 15457.
[110] Rath T, Kunert B, Resel R, et al. Investigation of Primary Crystallite Sizes in Nanocrystalline ZnS Powders: Comparison of Microwave Assisted with Conventional Synthesis Routes, Inorg. Chem. 2008, 47, 3014.
[111] Park J, Lee KH, Galloway JF, et al. Synthesis of Cadmium Selenide Quantum Dots from a Non-Coordinating Solvent: Growth Kinetics and

Particle Size Distribution, J. Phys. Chem. C 2008, 112, 17849.
[112] Piepenbrock MOM, Stirner T, O'Niell M, et al. Growth Dynamics of CdTe Nanoparticles in Liquid and Crystalline Phases, J. Am. Chem. Soc. 2007, 129, 7674.
[113] Thessing J, Qian J, Chen H, et al. Interparticle Influence on Size/Size Distribution Evolution of Nanocrystals, J. Am. Chem. Soc. 2007, 129, 2736.
[114] Van Embden J, Mulvaney P. Nucleation and Growth of CdSe Nanocrystals in a Binary Ligand System, Langmuir 2005, 21, 10226.
[115] Bullen CR, Mulvaney P. Nucleation and Growth Kinetics of CdSe Nanocrystals in Octadecene, Nano Lett. 2004, 4, 2303.
[116] Qu L, Yu WW, Peng X. In Situ Observation of the Nucleation and Growth of CdSe Nanocrystals, Nano Lett. 2004, 4, 465.
[117] Brazeau AL, Jones ND. Growth Mechanisms in Nanocrystalline Lead Sulfide by Stopped-Flow Kinetic Analysis, J. Phys. Chem. C 2009, 113, 20246.
[118] Spanhel L, Anderson MA. Semiconductor clusters in the sol-gel process: quantized aggregation, gelation, and crystal growth in concentrated zinc oxide colloids, J. Am. Chem. Soc. 1991, 113, 2826.
[119] Lee EJH, Ribeiro C, Longo E, et al. Oriented Attachment: An Effective Mechanism in the Formation of Anisotropic Nanocrystals, J. Phys. Chem. B 2005, 109, 20842.
[120] Lee EJ, Ribeiro C, Longo E, et al. Growth kinetics of tin oxide nanocrystals in colloidal suspensions under hydrothermal conditions, Chem. Phys. 2006, 328, 229.
[121] Meakin P. Models for Colloidal Aggregation, Annu. Rev. Phys. Chem. 1988, 39, 237.
[122] Wang H, Xie C, Zeng D. Controlled growth of ZnO by adding H_2O, J. Cryst. Growth. 2005, 277, 372.
[123] Briois V, Giorgetti C, Baudelet F, et al. Dynamical Study of ZnO Nanocrystal and Zn-HDS Layered Basic Zinc Acetate Formation from Sol-Gel Route, J. Phys. Chem. C. 2007, 111, 3253.
[124] Pesika NS, Stebe KJ, Searson PC. Relationship between Absorbance Spectra and Particle Size Distributions for Quantum-Sized Nanocrystals, J. Phys. Chem. B 2003,107, 10412.

[125] Hu Z, Escamilla Ramírez DJ, Heredia Cervera BE, et al. Synthesis of ZnO Nanoparticles in 2 - Propanol by Reaction with Water, J. Phys. Chem. B 2005, 109, 11209.

[126] Chang SJ, Shi KJ. Evolution and exact eigenstates of a resonant quantum system, Phys. Rev. A 1986, 34, 1171.

[127] Stöber W, Fink A, Bohn E. Controlled growth of monodisperse silica spheres in the micron size range, J. Colloid Interface Sci. 1968, 26, 62.

[128] Pontoni D, Narayanan T, Rennie AR. Time-Resolved SAXS Study of Nucleation and Growth of Silica Colloids, Langmuir 2002, 18, 56.

[129] Green D, Lin J, Lam YF, et al. Size, volume fraction, and nucleation of Stober silica nanoparticles, J. Colloid Interface Sci. 2003, 266, 346.

[130] Yokoi T, Sakamoto Y, Terasaki O, et al. Periodic Arrangement of Silica Nanospheres Assisted by Amino Acids, J. Am. Chem. Soc. 2006, 128, 13664.

[131] Yokoi T, Wakabayashi J, Otsuka Y, et al. Mechanism of Formation of Uniform-Sized Silica Nanospheres Catalyzed by Basic Amino Acids, Chem. Mater. 2009, 21, 3719.

[132] Hartlen KD, Athanasopoulos APT, Kitaev V. Facile Preparation of Highly Monodisperse Small Silica Spheres (15 to >200 nm) Suitable for Colloidal Templating and Formation of Ordered Arrays, Langmuir 2008, 24, 1714.

[133] Fouilloux S, Désert A, Taché O, et al. SAXS exploration of the synthesis of ultra monodisperse silica nanoparticles and quantitative nucleation growth modeling, J. Colloid Interface Sci. 2010, 346, 79.

[134] Ruckenstein E, Djikaev Y. Recent developments in the kinetic theory of nucleation, Adv. Colloid Interface Sci. 2005,118, 51.

[135] Yamada H, Urata C, Higashitamori S, et al. Critical Roles of Cationic Surfactants in the Preparation of Colloidal Mesostructured Silica Nanoparticles: Control of Mesostructure, Particle Size, and Dispersion, ACS Appl. Mater. Interfaces 2014, 6, 3400.

[136] Héloïse DPS, Abraham C, Céline CB, et al. Periodic Mesostructured Silica Films Made Simple Using UV Light, J. Phys. Chem. C 2014, 118, 4959.

[137] Liu H, Owen JS, Alivisatos AP. Mechanistic Study of Precursor Evolution in Colloidal Group II-VI Semiconductor Nanocrystal Synthesis,

J. Am. Chem. Soc. 2007,129, 305.

[138] Reiss P. ZnSe based colloidal nanocrystals: synthesis, shape control, core/shell, alloy and doped systems, New J. Chem. 2007, 31, 1843.

[139] Yu K. CdSe Magic-Sized Nuclei, Magic-Sized Nanoclusters and Regular Nanocrystals: Monomer Effects on Nucleation and Growth, Adv. Mater. 2012, 24, 1123.

[140] Szostak M, Aubé J. Chemistry of Bridged Lactams and Related Heterocycles, Chem. Rev. 2013, 113, 5701.

[141] Lopez-Quintela MA. Synthesis of nanomaterials in microemulsions: formation mechanisms and growth control, Curr Opin Colloid Interface Sci 2003, 8,137.

[142] Lawrence MJ, Rees GD. Microemulsion-based media as novel drug delivery systems. Adv Drug Deliv Rev 2000, 45, 89.

[143] Surabhi K, Op K, Atul N, et al. Microemulsions: Developmental aspects, Res J Pharm Biol Chem Sci 2010, 1, 683.

[144] Solans C, García-Celma MJ. Surfactants for microemulsions, Curr Opin Colloid Interface Sci 1997, 2, 464.

[145] Destrée C, Nagy JB. Mechanism of formation of inorganic and organic nanoparticles from microemulsions, Adv Colloid Interface Sci 2006, 123 - 126, 353.

[146] 沈青,高分子表面化学[M]. 北京：科学出版社,2014.

[147] Lopez-Quintela MA, Tojo C, Blanco MC, et al. Microemulsion dynamics and reactions in microemulsions, Curr Opin Colloid Interface Sci 2004, 9, 264.

[148] Gradzielski M. Recent developments in the characterisation of microemulsions, Curr Opin Colloid Interface Sci 2008, 13, 263.

[149] Pavel FM. Microemulsion Polymerization, J Dispersion Sci Technol 2004, 1, 1.

[150] Gasco MR, Trotta M. N. Pseudo-ternary Phase Diagrams of Lecithin-based Microemulsions: Influence of Monoalkylphosphates, Int J Pharm 1986, 29, 267.

[151] Candau F, Leong YS, Pouyet G, et al. Inverse microemulsion polymerization of acrylamide: Characterization of the water-in-oil microemulsions and the final microlatexes, J Colloid Interface Sci 1984, 101, 167.

[152] Watnasirichaikul S, Davies NM, Rades T, et al. Preparation of biodegradable insulin nanocapsules from biocompatible microemulsions. Pharm Res 2000, 17, 684.

[153] Krauel K, Davies NM, Hook S, et al. Using different structure types of microemulsions for the preparation of poly (alkylcyanoacrylate) nanoparticles by interfacial polymerization. J Control Release 2005, 106, 76.

[154] Krauel K, Graf A, Hook SM, et al. Interfacial polymerization. A useful method for the preparation of polymethylcyanoacrylate nanoparticles. J Microencapsul 2006, 23, 499.

[155] Graf A, Ablinger E, Peters S, et al. Microemulsions containing lecithin and sugar-based surfactants: Nano-particle templates for delivery of proteins and peptides. Int J Pharm 2008, 350, 351.

[156] Graf A, Jack KS, Whittaker AK, et al. Protein delivery using nanoparticles based on microemulsions with different structure-types. Eur J Pharm Sci 2008, 33, 434.

[157] Graf A, Rades T, Hook SM. Oral insulin delivery using nanoparticle structure-types: Optimization and in vivo evaluation. Eur J Pharm Sci 2009, 37, 53.

[158] Wu X, Wei X, Gu C, et al. Optimisation of Dex-GMA nanoparticles prepared in modified micro-emulsion system: Physical and biologic characterization. J Biotechnol 2009, 143, 268.

[159] Ovando-Medina VM, Peralta RD, Mendizábal E, et al. Semicontinuous microemulsion copolymerization of vinyl acetate and butyl acrylate: high solid content and effect of monomer addition rate. Colloid Polym Sci 2011, 289, 759.

[160] Zhao L, Lei Z, Li X, et al. A novel approach of preparation and patterning of organic fluorescent nanomaterials. Chem Phys Lett 2006, 420, 480.

[161] Gasco MR, Priano L, Zara GP. Chapter 10, In: Sharma HS, Ed. Progress in brain research, 180. Elsevier; 2009.

[162] Swathi G, Prasanthi NL, Manikiran SS, et al. Chronotherapeutics: A New Vista in Novel Drug Delivery Systems. Int J Pharm Sci Res 2010,1 (12), 1.

[163] Kalam MA, Sultana Y, Ali A, et al. Preparation, characterization, and

evaluation of gatifloxacin loaded solid lipid nanoparticles as colloidal ocular drug delivery system. J Drug Target 2010, 18(3), 191.

[164] Bondi ML, Craparo EF, Giammona G, et al. Brain-targeted solid lipid nanoparticles containing riluzole: preparation, characterization and biodistribution. Nanomedicine 2010, 5(1), 25.

[165] Li Z, Lin X, Yu L, et al. Effects of Chloramphenicol on the Characterization of Solid Lipid Nanoparticles and Nanostructured Lipid Carriers. J Dispersion Sci Technol 2009, 30, 1008.

[166] Baboota S, Shah FM, Javed A, et al. Recent approaches of lipid-based delivery system for lymphatic targeting via oral route. J Drug Target 2009, 17, 249 - 56.

[167] Dong X, Mattingly CA, Tseng M, et al. Development of new lipid-based paclitaxel nanoparticles using sequential simplex optimization. Eur J Pharm Biopharm 2009, 72, 9.

[168] Kuo YC, Chen HH. Entrapment and release of saquinavir using novel cationic solid lipid nanoparticles. Int J Pharm 2009, 365, 206.

[169] Souza LG, Silva EJ, Martins AL, et al. Development of topotecan loaded lipid nanoparticles for chemical stabilization and prolonged release. Eur J Pharm Biopharm 2011, 79,189.

[170] Pang XJ, Zhou J, Chen JJ, et al. Synthesis of Ibuprofen Loaded Magnetic Solid Lipid Nanoparticles. IEEE Trans Magn 2007, 43, 2415.

[171] Debuigne F, Jeunieau L, Wiame M, et al. Synthesis of organic nanoparticles in different W/O microemulsions. Langmuir 2000, 16, 7605.

[172] Destrée C, Ghijsen J, Nagy JB. Preparation of Organic Nanoparticles Using Microemulsions: Their Potential Use in Transdermal Delivery. Langmuir 2007, 23, 1965.

[173] Destrée C, George S, Champagne B, et al. J-complexes of retinol formed within the nanoparticles prepared from microemulsions. Colloid Polym Sci 2008, 286, 15.

[174] Vyas PM, Vasant SR, Hajiyani RR, et al. Growth and Characterization of Bis-thiourea Strontium Chloride Single Crystals. AIP Conf Proc 2010, 1276, 198.

[175] Magdassi S, Netivi H, Margulis-Goshen K. Flexible Transparent Coating by Direct Room Temperature Evalpoate Lithography. 2007 Int'l

Patent Application Number, PCT/IL2007/001136.

[176] Margulis-Goshen K, Magdassi S. Formation of simvastatin nanoparticles from microemulsion. Nanomedicine 2009, 5(3), 274.

[177] Margulis-Goshen K, Kesselman E, Danino D, et al. Formation of celecoxib nanoparticles from volatile microemulsions. Int J Pharm 2010, 393, 231.

[178] Margulis-Goshen K, Weitman M, Major DT, et al. Inhibition of crystallization and growth of celecoxib nanoparticles formed from volatile microemulsions. J Pharm Sci 2011, 100, 4390.

[179] Margulis-Goshen K, Netivi HD, Major DT, et al. Formation of organic nanoparticles from volatile microemulsions. J Colloid Interface Sci 2010, 342, 283.

[180] Margulis-Goshen K, Silva BFB, Marques EF, et al. Formation of solid organic nanoparticles from a volatile catanionic microemulsion. Soft Matter 2011, 7, 9359.

[181] Magdassi S, Ben-Moshe M. Ink-jet ink compositions based on oil-in-water microemu... obtained by solvent evaporation: a comprehensive study. Langmuir 2003, 19, 939.

[182] Anjali CH, Sudheer KS, Margulis-Goshen K, et al. Formulation of water-dispersible nanopermethrin for larvicidal applications. Ecotoxicol Environ Saf 2010, 73, 1932.

[183] Elek N, Hoffman R, Raviv U, et al. Novaluron nanoparticles: formation and potential use in controlling agricultural insect pests. Colloid Surf A 2010, 372, 66.

[184] Dvores M, Marom G, Magdassi S. Formation of Organic Nanoparticles by Electrospinning of Volatile Microemulsions. Langmuir 2012, 28, 6978.

[185] Ge J, Jacobson GB, Lobovkina T, et al. Sustained release of nucleic acids from polymeric nanoparticles using microemulsion precipitation in supercritical carbon dioxide. Chem Commun 2010, 46, 9034.

[186] Trotta M, Gallarate M, Carlotti ME, et al. Preparation of griseofulvin nanoparticles from water-dilutable microemulsions. Int J Pharm 2003, 254, 235.

[187] Finnie KS, Bartlett JR, Barbé CJA, et al. Formation of Silica Nanoparticles in Microemulsions. Langmuir 2007, 23, 3017.

[188] Cao A, Ye Z, Cai Z, et al. Protein Encapsulation. Angew Chem Int Ed 2010, 49, 3022.

[189] Chen H, Xiao L, Du D, et al. A facile construction strategy of stable lipid nanoparticles for drug delivery using a hydrogel-thickened microemulsion system. Nanotechnology 2010, 21, 015101.

[190] Tian J. Determination of several flavours in beer with headspace sampling-gas chromatography. Food Chem 2010, 119, 1318.

[191] Zhang W, Zhong Q. Microemulsions as Nanoreactors To Produce Whey Protein Nanoparticles with Enhanced Heat Stability by Sequential Enzymatic Cross-Linking and Thermal Pretreatments. J Agric Food Chem 2009, 57, 9181.

3

胶体的现代稳定理论

3.1 导语

传统胶体化学一般涉及分散体系及其中的电荷行为以及由此产生的胶体的稳定性，而这方面的最著名的研究和理论是 DLVO 理论（DLVO theory）。DLVO 理论是一种建立在 Gouy-Chapman 的弥散离子氛围理论和 London 的分子力理论基础上，并基于静电排斥稳定理论（即引力势能与斥力势能理论）的胶体稳定性理论，由 Derjaguin 和 Landau 在 1941 年、Verwey 和 Overbeek 在 1948 年分别提出，并以 4 人名字的首字母命名[1-7]。

随着社会的发展，新材料、新技术的不断涌现，人们发现 DLVO 理论不能对一些新的实验现象和结果进行解释，由此引出了对 DLVO 理论的一些改进，其中的一些改进其实已经属于现代 DLVO 理论的范畴了[8-10]。为此，本章将首先对传统 DLVO 理论进行描述，然后介绍现代 DLVO 理论。

3.2 胶体的传统稳定理论

依据传统的胶体稳定理论——DLVO 理论，物体的位能曲线如图 3 - 1 所示[1]。

DLVO 理论认为溶胶在一定条件下能否稳定存在取决于胶粒之间相互作用的位能，而总位能等于 van der Waals 力吸引位能和由双电层引起的静

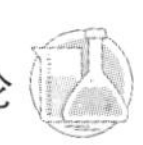

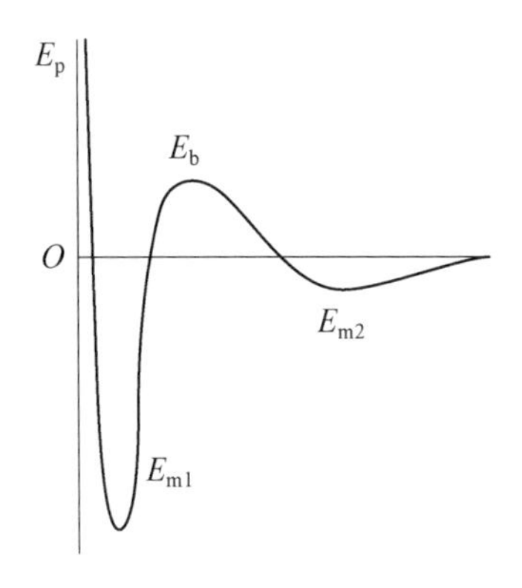

图 3-1 DLVO 位能曲线示意图[1]

电排斥位能之和，且这两种位能都是胶粒间距离的函数，其中吸引位能与胶粒间距离的六次方成反比，所以使得静电的排斥位能是随着胶粒间距离的指数函数下降的。这意味着胶体质点间因范德瓦耳斯力而相互吸引，而质点在相互接近时又因双电层的重叠而产生排斥，使得胶体的稳定程度取决于上述两种作用的相对大小。换言之，在质点相互接近的过程中，如果在某一距离上质点间的排斥能大于吸引能，胶体将具有一定的稳定性；若在所有距离上吸引力皆大于排斥力，则质点间的接近必导致聚结，使胶体发生聚沉。由于溶液中的离子浓度或反离子的价数增加时质点间的范德瓦耳斯力几乎不受影响，所以双电层的排斥能因此使得双电层的压缩大大降低，导致胶体的稳定性下降直至发生聚沉[1]。

DLVO 理论实际上包含了对范德瓦耳斯力的微观解释，其中涉及由 de Boer[4] 和 Hamaker[5] 完成的和 Lifshitz 等[6,7] 完成的宏观连续统一的解释，并由 Derjaguin[1] 在方法上确定不同粒子体系的不同几何特征。

DLVO 理论在描述液体膜的状态和稳定性、分散系和胶体体系时，以作用于分离粒子或宏观物体的薄液体膜上的表面作用力的分析为基础。在 20 世纪 40 年代，Derjaguin 曾经指出：两个相互靠近的表面之间的相互作用的分析可以通过分离压对膜厚度的依赖性为考虑点。这是因为分离压对液膜厚度的依赖是使薄层区分于散装液体的一个关键热力学特征，而分离压概念的引入可以进一步完善经典的 Gibbs 热力学理论，使得这种两相之间的膜的内层实际上保留了体相的所有性质。由于此时 Gibbs 型夹层的分离压力等于零，所以每一层膜的边界相连及界面过渡区域的重叠都不会发生。这意味着当液体膜的厚度与界面过渡区域的特征厚度之和相等时，会使过渡区域产生重叠，从而导致膜中压力张量的各向异性和分离压力 $\Pi(h)$ 对液膜厚度 h 产生如公式(3-1)所示的依赖性[1]：

$$\Pi(h)=P_N(h)-P_0 \tag{3-1}$$

式中，$P_N(h)$ 是在厚度为 h 的薄夹层中的压力张量，P_0 是与夹层平衡的各向同性流体的压力。

由于过渡区域的重叠会导致夹层内 Gibbs 自由能的过剩，因此单位膜面积上的分离压和表面作用力可定义为如式(3-2)所示[1]：

$$\Pi(h)=-(\partial G/\partial h)_{T,P,\mu i} \tag{3-2}$$

其中 G 是单位夹层面积的 Gibbs 自由能，T 是温度，P 是系统的压力，μ_i 是系统第 i 个组分的化学势。

分离压 Π 对膜厚度 h 的依赖性这种特性基本反映了表面作用力的物理性质，而这种表面作用力又支配着被液体膜所分开的两个表面之间的作用力。这进一步说明相互作用力的本质实际上自然地取决于三个因素：即相互作用主体的特征、夹层流体的特性及流体与限制相之间的相互作用特征[2,3]。

必须指出，历史上第一个对薄液体膜表面作用的总作用力进行定量分析的是范德瓦耳斯；而 Derjaguin 是在疏液胶体的稳定性理论，即胶体的 DLVO 理论[2,3]框架下，进一步提出了静电机理。

3.2.1 传统 DLVO 理论存在的一些问题

虽然 DLVO 理论能够对包含薄液体膜在内的各种不同系统的表面作用力进行成功的定量描述，但许多实验发现作用于两个表面之间的力其实并没有表现出一致性，即在某些情况下经典 DLVO 理论的定性预测与实验数据是互相矛盾的[1,8-10]。有研究发现 DLVO 理论不能描述大的远程排斥力，比如钠离子溶液中的非对称云母表面间的作用力[11]。Adler 等[12]通过对胶体稳定性[13]和表面作用力的直接测量发现，在水溶液中的硅表面具有相对短的距离，比如小于 10 nm，而其上却存在着较大的排斥力。显然，这说明二氧化硅表面有一个短程排斥力且不能由经典的 DLVO 理论进行解释。为了使所做的实验与 DLVO 理论一致，于是人们不得不一方面在经典分析

方法的框架下考虑和设计实验系统，另一方面又考虑 DLVO 理论的发展。事实上，表面作用力理论的某些方面的研究已经涉及这个话题[1,9]。这是因为理解非 DLVO 力存在的机制不仅显得非常重要，而且这种力极有可能对聚合物的吸附和用于修饰硅表面的表面活性剂产生重大的影响，并在一些领域有较好的实际应用。

目前对于非 DLVO 力的起源主要有两种假设。第一种假设认为：非 DLVO 力是一种源于硅表面上水的结构的力。由于非常接近表面的水分子的构象有限，而总自由能大于主体的自由能，因此，当两个相似的取向层重叠时，就能观察到这种排斥力。这种假设可以通过分子动力学的晶格模拟得到支持[14]。但这个假设如果成立的话，则意味着处于表面上的键有可能在最初的几层改变水的结构。第二种假设认为：水分子可能溶解或扩散到硅的表面、使得硅表面凝胶层产生膨胀，从而降低其表面的力学性能[14]。

必须指出：上述任何机制都涉及作用力对流变性能、胶体稳定性、试剂吸附、过滤、二氧化硅和与二氧化硅相关的材料的化学力学性能的综合影响[14]。

根据传统 DLVO 理论，薄膜中的总分离压力是不同分量的总和，并可以根据不同的物理性质定义每一个分量，如式(3-3)所示：

$$\Pi(h) = \Pi vdw(h) + \Pi e_l(h) + \Pi i_m(h) + \Pi s_{tr}(h) + \Pi s_t(h) + \cdots \quad (3-3)$$

方程(3-3)中的下标定义如下：vdw 代表范德瓦耳斯力，e_l 代表静电双层作用力，i_m 代表镜像电荷作用力，s_{tr} 代表与来自散装液体的膜中液体的静力学和动力学结构的偏差相关的力，s_t 代表原了的空间相互作用力(即空间位阻)。

这里应该指出的是：镜像电荷是指被研究的导体(或半导体)的感应电荷在电场分布时引入的等效电荷，该等效电荷与源电荷的关系和镜像与物体的关系类似：当在金属表面以外距离为 r 的位置放置一个正电荷($+q$)时，该电荷将在金属表面上感应出一个负电荷($-q$)，而这两个正负电荷之间将相互吸引，其吸引力可以使用镜像电荷的概念来进行计算。即认为：在金属表面 r 处有一个负电荷($-q$)，它与表面以外的($+q$)之间的库仑作用力就是镜像力，该力的大小与 r 成反比。这种分量描述的作用在于把分离压的每一个分量与具有明确物理意义的机理进行关联，使得一些复杂的物理现象通过分离压的分量细化得到精确描述[14]。

在一个膜的体内，介入的液体（溶剂）和液体（溶剂）或液体（溶剂）与被限制相分子间具有强烈的远程相互作用力，而这种场景经常被认为是一种经典的例子。这是因为膜厚度的减小会引起介入液体的电介质函数 $\varepsilon(i\xi_N)$ 发生剧烈的变化，其原因是 $\xi_N=2\pi k_B TN/\hbar$，其中 k_B 是 Boltzmann 常数、T 是温度、N 是一个自然数、$\hbar$是 Planck 常量。如果对此现象进行压力分离、并将其范德瓦耳斯力的分量作为一个膜厚度的函数来代替电介质函数并代入 DLP 方程（Dzyaloshinskii，Lifshitz，Pitaevskii）[7]。此时可以得到的表面作用力对膜厚度的依赖性是一个比较复杂的解析方程。一般情况下需要把液体的电介质函数的变化与膜的稀释过程中液体结构引起的表面进行关联，所以此时的静态与动态结构特征分量均考虑了膜的介电常数、液体的特征以及分离压的结构，并清晰地描述了其总表面作用力是分离压的范德瓦耳斯力的分量总和[15]。

通过解释由膜内的离子或自由电荷所引起的界面极化也可以理解上述结果[16]。这是因为极化会导致极化夹层边界之间的静电作用并能作为镜像电荷力而计算得到，而同时因为极化界面的电荷（离子或大分子离子）或镜像电荷间的相互作用可以引起膜内双电层结构进行调整从而影响双电层的作用力[16]。

3.2.2　分离压的范德瓦耳斯分量

虽然有关物体间的范德瓦耳斯力的许多问题在 20 世纪就已经得到了解决，但近年来人们做的一些研究发现了新的成果并引出了对老问题的重新思考[17]。比如，在非均质膜和夹层的例子中，新的发现不仅可以知道其分层之间的各向异性与介质间的相互作用，还可以知道在空间上可以产生不同的介电响应。这实际上意味着可以将离子的相关参数体现在 DLP 方程中[18]。比如，离子部分的屏蔽作用对被离子型液体膜分隔的宏观物体之间的范德瓦耳斯力的能量的贡献可以通过零频率对能量的贡献而体现在方程（3-4）中：

$$G_{\xi=0}(h)=\frac{k_BT}{4\pi}\int_0^{\infty}k\ln\left[1-\left(\frac{\varepsilon_1 k-\varepsilon_3\sqrt{k^2+\kappa^2}}{\varepsilon_1 k+\varepsilon_3\sqrt{k^2+\kappa^2}}\right)\times\left(\frac{\varepsilon_2 k-\varepsilon_3\sqrt{k^2+\kappa^2}}{\varepsilon_2 k+\varepsilon_3\sqrt{k^2+\kappa^2}}\right)\exp(-2h\sqrt{k^2+\kappa^2})\right]\mathrm{d}k \tag{3-4}$$

这里 $\varepsilon_i=\varepsilon_i(0)$ 是接触相介电常数的静态值，$i=1$、2、3 分别对应限制相 1、2 和膜 3，κ 是 Debye 长度的倒数，k 是积分变量。

由于添加了像盐这种可溶性物质，其可以离解而产生离子，所以解释这种离子出现的第二种方法是在整个频率范围内去估计其对溶液的电介质函数 $\varepsilon(i\xi N)$ 行为的影响。根据 Ninham-Parsegian 对电介质介电常数的描述，图 3－2 中涉及水溶液中离子的存在及对紫外线振荡器参数的影响[19,20]。

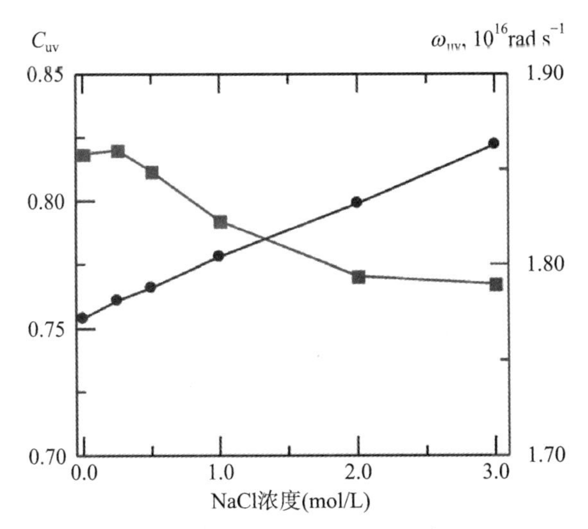

图 3－2 氯化钠水溶液中有效紫外线振荡器的参数 C_{uv}（方形）和紫外区振荡器的强度相关常数 ω_{uv}（圆点）与溶液浓度之间的关系[19-21]

事实上，其他的实验也证明了添加的盐对体系中的范德瓦耳斯力的大小产生了相当大的影响[21]。

在以 DLP 方法为基础计算范德瓦耳斯力时，接触介质的电介质响应函数是一个重要的参数[22]，而两个距离小于 2 nm 的相互作用的物体间的空间分散则和这些物体的原子结构有关。这使得较宽范围内的频率 $i\zeta$ 和整个电介质函数 $\varepsilon(i\zeta_N, k)$ 与波向量 k 也可以代入 DLP 方程中[22]。通过计算两个石墨板和两个剥落石墨板之间的相互作用能发现：波向量对介电响应的依赖性将影响到 Hamaker 常数 $A(h)$[22]。

此外，接触介质的电介质响应函数对分离压的不同分量在理论上也是有影响的[17,23-36]。人们发现这个影响涉及单个原子和一个粗糙面或波纹曲面之间的范德瓦耳斯作用能、[23,24]在两个粗糙面或波纹曲面之间的范德瓦耳斯作用能[25-27]，或者在两个非理想的反射球体、一个球体和一个平面之间的范德瓦耳斯作用能[28-31]。人们还发现，用来计算范德瓦耳斯作用能的散射法似乎是一种分析非普通几何学的有效工具[25,32,33]，因为这个方法可以得到在基态原子和一个处于波纹振幅第一级的物质主体之间的相互作用能，并且只要波纹的振幅远远小于两者的长度，就能计算出分离距离和波长的任意值[30]。有研究还发现，这种方法还可以知道粗糙波纹曲面与横向色散力的范德瓦耳斯势能与位置之间的关系[31,32]。

3.2.3 静电双层和镜像电荷作用力

(1) 电荷反转现象

电荷反转现象是过去一段时间里讨论的热门话题，强烈地影响着对大分子离子表面之间双层作用力的理解。由于双电层间存在强烈地相互作用，而此作用对溶液的许多性质，如胶团的沉聚、分散、电泳、电渗等，均具有决定作用[33]。所以第一个引人注目的观点就认为：当在一个表面或一个粒子附近带相反电荷的离子数大于中和其表面电荷所需离子数时，此时粒子在许多方面的行为似乎说明它已经带有相反的电荷了[33]。现在的研究证实：电荷反转能强烈地影响分散的稳定性，并能通过不同的物理性质例如电动性质来揭示电荷反转这一现象；而表面带相反电荷的离子间的化学吸引力会产生非特定的相互作用，但区别这种非特定相互作用所引起的电荷倒置是一个非常重要的步骤[34]。

有文献提及“过度充电”“电荷反转”或“电荷倒置”这些现象[35-40]，比如严等人的研究发现：可以利用自洽平均场理论研究带电柱状表面吸附带相反电荷聚电解质的电荷反转现象，从而知道吸附表面曲率对电荷反转率，即吸附层电荷密度与吸附表面本身所带电荷密度的比值的影响[41,42]。他们还发现，在大曲率吸附表面上，强电荷的反转可以发生在低盐浓度的条件下，而这在平板体系中是没有被报道过的[41,42]。此外，在关于吸附表面与聚电

解质之间的库仑相互作用和非库仑短程相互作用的研究过程中,他们还发现这两种不同情形下的表面曲率对电荷反转现象影响也是不同的,当表面曲率增加时,前一种情形时电荷反转率会减小,而后一情形时电荷反转率会升高[41,42]。根据离子相关理论可以理解这些不同的结果,这是因为极化作用与离子的体积排斥效应,使得离子的集体行为出现不同的反应并导致电荷倒置[43,44]。

1934 年 Wigner 通过对电子气的计算发现:当电子密度十分低时,点阵状的分布比均匀分布具有更低的能量,因而预言在低温、低密度下可以出现电子晶体[45,46]。从此,人们称这种晶体为 Wigner 晶体或 Wigner 点阵。根据 Wigner 的晶体预言,1979 年 Grimes 等首先在极低温下的液氦表面吸附的单层电子中证实了确实有 Wigner 晶体的存在,但这些电子只限于在液氦的表面上的自由运动,因而是一个理想的二维电子气模型[45,46]。Grimes 等的实验还发现当电子的密度调节到 4.4×10 cm 左右、温度下降到 0.457 K 时,会出现二维的三角形 Wigner 点阵,尤其是在磁场条件下[45,46]。因此,当二维 Wigner 晶体相接近时,根据大分子离子表面的多价离子氛模型分析定量知道由于吸附过度充电的带相反电荷的离子所获得的能量[45,46]。有文献[47]报道了一种由多价带相反电荷的离子所形成的液体、具有类似于 Wigner 晶体的近程有序性。根据报道,这种液体位于大分子离子的表面时,由于较远的带相反电荷的离子会极化这种液体、使得它像一个金属表面,所以具有静电性能。这种性能可以使带有浓缩的补偿离子的大分子离子裸电荷得到过度补偿,所以使得电荷反转现象产生了化学相互作用和物理静电效应[48]。

根据计算机模拟的结果,在强连接与弱连接范围内的离子尺寸和其他因素都对电荷反转有影响[49-54]。比如,Monte Carlo 模拟的主要结论认为:对多价电解质而言,强静电作用是在表面电荷密度为中等和较大的情况下电荷反转产生的主要原因;[50,51]然而,当表面电荷密度较低时,离子尺寸就成为一个至关重要的影响因素[50,54]。此外,对单价离子而言,疏水作用和离子分散力可以诱导流动和弥散的电荷进行反转[55]。此外,一些研究还发现:多价的界面基团,如某些磷脂,也能促进电荷的反转[49]。

(2) Hofmeister 效应

一百多年前,Hofmeister[56]曾经研究了中性盐对蛋白质溶解性的影响,并依据盐的正负离子对蛋白质的沉淀能力进行了排序，得出一个盐序列如下：$PO_4^{3-} > SO_4^{2-} > Ac^- > Cl^- > NO^{3-} > SCN^-$。此外，他还研究了硫酸盐、磷酸盐、醋酸盐、枸橼酸盐、酒石酸盐、碳酸盐、铬酸盐、盐酸盐、硝酸盐和氯酸盐等的应用能力，发现蛋白溶菌酶溶液沉淀所需的盐浓度也是取决于盐的类别的。这个发现也因此被称为 Hofmeister 效应[20,56]。Hofmeister 效应反映了溶质小分子通过与水分子的相互作用，对蛋白质等生物大分子的结构产生的影响[56-73]。

有意思的是，也有一些不同的发现被进行了报道[20,56-73]。比如不同种类的离子与表面、粒子、大分子之间的相互作用时并不都是属于 Hofmeister 效应范畴的。这是因为在大量电解液中，盐的类别会影响宏观物理参数，如静电性能、[59]介电常数、[74]溶液的活度、电解液的渗透压、溶解度、[63]生物分子溶液的位力系数等[64]。此外，在平面之间及大分子之间的吸附、界面张力、分离压等也都对盐的种类十分敏感[59,65-72]。

一些研究还发现，Hofmeister 系列现象在生物体系及 0.1 mol/L 的盐浓度及以上时非常明显。这是因为在这种体系中，静电效应被屏蔽了、而 Debye 长度又小于 1 nm，所以使得补偿离子的极化率极高从而使得离子特殊效应得到加强[68,69]。对上述现象在被盐溶液隔开的平面间的相互作用方面的研究时还发现，其主要机制是非静电机理，因为此时的主导力是在离子和限制相间的范德瓦耳斯力、镜像电荷作用力、离子的水合层和离子尺寸效应的重叠作用力[56,68-72]。这意味着离子的非静电电位的水化作用可以用来降低等电点和高等电点材料之间的差异[72]。以氨基酸为例，在一固定 pH 的溶液中，它会发生解离并形成等量的阳离子和阴离子，使得所带静电荷为零，呈电中性，而此时溶液的 pH 即为该氨基酸的等电点。但由于两性离子所带电荷因溶液的 pH 不同而发生了改变，所以当两性离子正负电荷数值相等时，该溶液的 pH 也是其等电点。这其实也意味着，当外界溶液的 pH 大于两性离子的等电点值时，两性离子会自然释放带负电质子，而当外界溶液的 pH 小于两性离子的等电点值时，两性离子会因质子化而带正电[72]。

离子的非静电电位的水化作用能直接给出二氧化硅表面的 Hofmeister 级数，$K > Na > Li$；而氧化铝表面的级数恰好相反，为 $Li > Na > K$，这与图 3-3 所示的实验结果是一致的，并得到了分子动力学研究的证实[59,73]。

把离子镜像电荷与离子膜的扩散作用引入到被不同电解液隔开的不带

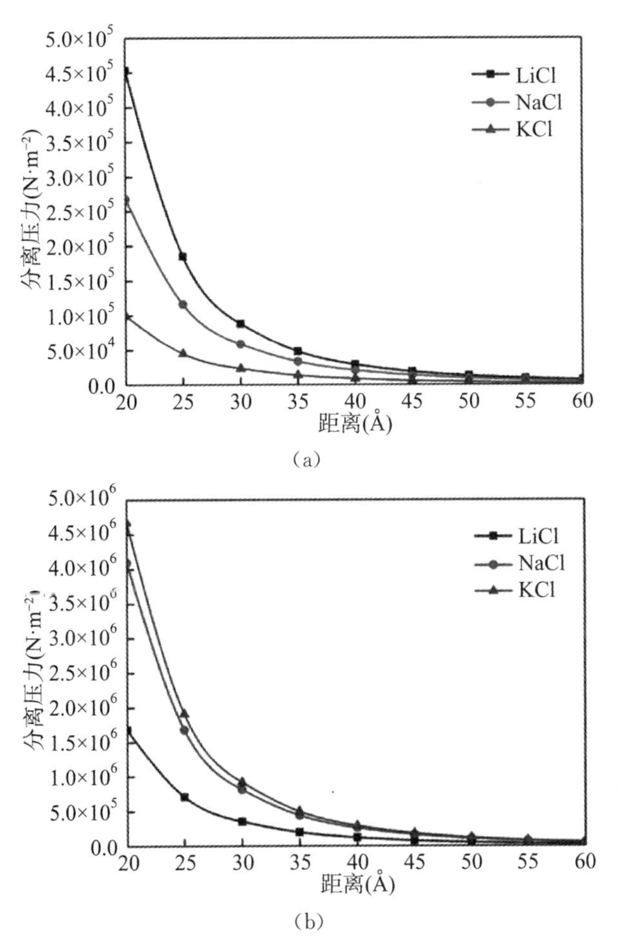

图 3-3　(a)pH 为 8 的硅土表面；(b)pH 为 12 的氧化铝表面。两者都具有不同的 0.5M 盐溶液的分离压，而 Li^+ 和 Na^+ 视为已水合[59,73]

电主体间的界面的力的分析中，可以帮助理解离子密度的特点和在不均一电解质中的离子/离子相互关系。反过来，也可以解释中性膜间的离子中和反应[75-77]。因此，和镜像电荷作用力相关的阴离子与阳离子间的不对称效应会由于不同的化合价或离子大小以及和在或在表面间有扩散作用的情况下而不同，使得每一个中性表面外都存在一个有效的双电层。此时如果增加其中的距离，将导致相似表面间的远程静电斥力大于膜间的范德瓦耳斯引力、为电解液膜的稳定提供条件；而在缩短距离的条件下，主要的作用是由限制效应所决定的，此时镜像电荷作用力通常会导致范德瓦耳斯引力损耗[75-77]。

电解质理论对两个表面同号且电荷数相同的大分子离子之间的作用力的解释是非常有效的。这是因为根据传统的 DLVO 理论，在长距离上作用于两个可能带有不同电荷的粒子上的离子静电力是排斥力，而这个排斥力是随着膜厚度的减小而增加的；当膜的厚度趋近于零时，这个吸引力无限增大，即意味着最大排斥力实际上是由带最少电荷的粒子表面电势所决定的[1]。而对多价电解质，其相同的带电粒子之间的同种电荷静电吸引力与传统描述的作用力有根本的不同，因为对于同样的带电粒子和具有较大的膜厚度时，静电双层相互作用力通常是排斥力[78,79]，并属于电解质膜中离子与离子的相互作用，但不能用 DLVO 理论进行解释。

有研究还发现[34,80-85]，对多价离子而言，其双电层上的额外吸引力是来源于短距离上的静电力而该力其实比范德瓦耳斯力大得多，可以使得吸引力和排斥力之间产生竞争。比如，在短程上，对单价和多价离子而言，其带电平面之间的吸引力几乎是相同的，但在多价电解质溶液膜中的排斥力会由于屏蔽作用而变弱；而对单价水溶性电解质而言，由于双电层之间的相互作用在大多数情况下对所有的距离都是排斥力，所以可以应用传统的 DLVO 理论对此进行比较合理的描述和解释。

也有人对上述提及的表面电荷模型提出质疑，并引发出了一系列新的模型，其中考虑离散或不均匀表面电荷分布的理论最具有代表性[86-92]。该模型认为：离子间距离的顺序与膜或夹层的厚度或不均匀电荷分布的特征长度大小都有关，并由此涉及两种体系：一种是电荷被嵌入到含水的电解液的半空位中或薄膜中的体系；另一种是电荷位于导电、半导电或绝缘基片上的液体绝缘膜内的体系。对于前一种体系，实际电荷如果是被一群带相同和相反电荷的离子包围着则会产生极化效应，使得静电力被有效屏蔽；[86-88]而对于位于无极性或极性很弱的电介质中的电荷、而这电介质又在 Debye 长度有限的基片附近时，则此时也会发生静电屏蔽效应，但其屏蔽程度比在电解质中的电荷要低许多；[90-92]对于在稀和浓的电解质溶液中的基片，则被嵌入在离子基片表面上的介电薄膜中的离散电荷会具有更明显的屏蔽效果[92]。

镜像电荷在膜材料研究方面具有一定的意义。这是因为非对称膜有相转化膜及复合膜两类，前者的表皮层与支撑层为同一种材料，可以通过相转化过程而形成非对称结构；后者的表皮层与支撑层由不同材料所组成，所以

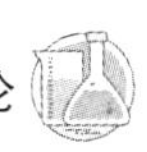

可以通过在支撑层上进行复合浇铸、界面聚合等离子聚合方法形成超薄表皮层，此时镜像电荷对非对称膜稳定性的贡献将源于其电荷在膜的某一个边界上的随机分布[92]。当膜或薄膜具有很厚的厚度且在与电荷的平均距离相当的情况下，分离压的镜像电荷成分与其他类型的表面力相比处于支配地位[92]。如果考虑到在非极性溶剂膜中极性分子的分布和上述夹层的稳定性，则此时电荷的离散更具有意义[19,90]。这是因为在一定的膜厚度条件下，分离压的镜像电荷成分会大于其他类型的表面力而占优势，而由于镜像电荷成分又与极性溶质的偶极子相关如图 3－4 所示，所以会形成由正负电荷组成的电偶极子[19,90]。此时如果进一步把范德瓦耳斯力和镜像电荷作用力引入到极性溶质分子与膜的边界的作用电位中，则可以进一步描述膜内溶质的吸附与膜的厚度及离子溶液基片中吸附与温度和盐浓度之间的关系。

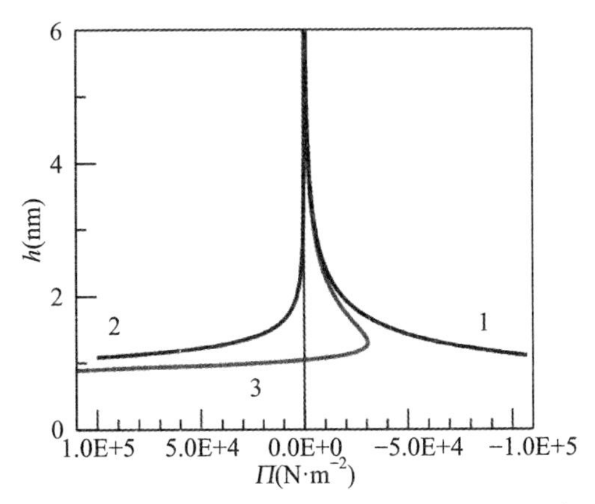

范德瓦耳斯力(1)和镜像电荷分量(2)对在 NaCl 水溶液(3M)表面上具有不同厚度 h 的庚烷湿膜的总分离压 Π(3)等温线的贡献[19,90]

图 3－4　镜像电荷与极性溶质偶极子关系

3.3 胶体的现代稳定理论

自 20 世纪 80 年代以来，随着新的实验仪器、技术与方法的出现和革新，人们在胶体系统中发现了一些现行理论，包括传统胶体稳定理论——

DLVO理论,无法解释的反常现象,如离子相关力、空位力、结构震荡力、溶剂化及空缺力、溶剂缔合力、水化排斥与憎水吸引力等[93]。此外,还有学者发现在带同种电荷的颗粒间存在着长程的静电吸引力[94],并引起了人们极大的兴趣与广泛的争论。由于在一段时间内出现的许多实验结果无法与DLVO理论吻合,于是有人认为传统的DLVO理论已经过时了,或有修正的必要[95-98]。但也有人认为,同性相吸现象在DLVO理论框架内是可以通过适当考虑其他因素而进行解释的,所以没有必要对此理论进行修正。还有人认为,反常的实验现象可能来源于实验过程的误差。但无论如何,随着粒子间的同性相吸现象被发现,传统的DLVO理论的正确性确确实实受到了挑战,并导致了对传统的DLVO理论进行修正,这也被称为非DLVO理论、扩展的DLVO理论或现代DLVO理论[95-98]。在此,我们以后者统而概之。

为了从理论上解释实验过程发现的明显与DLVO理论不相符的现象,不少学者进行了深入探讨。据此,现代DLVO理论主要有几种描述:一种是根据同性电荷的发现引出的,而其他的则是反离子理论、外场存在下的PB方程理论和OZ积分方程理论。

3.3.1 基于同性电荷相吸的现代DLVO理论

在多价电解质中,相同的带电粒子之间的同种电荷静电吸引力与传统描述的作用力有着根本的不同,而传统的DLVO理论却不能解释这一现象。有人认为DLVO理论只能描述胶体颗粒间的势能而不能描述颗粒间的相互作用,这是因为这个势能是由静电排斥和范德瓦耳斯引力两部分构成的[93]。大量的证据表明,DLVO理论与实验结果十分吻合。然而,日本科学家Ise发现的同性相吸现象明显不能用传统的DLVO理论进行解释[94]。事实上,在对胶体系统的微观结构进行考察的过程中,Ise及其同事们发现了许多与DLVO理论明显不一致的实验现象,如两相共存、空穴结构、可逆相变等,这些都说明带同种电荷的颗粒间也存在着静电吸引[94]。进入20世纪90年代,相继有人采用新的实验技术测量了带电平板附近两个胶体颗粒的相互作用,也发现有长程吸引力的存在。但必须指出,颗粒在带同种电荷表面的吸附是近年来观察到的胶体系统的一种奇怪现象[95,96]。

Ito等[93]在观察带负电的胶乳颗粒在同样带负电的玻璃表面的吸附时

发现，低离子强度下在距离表面 5～50 μm 的区域都有吸附想象发生，但如果系统含有 10^{-4} M 的 NaCl 时则这种吸附现象会消失。由于他们的实验中采用了 D_2O-H_2O 混合溶剂，所以可以知道他们所发现的吸附并不是由重力驱动的[93]。Thomas 等[93]采用中子反射技术也观察到类似的现象。Ise 等还观察到这种吸附是随着表面电位的增大而增强的[94]。由此可知，根据 Ise 等报道的大量实验结果可知，在适当的浓度范围内，两个电性相同、表面电荷较高的颗粒在一定距离下会表现出相互吸引，而这种吸引具有静电特征是一种在 0.5～1 μm 的长程力[94]。他们认为，这种相互吸引来源于颗粒间离子氛的中介效应，即"反离子机制"[94]。Ise 的观点可以解释胶体系统的一些奇怪现象，以及溶液活度因子的浓度依赖性和大离子活度因子随浓度增加而大幅度降低的实验事实。

带电平板附近两颗粒间也存在静电吸引。随着一些先进的实验仪器的出现，人们得以直接测量颗粒间微弱的相互作用，如数字图像显微技术可精确测量到 10^{-15} N，这为颗粒相互作用理论提供了直接、准确的测试依据。1994 年，Grier 等[93]研究了一对胶体颗粒在不同外场限制条件下的相互作用情况。在样品池中注入稀的聚苯乙烯磺酸盐悬浮液以排除多体作用影响，并任选一对颗粒为样品，用光学夹子固定后同时释放并同时应用数字图像显微技术记录其运动轨迹，得到低浓度时的 Boltzmann 分布函数 $g(r)$ 如下：

$$\beta U(r) = -\ln g(r) \tag{3-5}$$

其中 $U(r)$ 为胶粒间排斥势能。

这时，一对孤立的颗粒间只表现出排斥，与 DLVO 理论预测吻合；但当颗粒被限制在两块表面带负电的玻璃平板之间时，颗粒间表现出较强的长程吸引力，且随颗粒直径增加而增强，说明这种吸引力产生的根源在于颗粒与平板的离子氛的强烈偶合。

Kepler 和 Fraden 也观察到同样的现象，其实验方法与 Grier 等人的类似。他们通过迭代计算了直径 $d=1.27$ μm 的聚苯乙烯颗粒的对分布函数，发现当颗粒间距为 1.4～1.8d 时，$U(r)$ 出现极小值，约 −0.2 kT，存在平板限制时由 DLVO 得到的 Hamaker 常数 A 过大，如果 A 保持不变，则得到的表面电位只有 5 mV，此时颗粒将迅速聚沉。由此他们认为这个吸引来自于平板的静电影响，而电解质离子强度越大，吸引力作用范围越短[93]。

在较宽的颗粒浓度范围条件下，Cabarjal 和 Tinoco 等[93]应用数字图像显微技术观察了限制在两平行玻璃板间直径 $d=0.5\,\mu m$ 的聚苯乙烯悬浮液的静态结构，并在不同的封闭条件下求解两维 Ornstein-Zernike 积分方程得到了颗粒的有效对势能。根据他们的研究：当浓度非常小时，其结果符合式(3-5)，且在约 $1.5d$ 处表现出明显的吸引力；而当浓度较高时，则在势能曲线上仍能得到负的吸引值；当颗粒相距较远时对势能出现明显的曲线型震荡。据此，他们认为外场的存在会影响颗粒的运动和相互作用，并导致其结果偏离 DLVO 理论，而可能的原因是颗粒接近时电双层出现暂时性的形变，影响了颗粒与平板间的范德瓦耳斯力和多体作用[93]。

1997 年，Larsen 和 Grier[93]发表了一篇关于在亚稳胶态晶体(MCC)中的同性相吸方面的论文。其中他们报道了亚微米级球形乳胶颗粒可悬浮在水中形成规则的晶格阵列或无序流体的现象，并认为有序无序间的转变是一种类似于原子流体的溶解与凝固的过程。由于胶体颗粒可由光学显微镜直接观察发现，所以他们据此发现的现象和大多数常规晶体是明显不一样的，这明显意味着胶态晶体是可以形成过热的亚稳态的。在游离离子浓度极小的条件下，他们还发现聚苯乙烯磺酸盐悬浮液被限制在两块相距 $28\,\mu m$ 的玻璃板间形成了 MCC，当亚稳胶态晶体中颗粒的凝固潜热达到 8 kT 时，远大于 DLVO 理论的假设，这是因为降低系统自由能所需的相邻颗粒吸引能需要达到 0.5 kT；而当颗粒从格子上的解吸能垒约为 4 kT 时，排斥假设无能垒，会使得系统表面张力明显增大。此外，Larsen 和 Grier[93]还发现处于单个平板附近的颗粒也能相互吸引，而且吸引强弱与颗粒和板的间距有关，表明并非是反离子机制在起作用。只有当颗粒离子氛与平板屏蔽电荷强烈作用时才会有吸引出现。在距平板较远的体相中带电颗粒形成的平面起到了玻璃平板的作用，从而使之保持稳定。这意味着，即使颗粒附近没有平板存在，静电稳定的胶体系统也可能表现出同性吸引想象，这其实解释了 Ise 等人的实验现象[94]。

Grier[93]认为：DLVO 理论不能解释高表面电荷和低盐浓度的条件下的颗粒间吸引问题，即使通过线性叠加近似及考虑小离子分布波动的理论也不能解释这种吸引力的本质。其原因是一对孤立的球周围的小离子分布只能是互相排斥，只有当限制粒子几何体的条件存在时，颗粒周围的小离子

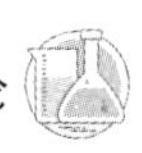

才能重新进行分布，并使吸引力产生。换言之，他们认为传统的 DLVO 理论是忽略了微弱的小离子重新分布这一事实。因此，非线性与外场才是产生长程吸引的必要条件[93]。根据这个实验于是可以得出这样的结论：一对孤立的、带同种电荷的颗粒将如 DLVO 理论预测的那样相互排斥；而存在外场时，如玻璃墙或由其他带电颗粒形成、并起到外场作用的平板类似物时，则颗粒间将表现出与 DLVO 理论描述所不同的长程吸引(现象)力。即存在外场时，DLVO 理论将不能得以应用[93]。

必须指出，虽然这些实验似乎为同性相吸提供了不可辩驳的证据，而且这种外场理论外推到颗粒浓度非无限稀释的情况还可以解释 Ise 等人的反离子理论[94]。但这个外场机制是由实验现象推理得出的，并没有理论基础；而且外场对反离子分布如何影响、得到什么形状的几何体支持及其相应条件下的长程吸引、这种吸引是否影响较小的高分子如蛋白质、DNA 等问题，仍未有明确解答，还有待于进一步的理论与实验研究。

3.3.2 反离子理论

1983 年，Sogami 最早提出反离子理论，并用于解释均相单分散乳胶颗粒的有序分布及虹彩现象[94-96]。次年，Sogami 和 Ise 赋予它更深的物理意义、并使之更加系统的理论化，形成了 SI 理论[94-96]。

Sogami 和 Ise 首先就不同系统中离子的地位进行了阐述[94-96]，认为在电解质溶液的 Debye-Hukel 近似中，各离子地位应该是相等的，实行的是离子民主制；当系统中含有大离子——带电胶粒时，大小离子的地位应该是不同的，实行离子的贵族制。由于大离子与小离子尺寸相差很大，所以他们之间的关系应该类似于分子中核与电子的关系。由此 Sogami 和 Ise 给出如下假设：

A. 大离子的运动与小离子无关；

B. 恒电荷假设，即颗粒表面电荷恒定，且均匀分布；

C. 而 Debye 近似为：系统浓度较低，$zie\Psi < kT$，离子数密度服从线性 Boltzmann 分布；

D. 原始模型，即溶剂看作介电常数为 ε 的连续介质。

他们通过理论推导得出亥氏函数 A 和吉氏函数 G 的表达式。关于 G 与 A 的区别，Sogami 和 Ise 的观点是：根据 $PV = G - A$，在 Debye-Hukel

近似中，由于溶液体积与压力、离子电荷无关，因而 $G=A$；但在含有大离子的系统，V 是反离子占据的体积而非溶液体积，反离子受到大离子电场的强烈影响分布在其周围(离子贵族制)，大离子的微小位移使得小离子占据体积有较大变化，因此不能忽略体积影响。而由于胶体系统发生的过程一般都是恒温恒压过程，所以 Ise 建议用 Gibbs 函数描述有效对势能更为合理[94-96]。显然，这意味着 Ise 等对 DLVO 理论提出了质疑，而他们的理论也因此被命名为 SI 理论。

由于 DLVO 理论所采用的 Debye-Hukel 理论是一个平均场近似，计算一对颗粒的相互作用时，不考虑一个粒子对另一个粒子周围反离子分布的影响，因此严格讲这只适用于无限稀释和颗粒荷电不高的情况。此时，反离子可以从颗粒表面扩散到无穷远处，而颗粒间的相互作用只表现出排斥现象。而胶体系统中颗粒电荷达到 10^5 电荷单位时，它必将对临近颗粒周围的反离子分布产生影响；另一方面，由于实验条件的限制，无限稀释的理想状态实际上是难以达到的，所以反离子的扩散一定受到限制，从而只能留在颗粒附近，其影响不能忽略。正是由于邻近反离子电荷的部分抵消与中和，使得颗粒有效电荷降低，小于无限稀释时的电荷，从而减小了颗粒间的静电排斥；而反离子同时被临近颗粒吸引也被颗粒间引力吸引，所以这时的静电吸引是电中性的结果。

至于 DLVO 理论确实可以完美地解释胶体溶液中许许多多的实验现象这一事实，Ise 等[94-96]认为，这主要是因为当颗粒荷电较少时，颗粒间库仑吸引十分微弱。为此，Tata 和 Sood 通过计算机模拟比较了 DLVO 理论与 SI 理论的结果，发现两者对胶体分散系统结构的预测都十分令人满意；但随着表面电荷数的增加、颗粒间距降低，使得库仑吸引与排斥力同时增大，但反离子因为屏蔽了排斥作用所以实际上是加强了吸引力，使得颗粒间表现出较强的静电吸引。

Sogami 等[94-96]还研究了电解质溶液中一对带相同电荷的平行平板间的相互作用，发现板间距较大时也有弱的相互吸引存在，而 SI 理论能够解释这些实验现象。但 SI 理论还不能解释稀溶液中有序无序两相共存及有序区域随时间波动的问题，因而也受到了一些学者的质疑，如 Grier 等[94-96]根据自己的实验结果推断 SI 理论不正确，至少与他们发现的“没有平板的限制作用，一对孤立的颗粒间只表现出排斥”的实验与事实不符。Ise 认为

原因在于 Grier 的样品表面荷电不高，而表面电荷密度越高吸引越明显，只有当颗粒表面电荷密度较大时，颗粒间才有吸引出现[94-96]。

DLVO 理论的创始人之一 Overbeek 一直反对这种非 DLVO 理论的"短程排斥、长程吸引"的观点。但 Ise 等始终从实验研究、理论推导、物理解释乃至逻辑推理来支持他们的 SI 理论，并对其他学者的批评也给予了似乎有理的反驳[94-96]。

到目前为止，SI 理论对许多现象还无法解释，而且自建立至今发展并不明显。可能原因是其基本假设过多，使得实验体系与实际体系之间有一定的差距，从而仅适应一些特别的场合。但 SI 理论对胶体系统的结构因子和弹性模数的预测可以得到几乎和 DLVO 理论同样令人满意的结果，而且也没有实验能证明它是错误的，说明也具有一定的正确性。显然，SI 理论为 DLVO 理论的应用于解释提供了一个新思路。

3.3.3 外场存在下的 PB 方程理论

Bowen 和 Shariff 在 1998 年发表了一篇通讯，报道了外场限制下一对带同种电荷球形颗粒相互吸引的定量理论解释[94-96]。他们考虑了颗粒限制在一个壁面带电的柱型胞腔内的 Poison-Boltzmann(PB)方程，通过计算，Bowen 和 Shariff 得到了静电力随球心距变化的曲线，无外场限制情况下颗粒相互作用始终为排斥，与 DLVO 理论一致；存在外场限制时，随着颗粒间距增大，排斥逐渐减弱，并最终改变符号变为吸引，间距进一步增大，作用力趋向于零[94-96]。通过对颗粒周围等势线的分析，他们发现，外场的存在影响了颗粒周围电势分布，使得颗粒间的中平面上产生较强的电势，而一对孤立颗粒中平面上电势本应很低，接近于零，颗粒周围电势的重新分布导致了净吸引。据此，他们提出：只要在现有胶体理论基础上适当考虑外场影响，静电吸引的产生是顺理成章的，没有必要如 SI 理论等引入进一步的假设，而 SI 理论所表明的一对孤立的球之间也有长程吸引势是不合理的。对于较浓分散系统的长程吸引，Bowen 和 Shariff 认为主要是来自于多体作用的影响[94-96]。这个非 DLVO 理论也因此被命名为外场存在下的 PB 方程理论。

3.3.4 OZ 积分方程理论

OZ 积分方程理论是由 Ornstein-Zernike 提出的一种研究系统中分子

分布函数的理论[94-96]。1996 年,Chu 和 Wasan 求解了 OZ 方程得到了颗粒对的平均力势能,并发现带同种电荷的颗粒间确实存在着吸引力[94-96]。但他们发现,在低浓度、低表面电荷时,其结论与 Debye-Hukel 理论吻合;而在高浓度、高表面电荷时,有效对势能产生了震荡,使得系统内能最小化与熵最大化,从而导致正、负颗粒之间形成一定程度的交替排列,而胶粒间的反离子会同时吸引两个颗粒;此时如考虑其他颗粒尤其是反离子的间接作用以及熵的贡献,则总的有效对势能可能表现出净的库仑吸引[94-96]。这意味着 OZ 积分方程理论其实也是一种非 DLVO 理论。

Schmidt 曾经研究了均相离子混合物中带同种电荷的聚电解质离子相互吸引的问题,指出:由于小离子的屏蔽作用使得聚离子通过屏蔽电势而产生相互作用,从而产生有效地吸引势能,但是它只在足够高的聚离子密度下才会出现[94-96]。这个结果也说明 OZ 理论是一种现代的 DLVO 理论。

3.3.5 计算机模拟的现代 DLVO 理论

由于样品的制备、仪器的精度等方面的原因,实验所观察到的同号胶体颗粒间相互吸引的现象并未被一致认可,例如如何区分颗粒间的短程范德瓦耳斯引力和长程静电吸引力等;而理论解释又由于引入了过多的假设等原因,其结果也未被一致肯定。而计算机模拟则可以完全排除这些不确定因素,例如可以假设胶体颗粒为带电硬球,从而排除短程范德瓦耳斯引力的影响,还可以依据所给定的物理模型,严格按照统计力学原理模拟得到系统的宏观性质。所以是模型与理论预测、实验结果之间的桥梁,它可以用于验证理论的正确性,并与实验结果相比较,因此这种技术又被称为计算机实验。由于计算机模拟相对于理论与实验的优越性,即它不受实验条件的限制,并可以涉及理论模型难以顾及之处。近年来,人们将它应用于胶体系统中颗粒相互作用能的计算,获得了一些有意义的结果。

为了验证 SI 理论,Tata 和 Sood 等[94-96]采用计算机模拟计算了颗粒的对分布函数,发现 SI 理论与 Ise 的实验观察,稀分散系统颗粒非均匀分布如空穴结构,可以定性吻合,而 DLVO 理论则不能给予合理的解释。从而为应用计算机模拟 DLVO 理论和建立基于计算机模拟的现代 DLVO 理论开创了新的路径。

已经有许多学者应用计算机模拟研究带同种电荷颗粒相互吸引的问

题，他们得到的一个共同结论是同性相吸与来自于大离子附近的小离子有关，而这种吸引属于短程作用。比如，1997 年，Gronbech 等[94-96]应用布朗动力学模拟研究了两个刚性聚电解质之间的静电作用，发现高价反离子时存在静电吸引，并且随着温度的降低而增大。这种吸引的根源在于凝聚在聚电解质上的反离子位置的短程相关性。同年，Ha 和 Liu[94-96]采用反离子凝聚理论也研究了棒状聚电解质的相互作用，认为涉及两部分的贡献，一是刚性棒的静电荷排斥和凝聚反离子与自由反离子交换导致的棒上电荷波动所引起的吸引，其中后一项与范德瓦耳斯力作用类似，但其中包括了所有的多极作用贡献。除了间距极小的情况，他们的结果与 Gronbech 等的布朗动力学模拟十分一致[94-96]。

Gronbech 等[93]还用计算机模拟了二价反离子溶液中两个球形颗粒的相互作用，发现稀溶液中颗粒间只存在着排斥力，只有当浓度较高时由于反离子间的强烈反应才能使得颗粒间出现吸引。

Allahyarov 等[94-96]认为当大离子相互接近时，大离子间会出现一个反离子空缺区，当颗粒强烈的库仑偶合时反离子屏蔽静电排斥，即库仑空缺作用会占主要地位，使得颗粒间表现出明显的吸引。Wu 等[94-96]应用 Monte-Carlo 模拟研究了球型胶体颗粒在盐溶液中的相互作用，发现存在二价反离子时带同种电荷的颗粒间会表现出相互吸引，尤其是在中等浓度条件下最为明显。此时，DLVO 理论与 SI 理论都不能对其进行正确描述，而对于一价反离子的情况，则 DLVO 理论与模拟结果吻合。当静电吸引出现在颗粒间距约一个反离子直径处时，来源于反离子单层的中介作用与大离子双电层内离子密度波动具有相关性；由于大离子相互靠拢时，中和大离子电荷所需的二价反离子比一价反离子少；大离子间的熵斥力小，不足以抵消反离子导致的吸引，因此存在二价反离子时带同种电荷的颗粒会表现出相互吸引，而存在一价反离子时颗粒则不会表现出明显的吸引。

目前的计算机模拟结果似乎与实验现象和理论预测并不完全一致，特别是究竟在什么距离内同号胶体颗粒间存在吸引力，它们的结论尚有比较大的距离。鉴于计算机模拟相对于实验研究与理论探讨的独特之处，对于同性相吸这种实验难以直接观察而又缺乏成功的理论解释的现象，计算机模拟将发挥更加重要的作用。

3.4 小结

由上可知,带同号电荷的胶体颗粒间的长程静电吸引力是否真的存在,目前还是一个颇有争议的问题。这就吸引了众多学者的注意,他们从多个方面、用多种手段开展研究,特别是引入一些凝聚态物理和分子热力学研究的新方法,必将对胶体科学的发展产生重要影响,也是值得重视和关注的动向。

因为精确性的提高和一些新的实验方法及理论分析、数字实验和模拟的不断增加[94-96],在近年里对分离压的不同分量导致的现代 DLVO 机理的理解取得了明显的进步[97,98]。这使得人们能够更好地理解实验结果、更有效的控制胶体稳定性。现代 DLVO 理论对范德瓦耳斯力和静电双层作用力的描述有了进一步的阐述,并涉及了新溶剂、新型表面活性剂等现代材料的发展及与 DLVO 理论之间的关系。

参考文献

[1] Derjaguin BV, Churaev NV, Muller VM. Surface forces. New York, Consultants Bureau, 1987.

[2] Derjaguin BV, Landau LD. Theory of the stability of strongly charged lyophobic sols and of the adhesion of strongly charged particles in solutions of electrolytes. Acta Physicochim URSS 1941, 14, 633.

[3] Verwey EJW, Overbeek JThG. Theory of the stability of lyophobic colloids. Amsterdam, Elsevier, 1948.

[4] de Boer JH. The influence of van der Waals' forces and primary bonds on binding energy, strength and orientation, with special reference to some artificial resins. Trans Faraday Soc 1936, 32, 10.

[5] Hamaker HC. The London-van der Waals attraction between spherical particles. Physica 1937, 4, 1058.

[6] Lifshitz EM. The theory of molecular attractive forces between solids. Sov Phys JETP 1956, 2, 73.

[7] Dzyaloshinsky IE, Lifshitz EM, Pitaevsky LP. The general theory of van der Waals forces. Adv Phys 1961, 10, 165.

[8] Boinovich LB. Molecular structure of liquids and surface forces. Prog Coll

Polym Sci 2004, 128, 44.

[9] Boinovich LB. Long-range surface forces and their role in the progress of nanotechnology. Curr Opin Coll Interface Sci. 2010, 15, 297.

[10] Boinovich LB. Forces due to dynamic structure in thin liquid films. Adv Colld Interface Sci. 1992, 37, 177.

[11] Liang Y, Hilal N, Langston P, et al. Interaction forces between colloidal particles in liquid: Theory and experiment. Adv Colld Interface Sci. 2007, 134, 151.

[12] Joshua J. A, Yakov IR, Brij MM. Origins of the Non-DLVO Force between Glass Surfaces in Aqueous Solution. J Coll Interface Sci 2001, 237, 249.

[13] Yotsumoto H, Yoon RH. Application of Extended DLVO Theory: II. Stability of Silica Suspensions. J Coll Interface Sci. 1993,157, 434.

[14] Forsman J, Woodward CE, Jonsson B. Polydisperse Telechelic Polymers at Interfaces: Analytic Results and Density Functional Theory. Langmuir 1997, 13, 5459.

[15] Boinovich LB, Emelyanenko AM. Forces due to dynamic structure in thin liquid films. Adv Coll Interface Sci 2002, 96, 37.

[16] Stubenrauch C, Langevin D, Exerowa D, et al. Comment on "hydrophobic forces in the foam films stabilized by sodium dodecyl sulfate: effect of electrolyte" and subsequent criticism. Langmuir 2007, 23, 12457.

[17] Parsegian VA. van der Waals forces. New York, Cambridge University Press, 2005.

[18] Munday JN, Capasso F, Parsegian VA, et al. Measurement of the Casimir-Lifshitz force in fluids: the effect of electrostatic force and Debye screening. Phys Rev A 2008, 78, 032109.

[19] Boinovich LB, Emelyanenko AM. Wetting behaviour and wetting transitions of alkanes on aqueous surfaces. Adv Coll Interface Sci 2009, 147-148, 44.

[20] Petrache HI, Tristram-Nagle S, Harries D, et al. Swelling of phospholipids by monovalent salt. J Lipid Res 2006, 47, 302.

[21] Petrache HI, Zemb T, Belloni L, et al. Salt screening and specific ion adsorption determine neutral-lipid membrane interactions. Proc Natl Acad Sci 2006, 103, 7982.

[22] Li JL, Chun J, Wingreen NS, et al. Use of dielectric functions in the

theory of dispersion forces. Phys Rev B 2005, 71, 235412.
[23] Babb JF, Klimchitskaya GL, Mostepanenko VM. Casimir - Polder interaction between an atom and a cavity wall under the influence of real conditions. Phys Rev 2004, 70, 042901.
[24] Buhmann SY, Welsch DG, Kampf T. Ground-state van der Waals forces in planar multilayer magnetodielectrics. Phys Rev A 2005, 72, 032112.
[25] Lambrecht A, Maia Neto PA, Reynaud S. The Casimir effect within scattering theory. New J Phys 2006, 8, 243.
[26] Rodrigues RB, Maia Neto PA, Lambrecht A, et al. Lateral Casimir force beyond the proximity-force approximation. Phys Rev Lett 2006, 96,100402.
[27] Rodrigues RB, Maia Neto PA, Lambrecht A, et al. Lateral Casimir force beyond the proximity force approximation: a nontrivial interplay between geometry and quantum vacuum. Phys Rev A 2007, 75, 062108.
[28] Bulgac A, Magierski P, Wirzba A. Scalar Casimir effect between Dirichlet spheres or a plate and a sphere. Phys Rev D 2006, 73, 025007.
[29] Bordag M. Casimir effect for a sphere and a cylinder in front of a plane and corrections to the proximity force theorem. Phys Rev D 2006, 73, 125018.
[30] Emig T. Fluctuation-induced quantum interactions between compact objects and a plane mirror. Stat Mech, Theory Exp 2008, P04007.
[31] Maia Neto PA, Lambrecht A, Reynaud S. Casimir energy between a plane and a sphere in electromagnetic vacuum. Phys Rev A 2008, 78, 012115.
[32] Emig T, Graham N, Jaffe RL, et al. Casimir forces between arbitrary compact objects. Phys Rev Lett 2007, 99, 170403.
[33] Boinovich L. DLVO forces in thin liquid films beyond the conventional DLVO theory. Curr Opin Coll Interface Sci. 2010, 15, 297.
[34] Kenneth O, Klich I. Casimir forces in a T-operator approach. Phys Rev B 2008, 78, 014103.
[35] Messina R, Dalvit DAR, Maia Neto PA, et al. Dispersive interactions between atoms and nonplanar surfaces. Phys Rev A 2009,80,022119.
[36] Cavero-Pelaez I, Milton KA, Parashar P, et al. Noncontact gears. II. Casimir torque between concentric corrugated cylinders for the scalar case. Phys Rev D 2008, 78,065019.
[37] Cavero-Pelaez I, Milton KA, Parashar P, et al. Leading-and next-to-

leadingorder lateral Casimir force on corrugated surfaces. Int J Mod Phys A 2009,24,1757.

[38] Lyklema J. Overcharging, charge reversal: chemistry or physics? Coll Surf A 2006, 291, 3.

[39] Kjellander R. Intricate coupling between ion - ion and ion - surface correlations in double layers as illustrated by charge inversion - combined effects of strong Coulomb correlations and excluded volume. J Phys Condens Matter 2009, 21,424101.

[40] Wales DJ, Ulker S. Structure and dynamics of spherical crystals characterized for the Thomson problem. Phys Rev B 2006, 74, 212101.

[41] Man XK, Yan DD. Charge Inversion by Flexible Polyelectrolytes Adsorbed onto Charged Cylindric Surfaces within Self-Consistent-Field Theory. Macromolecules, 2010, 43, 2582.

[42] Man XK, Yang S, Yan DD, et al. Adsorption and Depletion of Polyelectrolytes in Charged Cylindrical System within Self-Consistent Field Theory. Macromolecules, 2008, 41,5451.

[43] Messina R. Electrostatics in soft matter. J Phys Condens Matter 2009, 21, 113102.

[44] Pianegonda S, Barbosa MC, Levin Y. Charge reversal of colloidal particles. Europhys Lett 2005, 71, 831.

[45] Loth MS, Shklovskii BI. Non-mean-field screening by multivalent counterions. J Phys Condens Matter 2009, 21, 424104.

[46] Travesset A, Vangaveti S. Electrostatic correlations at the Stern layer: physics or chemistry? J Chem Phys 2009,131,185102.

[47] van Oss CJ. Development and applications of the interfacial tension between water and organic or biological surfaces. Coll Surf B. 2007, 54, 2.

[48] Calero C, Faraudo J. Enhancement of charge inversion by multivalent interfacial groups. Phys Rev E 2009, 80, 042601.

[49] Martın-Molina A, Hidalgo-Alvarez R, Quesada-Perez M. Additional considerations about the role of ion size in charge reversal. J Phys Condens Matter 2009, 21, 424105.

[50] Labbez C, Jonsson B, Pochard I, et al. Surface charge density and electrokinetic potential of highly charged minerals: experiments and Monte Carlo simulations on calcium silicate hydrate. J Phys Chem B 2006,

110, 9219.

[51] Valisko M, Boda D, Gillespie D. Selective adsorption of ions with different diameter and valence at highly charged interfaces. J Phys Chem C 2007, 111, 15575.

[52] Lenz O, Holm C. Simulation of charge reversal in salty environments: giant overcharging? Euro Phys J E 2008, 26, 191.

[53] Diehl A, Levin Y. Colloidal charge reversal: dependence on the ionic size and the electrolyte concentration. J Chem Phys 2008, 129, 124506.

[54] Martın-Molina A, Calero C, Faraudo J, et al. The hydrophobic effect as a driving force for charge inversion in colloids. Soft Matter 2009, 5, 1350.

[55] Ben-Yaakov D, Andelman D, Harries D, et al. Beyond standard Poisson - Boltzmann theory: ion-specific interactions in aqueous solutions. J Phys Condens Matter 2009, 21,424106.

[56] Tobias DJ, Hemminger JC. Chemistry-getting specific about specific ion effects. J Am Chem Soc 2008, 130, 14000.

[58] Kalcher I, Horinek D, Netz RR, et al. Ion specific correlations in bulk and at biointerfaces. J Phys Condens Matter 2009, 21, 424108.

[59] Forsman J. Ion adsorption and lamellar - lamellar transitions in charged bilayer systems. Langmuir 2006, 22, 2975.

[60] Ghosal S, Hemminger JC, Bluhm H, et al. Electron spectroscopy of aqueous solution interfaces reveals surface enhancement of halides. Science 2005, 307, 563.

[61] Onuki A. Ginzburg - Landau theory of solvation in polar fluids: ion distribution around an interface. Phys Rev E 2006, 73,021506.

[62] Robinson RA, Stokes RH. Electrolyte Solutions 2nd ed. New York, Dover, 2002.

[63] Lima ERA, Biscaia Jr EC, Bostrom M, et al. Osmotic second virial coefficients and phase diagrams for aqueous proteins from a muchimproved Poisson - Boltzmann equation. J Phys Chem C 2007, 111, 16055.

[64] Curtis RA, Lue L. A molecular approach to bioseparations: protein - protein and protein - salt interactions. Chem Eng Sci 2006, 61,907 - 23.

[65] Finet S, Skouri-Panet F, Casselyn M, et al. The Hofmeister effect as seen by SAXS in protein solutions. Curr Opin Coll Interface Sci 2004, 9,112.

[66] Durand-Vidal S, Simonin J-P, Turq P. Prog Theoretical Chemistry and

Physics, Vol 1. Kluwer, 2002.

[67] Wernersson E, Kjellander R. On the effect of image charges and ion-wall dispersion forces on electric double layer interactions. J Chem Phys 2006, 125,154702.

[68] Wernersson E, Kjellander R. Image charges and dispersion forces in electric double layers: the dependence of wall - wall interactions on salt concentration and surface charge density. J Phys Chem B 2007, 111, 14279.

[69] Bostrom M, Lima ERA, Tavares FW, et al. The influence of ion binding and ion specific potentials on the double layer pressure between charged bilayers at low salt concentrations. J Chem Phys 2008,128,135104.

[70] Bostrom M, Deniz V, Ninham BW, et al. Extended DLVO theory: electrostatic and non-electrostatic forces in oxide suspensions. Adv Coll Interface Sci 2006,123,5.

[71] Parsons DF, Bostrom M, Maceina TJ, et al. Why direct or reversed Hofmeister series? Interplay of hydration, non-electrostatic potentials, and ion size. Langmuir 2010,26,3323.

[72] Horinek D, Netz RR. Specific ion adsorption at hydrophobic solid surfaces. Phys Rev Lett 2007, 99,226104.

[73] Akhadov YY. Dielectric properties of binary solutions. Moscow, Nauka, 1977 (in Russian).

[74] Wernersson E, Kjellander R. Ion correlation forces between uncharged dielectric walls. J Chem Phys 2008,129,144701.

[75] Horinek D, Serr A, Bonthuis DJ, et al. Molecular hydrophobic attraction and ion-specific effects studied by molecular dynamics. Langmuir 2008, 24,1271.

[76] Marcelja S. Selective coalescence of bubbles in simple electrolytes. J Phys Chem B 2006, 110, 13062.

[77] Guldbrand L, Jonsson B, Wennerstrom H, et al. Electrical double-layer forces—a Monte-Carlo study. J Chem Phys 1984,80,2221.

[78] Kjellander R, Marcelja S. Correlation and image charge effects in electric doublelayers. Chem Phys Lett 1984, 112, 49.

[79] Naji A, Arnold A, Holm C, et al. Attraction and unbinding of like-charged rods. Europhys Lett 2004, 67,130.

[80] Odriozola G, Jimenez-Angeles F, Lozada-Cassou M. Effect of confinement

on the interaction between two like-charged rods. Phys Rev Lett 2006, 97, 018102.

[81] Jimenez-Angeles F, Odriozola G, Lozada-Cassou M. Stability mechanisms for platelike nanoparticles immersed in a macroion dispersion. J Phys Condens Matter 2009, 21, 424107.

[82] Pedago L, Jonsson B, Wennerstrom H. Like-charge attraction in a slit system: pressure component for the primitive model and molecular solvent simulations. J Phys Condens Matter 2008, 20, 494235.

[83] Jonsson B, Nonat A, Labbez C, et al. Controlling the cohesion of cement paste. Langmuir 2005,21,9211.

[84] Madurga S, Martın-Molina A, Vilaseca E, et al. Effect of the surface charge discretization on electric double layers: a Monte Carlo simulation study. J Chem Phys 2007, 126, 234703.

[85] Taboada-Serrano P, Yiacoumi S, Tsouris C. Electrostatic surface interactions in mixtures of symmetric and asymmetric electrolytes: a Monte Carlo study. J Chem Phys 2006, 125, 054716.

[86] Foret L, Wurger A. Disjoining pressure and algebraic screening of discrete charges at interfaces. J Phys Chem B 2004, 108, 5791.

[87] Tang T, Hui CY, Jagota A. Line of charges in electrolyte solution near a half-space II. Electric field of a single charge. J Coll Interface Sci 2006, 299, 572.

[88] Seijo M, Ulrich S, Filella M, et al. Modeling the surface charge evolution of spherical nanoparticles by considering dielectric discontinuity effects at the solid/electrolyte solution interface. J Coll Interface Sci 2008,322,660.

[89] Boinovich LB, Emelyanenko AM. The image-charge forces in thin films of solutions with non-polar solvent. Adv Coll Interface Sci 2003, 104, 93.

[90] Boinovich L, Emelyanenko A. Wetting behavior of pentane on water. The analysis of temperature dependence. J Phys Chem B 2007, 111, 10217.

[91] Boinovich L, Emelyanenko AM. Alkane films on water: stability and wetting transitions. Russ Chem Bull 2008, 57, 263.

[92] Emelyanenko A, Boinovich L. On the effect of discrete charges adsorbed at the interface on the nonionic liquid film stability: charges in the film. J Phys Condens Matter 2008, 20, 494227.

[93] 张波,刘洪来,胡英. 带同种电荷胶体颗粒间的相互吸引[J]. 化学进展, 2001,13(1),2.

[94] Exerowa D, Platikanov D. Thin liquid films from aqueous solutions of non-ionic polymeric surfactants. Adv Coll Interface Sci 2009, 147 - 148,74.

[95] Bonaccurso E, Kappl M, Butt HJ. Thin liquid films studied by atomic force microscopy. Curr Opin Coll Interface Sci 2008, 13, 107.

[96] Kleshchanok D, Tuinier R, Lang PR. Direct measurement of polymer-induced forces. J Phys Condens Matter 2008, 20, 073101.

[97] Yoon RH, Mao L. Application of Extended DLVO Theory, IV: Derivation of Flotation Rate Equation from First Principles. J. Coll Interface Sci. 1996, 181, 613.

[98] Sedev R, Exerowa D. DLVO and non-DLVO surface forces in foam films from amphiphilic block copolymers. Adv Coll Interface Sci, 1999, 83, 111.

4

现代胶体乳液

4.1 导语

胶体乳液是胶体化学研究的一个重要内容[1-15]。不同于传统乳液的研究，现代乳液研究的是由近来因材料发展而形成的微纳米乳液、离子乳液等。事实上，由于近年来粒子逐步被细化到微纳米尺寸，使得其在制药、化妆、食物、化学等工业各方面的应用都显现出明显不同于传统乳液的特点[1-15]。而由于溶液体系发展而形成的离子乳液也明显显示出不同于传统乳液的特点也是非常值得关注的。

比如，纳米乳液（亚微米尺寸的液滴）比传统乳液（微米尺寸的液滴）在应用方面有优势的主要原因是其纳米颗粒形成的乳液小液滴具有很好的稳定性，不易发生沉淀或分层，而且保持着透明或半透明的与传统微乳液类似的光学外观特性[5]。此外，与微乳液在热力学上的稳定性相反，纳米乳液是一个不平衡体系，其形成过程可能会经历絮凝、凝聚和 Ostwald 熟成等步骤[16-28]。

4.2 基于纳米材料的现代胶体乳液

随着纳米材料的出现及广泛应用，纳米溶液及乳液已经非常普遍了，于是形成了基于纳米材料的现代胶体。

通常认为，纳米乳液主要分解过程是一个 Ostwald 熟成过程[2,3,29]。然而，最近有报告指出，在非离子和离子表面活性剂混合作用下，絮凝也可能

是纳米乳液的一种分解机理[30,31]。事实上，由于纳米乳液和微米乳液之间的概念一直存在误解，这也成为认识他们的一个首要问题[32]。事实上，已经有文献指出[33,34]，微乳液的术语可能是不合适的，但因为这些概念提出的时间过早，并已经在科学领域根深蒂固，所以其虽不能正确描述现在对这些乳液的认识，但也已经被广泛认可。这使得再用其他的称呼，如微米乳液[33]则可能会更容易使人产生误解。

纳米乳液概念首先由 Nakajima 提出，认为应该将小于 100 nm 的乳液命名为纳米乳液[35]。目前，这个概念也已经被科学、工业和商业界普遍接受并成为一种共识。

纳米乳液一般能用高能耗的强烈搅拌机械进行制备，比如高剪切力搅拌机、高压高速搅拌器和超声波发生器等[36]。但也可以采用低能耗乳化的方法、即利用体系内部的化学能和简单的搅拌机械[37]。实验已经证明这两种方法都可以获得相似的液滴尺寸[38]。比较而言，高能耗方法可在更高油/表面活性剂比率下制备纳米乳液[38]，而用低能耗方法可以制备高油/表面活性剂比率的纳米乳液[13]。

关于低能耗乳化方法的分类有许多争议，一般根据在乳化过程中表面活性剂的自发曲率是否发生相转变来进行分类。自发曲率不发生变化，而由表面活性剂快速分散或溶剂分子从分散相到连续相引发的纳米乳化形成方式被叫作自乳化。这种方法常被用在制药业来获得 O/W 型纳米乳液，这种乳液可在水媒介中作为亲脂性药剂的载体，具有能耗低的优点[7,9,10,16]。当乳化过程中，表面活性剂自发曲率从负变到正(为了获得 O/W 型乳液)或者从正变到负(对 W/O 型乳液来说)，它们被定名为相转变方法。如果乳化是由温度或组分的改变引起的，则分别分类为相转变温度(phase inversion temperature, PIT)法和相转变组分(phase inversion component, PIC)法[39,40]。必须指出，自乳化虽然被认为是一种低能耗方法，但它是在恒温下进行的反应，并伴有相转变发生，所以这与 PIC 方法的特点其实是一致的[39,40]。

4.2.1 纳米胶体乳液的制备

(1) 自乳化方法制备纳米胶体乳液

自乳化或自发乳化方法是由于在恒温条件下连续相中稀释过程所释放的化学能而形成的，在此过程中没有任何相转变行为发生，即表面活性剂的

自发曲率也没有发生改变。当稀释发生时，即水溶性成分如溶剂、表面活性剂或助表面活性剂从有机相扩散到水相形成 O/W 纳米乳液时，其界面区域会大幅增加，提高乳液的相对稳定状态[41,42]。有文献报道，用自发乳化方法获得纳米液滴的条件与高溶剂/油比率有关[41,42]。

在无表面活性剂的体系中，自乳化受到所谓的 Patis 或 Ouzo 作用的影响[43-45]。比如，具有茴香味的酒精饮料是一种纳米乳液，是由 3 种不同成分的均匀溶液进行混合生产出来的，其中水约 55%、酒精(例如乙醇约 45%和一种茴香味的油剂，其中反式茴香脑约 0.1%、可溶于酒精但不能溶于水)。稀释时，一些酒精分子会从有机相进入水相，使得这种含气味的油剂不再溶解，并在溶液中自发形成小的液滴。这种 Ouzo 作用也被许多体系用来制备纳米乳液[8,25,26]，比如通过向 PLGA(聚乳酸乙醇酸共聚物)的丙酮溶液加水[8]和向 PMMA(聚甲基丙烯酸甲酯)[25,26]的丙酮或四氢呋喃溶液加水来获得相应的纳米乳液。

对于水/十二烷基磺酸钠/戊醇/十二烷体系来说，由自乳化形成的纳米乳液可通过应用助表面活性剂得到 O/W 型纳米乳液[46]。由于乙醇从油滴进入水而稀释，此时由于表面活性剂不足以保持热力学稳定所需的最低界面张力($\gamma < 10^{-2}$ N/m)从而使形成的乳液不是热力学稳定的如图 4-1 所示。有报道认为最初的纳米乳液结构(O/W 或 W/O 型)与稀释过程及表面活性剂体系有关系[47]。

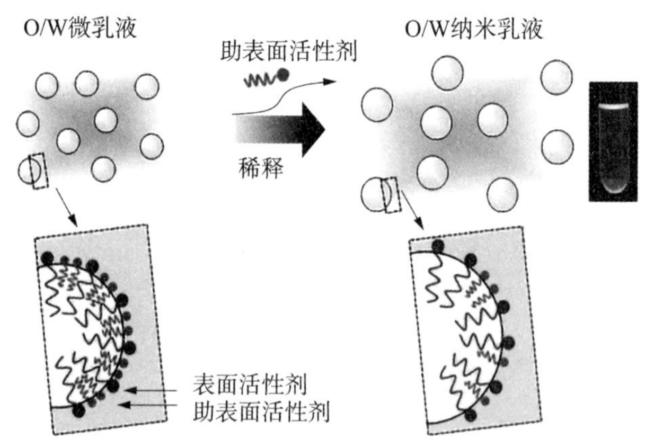

在水的稀释作用下，助表面活性剂从油/水界面扩散到水相，使得微米乳液的热力学稳定性消失、形成纳米乳液[47]

图 4-1　O/W 微米乳液的自乳化过程

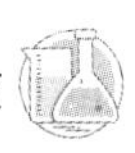

图 4－2(a)描述了水/十二烷基磺酸钠/戊醇/十二烷体系是如何从 O/W(W_mX)和 W/O(O_mW)微米乳液开始乳化和稀释的。稀释过程如图 4－2(b)所示，在恒温条件下，水(或微米乳液)逐步或一次性加入到微米乳液(或水)中，从 O/W 微米乳液开始的乳化会获得纳米乳液，与微米乳液组成和稀释过程无关。图 4－2(c)中显示的是油与表面活性剂(O/S)比率为 48/52 的微米乳液(W_m4)的乳化过程，由于过程中表面活性剂的自发曲率没有改变，因而属于自乳化过程。相反，从 W/O 微米乳液开始的乳化是依靠稀释类型或起始微米乳液的组成的，从低 O/S 比率的微米乳液中如图 4－2(a)中的 O_m1 所示，该稀释过程可以获得逐渐分离成两相的混浊乳液。应该指出的是依据这种乳化途径在乳化过程中没有直接的微米乳液区域是交叉的。相反，从高 O/S 比率(例如 O_m2～O_m5)的 W/O 微米乳液中，当乳化工程中用的稀释过程允许在 O/W 微米乳液中达到平衡，会获得小液滴尺寸的纳米乳液。通过向 W/O 微米乳液[在图 4－2(b)中稀释过程Ⅰ]逐步加入水可以达到这些条件，在这样的 O/S 比率下，乳化过程中直接的微米乳液区域是交叉的[在图 4－2(a)中是 O_m2～O_m5]。图 4－2C 阐明了 O_m4 微米乳液的结果，对于其他分散过程[图 4－2(b)中分散过程Ⅱ、Ⅲ和Ⅳ]，都会获得双峰分布如图 4－2(c)所示。这说明整个乳化过程有两部分，在第一步中，加水会使表面活性剂的自发曲率发生变化，从负(W/O 微米乳液)到正(O/W 微米乳液)，而在第二步中，发生自乳化过程，而表面活性剂的自发曲率没有发生改变[47]。

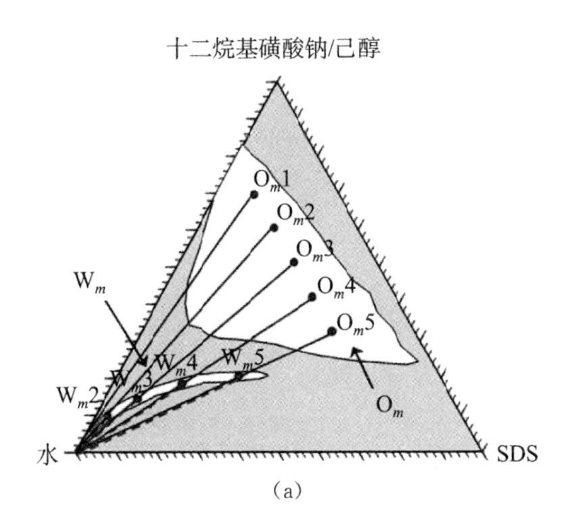

(a)

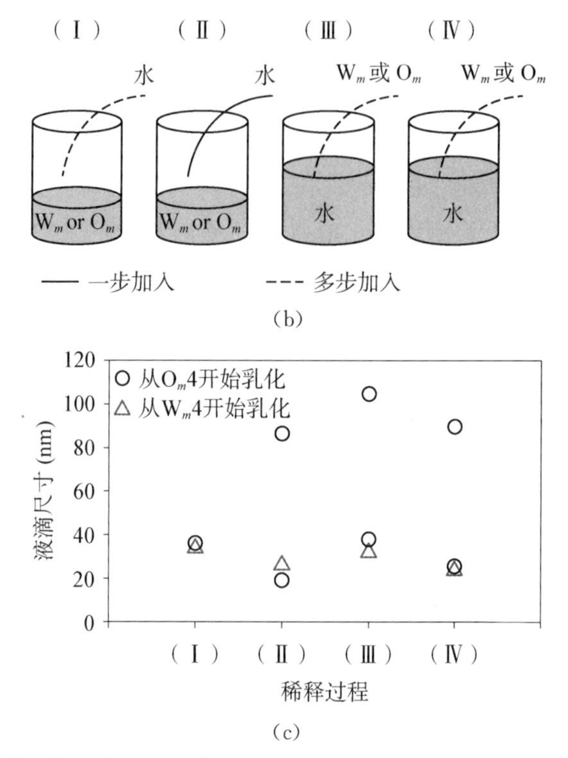

(a) 水/十二烷基磺酸钠/己醇/十二烷体系的相图($T=25$℃),虚线和实线表明了乳化路径,即从O/W(W_mX)和W/O(O_mX)微米乳液开始的纳米乳液的准备历程。最终水的比例保持在98%[43]

(b) 纳米乳液的乳化过程:(Ⅰ)向微米乳液逐步加入水,(Ⅱ)将水一步加入微米乳液中,(Ⅲ)向水中逐步加入微米乳液,(Ⅳ)向水中一步加入微米乳液。W_m 指的是O/W微米乳液,O_m 指的是W/O微米乳液

(c) 两种乳化方法比较,一种从O/W微米乳液(W_m4)开始、另一种从W/O微米乳液(O_m4)开始[47]

图 4-2 乳化、稀释示意图

这些结果阐明了以前报道的结论[47],并进一步说明从W/O微米乳液开始的乳化所得到的纳米乳液的液滴尺寸总是比从O/W微米乳液中开始的要大[48]。但必须指出,这个结论没有考虑稀释过程的影响。事实上,根据Sole等[47]得到的结果,相同的小尺寸的纳米乳液都可从W/O和O/W乳液中开始的乳化阶段得到,但前提是必须选择合适的稀释过程和乳液的成分组成。

图4-3说明了纳米乳液也可通过稀释表面活性剂的聚集除了微米乳液而形成。事实上,通过在混合的非离子/离子表面活性剂体系中从一个直接的立方液晶相中稀释得到O/W纳米乳液的形成已经被报道了,这些混合体系有水/油酸钾/油酸/$C_{12}E_{10}$/十六烷和水/氯化铵/油胺/$C_{12}E_{10}$/十六

烷[37,49]。相特性的研究还发现，在助表面活性剂(油酸或油胺)/$C_{12}E_{10}$ 比率从 20/80～50/50 及水从 50%～75%这个范围内进行变化时，存在 P_m3_n 结构的立方液晶。如果在上述两种体系的稀释过程中加入微胶粒，则会产生分离，从而扰乱立方结构，并使得界面稳定的部分表面活性剂会迁移到水相，使部分界面形成不稳定(图 4-3)。但这个稀释过程中表面活性剂的自发曲率没有发生改变。通过应用小角 X 射线散射研究立方结构和动态激光散射研究纳米乳液中的阳离子和非离子的表面活性剂的结构还发现，如果形成立方结构的微胶粒尺寸是相同的，则可以获得纳米乳液的液滴尺寸(图 4-4)[49]。

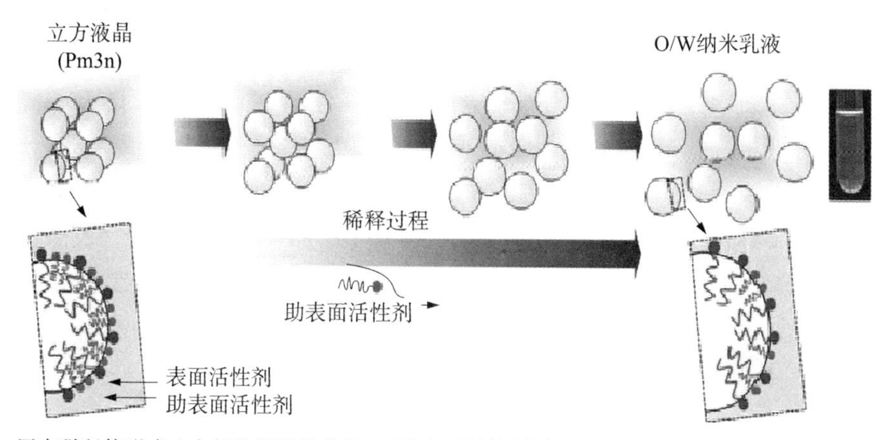

用水稀释使形成立方相的微胶粒分离，而助表面活性剂从油/水界面扩散到水相。由于这些过程使得微胶粒不再具有热力学稳定性，从而可以形成纳米乳液[49]

图 4-3 通过稀释 P_m3_n 结构的立方液晶的自乳化机制

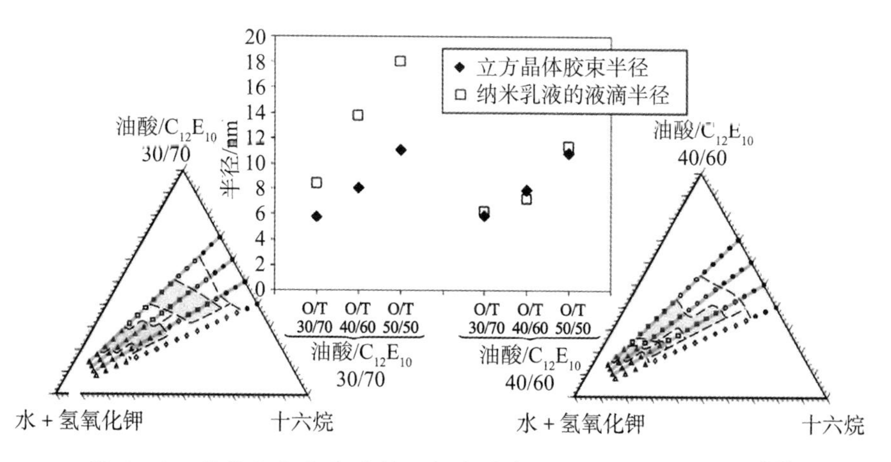

图 4-4 形成立方液晶的微胶粒和纳米乳液液滴的半径比较[49]

(2) 相转变形成纳米胶体乳液

由于乳化过程中的相转变会释放化学能，而这会导致表面活性剂膜的曲率从正到负或进行相反的转变，其中还包括形成平均曲率为零的表面活性剂膜的结构，例如双连续的微米乳液或层状的液晶相，所以相转变在纳米乳液形成中具有关键的作用[2,30,31,50-59]。因此，在使用乳化方法时，必须要知道表面活性剂的相转变特性。由于乳化过程的动力学行为也可能影响纳米乳液的最终性能，尤其是在乳化过程中形成高黏度相，例如六角形的或立方的液晶相时，这是因为这种相转变是由温度引导的相转变(PIT)或组成成分引导的相转变(PIC)。PIT 法是在 1968 年由 Shinoda 所介绍的[60]，他们认为温度会引发表面活性剂自发改变曲率如图 4－5 所示。但必须指出：PIT 方法只能被应用于对温度敏感的表面活性剂的例子中，如聚乙二醇型非离子表面活性剂等。这是因为温度改变会引发聚乙二醇链水合作用的改变，从而影响到其曲率改变。这意味着，在 PIC 方法中乳化过程中的相转变主要发生在恒温条件下如图 4－6 所示，而此时组成成分的改变会引发表面活性剂曲率的改变。事实上，通过应用 SANS 和 NMR 研究已经有人发现，在应用层状的液晶相或双连续的微米乳液生成纳米乳液时，其乳化过程中的相转变确实是符合 PIT 或 PIC 原理的[61]。

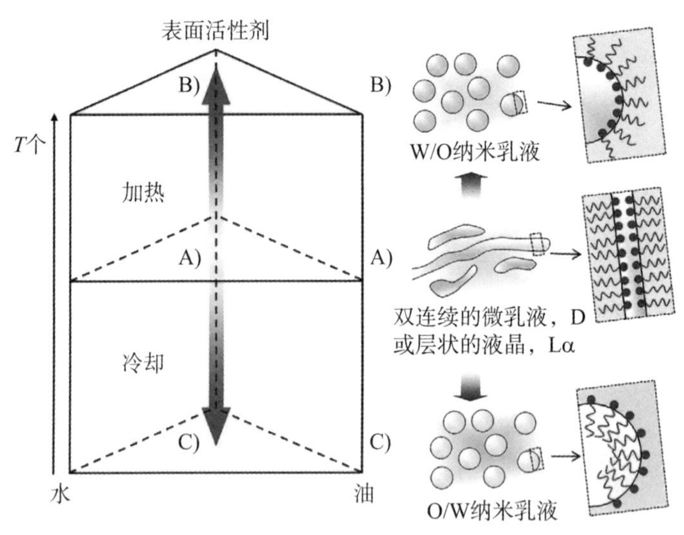

图 4－5 PIT 法形成纳米乳液的过程[50]

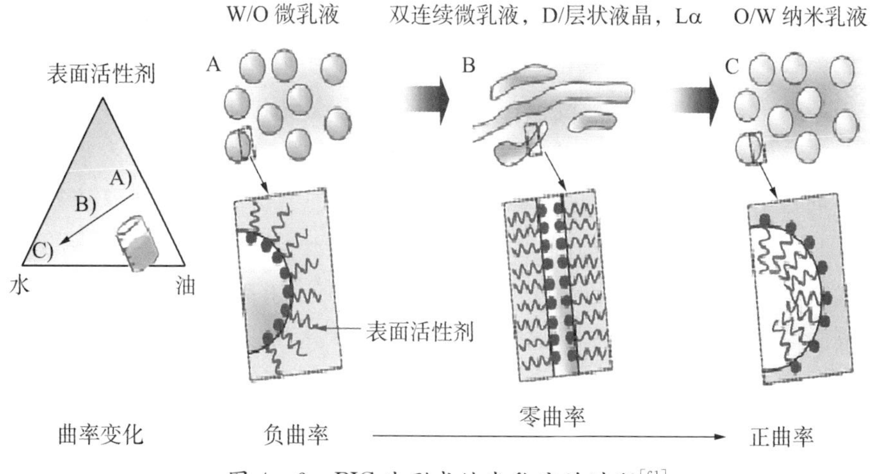

图 4-6 PIC 法形成纳米乳液的过程[61]

通过 PIT 方法获得纳米乳液的过程要在相转变温度(PIT)或亲水-亲脂平衡(hydrophilic lipophilic balance，HLB)温度条件下[62]。在 HLB 温度下进行乳化，体系的亲水和亲脂性能是平衡的，此时表面活性剂分子的平均自发曲率是 0，并具有极低的界面张力(10^{-2}～10^{-5} mN/m)[63]。在这样的条件下，PIT 方法可获得液滴尺寸非常小的纳米乳液。然而，因为小液滴的曲率非常高，在 HLB 温度附近的表面活性剂的自发曲率接近于 0，所以反联合过程的障碍比较低，也即联合率比较高[64,65]。在 HLB 温度范围，虽然可以生成非常小的液滴且此时的乳化反应比较容易发生，但是生成的乳液非常不稳定。这意味着，为了获得动力学上稳定的纳米乳液，就必须通过迅速的冷却或加热 O/W 或 W/O 乳液，使此时的温度迅速离开 HLB 温度范围[64,65]。

如果冷却或加热的速度都不快时，液滴间的联合会占优势，即容易形成多分散性的乳液。而在恒定 W/O 比率的水/非离子表面活性剂/脂肪族油体系中，如通过 PIT 方法进行乳化，则此时由于受到表面活性剂含量和温度的影响，则微米乳液相中开始乳化并可形成较小的液滴尺寸[52,54,56]。而在具有恒定的 O/S 比，且受水含量和温度的影响时，对水/$C_{16}E_6$/矿物油体系进行乳化也可获得小尺寸的纳米乳液，而且与最初的相平衡无关，即具有双连续的微米乳液相或包含双连续的微米乳液和过量的水的两相[52,56]。这意味着此体系中的液滴形成主要受双连续的微米乳液相的结构控制，而水仅仅是一个稀释媒介。事实上，大多数通过 PIT 方法制备纳米乳液的例子都将关注度放在用纳米乳液作为不同活性物的载体[11,21,23]或作为制备纳米颗粒的模板[6,15]。在 PIT 乳化过程，Roger 等[58,66]在水/$C_{16}E_8$/十六烷体系中保持了 W/O 的比率恒定，发现在温和的剪切力作用下，比 PIT 温度低几度的时候该体系是均匀的，与表面活性剂无关；而在温度平衡时，体系与表面活性剂含量有关。因此可以知道这个开始的温度其实可以用来定义边界条件，即表明从这个清楚的边界（低于 PIT 的方法）开始降温时，纳米乳液的尺寸与从高于 PIT 开始冷却所获得的纳米尺寸是相同的，而给含过量油的双连续微米乳液施加剪切力时可以增加 O/W 微米乳液，因为此时在清楚边界该体系具有相对稳定的结构。PIT 的另一个优点是可以在较低的温度下进行乳化，而此过程是可以由给定的表面活性剂的量进行控制的。也有研究[67]发现可以用过低于 PIT 温度的方法将混合的非离子/阳离子表面活性剂体系生产带正电荷的 O/W 纳米乳液，并认为该条件可能是一种类似的 PIT 乳化方法，或是一种反向乳化方法，这是因为从开始的状态，即从具有清楚边界的 O/W 微米乳液到最终状态的 O/W 纳米乳液的形成过程中，表面活性剂的自发曲率始终都没有发生明显的改变[67]。

通过 PIC 方法获得纳米乳液的过程在于其过程是可以逐步的向其他两种组分的混合物（油/表面活性剂或水/表面活性剂）加入水或油[15,55,57,68-70]。相对于 PIT 方法，PIC 方法被认为具有大规模生产的潜力，这是因为比起在温度上产生突变，将一个组分加入到大体积的乳液中在操作上是更容易和更具实际的。事实上，在处理温度稳定的体系时，PIC 方法也是比较合适的，且不受限于烷基胺类（POE 型）的表面活性剂。由于这种表面活性剂已经被广泛应用于以 PIC 方法制备的 O/W 和 W/O 纳米乳液，所以当水被逐步加入油相并形成 O/W 纳米乳液时，开始的体系是一种水在油里的微米乳液，而随着水的体积增加，使得表面活性剂的 POE 链在水合作用影响下逐渐增加，最终使表面活性剂的自发曲率从负变到零。在转变组成周围，表面活性剂的亲水-亲油性能是平衡的，正如在 HLB 温度一样。结果生成双连续的或层状的结构。当过度组分过量时，零曲率的结构分离成相对稳定的小的恰好的（O/W）液滴，这些液滴仍然含有油，并且直径很小，这意味着表面活性剂层的高的正曲率。因此，小液滴形成的机制与 PIT 方法中的类似。关于用 PIC 方法形成纳米乳液的过程[9,16]和制备纳米颗粒的过程也都分别有人进行了报道[6,13,14]。

由 PIC 方法制备 O/W 纳米乳液过程的相转变是一个比较有趣的研究，Sonneville-Aubun 等[57]曾用水/聚乙烯乙二醇 400 单异硬脂酸/氢化的聚异丁烯体系研究了这个现象。他们发现加水后在很短的时间内会有一个平区曲率为零的瞬时相，并定义其为一个层状的液晶相，而这个瞬时相可以被 SANS 发现。

类似于 PIT 方法[58]，Roger 等在水/$C_{16}E_8$/十六烷体系中观察到了由 PIC 方法开始的乳化过程中发生的结构转变[59]，在同样的研究体系中，他们记录了有均匀尺寸分布和平均直径为 100 nm 的纳米乳液，并发现乳化过程经过了一个相反微胶粒相的溶胀、并伴随着一个双连续海绵相的形成，而加越多的水则会使油滴在海绵相中聚集。其中部分吸附在液滴上的表面活性剂残余物和剩下的部分是作为微胶粒与液滴共存的，这也导致了双峰的形成和尺寸分布。与 PIT 聚合方法相反，在 PIT 聚合中用相同的体系获得的是单峰分布的液滴[58]。两种方法所获得的不同尺寸分布说明：在 PIT 方法中，初始的状态是一个油/水乳滴状的结构，且所有的油都以被溶解，而由 PIC 方法的乳化进行中会将油均匀排出。因此，在获得小液滴和窄的尺寸分布上，PIT 是一种比 PIC 更有效率的方法[59]。

Heunemann 等也报告过用 PIC 法制备单峰尺寸分布的 O/W 纳米乳液[61]。在一个体系的研究中，通过 SANS 和低温- TEM 监测体系在不同分散相组成下的特征和最终 O/W 纳米乳液的状态，结果表明在水做中间媒介的情况下，会形成一个双峰结构的两相体系。他们同时也报告了每个总体的相对比例依赖于所加水的量，且较小的液滴尺寸与微米乳液液滴的尺寸一致。然而，同时也报告了关于用 PIC 法获得的纳米乳液具有小的液滴尺寸(20 nm 这么小)和低的多分散性[51,55,57]。用低能耗方法进行乳化时应该考虑的一个方面是过程中的动力学，尤其是当形成瞬时的黏性相事。关于这点，Sole 等做出了比较合理的说明[37,49]，他们认为当一个立方液晶相在乳化过程中形成时，获得单峰的或多峰的尺寸分布主要依赖于搅拌速度和加入水的比率。但同样有报告说液滴尺寸分布可能依赖于搅拌速度和表面活性剂含量[40]。无论如何，许多研究已经表明在实际应用中，纳米乳液是结合多种低能耗方法获得的-例如相转变和自乳化。

Wang 等报告了一个在恒温下的两步乳化过程[30,31,71]。第一步是将体系固定其组成，在这样的环境下形成平衡时，存在的是一个双连续的微米乳液或者一个层状的液晶相。第二步是用水稀释形成纳米乳液,同时使其曲率从零变到正值。这些作者还同样对比了由两步法和其他两种方法所获得的纳米乳液的尺寸[71]。一种方法是逐滴将水加入到油/表面活性剂的混合物中,另一种方法在最终组成里包括混合的所有组分。最小的液滴尺寸是由两步法获得的,而且是通过逐滴的加水,但最后这两种方法得到的液滴尺寸是一致的。但要指出的是,如果达到这些相时是一种平衡状态,则达到单一相的区域应该是与方式无关的。此外,如果在两步乳化过程中起初的浓缩液不是单一相,而是乳液,则会出现不透明的乳液[71]。根据动态的光散射(dynamic light scattering, DLS)和小角中子散射(small angle neutron scattering, SANS)观察发现,这个过程形成的纳米乳液的尺寸是有差异的,这与发生在 SANS 观测范围外的长范围的液滴相互作用有关[30,31]。应该注意的是,当乳化过程第一步达到的浓缩液是 O/W 微米乳液,而进一步稀释乳液时不会有进一步的转变发生,即第二步是一个自乳化过程[71]。

PIC 方法最近也被用来形成 O/W 纳米乳液,它作为油相用来做高极性的溶剂,比如乙酸乙酯,它包含一种改良的多聚糖预聚物[13]。研究发现,低能耗的乳化方法不仅适用于脂质的和半极性的油,而且还适用于极性的溶剂/预聚物混合物。乳化过程的导电性能测试证实了一个从 W/O 到 O/W 纳米乳液形成过程的相转变现象,发现在水占 90%*wt* 时所获得的纳米乳液液滴尺寸大约在 200 nm 并表现出低的多分散指数[13]。而最近关于在油菜籽油体系中的纳米乳液的形成和稳定性研究报告指出,这个过程中电解液的存在发挥了很重要的作用[13]。

4.2.2 可调性扩大实验

应用纳米乳液过程必须要对其实现最佳性能做优化研究,这个过程不仅要研究混合比率或加入组分之间的关系,更要进行扩大试验研究、以预测其体系在不同规模等级上的性能变化。这是因为纳米乳液的特征依赖于制备过程的多变因素,而直接原因则是他们在热力学上属于一个不稳定体系[72]。

实验过程参数对纳米乳液最终性能的影响已经有不少报道[1,37,49,73-75]。对于纳米乳液的工业化扩大生产,目前主要采用的是一些高能耗方法,而低能耗方法几乎没有报道。Sole 等通过 PIC 方法制备了不同体系的纳米乳液,并将生产量从实验水平(100g)扩大到中试水平(644g),发现纳米乳液可

以通过将水相加到油/表面活性剂混合物相并采用如图 4－7 所示的容器和搅拌器，其中增加旋转速率和混合速率是两个关键的过程参数[76]。

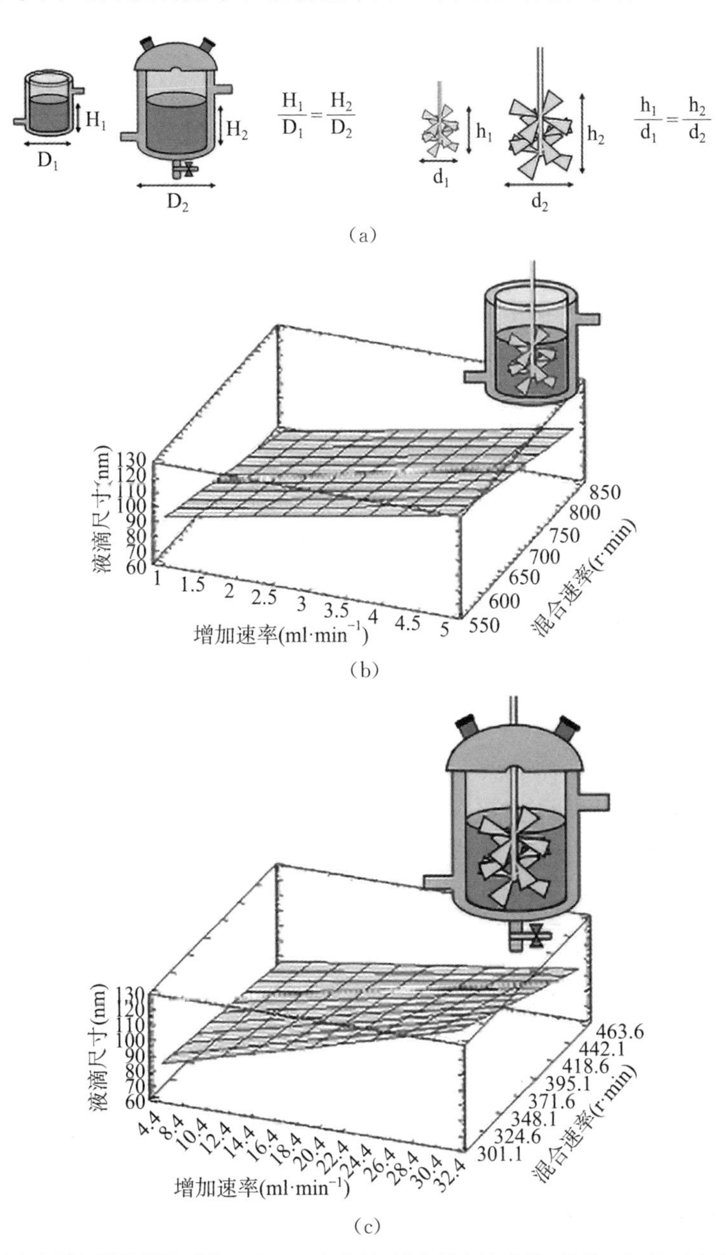

(a)反应容器和搅拌器的形状；(b)(c)在水/氢氧化钾和油酸盐-油酸-$C_{12}E_{10}$/十六烷体系中，纳米乳液的液滴尺寸完全依赖于增加速率和混合速率[73]

图 4－7　纳米乳液的扩大试验示意

4.3 基于离子液体的现代胶体乳液

离子液体近年来被广泛应用于许多领域，于是有了基于离子液体的现代胶体。

Schulmann 等人[77]对微乳液曾经做出了鉴定，而 Winsor[78]则根据其与过剩油、过剩水或两者的混溶性进一步将其划分为 4 个热力学类别。Danielsson 与 Lindman 将微乳液定义为：至少包含一种表面活性分子和两种无长程有序性的不互溶流体的透明混合物[79]。值得一提的是，绝大多数被称为反胶束的物质其实上都是 W/O 微乳液[80]。直到 20 世纪 90 年代初，人们才发现其实存在着两种不同的微乳液：一种为韧性微乳液，其界面膜的曲率波动可对混合熵进行补偿，另一种为刚性微乳液，其表面活化剂膜的弯曲能量是由熵来进行补偿的。有时，上述两种微乳液可在同一相中共存，可以用温度或助表面活性剂成分分别作为一个轴形成三角相图。这两种微乳液在电导性和黏性等局部属性上存在着差异，通常情况下，刚性微乳液的成分稳定域受限，而韧性微乳液则呈现出较大的稳定域[80]。

所有韧性微乳液均具有这样一种性质：即其膨胀规律完全符合 De Gennes 和 Taupin 膨胀公式[81-84]，其散射强度的 3 个参数拟合的持续长度和典型液滴粒度相差大约 3 倍[81-84]。Choi 等[85]使用中子小角散射法对微乳液中的界面曲率进行过相应的测量。

不少文献均专注于韧性微乳液相图中不存在表面活性剂膜自发曲率，即 HLD 值为零的独特性能[82]。然而，在绝大多数应用过程，微乳液的配方远远达不到上述优化的程度。比如，湿法冶金、提取和回收金属的整个领域均应用水含量较小的微乳液，而化妆品行业制备的溶胀胶束实际上是水含量较多的微乳液[86-91]。

基于离子液体的微乳液是近来的一个研究热点[16,92]。事实上，离子液体不是一个新概念，这是因为离子液体早在一个多世纪以前就已经被发现了。离子液体为非挥发性的有机化合物，它的应用有助于溶解过程和最终产品具有明显的环保特点。而且，由于其阴阳离子的组合存在着几乎无限多的可能性，从而几乎可以为所有可能的化学过程提供可设计的溶剂。此外，显著的气体可溶性也使得离子液体具备一定的优势[16]。然而，离子液

体也存在不少弊端。通常情况下，离子液体易于合成，但对其提纯却非常困难且成本高昂。有人对含有相当一部分副产物的离子液体进行了研究，发现通常情况下其极低的熔点是在剩余水含量高于 1%的情况下实现的；此外，离子液体的黏度通常比较高 10～100 cP，并具有一定的毒性，生物可降解性较低[16]。

离子液体与表面活化剂或另一种溶质混合形成微乳液时，上述问题仍存在，从而产生了一个新的问题、即需要大量的表面活性剂，而这显然是一个应用难题。因此，基于离子液体的微乳液的研究具有学术和应用两方面的意义。

在关于基于离子液体的微乳液的最初研究中，离子液体通常构成极性溶剂，因而可以用于替代水。因此，到目前为止，离子液体主要发挥着有机溶剂的作用。从绿色化学的角度出发(图 4-8)[16]，离子液体可以引入三个相，一般情况下水和油能够同时被离子液体和表面活化剂溶解，而在另一种情况下，离子表面活性剂的液体特征可能对微乳液产生影响。

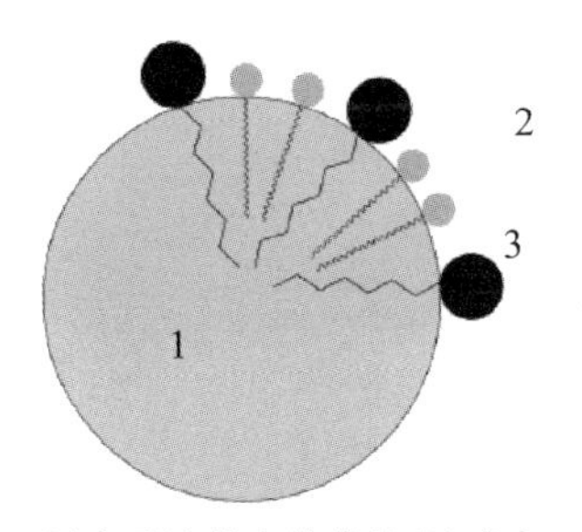

用离子液体来替代油(1)或水(2)或表面活性剂(3)[16]

图 4-8　微乳液的不同形成示意图

通常情况下，离子液体表面活性剂具有特殊的化学基，例如经替代的咪唑离子基可与添加剂和共溶剂发生特定反应[92]。

基于离子液体的微乳液方面的研究已经有了一些综述。2007 年 Hao 和 Zemb 发表了一篇有关自组装结构和离子液体中的化学反应的评论，并对溶致液晶相、囊泡以及粒子合成与提取的部分应用进行了阐述[93]。2008 年，Qui 和 Texter 围绕微乳液中的离子液体进行了汇总[94]，介绍了他们的应用成果。同一年，Greaves 和 Drummond 对两亲物自组装介质的离子液体进行了综述，涉及离子液体中表面活性剂的胶束浓度、离子液体/溶剂/表面活性剂系统中各种液晶相的存在域[95]。Rojas 和 Koetz 也对带有离子液体的微乳液进行了综述，主要涉及界面膜及相关配方[96]。在一些综述中[97-100]，微乳液中的离子液体的极性成分与温度的关系、微乳液的结构及溶剂动力学和旋转弛豫被关注到。

至少能在一个相中实现表面活性剂自组装是制备微乳液的前提条件，其中胶束可形成一个储集层。对于 Winsor Ⅲ型微乳液，其剩余油相与油微区域中添加的所有要素的浓度相同并适用于极性相。当存在浓度势差时，即可以认为是微乳液表面吸附了某种溶质，因此可以将微乳液中的溶解作用视作极性与非极性溶剂界面上的吸附等温线[101-105]。对微乳液的冻结结构如液晶[106]进行研究之前，测定离子液体相的表面张力至关重要，并以表面活性剂浓度的函数表示（图 4－9）[30]。其中相对于浓度的对数的表面张力转折点是临界胶束浓度 CMC，也被称为临界簇集浓度 CAC 或较低簇集浓度 LAC[107]。这个点也可视为离子液体中表面活性分子（或离子对）簇集的开始点[108]。

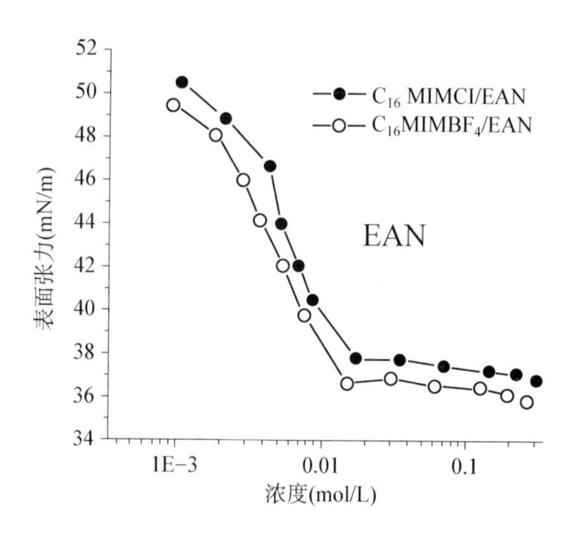

图 4－9　离子液体乙基硝酸盐中的表面活性剂表面张力曲线[30]

自 20 世纪 80 年代开始，Evans 及其同事已建立了众多完整的有关离子液体表面活性剂溶液的二元相图，并由 Greaves 和 Drummond 进行了审核[109]。离子液体中发生簇集作用的可能性确定后，人们对带有少量表面吸

附的4种Winsor型相图也进行了测定，发现一些离子液体韧性微乳液和其他相关液体的自发曲率点也可以反映表面活性剂膜上相邻的分子之间的静电相互作用如图4-10所示[109]。根据Atkin等人的研究[109]，Winsor Ⅰ和Ⅱ型的域可能非常狭窄，如刚性离子液体微乳液[110]。

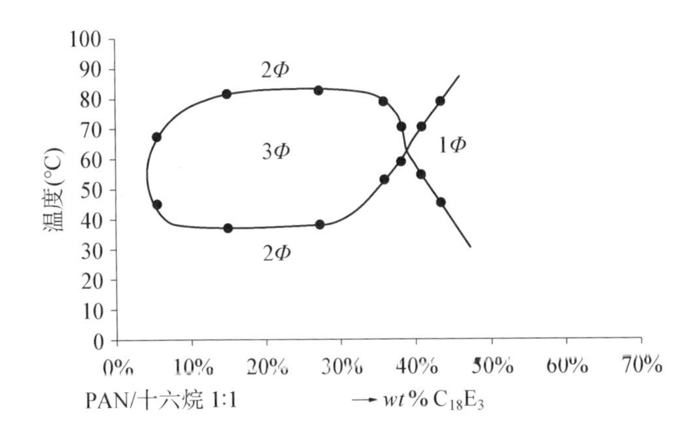

图4-10 丙基铵硝酸盐离子液体-$C_{18}E_3$-十六烷体系的垂直剖面图显示出Winsor相位[109]

双对数坐标图中的分散情况可通过3个Φ参数(图4-10)进行评估。图中3个Φ参数的主要特征都非常明显，说明其面积的Porod渐进域与分散的峰位置相关，而典型域尺寸可以由$q=0$进行限制以确定渗透压缩性。

仅依靠光谱方法无法确定给定的样品是属于流体还是刚性离子液体微乳液，因而必须使用按比例稀释的图(图4-11)来区分不同类别的离子液体微乳液[108-111]。

4.3.1 基于离子液体的胶体乳液

(1) 以离子液体替换油的胶体乳液

离子液体作为一种水的例子，其形成的是典型的表面活性剂微乳液。Gao等人[112-118]曾经研究了这类乳液的模型，认为这类离子液体包含标准的阳离子，如1-丁基-3-甲基咪唑，并带有一定的反离子，如六氟磷酸盐。与乙胺硝酸盐不同，此离子液体系列不以任何比例与水进行混合，其范德瓦耳斯力可防止离子水化，而其中的表面活性剂足以分离离子液体和水。Gao

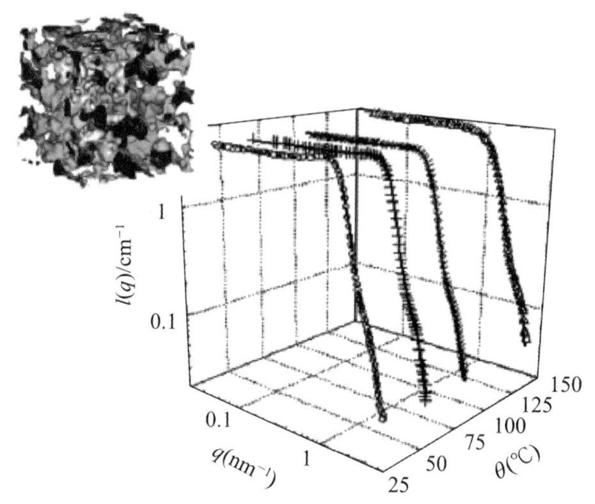

不同温度下，30(○)、60(＋)、90(◇)和 150℃(Δ)条件下微乳液的小角散射法数据，其中微乳液包含 6 *wt*.%乙胺硝酸盐、40 *wt*.%表面活性剂＋助表面活性剂[C_{16} mim][Cl]＋癸醇混合物(摩尔比例为 1∶4)和 54 *wt*.%[D26]十二烷[109-111]

图 4－11　按比例稀释图示

等人研究的体系包括所有表面活性剂的极性端含有 6 种以上环氧乙烷(EO)[112-118]，而这些极性端与离子液体的阳离子相互作用、相互吸引，使其不易受到温度的影响。与其他包含纳米液滴的水不同，这类离子液体的水滴半径随着温度变化而发生巨大变化，且可以根据接口端基测量反胶束的半径[119]，这是因为该现象涉及阳离子丁基与表面活性剂链之间的相交融合状态[120]。

有研究表明，氧化还原电位取决于离子液体的尺寸[121]。鉴于金属有机骨架化合物(metal organic frameworks，MOF)的冷凝和硅氧化物冷凝过程中包括氧化还原反应这一特征，如果被选择的表面活性剂的端基是固定不变的，即为含糖表面活性剂的典型例子[122]，则其属于水乳化无效的类型[123]，即属于 WinsorⅡ类型。这为黏土、土壤和泥浆等离子液体乳液中的痕量进行量化研究提供了可能[123]。

目前，在发表的文献中关于离子液体水基微乳液的文章还不是很多。但一些研究表明稳定的疏水性粒子可以被用于解决 PF_6^- 离子的水解问题[123]。其中水解性能稳定的阴离子双(三氟甲基)磺酰亚胺 NTf_2 及非对

称季铵离子显示出明显的微乳液稳定性作用，可能成为常用的离子液体 PF_6^-/水/表面活性剂体系的稳定替换物。但这个体系有较强毒性，因而限制了其应用潜力[123]。

与常用油相比，离子液体的非极性成分可以形成较多电荷。这将导致形成的乳液具有意外的结果。一方面，其疏水相可以同样呈现明显的导电性；而另一方面则是其电荷有可能引起电化学反应和电子转移。Wu 等人[124]指出：此类体系中的电子转移比传统微乳液更高效，这是因为光诱导的电子和能量转移可以实现精确控制。

油中的离子与带电添加剂之间会发生特殊的相互作用。对 Tween 20/水/离子液体 BF_4 微乳液中的银粒子进行光化学合成时就发现了上述作用[125]。Zhang 等人还尝试了用钯纳米颗粒替换微乳液、并将其直接用作高效赫克反应的催化剂[125]。同样，根据离子液体 PF_6/水/TX 100 体系，Fu 等人利用高电化学活性对金纳米颗粒进行了电沉积[50]。他们发现 TX 100 等非离子表面活性剂可能比较适用于此类微乳液[126]。但带电的非离子表面活性剂也同样可以使用，比如长链烷基-甲基咪唑盐[127]或带有助表面活性剂的 AOT[双(2-乙基己基)琥珀酸酯磺酸钠][128]。

(2) 以离子液体替换水的胶体乳液

对非水微乳液的研究已经有多时了[129]，涉及乙胺硝酸盐(EAN)等首批离子液体为极性质子的乳液体系。因此，也有人将离子液体直接作为微乳液的极性成分。比如，Atkin 和 Warr 将此类体系(包含不同非离子表面活性剂)[130]的系统扩展至 4 丙基铵硝酸盐(progyl ammonium nitrate, PAN)[131]，其中水、EAN(硝酸乙基铵)和 PAN 体系的相图大致相同，但其中的极性溶剂的有机性越强则亲水性越差，使得表面活性剂的疏水性越强。此外，有研究发现非质子疏水性离子液 b-mimPF_6 与 TX100 或 Tween 80 及一些典型的直接、双连续逆向结构的甲苯可以共同形成微乳液[129,130]。上述例子中的表面活性剂也可以采用溴代十六烷基三甲胺(CTAB)[131]或吡啶衍生物作为离子液中的阳离子[132]或非对称季铵离子[133]。

值得一提的是，目前的基于离子液体的胶体乳液主要采用咪唑阳离子进行替换，其中比较多的是应用离子液体和 BF_4^- 或 NTf_2^-/TX-100/有机溶剂[134]。与非水微乳液相比，如果体系中包含大量离子，则其极性相将与添加剂进行特定的互相作用[135]。比如,聚乙二醇中的氧原子与咪唑阳离子发生强烈反应[135]。如采用离子液体替换油,则用作电解液的离子液体可以开辟电化学研究的新方向[136]。

关于此类非水离子液体基微乳液的结构[137,138],有人认为受温度和添加水的影响[37,139,140]。但在缺水条件下,这类微乳液的稳定性主要取决于温度[34,35,141-143]。

近来基于离子液体的乳液应用有一些比较有意义的报道。比如,Gayet等人[144]应用非水离子液体基微乳液作为松田-赫克反应的纳米反应器,Zhao等人将其用于纳米硅产品的合成[145],而Yan等人将其用于聚合物电解质的合成[146]。还需要指出的是,上述研究还进行了反应之后的微乳液回收问题[147]。

仅有少量研究涉及非水离子液体基微乳液在生物和制药方面的应用。比如,Rojas等人提出将无卤素离子液体同时用作极性相和表面活性剂[148],Moniruzzaman等人引进这类乳液并介绍了一种毒性可接受的体系,即无毒的Tween-Span混合物用作表面活性剂、豆蔻酸异丙酯用作油,而短链咪唑基离子液体用作极性相[149,150]。这个离子液体胶体乳液体系在细胞素和透皮给药方面的试验均已完成,说明这个体系具有非凡的生物、医药方面的应用潜力。

(3) 超临界条件形成的离子液体胶体微乳液

因为微乳液的极性和非极性部分均可被离子液体所替代,并在同一体系中进行。所以Cheng等人[150]将离子液体的PF_6和丙基甲酸铵进行了混合,发现AOT用作表面活性剂时,此体系中的电荷量巨大且不易形成微乳液。

近来有研究发现离子液体,如4甲基醋酸(TMGA)能与含氟表面活性剂(N-乙基,全氟辛基磺酰胺,N-EtFOSA),在超临界CO_2($scCO_2$)条件下可以形成逆向微乳液,这与相应的水系统非常相似[151,152]。因此,Zhao等人[153]已通过这个方法制备了多孔金属有机框架结构材料。

(4) 具有阴阳反离子的离子液体胶体乳液

离子表面活性剂包括阴离子表面活性剂和阳离子表面活性剂,但在形成混合表面活性剂时也可以存在各自的反离子,包含两种反离子组分的离子液体体系中,如带有OH^-的离子组分可以作为一种反离子[154]。这类体系,如烷基3甲基铵和烷基羧酸盐组合的体系中因为离子对的连接面可与烃链兼容[155-157]。

具有阴阳反离子的离子液体乳液体系的胶束相和层状相非常稳定[158,159],可看作是一种二维离子液体,用来稳定水和油[160]。Joennson等人的研究发现,这个体系可用作金纳米颗粒合成的刚性微反应器[161]。这个乳液通过相应的离子液熔化温度可以生成离子固体[162],应用于制药[163]。

4.3.2 基于离子液体的胶体乳液的应用

当离子液体胶体乳液存在3种共存相时,它可以作为一种复合溶剂用于溶解、合成和分解过程[34,65,67,164,165]。这类乳液的氧化还原反应电化学窗口也可以扩大、并应用于具有氧化还原反应的反应场合[166,167]。

由于离子液体中相邻阴离子和阳离子相互之间的静电作用会大于疏水效应[168],所以当3种共存组分的一种或更多种组分被冻结时,微乳液的微结构会发生变化,而其中当水相在玻璃态时,其极低的毒性特点[169]甚至可作为可饮用的离子液体[170-172]。这个发现有可能将揭示着更为广泛的新应用可能性。

4.4 基于微纳米材料的混合乳液

随着现代合成技术的发展,乳液的应用也在不断地被迭代,混合微乳液即是其中的一个代表。

聚苯胺(Polyaniline)一种重要的导电聚合物。早在1862年,人们就发现了苯胺的聚合物,当时Lethey在含有苯胺的硫酸溶液中,以铂作电极进行电解反应在阳极上可以得到暗绿色的沉积物,人们称之为苯胺黑。1976年美国宾夕法尼亚大学的化学家MacDiarm领导的研究小组首次发现掺杂后的聚乙炔具有类似金属的导电性,在此之后,研究者才开始注意到聚苯胺优异的导电性能。最终,聚苯胺由于其原料廉价易得、合成简便、耐高温及抗氧化性能、环境稳定性好等特性,被认为是最有工业化应用前景的功能高分子之一。被广泛应用在诸如生物传感器、电化学显示器、金属防腐、可逆充电电池等方面[173-175]。

传统合成聚苯胺的方法主要是采用化学氧化聚合,但是这样得到的聚苯胺颗粒形态是团聚在一起的，结晶性能很差、很难溶解于水和有机溶剂、导电性能很低、也很难熔融、柔韧性不好等。所以其在加工性能上存在着很大的缺陷[176]。为了提高聚苯胺的加工性能，改性是其中的一种主要方法，而其中效果比较明显的是用乳液聚合的方法。一般的乳液合成都用不同的掺杂剂，主要是一些有机酸和无机酸，但也有用表面活性剂的，如 DBSA、3-十五烷基苯基磷酸(PDPPA)、十二烷基磺酸钠(SDS)、十二烷基硫酸钠(SLS)、磺基水杨酸(SSA)等[177]。

近来，我们采用混合纳米微乳液合成了聚苯胺，发现这种多元混合微乳液具有很好的调节聚苯胺结构与性能的特点[178]。

TritonX-100(TX-100)是一种典型表面活性剂，其成分为聚氧乙烯-8-辛基苯基醚，所以也称为聚乙二醇对异辛基苯基醚。其结构式如下：

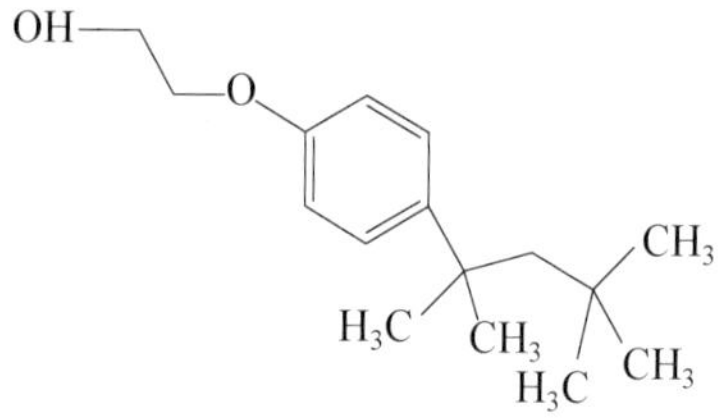

OH　O　CH_3　H_3C　CH_3　H_3C　CH_3

TX-100 形成的反相微乳液体系不仅具有操作简单、粒径大小可控、分布范围窄、粒子分散性好、易于实现连续化生产操作等优点，也具有对电解质不敏感、亲水基可改性、温度控制灵敏、性能可随 Triton X-100 的平均醚氧链(EO)数改变而改变的特点。所以在无机、有机等各类反应方面显示出了优越性[178,179]。

SDS 也叫月桂硫酸钠(sodium lauryl sulfate, SLS)。是阴离子硫酸酯类表面活性剂的典型代表，其结构式为：

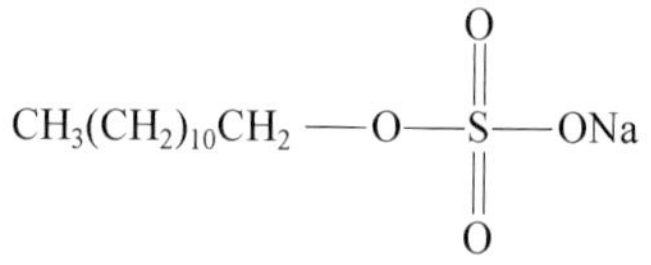

$$CH_3(CH_2)_{10}CH_2-O-\overset{\overset{\displaystyle O}{\|}}{\underset{\underset{\displaystyle O}{\|}}{S}}-ONa$$

它同时包含亲水性基团磺酸基和亲油性基团十二烷基。

由于 SLS 在水相中的结构较稳定，并随着溶剂极性的增加而增加正负电荷电量，其中负电荷趋于分散时溶剂的极性增大，使得其表面活性增加、表面张力降低，所以在聚苯胺合成过程有正面效应[177]。

SSA是水杨酸(salicylic acid，SA)的衍生物，属于芳香族含氧酸。其结构式为：

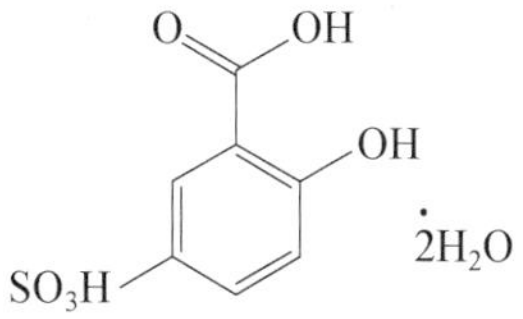

O　OH

OH

$\cdot 2H_2O$

SO_3H

SSA掺杂到聚苯胺中不仅可以降低聚苯胺分子间的相互作用力，使聚苯胺分子以伸展链构象存在，而且更加有利于其电荷离域化，从而使其具有更高的电导率[180]。

黄等探讨了硫酸和SSA混合掺杂体系对聚苯胺性能的影响，发现有机磺酸对阴离子比无机酸对阴离子体积大，其作为平衡正负电荷的对阴离子进入聚苯胺分子主链后，一方面会使聚合物的链更加伸展，形成更大的链间距，降低聚苯胺链间的相互作用，使聚苯胺分子内及分子间的构象更有利于分子链上电荷的离域化，有利于其电导率的提高；另一方面，大分子磺酸对阴离子具有表面活化作用，掺杂到聚苯胺当中可以提高其溶解性[181]。

马等人在类似聚合条件下分别探讨了在HCl＋SSA及HCl＋十二烷基苯磺酸钠(SDBS)形成的混合掺杂体系对聚苯胺性能的影响[182]。他们发现由于有机磺酸对阴离子比无机酸对阴离子体积大，其作为平衡正负电荷的对阴离子进入聚苯胺分子主链后，一方面会使聚合物链更加伸展、形成更大的链间距，降低聚苯胺链间的相互作用，使聚苯胺分子内及分子间的构象更有利于分子链上电荷的离域化，有利于其电导率的提高；另一方面，大分子磺酸对阴离子具有表面活化作用，掺杂到聚苯胺当中可以提高其溶解性。

4.5 小结

纳米乳液是现代胶体乳液的一个代表，其小尺寸、高界面区和透明的光学性能使得他们比其他胶体体系更有特点，从而得到了广泛的应用。

通过PIC方法可以获得最小液滴尺寸和低分散性的纳米乳液，但这个过程的乳化动力学还需被进一步的研究和探讨。还需要更多的关于低能耗方法生产纳米乳液的研究，以便优化生产过程和应用。对低能耗、自乳化和相转变(PIT和PIC)方法制备纳米乳液的研究还需进一步深入。相转变法的乳化过程中，平均曲率为零的表面活性剂，例如双连续的微米乳液和层状的液晶相，存在的重要性还需要被进一步的研究所证实，并加以利用。

目前的离子液体基微乳液的应用受成本昂贵、过程复杂等因素的影响，而许多体系事实上还具有一定的毒性、属于非环保产品。因此，这类体系的研究和大量应用还有许多工作要做，这涉及设计新型体系和应用新技术进行研究。Menger 等人[173]利用直接离子胶束和 O'Donnell-Kaler[174]利用 O/W 微乳液研究电场时均发现局部强梯度的相似冲击效应，而微乳液中的此行为极有可能会进一步加剧，使其在特定分离过程中发挥一定的作用。这类体系的应用方面也有待于进一步扩展，因为他在纳米颗粒合成和材料设计方面具有非常大的潜力。

总而言之，新颖的离子液体基微乳液的可能体系数量是无穷无尽的。虽然这些体系可能同时具备复杂性和诸多优缺点，但其可能的应用前景是不可估量的[174]。

参考文献

[1] Gutiérrez JM, González C, Maestro A, et al. Nano-emulsions: New applications and optimization of their preparation. Curr Opin Colloid. 2008, 13, 245.

[2] Hidalgo-Álvarez Roque, Ed. Structure and Functional Properties of Colloidal Systems. Surfactant Science Series, Taylor and Francis Group, 2009.

[3] McClements DJ. Edible nanoemulsions: fabrication, properties, and functional performance. Soft Matter 2011, 7, 2297.

[4] Fryd MM, Mason TG. Advanced nanoemulsions. Annu Rev Phys Chem 2012, 63, 493.

[5] 沈青，高分子表面化学[M]. 北京：科学出版社，2014.

[6] Anton N, Benoit J-P, Saulnier P. Design and production of nanoparticles formulated from nano-emulsion templates-A review. J Control Release 2008, 128, 185.

[7] Wang L, Dong J, Chen J, et al. Design and optimization of a new self-nanoemulsifying drug delivery system. J Colloid Interface Sci 2009, 330, 443.

[8] Beck-Broichsitter M, Rytting E, Lebhardt T, et al. Preparation of nanoparticles by solvent displacement for drug delivery: A shift in the "ouzo re-

gion" upon drug loading. Eur J Pharm Sci 2010, 41, 244.
[9] Vandamme TF, Anton N. Low-energy nanoemulsification to design veterinary controlled drug delivery devices. Int J Nanomedicine 2010, 5, 867.
[10] Date AA, Desai N, Dixit R, et al. Self-nanoemulsifying drug delivery systems: Formulation insights, applications and advances. Nanomedicine 2010, 5, 1595.
[11] Anton N, Mojzisova H, Porcher E, et al. Reverse micelle-loaded lipid nano-emulsions: New technology for nano-encapsulation of hydrophilic materials. Int J Pharm 2010, 398, 204.
[12] Shakeel F, Ramadan W, Faisal MS, et al. Transdermal and topical delivery of anti-inflammatory agents using nanoemulsion/microemulsion: An updated review. Curr Nanosci 2010, 6, 184.
[13] Calderó G, García-Celma MJ, Solans C. Formation of polymeric nano-emulsions by a low-energymethod and their use for nanoparticle preparation. J Colloid Interface Sci 2011, 353, 406.
[14] Morral-Ruíz G, Solans C, García ML, et al. Formation of pegylated polyurethane and lysine-coated polyurea nanoparticles obtained from O/W nano-emulsions. Langmuir 2012, 28, 6256.
[15] Machado AHE, Lundberg D, Ribeiro AJ, et al. Preparation of calcium alginate nanoparticles using water-in-oil (W/O) nanoemulsions. Langmuir 2012,28, 4131.
[16] Ghai D, Sinha VR. Nanoemulsions as self-emulsified drug delivery carriers for enhanced permeability of the poorly water-soluble selective β1 - adrenoreceptor blocker Talinolol. Nanomedicine-Nanotechnol 2012, 8, 618.
[17] Wu X, Guy RH. Applications of nanoparticles in topical drug delivery and in cosmetics. J Drug Deliv Sci Technol 2009, 19, 371.
[18] Al-Edresi S, Baie S. Formulation and stability of whitening VCO-in-water nano-cream. Int J Pharm 2009, 373, 174.
[19] Teo BSX, Basri M, Zakaria MRS, et al. A potential tocopherol acetate loaded palm oil esters-in-water nanoemulsions for nanocosmeceuticals. J Nanobiotechnol 2010, 8.
[20] Bernardi DS, Pereira TA, Maciel NR, et al. Formation and stability of oil-in-water nanoemulsions containing rice bran oil: In vitro and in vivo assessments. J Nanobiotechnol 2011, 9.
[21] Rao J, McClements DJ. Stabilization of phase inversion temperature nano-

emulsions by surfactant displacement. J Agric Food Chem 2010, 58, 7059.
[22] Henry JVL, Fryer PJ, Frith WJ, et al. The influence of phospholipids and food proteins on the size and stability of model sub-micron emulsions. Food Hydrocolloids 2010, 24, 66.
[23] Rao J, McClements DJ. Formation of flavor oil microemulsions, nanoemulsions and emulsions: Influence of composition and preparation method. J Agric Food Chem 2011, 59, 5026.
[24] Silva HD, Cerqueira MA, Vicente AA. Nanoemulsions for Food Applications: Development and Characterization. Food Bioprocess Technol 2012, 5, 854.
[25] Aubry J, Ganachaud F, Addad J-PC, et al. Nanoprecipitation of polymethylmethacrylate by solvent shifting: 1. Boundaries. Langmuir 2009, 25, 1970.
[26] Lucas P, Vaysse M, Aubry J, et al. Finest nanocomposite films from carbon nanotube-loaded poly(methyl methacrylate) nanoparticles obtained by the Ouzo effect. Soft Matter 2011, 7, 5528.
[27] Ragupathy L, Ziener U, Robert G, et al. Grafting polyacrylates on natural rubber latex by miniemulsion polymerization. Colloid Polym Sci 2011, 289, 229.
[28] Muñoz-Espí R, Weiss CK, Landfester K. Inorganic nanoparticles prepared in miniemulsion. Curr Opin Colloid 2012, 17, 212.
[29] Taylor P. Ostwald ripening in emulsions. Adv Colloid and Interface 1998, 75, 107.
[30] Wang L, Mutch KJ, Eastoe J, et al. Nanoemulsions prepared by a two-step low-energy process. Langmuir 2008, 24, 6092.
[31] Wang L, Tabor R, Eastoe J, et al. Formation and stability of nanoemulsions with mixed ionic-nonionic surfactants. Phys Chem Chem Phys 2009, 11, 9772.
[32] Solans C, Aramaki K. Emulsions and Microemulsions. Curr Opin in Colloid 2008, 14, 195.
[33] Anton N, Vandamme TF. Nano-emulsions and micro-emulsions: Clarifications of the critical differences. Pharm Res 2011, 28, 978.
[34] McClements DJ. Nanoemulsions versus microemulsions: Terminology, differences, and similarities. Soft Matter 2012, 8, 1719.
[35] Nakajima H, Tomomasa S, Okabe M. Proceedings of First World Emul-

sion Conference, 1. Paris, EDS, 1993.
[36] Tadros ThF, Izquierdo P, Esquena J, et al. Formation and stability of nano-emulsions. Adv Colloid Interface 2004, 108 - 109, 303.
[37] Solè I, Maestro A, González C, et al. Optimization of nano-emulsion preparation by low-energy methods in an ionic surfactant system. Langmuir 2006, 22, 8326.
[38] Yang Y, Marshall-Breton C, Leser ME, et al. Fabrication of ultrafine edible emulsions: Comparison of high-energy and low-energy homogenization methods. Food Hydrocolloids 2012, 29, 398.
[39] Anton N, Vandamme TF. The universality of low-energy nano-emulsification. Int J Pharm 2009, 377, 142.
[40] Bilbao-Sáinz C, Avena-Bustillos RJ, Wood DF, et al. Nanoemulsions prepared by a low-energy emulsification method applied to edible films. J Agric Food Chem 2010, 58, 11932.
[41] Miller CA. Spontaneous Emulsification Produced by Diffusion - A Review. Colloid Surface 1988, 29, 89.
[42] Bouchemal K, Briançon S, Perrier E, et al. Nano-emulsion formulation using spontaneous emulsification: Solvent, oil and surfactant optimisation. Int J Pharm 2004, 280, 241.
[43] Ganachaud F, Katz JL. Nanoparticles and nanocapsules created using the ouzo effect: Spontaneous emulsification as an alternative to ultrasonic and high-shear devices. ChemPhysChem 2005, 6, 209.
[44] Scholten E, Van Der Linden E. The life of an anise-flavored alcoholic beverage: Does its stability cloud or confirm theory? Langmuir 2008, 24, 1701.
[45] Botet R. The "ouzo effect", recent developments and application to therapeutic drug carrying. J Phys Conf Ser 2012, 352.
[46] Taylor P, Ottewill RH. The formation and ageing rates of oil-in-water miniemulsions. Colloid Surf A 1994, 88, 303.
[47] Solè I, Solans C, Maestro A, et al. The formation and ageing rates of oil-in-water miniemulsions. J Colloid Interface Sci 2012, 376, 133.
[48] Pons R, Carrera I, Caelles J, et al. Formation and properties of miniemulsions formed bymicroemulsions dilution. Adv Colloid Interface 2003, 106, 129.
[49] Solè I, Maestro A, González C, et al. Influence of the phase behavior on

the properties of ionic nanoemulsions prepared by the phase inversion composition method. J Colloid Interface Sci 2008, 327, 433.
[50] Solans C, Izquierdo P, Nolla J, et al. Nano-emulsions. Curr Opin in Colloid 2005,10, 102.
[51] Forgiarini A, Esquena J, González C, et al. Formation of nano-emulsions by low-energy emulsification methods at constant temperature. Langmuir 2001,17, 2076.
[52] Morales D, Gutiérrez JM, García-Celma MJ, et al. A study of the relation between bicontinuous microemulsions and oil/water nano-emulsion formation. Langmuir 2003, 19, 7196.
[53] Fernandez P, André V, Rieger J, et al. Nano-emulsion formation by emulsion phase inversion. Colloid Surf A 2004, 251, 53.
[54] Izquierdo P, Esquena J, Tadros TF, et al. Phase behavior and nano-emulsion formation by the phase inversion temperature method. Langmuir 2004, 20, 6594.
[55] Sadurní N, Solans C, Azemar N, et al. Studies on the formation of O/W nano-emulsions, by low-energy emulsification methods, suitable for pharmaceutical applications. Eur J Pharm Sci 2005, 26, 438.
[56] Morales D, Solans C, Gutiérrez JM, et al. Oil/water droplet formation by temperature change in the water/C16E6/mineral oil system. Langmuir 2006, 22, 57.
[57] Sonneville-Aubrun O, Babayan D, Bordeaux D, et al. Phase transition pathways for the production of 100 nm oil-in-water emulsions. Phys Chem Chem Phys 2009,11, 101.
[58] Roger K, Cabane B, Olsson U. Formation of 10 – 100 nm size-controlled emulsions through a sub-PIT cycle. Langmuir 2010, 26, 3860.
[59] Roger K, Cabane B, Olsson U. Emulsification through surfactant hydration: The PIC process revisited. Langmuir 2011, 27, 604.
[60] Shinoda K, Saito H. The effect of temperature on the phase equilibria and the types of dispersions of the ternary system composed of water, cyclohexane, and nonionic surfactant. J Colloid Interface Sci 1968, 26, 70.
[61] Heunemann P, Prévost S, Grillo I, et al. Formation and structure of slightly anionically charged nanoemulsions obtained by the phase inversion concentration (PIC) method. Soft Matter 2011,7, 5697.
[62] Becher P, editor. Encyclopedia of emulsion technology, 1. New York,

Marcel Dekker, 1983.
[63] Kunieda H, Friberg SE. Characterization of surfactants for enhanced oil recovery. Bull Chem Soc Jpn 1981, 54, 1010.
[64] Taisne L, Cabane B. Emulsification and Ripening following a Temperature Quench. Langmuir 1998, 14, 4744.
[65] Kabalnov A, Wennerström H. Macroemulsion stability: The oriented wedge theory revisited. Langmuir 1996, 12, 276.
[66] Roger K, Olsson U, Zackrisson-Oskolkova M, et al. Superswollen microemulsions stabilized by shear and trapped by a temperature quench. Langmuir 2011, 27, 10447.
[67] Mei Z, Liu S, Wang L, et al. Preparation of positively charged oil/water nano-emulsions with a sub-PIT method. J Colloid Interface Sci 2011, 361, 565.
[68] Lin TJ, Kurihara H, Ohta H. Effects of phase inversion and surfactant location on the formation of O/W emulsions. J Soc Cosmet Chem 1975, 26, 121.
[69] Sagitani H. Making homogeneous and fine droplet O/W emulsions using nonionic surfactants. J Am Oil Chem Soc 1981, 58, 738.
[70] Usón N, Garcia MJ, Solans C. Formation of water-in-oil (W/O) nano-emulsions in a water/mixed non-ionic surfactant/oil systems prepared by a low-energy emulsification method. Colloid Surf A 2004, 25, 415.
[71] Wang L, Li X, Zhang G, et al. Oil-in-water nanoemulsions for pesticide formulations. J Colloid Interface Sci 2007, 314, 230.
[72] Klaus A, Tiddy GJT, Solans C, et al. Effect of salts on the phase behavior and the stability of nano-emulsions with rapeseed oil and an extended surfactant. Langmuir 2012, 28, 8318.
[73] Solè I, Pey CM, Maestro A, et al. Nano-emulsions prepared by the phase inversion composition method: Preparation variables and scale up. J Colloid Interface Sci 2010, 344, 417.
[74] HessienM, Singh N, Kim C, et al. Stability and tunability of O/Wnanoemulsions prepared by phase inversion composition. Langmuir 2011, 27, 2299.
[75] Shegokar R, Singh KK, Müller RH. Production & stability of stavudine solid lipid nanoparticles - From lab to industrial scale. Int J Pharm 2011, 416, 461.

[76] Bird B, Stewart VE, Lightfoot EN. Transport Phenomena. New York, Wiley, 1964.

[77] Schulman JH, Stoeckenius W, Prince LM. Mechanism of formation and structure of micro emulsions by electron microscopy. J Phys Chem 1959, 63, 1677.

[78] Winsor PA. Hydrotropy, solubilisation and related emulsification processes. Trans Faraday Soc 1948, 44, 376.

[79] Danielsson I, Lindman B. The definition of microemulsion. Colloids Surf 1981, 3, 391.

[80] Zulauf M, Eicke HF. Inverted micelles and microemulsions in the ternary-system H_2O-aerosol-OT-isooctane as studied by photon correlation spectroscopy. J Phys Chem 1979, 83, 480.

[81] Zemb TN. The DOC model of microemulsions: microstructure, scattering, conduc- tivity and phase limits imposed by sterical constraints. Colloids Surf A 1997, 129 - 130, 435.

[82] Rushforth DS, Sanchez-Rubio M, Santos-Vidals LM, et al. Structural study of one-phase microemulsions. J Phys Chem 1986, 90, 6668.

[83] Chen SH, Chang SL, Strey R. Structural evolution within the one-phase region of a three-component microemulsion system: water-n-decane-sodium bisethylhexyl- sulfosuccinate (AOT). J Chem Phys 1990, 93, 1907.

[84] Zemb T. Flexibility, persistence length and bicontinuous microstructures in micro-emulsions. C R Chim 2009, 12, 218.

[85] Choi SM, Chen SH, Sottmann T, et al. Measurement of interfacial curvatures in microemulsions using small-angle neutron scattering. Physica B 1997, 241, 976.

[86] Kunz W, Testard F, Zemb T. Correspondence between curvature, packing parameter, and hydrophilic - lipophilic deviation scales around the phase- inversion temperature. Langmuir 2009, 25, 112.

[87] Arleth L, Marcelja S, Zemb T. Gaussian random fields with two level-cuts—model for asymmetric microemulsions with nonzero spontaneous curvature? J Chem Phys 2001, 115, 3923.

[88] Chevalier Y, Zemb T. The structure of micelles and microemulsions. Rep Prog Phys 1990, 53, 279.

[89] Gradzielski M. Recent developments in the characterisation of microemulsions. Curr Opin Colloid Interface Sci 2008, 13, 263.

[90] Stubenrauch C. Microemulsions, Background, New Concepts, Applications, Perspectives. Oxford, Wiley, 2009.
[91] Fanun M. Microemulsions, properties and applications, 144 (surfactant science series). Boca Raton, CRC, 2009.
[92] Anastas PT, Zimmerman JB. Design through the 12 principles of green engineering. Environ Sci Technol 2003, 37, 94A.
[93] Hao J, Zemb T. Self-assembled structures and chemical reactions in room temperature ionic liquids. Curr Opin Colloid Interface Sci 2007, 12, 129.
[94] Qiu Z, Texter J. Ionic liquids in microemulsions. Curr Opin Colloid Interface Sci 2008, 13, 252.
[95] Greaves TL, Drummond CJ. Ionic liquids as amphiphile self-assembly media. Chem Soc Rev 2008, 37, 1709.
[96] Rojas O, Koetz J. Microemulsions with ionic liquids. J Surf Sci Technol 2010, 26, 173.
[97] Mehta SK, Kaur K. Ionic liquid microemulsions and their technological applications. Indian J Chem Sect A 2010, 49A, 662.
[98] Zech O, Harrar A, Kunz W. In, Kokorin A, Eds. Ionic liquids, theory, properties, new approaches, Rijeka, InTech, 2011.
[99] Zech O, Kunz W. Conditions for and characteristics of nonaqueous micellar solutions and microemulsions with ionic liquids. Soft Matter 2011, 7, 5507.
[100] Seth D, Sarkar N. In: Fanun M, Eds. Microemulsions, properties and applications, 144 (surfactant science series). Boca Raton, CRC Press, 2009.
[101] Leodidis EB, Hatton TA. Amino acids in AOT reversed micelles. 1. Determination of interfacial partition coefficients using the phase-transfer method. J Phys Chem 1990, 94, 6400.
[102] Testard F, Zemb T. Understanding solubilisation using principles of surfactant self-assembly as geometrical constraints. C R Geosci 2002, 334, 649.
[103] Leodidis EB, Bommarius AS, Hatton TA. Amino acids in reversed micelles. 3. Dependence of the interfacial partition coefficient on excess phase salinity and interfacial curvature. J Phys Chem 1991, 95, 5943.
[104] Leodidis EB, Hatton TA. Amino acids in AOT reversed micelles. 2.

The hydrophobic effect and hydrogen bonding as driving forces for interfacial solubilization. J Phys Chem 1990, 94, 6411.
[105] Leodidis EB, Hatton TA. Amino acids in reversed micelles. 4. Amino acids as cosurfactants. J Phys Chem 1991, 95, 5957.
[106] Thomaier S, Kunz W. Aggregates in mixtures of ionic liquids. J Mol Liq 2007,130, 104.
[107] Wennerström H, Micelles Lindman B. Physical chemistry of surfactant association. Phys Rep 1979, 52, 1.
[108] Patrascu C, Gauffre F, Nallet F, et al. Micelles in ionic liquids: aggregation behavior of alkyl poly(ethyleneglycol)- ethers in 1 - butyl-3 - methylimidazolium type ionic liquids. Chemphyschem 2006, 7, 99.
[109] Atkin R, Bobillier SMC, Warr GG. Propylammonium nitrate as a solvent for amphiphile self-assembly into micelles, lyotropic liquid crystals, and microemulsions. J Phys Chem B 2010, 114, 1350.
[110] Harrar A, Zech O, Hartl R, et al. [emim][etSO4] as the polar phase in low-temperature-stable microemulsions. Langmuir 2011, 27, 1635.
[111] Zech O, Thomaier S, Kolodziejski A, et al. Ionic liquids in microemulsions-a concept to extend the conventional thermal stability range of microemulsions. Chem Eur J 2010, 16, 783.
[112] Gao H, Li J, Han B, et al. Microemulsions with ionic liquid polar domains. Phys Chem Chem Phys 2004, 6, 2914.
[113] Gao Y, Hilfert L, Voigt A, et al. Decrease of droplet size of the reverse microemulsion 1 - butyl-3 - methylimidazolium tetrafluoroborate/triton X-100/cyclohexane by addition of water. J Phys Chem B 2008, 112, 3711.
[114] Gao Y, Li N, Hilfert L, et al. Temperature-induced microstructural changes in ionic liquid-based microemulsions. Langmuir 2009, 25, 1360.
[115] Gao Y, Li N, Li X, et al. Microstructures of micellar aggregations formed within 1 - butyl-3 - methylimidazolium type ionic liquids. J Phys Chem B 2008, 113, 123.
[116] Gao Y, Li N, Zhang S, et al. Organic solvents induce the formation of oil-in-ionic liquid microemulsion aggregations. J Phys Chem B 2009, 113, 1389.
[117] Gao Y, Wang S, Zheng L, et al. Microregion detection of ionic liquid microemulsions. J Colloid Interface Sci 2006, 301, 612.

[118] Gao Y, Zhang J, Xu H, et al. Structural studies of 1 – butyl-3 – methylimidazolium tetrafluoroborate/TX-100/p-xylene ionic liquid microemulsions. Chemphyschem 2006, 7, 1554.

[119] Pileni M-P, Zemb T, Petit C. Solubilization by reverse micelles: solute localization and structure perturbation. Chem Phys Lett 1985, 118, 414.

[120] Hill K, Rybinski W, Stoll G. Alkyl polyglycosides technology, properties and applications. Weinheim, VCH, 1997.

[121] Milner ST, Safran SA, Andelman D, et al. Correlations and structure factor of bicontinuous microemulsions. J Phys Fr 1988, 49, 1065.

[122] Rout A, Venkatesan KA, Srinivasan TG, et al. Extraction and third phase formation behavior of Eu(III) in CMPO – TBP extractants present in room temperature ionic liquid. Sep Purif Technol 2011, 76, 238.

[123] Porada JH, Mansueto M, Laschat S, et al. Microemulsions with novel hydrophobic ionic liquids. Soft Matter 2011, 7, 6805.

[124] Wu H, Wang H, Xue L, et al. Photoinduced electron and energy transfer from coumarin 153 to perylenetetracarboxylic diimide in bmimPF6/TX-100/water microemulsions. J Colloid Interface Sci 2011, 353, 476.

[125] Zhang G, Zhou H, Hu J, et al. Pd nanoparticles catalyzed ligand-free Heck reaction in ionic liquid microemulsion. Green Chem 2009, 11, 1428.

[126] Fu CP, Zhou HH, Xie D, et al. Electrodeposition of gold nanoparticles from ionic liquid microemulsion. Colloid Polym Sci 2010, 288, 1097.

[127] Anjum N, Guedeau-Boudeville M-A, Stubenrauch C, et al. Phase behavior and microstructure of microemulsions containing the hydrophobic ionic liquid 1 – butyl-3 – methylimidazolium hexafluorophosphate. J Phys Chem B 2009, 113, 239.

[128] Safavi A, Maleki N, Farjami F. Phase behavior and characterization of ionic liquids based microemulsions. Colloids Surf A 2010, 355, 61

[129] Moniruzzaman M, Kamiya N, Nakashima K, et al. Water-in-ionic liquid microemulsions as a new medium for enzymatic reactions. Green Chem 2008, 10, 497.

[130] Atkin R, Warr GG. Phase behavior and microstructure of microemulsions with a room-temperature ionic liquid as the polar phase. J Phys Chem B 2007, 111, 9309.

[131] Zheng Y, Eli W, Li G. FTIR study of Tween 80/1 – butyl-3 – methylimi-

dazolium hexafluorophosphate/toluene microemulsions. Colloid Polym Sci 2009, 287, 871.

[132] Li J, Zhang J, Gao H, et al. Nonaqueous microemulsion-containing ionic liquid [bmim][PF6] as polar microenvironment. Colloid Polym Sci 2005, 283, 1371.

[133] Rabe C, Koetz J. CTAB-based microemulsions with ionic liquids. Colloids Surf A 2010, 354, 261.

[134] Gayet F, El Kalamouni C, Lavedan P, et al. Ionic liquid/Oil microemulsions as chemical nanoreactors. Langmuir 2009, 25, 9741.

[135] Pramanik R, Sarkar S, Ghatak C, et al. Effects of 1 - butyl-3 - methyl imidazolium tetrafluoroborate ionic liquid on triton X-100 aqueous micelles. Solvent and rotational relaxation studies. J Phys Chem B 2011, 115, 6957.

[136] Li N, Zhang S, Li X, et al. Effect of polyethylene glycol (PEG-400) on the 1 - butyl-3 - methylimidazolium tetrafluoroborate-in-cyclohexane ionic liquid microemulsion. Colloid Polym Sci 2009, 287, 103.

[137] Fu C, Zhou H, Wu H, et al. Research on electrochemical properties of nonaqueous ionic liquid microemulsions. Colloid Polym Sci 2008, 286, 1499.

[138] Sarkar S, Pramanik R, Ghatak C, et al. Characterization of 1 - ethyl-3 - methylimidazolium bis(trifluoromethylsulfonyl)imide ([Emim][Tf2N])/TX-100/ cyclohexane ternary microemulsion: investigation of photoinduced electron transfer in this RTIL containing microemulsion. J Chem Phys 2011, 134, 074507.

[139] Pramanik R, Sarkar S, Ghatak C, et al. Solvent and rotational relaxation study in ionic liquid containing reverse micellar system: a picosecond fluorescence spectroscopy study. Chem Phys Lett 2011, 512, 217.

[140] Adhikari A, Das DK, Sasmal DK, et al. Ultrafast FRET in a room temperature ionic liquid microemulsion: a femtosecond excitation wavelength dependence study. J Phys Chem A 2009, 113, 3737.

[141] Harrar A, Zech O, Klaus A, et al. Influence of surfactant amphiphilicity on the phase behavior of IL-based microemulsions. J Colloid Interface Sci 2011, 362, 423.

[142] Zech O, Thomaier S, Bauduin P, et al. Microemulsions with an ionic liquid surfactant and room temperature ionic liquids as polar pseudo-phase.

J Phys Chem B 2008, 113, 465.

[143] Zech O, Thomaier S, Kolodziejski A, et al. Ethylammonium nitrate in high temperature stable microemulsions. J Colloid Interface Sci 2010, 347, 227.

[144] Gayet F, Patrascu C, Marty J-D, et al. Surfactant aggregates in ionic liquids and reactivity in media. Int J Chem React Eng 2010, 8.

[145] Zhao M, Zheng L, Bai X, et al. Fabrication of silica nanoparticles and hollow spheres using ionic liquid microemulsion droplets as templates. Colloids Surf A 2009, 346, 229.

[146] Yan F, Yu SM, Zhang XW, et al. Polymerization of ionic liquid-based microemulsions: a versatile method for the synthesis of polymer electrolytes. Macromolecules 2008, 41, 3389.

[147] Yan F, Chen ZZ, Qiu LH, et al. Sustainable polymerizations in recoverable microemulsions. Langmuir 2010, 26, 3803.

[148] Rojas O, Tiersch B, Frasca S, et al. A new type of microemulsion consisting of two halogen-free ionic liquids and one oil component. Colloids Surf A 2010, 369, 82.

[149] Moniruzzaman M, Kamiya N, Goto M. Ionic liquid based microemulsion with pharmaceutically accepted components: formulation and potential applications. J Colloid Interface Sci 2010, 352, 136.

[150] Cheng S, Zhang J, Zhang Z, et al. Novel microemulsions: ionic liquid-in-ionic liquid. Chem Commun, 2007, 43, 2497.

[151] Liu J, Cheng S, Zhang J, et al. Reverse micelles in carbon dioxide with ionic-liquid domains. Angew Chem Int Ed 2007, 46, 3313.

[152] Chandran A, Prakash K, Senapati S. Self-assembled inverted micelles stabilize ionic liquid domains in supercritical CO_2. J Am Chem Soc 2010, 132, 12511.

[153] Zhao Y, Zhang J, Han B, et al. Metal-organic framework nanospheres with well-ordered mesopores synthesized in an ionic liquid/CO2/surfactant system. Angew Chem Int Ed 2011, 50, 636-9 S/1.

[154] Zemb T, Dubois M. Catanionic microcrystals: organic platelets, gigadalton molecules or ionic solids? Aust J Chem 2003, 56, 971.

[155] Jokela P, Joensson B, Khan A. Phase equilibria of catanionic surfactant-water systems. J Phys Chem 1987, 91, 3291.

[156] Parsegian VA, Zemb T. Hydration forces: Observations, explanations,

expectations, questions. Curr Opin Colloid Interface Sci 2011, 16, 618.

[157] Carrière D, Belloni L, Demé B, et al. In-plane distribution in mixtures of cationic and anionic surfactants. Soft Matter 2009, 5, 4983.

[158] Joensson B, Jokela P, Khan A, et al. Catanionic surfactants: phase behavior and microemulsions. Langmuir 1991, 7, 889.

[159] Abécassis B, Testard F, Arleth L. et al. Electrostastic control of spontaneous curvature in catanionic reverse micelles. Langmuir 2007, 23, 9983.

[160] Schelero N, Lichtenfeld H, Zastrow H, et al. Single particle light scattering method for studying aging properties of Pickering emulsions stabilized by catanionic crystals. Colloids Surf A 2009, 337, 146.

[161] May-Alert G. Dissertation, Phillips-Universität Marburg, Germany, 1985.

[162] Zech O. Dissertation, University of Regensburg, Germany, 2010.

[163] Zech O, Bauduin P, Palatzky P. et al. Biodiesel, a sustainable oil, in high temperature stable microemulsions containing a room temperature ionic liquid as polar phase. Energy Environ Sci 2010, 3, 846.

[164] Wang M, Weng YY, Zhang B, et al. Self-templating growth of copper nanopearl-chain arrays in electrodeposition. Phys Rev E 2010, 81, 051607.

[165] Liu L, Bauduin P, Zemb T, et al. Ionic liquid tunes microemulsion curvature. Langmuir 2009, 25, 2055.

[166] Perrin J. Les Atomes. Paris, Gallimard, 1913.

[167] Tanford C. The hydrophobic effect, formation of micelles and biological membranes. New York, Wiley, 1973.

[168] Dave H, Gao F, Lee J-H, Liberatore M. Self-assembly in sugar - oil complex glasses. Nat Mater 2007, 6, 287.

[169] Klein R, Zech O, Maurer E. et al. Oligoether carboxylates: task-specific room-temperature ionic liquids. J Phys Chem B 2011, 115, 8961.

[170] Petkovic M, Ferguson JL, Gunaratne HQN, et al. Novel biocompatible cholinium-based ionic liquids — toxicity and biodegradability. Green Chem 2010, 12, 643.

[171] Fukaya Y, Iizuka Y, Sekikawa K, et al. Bio ionic liquids: room tempera-

ture ionic liquids composed wholly of biomaterials. Green Chem 2007, 9, 1155.
[172] Garcia H, Ferreira R, Petkovic M, et al. Dissolution of cork biopolymers in biocompatible ionic liquids. Green Chem 2010, 12, 367.
[173] Menger FM, Jerkunica JM, Johnston JC. The water content of a micelle interior. The fjord vs. reef models. J Am Chem Soc 1978, 100, 4676.
[174] O'Donnell J, Kaler EW. Microstructure, kinetics, and transport in Oil-in-water microemulsion polymerizations. Macromol Rapid Commun 2007, 28, 1445.
[175] 王利祥,王佛松,导电聚合物聚苯胺的研究进展-I.合成,链结构和凝聚态结构[J].应用化学, 1990, 6, 1.
[176] 李新贵,李碧峰,黄美荣.苯胺的乳液聚合及应用[J].塑料, 2003, 6, 32.
[177] 如仙古丽·加玛力,张校刚,吐尔逊·阿不都热依木.热致相分离法制备聚醚醚酮多孔膜[J].华东理工大学学报(自然科学版), 2006, 10, 1197.
[178] Zhang QC, Zhi YY, HU EJ, et al. Fabrication and characterization of polyaniline doped by TX-100 – based two surfactants. J. Polym. Res. 2015, 22(93), 1.
[179] 沈青.高分子物理化学[M].北京:科学出版社, 2016.
[180] 关荣锋,王杏,田大垒,等.有机酸掺杂聚苯胺的制备及其结构分析[J].化工进展, 2009, 11, 1978.
[181] 黄惠,周继禹,许金泉,等.有机/无机酸复合掺杂导电聚苯胺的合成及性能研究[J].高校化学工程学报, 2009, 6, 984.
[182] 马利,冯利军,甘孟瑜,等.复合酸掺杂导电聚苯胺的合成及性能[J].应用化学, 2008, 2, 142.

5

胶体的现代相变

5.1 导语

由于环境因素的影响，胶体会在不同的环境条件下发生相变现象，从而导致其结构和性能也发生相应的变化。认识胶体，尤其是现代胶体的相变行为对应用胶体有着重大的影响。

5.2 传统的胶体相变

传统的胶体主要是指已经广泛被人们所熟悉的胶体类产品，如墨水等。但这类胶体的相变行为是如何进行的，其实并不如它们的名字那样广泛。因而首先必须知道传统胶体的相变行为。

5.2.1 聚电解质墨水

Philipp 等[1]报道了具有相反电荷的聚电解质溶液在混合过程产生的三种相行为，比如宏观均匀的混合溶液呈现的是单相，在聚合体液体中稳定的胶体粒子所组成的浑浊的悬浮液是两相，而聚合体浮在液体表面并具有明显沉淀混合物的是另外一种两相。

由于现在使用的墨水大部分属于聚电解质墨水，而这类胶体的相变行为很多依赖于聚电解质的类型和结构、各个成分的分子质量和它们的分子质量比率、浓度、离子强度、pH 和混合状态（如层状、絮凝）等。这其实意味

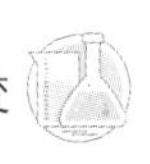

着墨水类的胶体可能存在的相变有这几种可能性。事实上，具有相反电荷的混合溶液制备的墨水的相变行为更具有经典意义。比如，用不同比率的聚丙烯酸PAA和聚乙烯亚胺PEI溶液进行混合后，其混合溶液会形成一种不透明的沉淀物；进一步用磁粒子搅拌几个小时后，该混合溶液会变得均衡，并出现上面所说的三种相行为：纯的PAA和PEI溶液在整个混合物区域显示为均匀的流体；纯的PAA(C^*约20 wt%)溶液在稀释到半稀释浓度(C^*)以下时，溶液中的PEI浓度小于或者等于PAA浓度时，其PAA/PEI混合相分离形成一个稳定的胶体粒子悬浮液；而当PAA/PEI混合物位于两相区域之间，且在PAA浓度高于C^*时，则发生相分离、使得聚合物沉积在溶液的表面，而最终的溶液混合物的形成与pH的变化有关系[2]。

5.2.2　卵磷脂

卵磷脂(蛋黄素)在非水溶液中能够生长成易弯曲的圆柱状胶束，但当其中的低分子量凝胶溶解在有机介质中时，又通常会自主组织形成不易弯曲的纤维束[3]。比如，在癸烷中加入微量的水、并应用流变方法研究卵磷脂有机胶的黏弹性能时发现，尽管卵磷脂的浓度是一个关键因素，但其相行为和流变学特性主要是依赖于添加物的极性成分的；在水加入到非水性卵磷脂溶液中的初始阶段时，反胶束是沿着单轴的方向聚集，形成线性易弯曲的柱状胶束，而加入极性添加物时该现象就立刻发生了变化[3]。

在上述体系中，均匀的类果冻相会因为水和卵磷脂的摩尔比率(n_w)变化而变化，当n_w比率低于2.7～2.8时，卵磷脂类聚合体胶束随着含水量的增加而增长其柱状胶束；当摩尔比率超过3.2时，首先是从均匀的有机胶分离出类果冻相、发生相分离，并导致其流变性能转变；设这个比率为临界值n_{cr}，如果$n_w > n_{cr}$则相分离形成类果冻相和非黏性溶液。当$n_w = 4.9$时，在致密的有机胶上会发现固体粒子；在水和卵磷脂的比率从3.2～3.4到4.9～5这个区域内，形成一种新的透明的光学等方相[4]。微量水在卵磷脂溶液中起了很关键的作用，其极性成分可以决定球状反胶束粒子向类聚合体粒子的转变；加入过量的水后，出现分离的透明类果冻相、最终形成类果冻相沉积物[4]。

5.2.3　石油产品

石油产品一般都会沉淀出石蜡，从而导致原油管道的堵塞。因此，在石蜡的结晶过程中,对温度的控制十分重要。Chen 等[5]曾经研究了石蜡的含量和在原油中石蜡出现的温度,发现其晶粒的形成是由油的开始和最终结晶化所决定的。在没有加工过的石蜡的凝结和融化过程中,也会发生结晶体的形成和融化即析出和解析。在这个加热过程中,熔化的固体石蜡 30℃时在试管底部形成了一个透明的薄膜,从而可以增加光的反射;在冷却过程中液态石蜡开始固化,并快速形成均匀的石蜡晶核,使得试样不再透明、镜面反射率降低[5]。

在液态不透明原油试样中有一个理想的光滑表面,当入射角为 30°的光照射时,会出现 4%～5%的镜反射。一旦相转变发生,如结晶化,则在大块体积上出现结晶体,且这些表面晶粒的取向混乱,使得试样的表面变得粗糙。在试样表面结晶体密集的部分,由于镜反射部分减弱,使得光的不规则分散性增加。在不透明的试样中,没有光从试管的底部反射出来,仅仅从试样的表面反射从来,相比那些从金属试管底部反射的光(达到 99%)而言,光强十分的小,仅占全部作用的光的 4%～5%,它可以产生一个高的电压特性(5～6 V),使得人们可以利用反射光的强度来观察结晶和熔化温度[6]。

5.2.4 染料

在各向同性相的液晶中溶解 1%的蒽醌染料时,光的区域振动激发可以使染料分子液晶(liquid crystal, LC)的光学非线性得到很大的增强。这是因为线性偏振光可以激发染料分子、使染料分子在激发态和基态产生各向异性的取向分布[7]。当 LC 转变为丝状相时,其光学非线性的增强度会降低约 30%。同样的掺杂物与基体也存在于非 LC 液体中,这是因为改变掺杂物与基体的相互作用时会导致染料发生光学应激反应。

用 1-氨基-蒽醌(AAQ)染料和 $CN(C_6H_4)_2C_nH_{2n}+n$CB($n=2, 3, 5, 8$) 分别做掺杂物和基体材料时,随着烷基链的长度或者 n 增加、其非线性也相应增强。在 5CB 和 8CB 时,当 LC 转变为丝状相时非线性强度会降低约 30%;在 2CB 和 3CB 中,染料掺杂的非 LC 材料也显示了非线性度增加,说明光取向的增强是由于掺杂物与基体的相互作用。将少量的染料溶解到 LC 中可以大幅度增强丝状 LC 的光学非线性,而纯的线性 LC 具有强烈的光学非线性,这是由于光区域会导致 LC 分子的集中取向。在细丝状的 LC 中,染料分子趋向于和 LC 分子结合。在均匀的 AAQ 掺杂 5CB 样品中二

向色性的测量表明,AAQ 分子和 5CB 分子有一个大致一样的取向分布。因此,染料诱导的细丝相的增加会出现不同于各向的同性相[8]。

5.3 现代的胶体相变

因为现代胶体主要是指因社会发展而产生的现代材料所形成的胶体,如高分子材料胶体等,所以现代胶体的相变也主要指现代新材料胶体的相变现象和行为。

在高分子凝胶成吸水过程中,一方面是溶剂力图渗入高聚物体内使其体积膨胀;而另一方面是交联高聚物的膨胀会导致其网状分子链向三维空间进行伸展,使分子网受到应力而产生弹性收缩能,并力图使分子网收缩。所以当这两种相反的力相互抵消时,会达到一种溶胀平衡和凝胶体积的总体膨胀。高分子凝胶的体积相变是大分子内及大分子间链构象变化的一种宏观表现,反映了该体系中基团间相互作用的变化。当高分子凝胶发生体积相变时,其体积膨胀或收缩伴随着的化学能和机械能之间会发生相互转换。而微小的环境变化,如 pH、溶剂组成、温度、离子强度等,都可以使高分子凝胶可以发生显著的可逆膨胀或收缩[9]。在外加盐的作用下,凝胶的体积发生膨胀。盐对凝胶的膨胀行为可从其结构入手。由于水凝胶的带负电基团与盐中位于其所在分子链的同一侧上的正离子以共价键结合在一起,二者发生分子内和分子间的缔合作用,而使凝胶产生敏感性。

具有温度敏感性的凝胶含有一定比例的疏水和亲水基团,温度的变化可以影响这些基团之间的疏水相互作用以及分子间的氢键,从而使凝胶结构和体积发生改变。

pH 的升高,造成凝胶内外离子浓度改变,并导致大分子链段间氢键的解离及羧酸基团解离,这些基团发生电离,电荷密度增大,引起不连续的溶胀体积变化或溶解度的改变,使凝胶网络的交联点减少,造成凝胶结构改变,使凝胶溶胀、孔径变大,产生不连续的溶胀体积突跃[9]。

5.3.1 高分子水凝胶的相变

以偶氮二异丁腈(AIBN)为引发剂,按一定的比例制备 HEMA(甲基丙烯酸 β-羟乙酯)/NVP(N-乙烯基吡咯烷酮)、HEMA/NVP/EMA(甲基丙烯酸乙酯)、HEMA/NVP/BMA(甲基丙烯酸丁酯)的无规共聚物水凝胶时，其中的离子强度、pH、温度等条件都对凝胶体积相变有影响。上述3种不同单体配比的共聚物水凝胶材料折射率为1.3330～1.3336，由于其光速不因传播方向的改变而发生变化、表现出明显的光学各向同性。因此，这类凝胶的厚度和直径的变化实际上反映了其体积变化[10]。

(1) 离子强度对凝胶的体积的影响

随着溶液中NaCl浓度的增大，上述3种凝胶的溶胀比 V/V_0 均降低，说明溶液的离子强度对凝胶的体积有显著的影响。在HEMA/NVP中引入EMA和BMA后，聚合物网络结构中的支链得到增长，形成相互缠绕网孔的机会增大，导致了水凝胶的交联密度增大，因而降低了凝胶的溶胀速度；当疏水基团由EMA变为BMA后，凝胶体积发生突变，当溶液中离子强度大于0.5 mol/L时，HEMA/NVP/BMA的体积相变变化速率增快。

(2) pH对凝胶体积相变的影响

介质pH的变化可以改变弱电解质的解离程度，使得弱电解质凝胶中的电荷密度发生变化，从而改变凝胶的渗透压，并导致凝胶发生体积相变。

(3) 温度对凝胶体积相变的影响

低温时凝胶与水之间的主要作用力是氢键，但两者之间的相互作用参数较小；当高分子链处于溶胀状态时，随温度的升高、高分子非极性基团间的相互作用得到增强，使得水分子的取向熵发生变化，而高分子则产生体积收缩[10]。

5.3.2 高分子树脂的相变

羧甲基壳聚糖接枝聚丙烯酸(CMCTS-g-PAA)形成的高吸水性树脂和羧甲基壳聚糖接枝聚丙烯酸钠/乙烯基吡咯烷酮[CMCTS-g-(PAANa-co-PVP)]形成的高吸水性树脂都发生体积相变行为[11]。

(1) 高吸水性树脂凝胶在有机溶剂中的体积相转变

在25℃条件下，上述两类高吸水性树脂在乙醇-水混合溶剂中的平衡溶胀率是随乙醇体积分数 φ 的变化而变化的、并随 φ 值增大而降低的；随着 φ 的增大，这类树脂的平衡溶胀倍率都发生体积收缩突变，即都呈现出相转变现象。

 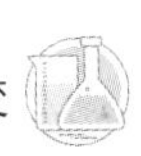

(2) 盐溶液对高吸水性树脂溶胀性能的影响

在 NaCl 和 Na_2SO_4 两种电解质溶液中，随着电解质浓度的提高，由于凝胶网络内外渗透压差逐渐降低，上述两类树脂的平衡溶胀倍率均出现逐渐下降的趋势。

当 $pH<7$ 时，溶液中的$[H^+]$大于$[OH^-]$，树脂中阳离子与其产生的静电斥力使聚合物大分子链在溶液中呈蜷曲状态无法伸展，从而导致吸水倍率的降低。当溶液的 $pH>7$ 时，溶液中的$[OH^-]$浓度大于$[H^+]$浓度，此时可伸展的分子链由于受溶液中$[OH^-]$的静电排斥而趋向弯曲，也导致树脂的吸水能力下降。所以，在趋近于中性的溶液中高吸水性树脂的凝胶溶胀是最充分的[11]。

5.3.3 高分子共聚凝胶的相变

用溶液聚合法合成的丙烯酸、甲基丙烯酸甲酯与苯胺三元共聚凝胶具有其特别的相变行为[12]。这是因为从生物显微镜下观察到该凝胶的微观形态中的溶胀态凝胶网络中保有一定的水分[12]。所以这种凝胶结构使其易因为温度、pH 等外部条件发生变化而产生相变。

5.3.4 复合材料的相变

聚苯乙烯 PSt 与 SiO_2 有不同的物理特性，其组成的不对称粒子由于其具有广泛的应用而引起人们的兴趣，如可以应用于分子成像、分子识别、各向异性成像探针等。这类复合材料的制备方法也是多种多样的，如微接触印刷、[13]凝胶捕捉技术[14]等。

用微乳液聚合的方法可以一步制备 PSt－SiO_2 有机-无机不对称混合粒子。反应过程中有机-无机试剂被限定在微乳液微反应堆液滴里，而形成的 PSt－SiO_2 内部相液滴会由于 PSt 的亲油性和 SiO_2 的亲水性而加速进行分离。在这个体系中，有机部分为苯乙烯单体，无机部分为 TEOS。用微乳液技术时，在微乳液微反应堆液滴中加入硅烷进行连接，70℃时苯乙烯发生聚合。加入氨水，会加速水解和缩聚，使得 PSt 和 SiO_2 因其相悖的性能而增强相分离。TEM 形貌分析发现(图 5－1)，形成了均匀的单分散的不对称粒子，但粒子粒径与配比有关[15]。意味着反应过程的相变对产物的形貌有影响。

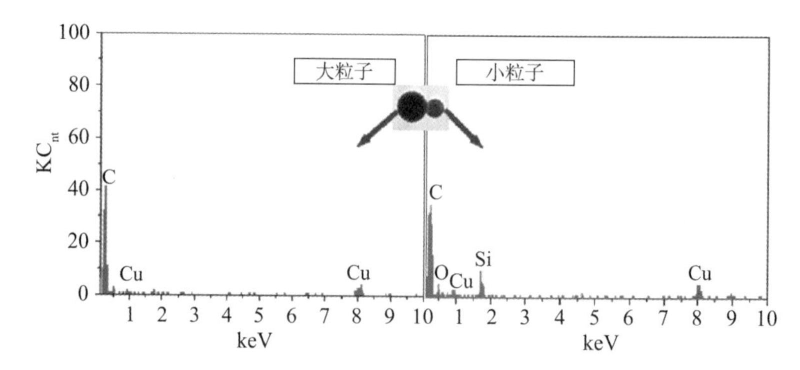

图 5-1　通过微乳液聚合技术合成的 PSt-SiO_2 不对称粒子的透射电镜 TEM 图

用能量弥散 X 射线探测仪(energy dispersive X-ray detector, EXD)对所制备的成对的不对称粒子进行成分分析发现(图 5-2),这个二聚物大粒子在被 X 射线扫描时,没有其他的峰,除了 Cu 和 C,这是由于在分析时聚合物和碳膜涂在铜晶格上,在二聚物的大粒子上附着着 PSt。而二聚物小粒子在被 X 射线扫描时,除了 C、Cu 以外,还有 O、Si,说明二聚物小粒子上附着着 SiO_2。所形成的异质结构不仅在成形上,而且在成分和结构上都为 PSt-SiO_2[15]。

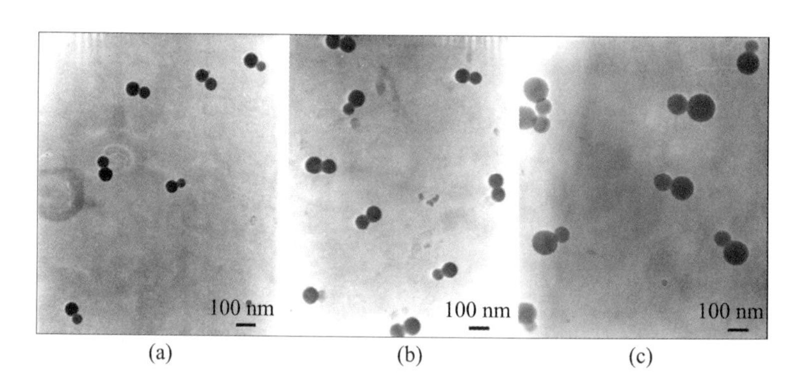

图 5-2　PSt-SiO_2 不对称粒子的基本元素分析

5.3.5　无机材料的相变

(1) 银掺杂 TiO_2 粉末

采用溶胶-凝胶法制备的银掺杂 TiO_2 粉末在较低温度下煅烧时,TiO_2 粉末均主要由无定型的 TiO_2 和锐钛矿相 TiO_2 组成。随着煅烧温度的升

高，锐钛矿相的衍射峰强度逐渐增强。表 5－1 说明锐钛矿相的含量逐渐增加时，对于银掺杂的 TiO_2 粉末，锐钛矿相开始向金红石相转变的温度是较高的[16]。

表 5－1 不同掺银浓度的 TiO_2 粉末在不同煅烧温度下的相转变情况

掺银浓度(mol%)	煅烧温度(℃)	煅烧时间(h)	相转变情况	金红石相的质量分数(%)
0	600	2	已经出现了相当数量的金红石相	30.6
	800		仍含有很少量的锐钛矿相	/
1	600	2	开始出现很少量的金红石相	6.9
	700		完成从锐钛矿相向金红石相的转变	100
2	600	2	仍无金红石相的衍射峰出现	0
	650		出现很少量的金红石相	6.5
	750		完成从锐钛矿相向金红石相的晶型转变	100

结合各样品开始发生锐钛矿相向金红石相转变的起始温度可以得知：银掺杂不仅使锐钛矿相向金红石相的转变发生于较高的温度，而且可以使锐钛矿相向金红石相变的温区范围变窄，即锐钛矿与金红石两相共存的温度区间变小。这意味着锐钛矿相向金红石的相转变在这种条件下会加快[16]。

(2) 合成 $CuInS_2$ 和 $AgInS_2$ 纳米晶

$CuInS_2$ 作为一种重要的三硫化物，不仅有低成本和低毒性的特点、更因为有很高的吸收系数，所以被普遍用作太阳能的光吸收材料[17]。类似的 $AgInS_2$ 有斜方晶型结构或类黄铜结构，也是一种引起人们极大兴趣的功能材料，有望被用在光电流和光电子领域[18]。

目前单分散性、单晶锥体的 $CuInS_2$ 和长方形的 $AgInS_2$ 纳米晶都已经被合成制备了。用 XRD 和 EDX(能量分散 X 射线光谱)对所合成产物的晶相进行分析发现，正交形的 $AgInS_2$ 在较高温度(＞620℃)下是稳定的，而四角形的 $CuInS_2$ 相在低于 620℃时也是稳定的。而在低温下形成稳定的正交形的 $AgInS_2$ 需要改变化学环境，或使用溶剂或者表面活性剂使其产生临时的相转变[17,18]。

TEM 图像(图 5－3)表明，单分散性的 $CuInS_2$ 和 $AgInS_2$ 胶体是唯一

的产物，并且可以通过自组装在很大面积上形成一个胶状单层，胶状的 $CuInS_2$ 纳米晶是多面体形（粒径 13～17 nm），而 o-$AgInS_2$ 胶体是矩形的［粒径（17±0.5）nm］。

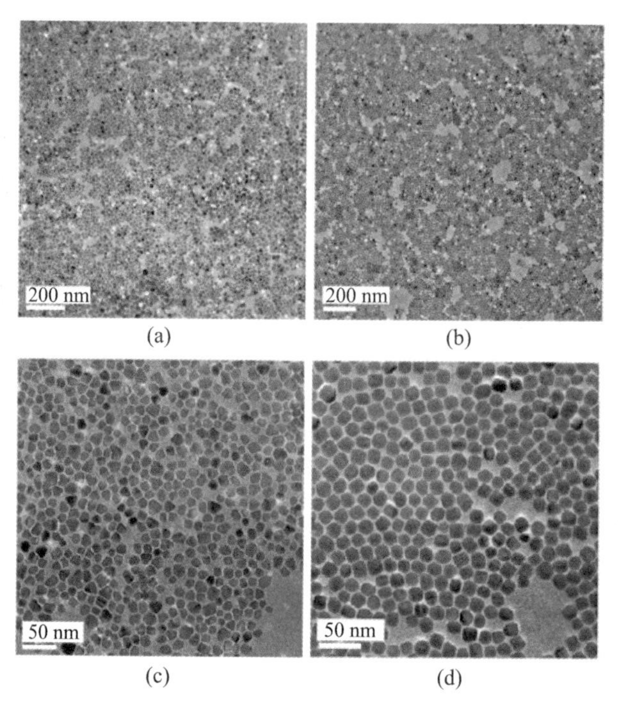

图 5－3　$CuInS_2$（a，c）和 $AgInS_2$（b，d）的 TEM 图像

XRD 分析图（图 5－4）反映了 o－$AgInS_2$ 亚稳相的成形过程和相应的晶格演变，随着反应时间的变化，试样出现 o－$AgInS_2$ 和 Ag_2S 的混合物、纯的 o－$AgInS_2$、低温稳定相（c－$AgInS_2$）等不同状态。从晶相的发展过程中也可以发现，由于 Ag_2S 具有非常低的溶解性，使得其在反应初期和 $AgInS_2$ 共同生长。但在晶体生长过程中，在高的温度和压力溶解热的环境下，新形成的 Ag_2S 可以和 $In(S_2CNHR)_3$ 晶核或者和 InS_2^- 离子在溶液中反应生成 o－$AgInS_2$ 纳米晶粒。如果反应时间大于 24 小时，则亚稳相的 o－$AgInS_2$ 将缓慢的转变为稳定相的 c－$AgInS_2$[19]。

(3) 氧化铝相变

(A) γ－Al_2O_3 做前驱体

氧化铝是一种含有多种晶相的氧化物材料，除了热力学稳定的 α 相外，

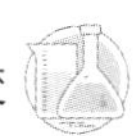

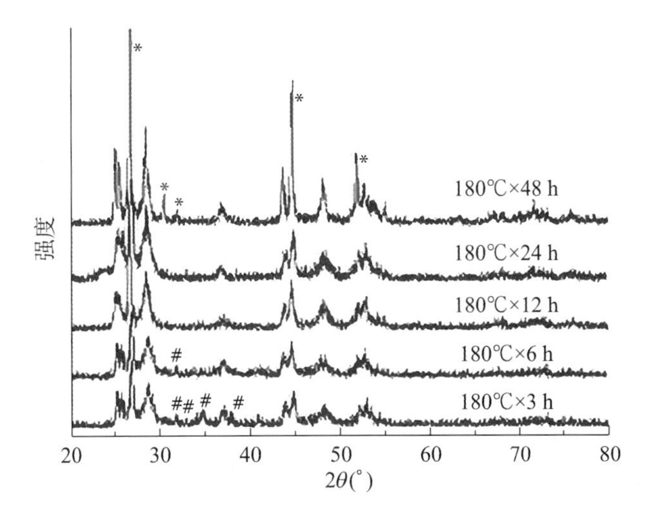

Ag_2S 晶相(#),$AgInS_2$(*)晶相

图 5-4 $AgInS_2$ 在 180℃不同的反应时间下的 XRD 图

还有 γ、δ、θ 等十几种热力学不稳定的过渡晶相。随着温度的升高,这些过渡相最终将通过 α 相变转变成 $\alpha-Al_2O_3$。

$A-Al_2O_3$ 粉体通常是由前驱体在 1200~1400℃高温下焙烧得到的一种氧化铝稳定相。在如此高的温度下,粉体的烧结实际上已经开始了,所以 $\alpha-Al_2O_3$ 粒子一旦形成后就会立即长大,粒子之间形成烧结颈,构成树枝状硬团聚的结构,而这种结构是难以分散的,故应尽量降低其相变温度[20]。

氧化铝前驱体为碳酸铝铵在 700℃热分解所获得的 $\gamma-Al_2O_3$,用异丙醇水解法制备氧化铝溶胶(又称"胶体籽晶")过程中,在前驱体中加入不同含量的溶胶制备试样,可以得到如表 5-2 所示的 XRD 和 TEM 分析结果[21]。

表 5-2 各种前驱体在不同煅烧温度下的相转变,形貌和粒径

样品	含量(%)	温度(℃)	相转变	形貌	粒径(nm)
纯 $\gamma-Al_2O_3$ 粉		1000	γ 相开始向 α 相转变,有 θ 相产生	大量"蛭石状"硬团聚结构	150
		1100	几乎转变为 α 相和 θ 相		
		1150	完全转变为 α 相		

续 表

样品	含量(%)	温度(℃)	相转变	形貌	粒径(nm)
AS2	$\gamma-Al_2O_3$ 粉含量2%	1000	γ相开始向α相转变,有θ相产生	有较多的“蛭石状”结构	150
		1100	完全转变为α相		
AJS2	Al_2O_3 溶胶含量2%	1100	已经完全转变为α相,比此温度低就能转变	少量“蛭石状”微结构	100
AJS20	Al_2O_3 溶胶含量20%	1000	完全转变为α相	没有“蛭石状”团聚	120

(B) $Al(NO_3)_3/Al(SO_4)_3$ 做前驱体

用溶胶-凝胶法,$Al(NO_3)_3$ 或者 $Al(SO_4)_3$ 做前驱体可以制备 $\alpha-Al_2O_3$ 纳米粒子。PEG做分散剂,并在此基础上加入 AlF_3(2*wt*%),分别用XRD和SEM进行分析。在 $Al(NO_3)_3$ 和氨水制备氧化铝的过程中生成了 NH_4NO_3,在煅烧过程中释放出大量的能量,使 $\theta-Al_2O_3$ 向 $\alpha-Al_2O_3$ 转变的温度降低,使得 $Al(NO_3)_3$ 前驱体比 $Al(SO_4)_3$ 前驱体的相转变温度低。有前驱体的 $\alpha-Al_2O_3$ 粒子相转变,是由于在反应的初始阶段形成了不同特性的沉淀物,并在结晶过程中得以保留下来。

在产物中加入 AlF_3(2*wt*%)会使相转变温度大大改变。在用 $Al(NO_3)_3$ 做前驱体和 $Al(SO_4)_3$ 做前驱体的 $\alpha-Al_2O_3$ 相完全转变温度分别为800℃和900℃。这是由于在相转变时加入金属氟化物,形成了一种中间体化合物AlOF,AlOF可以使过渡型 Al_2O_3 向 $\alpha-Al_2O_3$ 转变的传质速率加快(表5-3)。

AlF_3 的加入可以改变 $\alpha-Al_2O_3$ 粒子的形貌。这是因为 $Al(SO_4)_3$ 做前驱体时,$\alpha-Al_2O_3$ 粒子的形貌仍旧为球形,而 $Al(NO_3)_3$ 做前驱体时,$\alpha-Al_2O_3$ 粒子的形貌变成了盘状。这是由于在 $Al(NO_3)_3$ 前驱体中很容易形成水软铝石结晶化重排,而在 $Al(SO_4)_3$ 前驱体中则形成致密的结合力很强的团聚物如下面相应的SEM图(图5-5、5-6)所示[22]。

表 5－3 没有添加 AlF_3 时，氧化铝相转变的粒子分布及形貌

样品	相转变温度（℃）	粒径（nm）	粒子分布	形貌
$Al(NO_3)_3$ 前驱体	1 100	118	粒子尺寸小，有较大的尺寸分布，呈长条形	反应初期，形成大体积的凝胶状沉淀
$Al(SO_4)_3$ 前驱体	1 200	200	粒子尺寸大，较均匀，呈球形	反应初期，形成紧密的微晶

(a) (b)

(a) $Al(NO_3)_3$ 做前驱体在 1 100℃煅烧

(b) $Al(SO_4)_3$ 做前驱体在 1 200℃煅烧[22]

图 5－5 没有添加 AlF_3 时的 $\alpha-Al_2O_3$ 粒子的 SEM 图像

(a) (b)

(a) $Al(NO_3)_3$ 做前驱体在 800℃煅烧

(b) $Al(SO_4)_3$ 做前驱体在 900℃煅烧[22]

图 5－6 添加 AlF_3 时，$\alpha-Al_2O_3$ 粒子的 SEM 图像

5.4 小结

胶体的相变行为受外在因素的影响，主要是温度、pH、离子强度、溶剂

浓度、无机盐溶度等。但不同的胶体材料的相变所受影响的因素是不同的。

值得关注的是几乎大多数胶体材料都受到温度的影响、并因温度改变而发生相变。pH 对部分胶体材料的相变也产生很大的影响，酸碱度的改变，使溶液中的电荷密度改变，从而使胶体材料发生相变。

研究胶体的方法有很多，但因为胶体材料会在测试过程随一些因素而发生相变，所以在应用不同方法对胶体材料进行测试与表征过程尤其需要注意方法与条件。

参考文献

[1] Philipp B, Dautzenberg H, Linow KJ, et al. Polyelectrolyte complexes—recent developments and open problems. Prog. Polym. Sci. 1989, 14, 91.

[2] Gregory M, Jennifer G, Lewis A. Vesicle-Biopolymer Gels: Networks of Surfactant Vesicles Connected by Associating Biopolymers. Langmuir 2005, 21, 457.

[3] Mukkamala, R.; Weiss, R. G. Physical Gelation of Organic Fluids by Anthraquinone-Steroid-Based Molecules. Structural Features Influencing the Properties of Gels. Langmuir 1996, 12, 1474.

[4] Shchipunov Yu. A., Hoffmann H. Growth, Branching, and Local Ordering of Lecithin Polymer-Like Micelles. Langmuir. 1998, 14, 6350.

[5] Chen J., J. Zhang, H. Li. Determining the wax content of crude oils by using differential scanning calorimetry. Thermochim. Acta 2004, 410, 23.

[6] Shishkin Yu. L. Light mirror reflection combined with heating/cooling curves as a method of studying phase transitions in transparent and opaque petroleum products: Apparatus and theory. Thermochimica Acta. 2007, 453,113.

[7] Jánossy I. Molecular interpretation of the absorption-induced optical reorientation of nematic liquid crystals. Phys. Rev. E 1994, 49, 2957.

[8] Muenster R., Jarasch M., Zhuang X., et al. Dye-Induced Enhancement of Optical Nonlinearity in Liquids and Liquid Crystals. Phy. Review Letters. 1997, 78, 42.

[9] 李鑫. 环境响应性凝胶的体积相变行为[J]. 化学通报. 2007, 4, 292.

[10] 谭帼馨. Induction of Hydroxyapatite Particles Formation on PEGDA-

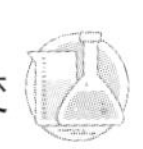

BasedHydrogels by Nanobacteria. Adv. Mater. Res. 2010, 105-106, 569 - 571.

[11] 陈煜,唐焕林,刘云飞,等. 多孔高吸水性树脂孔结构的体视学表征[J]. 高分子材料科学与工程. 2008, 24, 74.

[12] 张鸿, 周群, 王立久. 丙烯酸、甲基丙烯酸甲酯与苯胺三元共聚凝胶的制备及性能测定[J]. 大连轻工业学院学报. 2005, 24, 164.

[13] Cayre O., Paunov V. N., Velev O. D. Fabrication of dipolar colloid particles by microcontact printing. Chem. Commun. 2003, 18, 2296.

[14] Paunov V. N., Cayre O. J. Supraparticles and "Janus" particles fabricated by replication of particle monolayers at liquid surfaces using a gel trapping technique. Adv. Mater. 2004, 16, 788.

[15] Lu W., Chen M, Wu L. One-step synthesis of organic - inorganic hybrid asymmetric dimer particles via miniemulsion polymerization and functionalization with silver. J Colloid Interface Sci 2008, 328, 98.

[16] 熊建裕,乔学亮,陈建国. 银掺杂对二氧化钛晶型转变的影响[J]. 陶瓷学报. 2005, 26, 84.

[17] Schock HW, Meissner D, Vieweg & Sohn. Solarzellen - Physikalische Grundlagen und Anwendungen in der Photovoltaik. Wiesbaden 44, 1993.

[18] Persson C., Zunger A. Anomalous Grain Boundary Physics in Polycrystalline CuInSe2: The Existence of a Hole Barrier. Phys. Rev. Lett. 2003, 91, 266401.

[19] Du W., Qian X., Yin J., et al. Enzyme mimics: advances and applications. Chem. Eur. J. 2007, 13, 8840.

[20] 宋振亚,吴玉程,杨晔,等. α-Al_2O_3 微粉的制备及其 TiO_2 掺杂改性[J]. 硅酸盐学报. 2004, 32, 920.

[21] 吴玉程,杨晔,李勇,等. 氧化铝胶体的添加对氧化铝 γ→α 相变的影响[J]. 物理化学学报. 2005, 21, 79.

[22] Kim H. J., Kim T. G., Kim J. J., et al. Influences of precursor and additive on the morphology of nanocrystalline α-alumina. J. Phy. Chem. Solids 2008, 69, 1521.

6

胶体的界面结晶

6.1 导语

胶体的脂质结晶受到许多因素的影响，尤其是乳化剂的量。事实上，脂质的热力学相变会不同的发生在他们作为的多相物理系统中，并受到如乳化剂等的许多因素的影响。脂质体系的界面结晶或乳剂结晶与乳液的乳液的种类，油相连续或水相连续、成核过程的类型如表面-异相成核或内部-均相成核、脂相的构成及分子的几何排列和在界面处表面活性剂的活性等有关[1]。

观察发现油滴比等量本体脂质需要更多的过冷却，认为液滴是无杂质的，因此避免了异相成核。最近，油性体系不同的结晶及溶解行为被关注。例如，Alexa 和同事们[1]发现随着在内部水相中卡拉胶浓度的增长，引起了水相在油相中的溶解扩散温度降低，这意味着卡拉胶在乳化剂表面的不稳定会影响熔点。有研究表明油水界面在乳化结晶中起到了至关重要的作用，它对于设计食品乳状结构尤其重要[2]。

如果忽略乳化类型如油水体系、水油体系或两个都有的乳化体系，界面结晶会影响组成结构的稳定性。为了解释导致稳定性或破乳能力提高的现象机理，一些研究旨在描述现象或理解界面成核和结晶机理。三酸甘油酯[即三酯甘油(triacylglycerol, TAG)]的界面结晶在大多数情况下会在乳化剂如蛋白质、甘油单酯、聚蓖麻酸聚甘油酯(PGPR)、卵磷脂、蔗糖酯等的存在下发生，而每一种乳化剂对于结晶行为有着不同的影响。由于多相界面

 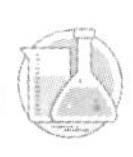

成核可能是通过疏水作用和模板作用完成的，所以有必要了解其机制[2-5]。

6.2 胶体的本体结晶

脂肪类乳液的本体和界面都会发生结晶，其本体结晶特点包括同质多晶、成核和生长、混合体系中的结晶以及受温度和剪切等因素的影响。

6.2.1 甘油的结晶

动植物油由三酰基甘油(TAGs)(大约占98%)、像二酰基甘油的极性脂肪(DAGs)、甘油一酸酯(MAGs)、游离的脂肪酸(FFAs)、磷脂质、糖脂、固醇类和其他一些小组分物资组成的混合物[6]。TAG是由三个脂肪酰/酸如R1、R2、R3，例如：油、亚麻油酸、亚油酸甘油三酯、软脂酸或硬脂酸排列在甘油分子上。TAG的种类随着脂肪酸链长度，也就是碳原子数目(通常在12到24之间)；脂肪酸的饱和度，也就是双键的数目和位置和在甘油主链的排列-也就是SN－1、SN－2和SN－3位置的不同而不同[7-10]。

甘油的结晶是一种从液态，也就是熔融状态合成固态晶体的过程。由于TAGs成核分子排列成椅型时其脂肪酸在SN－1和SN－2位置成为椅腿，而SN－3成为椅背或成一个不对称的叉构型即脂肪酸链在SN－1和SN－3位置朝另一个方向即与SN－2相反的方向[11]。所以在TAG结晶过程中，TAG分子会堆叠组合成片晶，再依次堆叠成纳米片晶并进一步聚集成串晶，即最开始的初晶，然后按任意方式聚集成絮状，直到最后形成三维网状结构[8,11-13]。

6.2.2 同质多晶

TAG分子可在晶格中结晶成不同的晶型，即不同的构象和排列，这种现象叫作同质多晶。液态脂骤冷导致弥漫型结晶，而这类结晶的晶相属于一种低能同质多晶体，具有较慢的冷却速度但也因此使得分子有足够时间排列成片晶状从而形成一种有序的三维晶体结构。有研究发现，多晶的行为是受TAG脂肪酸链长度影响的[7,10]。

油脂类的同质多晶物通常有三种形式：α、β和β′。它们的稳定性受碳氢化合物链堆积的密度的影响，并根据其熔点和熔化内热依次增加。烃链对于不同晶型的影响是不同的，表现在 α 型的杂乱无章、六边形(H)亚晶胞结构密集度最低、β′型中间排布形成正交构型(O⊥)、而 β 型则排布紧密形成相互平行的 3 斜亚晶胞结构(T//)如图 6-1 所示[14,15]。脂肪的多晶型可以通过 X 射线衍射图谱(XRD)测得，或通过差示扫描量热法(DSC)的结晶峰 T_C 推测得到。

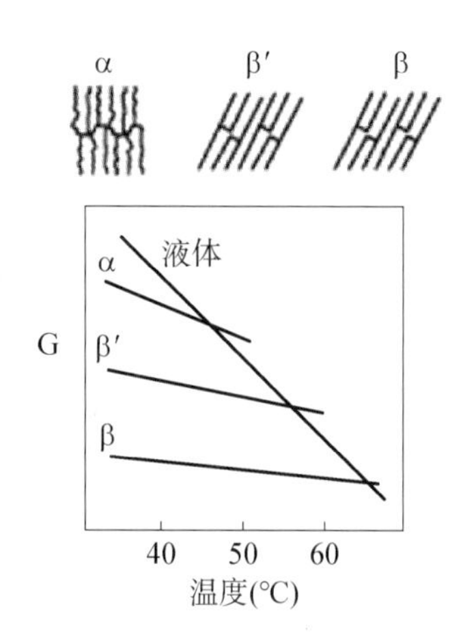

图 6-1　同质多晶物的结构模型及与 Gibbs 自由能和温度之间的关系[15]

脂肪的晶型有多种形式，包括不同晶型的共存，但其中只有一种形式是在所有温度和压力下稳定的，这意味着属于单一晶型。不稳定的晶型在过冷的脂肪中会首先结晶，随后转化成更稳定的晶型，随着时间推移，最终脂肪会形成一种最稳定的晶型结构。一般通过 Gibbs 自由能(G)描述脂肪类的不同晶型间的转化，并被定义如下(公式 6-1)：

$$G = H - TS \tag{6-1}$$

其中 H 指的是焓、S 是熵、T 是温度[10,14]。

Gibbs 自由能在 α 晶型中最高、β′次之、β 最低。脂肪酸链长度影响转化的比率，脂肪链越短，TAGs 转化的越快。当然，这个转化也随剪切温度而变。同质多晶物，例如可可油和巧克力在不重回系统熔化前提下[10]，其多晶型的转化是单向的，也就是 β 型不能转化成 β′型和 α 型[10,14]。

6.2.3　成核和生长

结晶包括两个过程：成核和之后的晶体成长。结晶发生的前提溶液处

 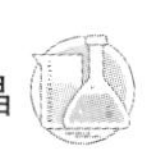

于过饱和状态，也就是溶化物大于平衡浓度，或分子处于平衡状态的浓度。结晶一般通过冷却完成，也就是温度冷却至平衡点以下，直到自由能障碍被克服和生成稳定的核。当成核发生时，分子在晶格中处于低能态并有能量（熔融潜热）释放[14]。

成核可以分为初次成核、均相成核或异相成核和二次成核。初次成核在缺少晶体的情况下发生，也就是从液态到结晶形成，同时在存在相同类晶体时发生二次成核。均相成核发生在有核生成之前时一直伴随着液态分子的聚集，而异相成核时外来成核物（即杂质）会促进成核，即降低成核所需的自由能。当晶体之间或晶体和界面之间存在晶体碰撞时，使得新核生成或二次成核发生，比如晶体碎片成为新的晶核[14]。

脂肪类晶核一旦生成，就会从液相向晶格界面中合并其他 TAG 分子。晶核增长过程，分子必须回到晶体表面进行扩散，为合并入晶格找到恰当的位置以便沉淀融入，并导致潜热的释放。为了防止温度升高或进一步增长，这个能量必须从晶体表面移走。但晶体的继续增长常以指数级发生，直至相平衡或整个系统结晶完成。所以结晶的形态最后是由混合物的组成和增长率所决定的。根据 Ostwald 的熟化理论，这种结构会在整个过程中随着晶体的增长而逐渐适应，直至小晶体在溶剂中溶解而大晶体向他们意愿的方向生长[14]。

液态 TAGs 混合的同时，不同结晶类型的 TAG 会聚集在一起形成固体溶液混合物。当 TAGs 熔点、分子质量和同质多晶类型非常相似时，混合物的熔点在纯组分中间。如形成共融混合物时，当 TAGs 在链长度、分子质量、形状和同质多晶类型不同时，会有相似的熔点，但此时混合物的熔点比各组分熔点都低。当形成的晶体化合物中两个 TAGs 分子的兼容性能很好时，可以提高混合能力[14]。总而言之，TAG 混合物的相特性受链长度、饱和度、双键的性质和脂肪酸在甘油主干上排布的影响。

冷却速率对结晶有明显影响，并影响结晶率和成核率，决定结晶的大小。骤冷低温度可以促进结晶速率和成核率，但也会产生许多小晶体。剪切也影响成核和结晶生长，但过程中的机械力的干扰会提供能量克服成核的能量障碍，促进二次成核[14]。

结晶之后的过程主要是晶体间的连接形成晶体网络结构[14]。

6.3 胶体的界面结晶

界面对于晶体成核和生长的作用在微尺度系统，比如界面比率非常高的乳液中格外重要[2,5]。但这方面的研究受实验方法的限制。这是因为目前发表的大部分研究其实都是使用本体技术在研究界面问题，比如核磁共振 NMR、[16-18] 差示扫描量热法 DSC、[19,20] X 射线衍射 XRD[21-24] 和超声[25-27]。

比较上面所给出的不同方法，DSC 对于脂肪热力学相变的描述还是非常合适的，但反映的是本体[19,20,28-30]。由于材料物理状态的改变，比如融化、结晶，或从一种晶形转变到另一种晶形，比如多晶转变，都是伴随着热量的吸收—吸热或释放—放热，所以可以通过 DSC 的在一个时间段的温度测量来进行描述材料的物理状态变化[31]。DSC 测试过程，其热焓的变化会形成不同的峰，而其中的区域反映了这个过程是吸热还是放热。峰形和温度可以表明结晶的同质多晶型。根据经典结晶理论[32]，不完美的结晶形式由于过冷度增加而发生，这会形成更高的熔融峰；另一方面，等温情况下的测量值能表明结晶过程的本质。其中，晶体生长机制可以用 Avrami 方程进行描述[33]，同时应用诱导时间即与理论成核比率成反比的 Fisher-Turnbull 方程来评估一个稳定核所需的活化自由能[34]。

Foubert 和他的同事[35]基于反应过程中不同时刻的 DSC 图判断和提供了有价值的替代方法。Frederick 和他的同事[19]也应用 DSC 研究了乳化乳脂本体的结晶机制。但应用 DSC 研究本体和乳化系统的结晶时应更加细心，这是因为油水乳液的热传递过程是比较复杂的。相反，聚合物的本体晶体会因为熔结而防止高黏性基团的快速混合，从而有利于本体内温度梯度的发展。总而言之，DSC 技术的缺点是不能直接测量存在的晶形，所以他提出的同质多晶理论也因此而受到质疑。此外，如果几个热力学过程同时发生时所产生的热效应叠加也影响了 DSC 的测试结果[22]。

为了克服 DSC 应用过程的问题，与 XRD 联用是一个可以解开热变的方法[22,36]。XRD 通常用来在晶格几何学上区别同质多晶型。这是因为 X 射线在一定角度通过分子结构被晶体结构衍射，其衍射图上存在的峰与晶体平面上的差异相关。所以可以应用分子在层面上分布的特点并通过小角

度即长间距上的衍射得到同质多晶型 α、β 和 β′的图形[37]。

同步辐射 X 射线衍射(GISAXS)是一种强大的非破坏性测量亚纳米分辨率下被吸收的分子层在固体表面或液态表面或液体界面分子顺序的技术[38-40]。由于表面灵敏度必须是薄膜厚度下降至亚分子范围以下,而 GISAXS 具有低穿透深度,仅有顶部或少许进入界面并从材料薄膜表面得到最大信号强度的特点,以及穿过薄膜时用小的衍射量或低衍射强度[41],所以 GISAXS 已经被应用于表面研究[42]。Renaud 等人对 GISAXS 的基础理论和其应用于界面进行了研究[42]。Tikhonhov 等人运用这个技术研究了密集固体表面活性剂在水/已烷液/液界面聚集下的顺序,发现界面上从无序到有序的尾部分子的构象改变是取决于精细化学的头基交替[40]。

应用 GISAXS 研究同质多晶和乳剂系统可以完整全面地反映样品结晶作用的[23,43]。Ollivon 和他的同事[44]而且在一个实验过程联合了 DSC 和 GISAXS。Sato 课题组曾经应用一个高强度的 X 射线联合二维探测器(X 射线 CCD 探测器)在 GISAXS 测试过程[45],该 2D 的 XRD 图收集了样品的特殊区域,实现了 5μm×5μm 面积上图片的良好分辨率。Shinohara 和他的同事[45]运用这种技术研究了正十六烷在油水界面的界面多相结晶,发现此处存在着疏水的乳化剂,使得结晶的正十六烷的轴链垂直于油水界面。类似的还有,GISAXS 应用于片晶取向、油水界面方向的甘油单酯脂质结晶等也都所报道[46]。

6.3.1 脂质结晶和乳液的稳定性

在油水界面的脂质结晶对于乳液的稳定性有相反方向的影响,表现在水连续相中使突出的晶体在界面处产生凝聚[47],而其中硬的晶体被包裹在水连续相的乳剂中会使得他们难以适应界面处弯曲的角度[48]。在油连续相的乳剂中,脂质结晶通常会通过增加界面黏性来提高其稳定性[49,50],如 Pickering 微粒一样[3,4,51-53]或者组成一个环绕水滴的烧结结晶壳[52,54]。目前对形成这些壳体的机制还不明白,但已经知道脂质结晶会降低界面张力从而促进乳化过程[55]。界面结晶薄膜的形成发生在油水界面时,乳化剂在本体油相会达到饱和状态[55]。随着结晶薄膜的形成-它取决于乳化剂浓度和链长度,冷却会使得界面强度增加。Krog 和 Larsson[55]曾经引进了乳化作用下的结晶概念对界面处的表面活性晶体的形成进行了解释。

在界面处发生的脂质结晶或少许 Pickering 微粒的趋势属于湿润性，是根据晶体跟疏水液体或亲水液体之间的接触角而进行评判的(图 6－2)。由于界面的弯曲是由接触角(θ)进行控制的，因此对于油相和水相体系、乳剂的类型，脂质结晶更倾向于喜欢稳定的油连续相乳化剂，而他们的尺寸和形状决定了他们作为稳定剂的效应。一般而言，呈针状的结晶易导致快速的不稳定、[56]小的片晶则有利于提高水油乳液的稳定性[57,58]，而更小的晶体则由于更好的表面覆盖率所以可以提高稳定性[4,53,59]。

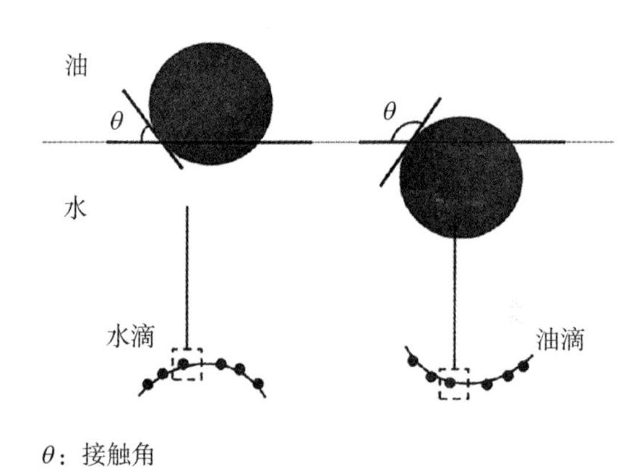

图 6－2　粒子界面处的接触角

许多研究表明：脂肪的原位结晶可能比预结晶更有意义[3,60,61]。

6.3.2　模板成核和结晶促进因子

成核现象受表面或本体条件控制。在均相成核过程中，过冷、较长的停留时间或过度饱和是形成晶核的必要条件[62]。结晶作用与熔化行为有所不同，其中的固体脂肪含量在本体和乳化脂肪之间时也会有不同的反映[63]。在油滴中，诱导异相成核的杂质几乎可以完全溶解，但每个液滴中不超过一个核。在这种情况下的异相成核，使得熔化中产生的杂质表现为像一个起始点，而添加剂有时则被包裹在熔化物中作为结晶的促进因子或相反的抑制剂[63]。

在乳液中，被吸附在油/水界面处的乳化剂分子的排布有时会形成一个基体，即模板，该模板在 TAG 界面异相成核过程会存在于油相当中，降低成核的活化能。这是因为核通过模板会与之相互作用从而趋于一种稳定状态，而界面和对应的 TAG 与乳化剂末端的具有兼容性。在模板效应下，乳

化剂疏水的尾部和 TAG 展现出不同水平的结构相似性并形成界面膜，从而修改异相成核过程、[64]影响结晶动力学[36,65-67]和二级成核，即在油水乳液中的液滴碰撞会停止[68]。当链在长度[45]和结构[69]上匹配时，会使得分子之间发生相互作用，表现出与油的结构的相似性，进而诱导成核[5,69]。

乳化剂和 TAG 之间的相容性在干性油相体系中也被高度重视[70-72]。Gülseren 和 Coupland[73]发现在 C_{16} 乳化剂尾部连上一个 C_{18} 的烷烃具有相同的影响，说明这个匹配并不是完美的。对于乳化剂在乳液结晶行为中的类型及对分子结构的特殊影响[69,74,75]，Frederick 和他的同事[18]发现甘油单酯链的长度和结构在调制的奶油中对乳脂结晶有影响，其中硬脂酸对于结晶有促进作用且同时也会提高多晶形之间的转化；然而不饱和的甘油单酯，比如油酸，则既不影响结晶动力学也不影响多晶转化。Relkin 和他的同事[76]发现乳液分离蛋白酪的蛋白有较低的结晶温度且会影响脂肪液滴的结晶外形。

模板效应在油水连续相体系中多有报道。比如，相比于等价的油相，Kaneko 和他的同事[66]发现在水连续相的乳液中带有蔗糖酯（sucrose ester，SE）的正十六烷的成核比率会大大增加，意味着是 SE 的模板效应。Arima 和他的同事[77]发现疏水添加剂，比如含棕榈酸的蔗糖酯，在棕榈油中间提取物（比如 PMF，一种棕榈油的提取物，其富含软脂酸-油酸-软脂酸甘油三酯）上的吸附作用是影响水界面的结晶温度。Sakamoto 和他的同事[78]研究了在存在聚甘油脂肪酸酯的情况下，棕榈油中间提取物乳液的结晶作用，发现聚甘油是酯化了的饱和脂肪酸。他们还发现仅仅加入 0.1% 的乳化剂就会增加结晶温度 T_C。因为 T_C 的增加会提高酯化反应的程度并提高了脂肪酸链长度，所以他们认为是乳化剂增强了界面的异相成核性[78]。他们的研究还发现添加聚甘油-10 三癸酸酯时对 T_C 的影响较少[78]。因此他们进一步认为，乳化剂的添加仅仅会提高本体浓度，而最主要的影响是界面异相成核[78]。也有研究发现，模板效应是随着脂肪酸基团的 C 链长度增加而增加的[79]。

Kalnin 和他的同事[22]对于乳化剂在脂肪结晶上的影响提出了不同的解释。他们将时间解析同步加速 X 衍射（XRDT）与 DSC 连用，研究了丙二醇硬脂酸（PMGS）对于结晶和分散在水介质中的棕榈液滴多形性的影响。他们的研究结果表明：PGMS 在低浓度下，比如从 0% 到 0.2%，也是可以结晶的，但影响结晶温度[22]。在有水的情况下，有人认为 PGMS 与短链的

TAG在油水界面处的相互作用会形成片晶结构，即液晶；而在油中，PGMS的界面处有溶解作用会导致局部的长链浓度增加，提高TAG的熔点，从而影响其界面模板作用[80]。

对于水油系统，Ghosh-Rousseau[81]和Ueno课题组[46,82]都曾经研究其中的模板作用。后者的研究表明一种高熔点的甘油单酯，在界面处可以为本体TAGs提供模板，从而既促进界面处和连续相中的结晶，也促进小的晶体的形成[46,82]。由于他们的发现是从DSC冷却过程得到的，所以可以根据结晶峰得到定量的模板效应。在PGPR的研究过程，模板对界面和本体的结晶都已经被证实是有效的[81-85]。

6.3.3 同质多晶和结晶序列的影响因素

(1) 同质多晶的控制因素

同质多晶型的控制是一个非常重要的过程，直接影响针状晶体在界面的突出和最终的稳定性[3]。同质多晶对于界面有影响，比如α晶型比β和β′更加亲水[57,58]。脂肪晶体的同质多晶型对界面粘附性也有影响，并影响蛋白质的稳定性。油和蛋白质水溶液的界面处如存在脂肪结晶时，会增加界面的剪切黏度，尤其是β′晶型[49]。与脂肪晶体相结合的蛋白质层会由于剪切而导致更多的晶体-晶体相互作用，但这种流变行为在小分子表面活性剂取代蛋白质的实验过程并不明显[49]。

双亲性分子在界面处的排序可以提供有组织的结构但跟本体结晶相比却引起不同的结晶结构[64]。Ueno和他的同事曾经应用XRD与DSC连用，观察油滴中不含高熔化的添加剂中的晶体组成；此外还在忽略添加剂的存在时观察本体油相中的结晶行为。他们发现，当在含添加剂的油滴中结晶时，六方晶系和正交晶系会交替形成，说明界面组织能导致相同的结晶结构[67]。Frederick和他的同事[18]发现当长链饱和的单甘酯被添加添加剂后并不影响其饱和状态，这是因为受到这种特定种类的单甘酯内部的脂肪显微结构排列的限制，所以可以应用于这个现象调制多晶形态奶油乳脂。

事实上，Arima和他的同事[86]观察到蔗糖酯(SE)的添加会阻碍结晶，这是因为SE的添加导致了油水乳剂呈现出不稳定性。他们还研究了疏水SE添加剂和高亲水的包含棕榈酸部分提取物对PMF液滴不稳定性的影响，发现疏水SE的添加不仅阻碍结晶而且还使结晶不稳定[86]。这是因为

界面异相结晶的增强可以反过来导致形成一些小的结晶。通过显微镜、DSC 和 XRD 的研究,他们发现在两个添加剂中存在一个协同效应就像 SE 阻碍多晶形的转变、阻碍不利的针状结晶的形成[86]。有研究还发现[77]由表面活性剂(Tween 80)形成的油水乳剂具有稳定的多晶形转变,但无添加剂的乳剂相比添加疏水的 SE 也会阻碍多晶形的转变。Kalnin 和他的同事[22]发现 PGMS 添加剂会降低 α 到 β′多晶形的转化率。

分散脂肪中的乳化剂类型对于同质多晶的类型有影响,这是因为其中的液滴粒径和高曲率角会进一步限制分子运动。Nik 和他的同事[87]发现油菜硬脂的纳米液滴的多晶形受到乳化剂类型的影响,比如在表面活性剂 Tween 20 存在条件下,β′和 β 型可以共存;而在 Poloxamer 稳定乳剂中仅仅只有 β 可以存在。类似的,Bunje 和他的同事[88]的研究表明在固态酯中三酸甘油酯的结晶结构受到乳化剂类型和冷却速度的影响。在微粒存在条件中,相对稳定的 α 晶形可以在冷却条件下获得,但三酸甘油酯层在高冷却速率下却保持较低结晶速率,意味着乳化剂跟三酸甘油酯之间形成了有序结构从而加强了相互之间的相互作用[88]。

上述这些研究说明在多晶形转化过程中,液滴内的脂肪晶体和乳化剂结晶排序都能够减慢分子的重排,而固态脂肪内的纳米粒子的无序结晶排列则会降低热稳定性[89]。这些结晶行为对提高药物的载药能力是有利的,也体现在通过乳化剂和固态脂质纳米微粒添加剂获得的甘油三酯结晶形成的药物传递系统中。Helgason 和他的同事[89]发现表面活性剂对固态脂肪纳米微粒的结晶结构有非常大的影响,这是因为表面活化剂(比如 Tween 20)浓度的增加会使得界面乳化从而影响结晶结构。Jenning 和他的同事研究了甘油三酯和乳化剂形成的纳米乳液与其中的固态纳米微粒的界面相互作用,发现由液态中长链饱和甘油单酯组成的胶体中的固体脂肪纳米粒子的运动与甘油单酯结晶界面有相互作用[90]。

对于油连续乳液中添加剂对同质多晶的影响目前其实并不是知道的非常清楚。表 6-1 根据目前报道的例子进行了一个总结。Wassel 和他的同事[46]报道了对于界面合成中的同质多晶型缺乏明显的影响。对水油界面乳剂和不添加 MB 的乳剂进行 SAXD 和 WAXD 比较,发现没有任何区别。然而,他们却发现 β 型存在是因为长期贮存的结果。根据熔融后样品的第二次冷却结果,未添加 PGPR 的乳液的 SAXD 显示存在 α 晶型。然而,在

低温时存在 α 晶型[46]。以同样的方式，Ghosh 和 Rousseau[81] 观察到氢化蓖麻油(hydrogenated castor oil，HCO)在包含 PGPR 或不含 GMO 的水油乳液界面上存在相同的晶型。但 Shiota 和他的同事[91] 发现相比本体脂肪相，在水油乳液的界面中有更快的多晶型转化，比如 β 型脂肪混合物会在各种链长度和饱和度的甘油单酯存在的情况下达到饱和，而相比于非乳化脂肪相过渡到稳定的 β 形式过程，包含 GMO 或单棕榈甘油酯乳化剂的晶型过渡会得以加速，而包含饱和单甘油酯乳化剂的晶型转化也更会加速[91]。所以他们进一步认为，在单甘酯之间界面存在酰基-酰基的相互作用，使得本体相中 TAGs 诱导的多晶形转化不能以最稳定的 β 形式存在[91]。在 Aronhime 和他的同事的研究过程，他们发现在干燥体系中的液相乳化剂倾向于多态晶型转化，原因可能是缺乏与高熔点的 TAG 的良好兼容性，使得后者的移动性增强了，因此发生了结构重组[92]。

表 6－1　添加剂对同质多晶的影响

脂肪连续相	乳化剂	对同质多晶影响	作者
棕榈酸酯、月桂酸谷粒、菜籽油	PGPR	无影响	Wassel 等[46]
氢化油菜油	PGPR 和 PGPR、甘油	无影响	Gosh 和 Rousseau[81]
β 型脂肪型棕榈酸	甘油酸	单甘酯诱导的油水体系发生同质多晶转化	Shiota 等[91]

也有一些研究揭露并没有表现出如上所述的那些结果，例如室温下的液相乳化剂 GMO 或 Tweens 都没有表现出多晶形转变的现象。但在大多数情况下，多组分系统必须考虑乳化剂存在会导致的结晶情况。这是因为在 PMF 乳剂中包含棕榈酸蔗糖类和 Tween 20 会在稳定的低聚物添加时阻碍 β′晶型的形成[36]，事实上，一些研究者指出添加 Tween 80 时晶型转化更容易，表明乳化剂和添加剂之间确实存在协同作用[92]。

(2) 小晶体和混晶

随着大的晶体在成核过程不断地扩大，也经常有许多小的结晶材料会成核结晶。此时，如增加添加剂或高熔点乳化剂时会促进界面结晶[86]。Wassel 和他的同事[46] 观察到比 PGPR 更稳定的体系，是由 PGPR 和 MB

组成的可以用来稳定水油乳剂以减少界面结晶的。这个组合体系意味着对于包含甘油单酸酯作为乳化剂的水油乳液和蜡晶体，当其整个系统被结晶后处理时，也就是后乳化时，具有明显增强的稳定性[61]。对于上述的组合系统，其界面在结晶前和结晶后的稳定性增强可以用界面结晶机理来解释，这是因为产生更多的核时会因此降低晶体尺寸的大小，而其中存在的乳化剂会对结晶表面进行改性[61]。

Gülseren 和 Coupland[73]研究了乳化剂类型对于烷类乳化剂界面熔点的影响，发现乳化剂类型对于 C_{20} 烷烃没有明显影响，如果存在 Tween 40 和 Brij 58 时会有利于成核增强。他们还研究了液滴大小对结晶和熔化的影响，发现液滴大小也影响界面结晶[73]。值得一提的是，该课题组还进一步对表面活性剂的影响做了研究，比如将 Tween 20 和酪蛋白酸钠对界面结晶的影响进行对比，并应用了不同碳的烷烃（C_{16}、C_{18}、C_{20}）为例子研究油滴和链长度的影响[74]。研究表明 Tween 20 分子的烷烃链可以使乳剂界面稳定，与烷烃链相互作用，促使在界面产生混晶。乳剂稳定的蛋白质的熔融会因为在蛋白质结构中缺乏烷基链而导致无混晶；Tween 20 稳定的液滴相比蛋白质乳剂稳定的有着更高的衰减，但小液滴会增大衰减过程[74]。对于重结晶来说，乳化剂的作用不太明显；这是因为蛋白质稳定乳剂在 1℃左右时的结晶比 Tween 20 稳定的乳化剂更高[74]。还必须指出的是这些研究人员发现在熔融和结晶时有旋转结晶相和固/固相变存在，意味着液相和结晶相之间有一种值得关注的物理化学现象存在，而这个相转变使得烷烃与乳化剂的疏水部分相互发生作用[74]。Povey 和他的同事[93]提出，可以通过形成表面活化剂层和分散烷烃的相来解释这个液滴界面发生的相转变。一些研究指出溶解 10%月桂酸油并含有 Tween 20 的纳米液滴在界面处会发生熔点下降以形成混晶[5]。对于纳米乳液，已经证实结晶速率和熔点温度都会随着液滴尺寸增大而增加[94]。

（3）定向晶体与晶体序列

结晶的排列对乳化剂的稳定性有影响，会导致形成壳体[54,81]或液晶[80]。长饱和酯化脂肪酸链比如甘油和丙二醇单酯会在油水界面形成硬的结晶薄膜，但形成的晶体形态如针形、片晶或球晶并会反过来影响界面性能和增强或限制晶体序列[95,96]。由于许多乳化剂的尾部碳原子通常垂直于界面，这会使得疏水添加剂发生模板效应并导致晶体发生特定的取向作用和影响界面处脂肪结晶的排列[45]。不少研究还发现，晶体的生长最终可以形成平行于界面的片晶[46,77,82]。

单双甘酯水油乳液中脂肪的结晶界面已经通过低温扫描电镜得到证实[54]。据此，可以认为由乳剂分子组成的微纳米晶体是在快速冷却的条件下形成的，其中如果是在水油界面被吸收，可以看作 Pickering 粒子[54]。

乳化剂的类型也会影响晶体的结晶倾向，例如 GMO 会增强脂肪晶体[97]和晶体生长[98]的连接；而 PGPR 可以吸附晶核、倾向于 β′而非 α，并阻止晶体生长和聚集[56]。有研究认为，PGPR 缺乏分子兼容性，所以会抑制 TAGs 的界面吸附[81]。对于水连续型乳液，添加聚甘油脂肪酸酯将抑制和影响脂肪间的结构形成、改变晶体的性能[81]。由于这类添加剂的表现如同 TAG 类似物，会吸附到脂肪晶体界面，所以有类似杂质一样的功能阻止脂肪网络的形成，即限制晶体生长[99]。磷脂质被发现与结晶 TAG 之间有相互作用，其中卵磷脂具有与 DAGs 类似的甘油骨架结构，使得其第三个羟基易被磷酸基酯化。饱和的卵磷脂会增强其结构稳定性、[101]可以被吸附在晶区表面从而减慢结晶烧结过程[58,97,102]。

6.4 小结

综上所述，TAG 结晶受油水界面的影响，而添加剂的存在可以作为一种杂质诱导模板的成核效应，脂质晶体和乳剂模板之间有相互作用，但受其相容性的影响。溶解在脂肪相中的乳化剂会形成胶束，而在乳化系统中，有一部分会在界面处形成有组织结构。磷脂类添加剂对晶体的生长速率和形状有非常重要的影响，有助于脂肪晶体的稳定界面形成。纳米乳化剂的应用有利于认识界面结晶，这是因为其较高的表面积/体积比，使得所形成的油滴更容易与界面相关联[103]。

参考文献

[1] Alexa RI, Mounsey JS, O'Kennedy BT, et al. Effect of κ-carrageenan on rheological properties, microstructure, texture and oxidative stability ofwater-in-oil spreads. LWT Food Sci Technol 2010, 43, 843.

[2] McClements DJ. Crystals and crystallization in oil-in-water emulsions: im-

plications for emulsion-based delivery systems. Adv Colloid Interface Sci 2012, 174, 1.

[3] Rousseau D. Fat crystals and emulsion stability - a review. Food Res Int 2000, 33, 3.

[4] Ghosh S, Rousseau D. Fat crystals and water-in-oil emulsion stability. Curr Opin Colloid Interface Sci 2011, 16, 421.

[5] Coupland JN. Crystallization in emulsions. Curr Opin Colloid Interface Sci 2002, 7, 445.

[6] Metin S, Hartel RW. Crystallization of Fats and Oils. In: Shahidi F, Ed. Bailey'sindustrial oil and fat products. Hoboken, John Wiley & Sons, Inc. ; 2005.

[7] HimawanC, MacNaughtanW, Farhat IA, et al. Polymorphic occurrence and crystallization rates of tristearin/tripalmitin mixtures under non-isothermal conditions. Eur J Lipid Sci Technol 2007, 109, 49.

[8] Marangoni AG, Acevedo N, Maleky F, et al. Structure and functionality of edible fats. Soft Matter 2012, 8, 1275.

[9] Rye GG, Litwinenko JW, Marangoni AG. Fat Crystal Networks. Bailey's industrial oiland fat products. John Wiley & Sons, Inc. ; 2005

[10] Himawan C, Starov VM, Stapley AGF. Thermodynamic and kinetic aspects of fat crystallization. Adv Colloid Interface Sci 2006, 122, 3.

[11] Acevedo NC, Peyronel F, Marangoni AG. Nanoscale structure intercrystalline interactions in fat crystal networks. Curr Opin Colloid Interface Sci 2011, 16, 374.

[12] Acevedo NC, Marangoni AG. Characterization of the nanoscale in triacylglycerol crystal networks. Cryst Growth Des 2010, 10, 3327.

[13] Acevedo NC, Marangoni AG. Toward nanoscale engineering of triacylglycerol crystal networks. Cryst Growth Des 2010, 10, 3334.

[14] Sato K, Ueno S. Polymorphismin Fats and Oils. In: Shahidi F, Ed. Bailey's industrialoil and fat products. Hoboken, JohnWiley& Sons, Inc. ; 2005.

[15] Sato K. Crystallization behaviour of fats and lipids—a review. Chem Eng Sci 2001, 56, 2255.

[16] Trumbetas J, Fioriti J, Sims R. Applications of pulsed NMR to fatty emulsions. J Am Oil Chem Soc 1976, 53, 722.

[17] van Boekel MA. Estimation of solid - liquid ratios in bulk fats and emul-

sions by pulsed nuclear magnetic resonance. J Am Oil ChemSoc 1981, 58, 768.
[18] Boode K, Bisperink C, Walstra P. Destabilization of O/W emulsions containing fat rystals by temperature cycling. Colloids Surf 1991, 61, 55.
[19] Fredrick E, Van deWalleD, Walstra P, et al. Isothermal crystallization behaviour of milk fat in bulk and emulsified state. Int Dairy J 2011, 21, 685.
[20] Relkin P, Ait-Taleb A, Sourdet S, et al. Thermal behavior of fat droplets as related to adsorbed milk proteins in complex food emulsions. A DSC study. J Am Oil Chem Soc 2003, 80, 741.
[21] Higami M, Ueno S, Segawa T, et al. Simultaneous synchrotron radiation X-ray diffraction-DSC analysis of melting and crystallization behavior of trilauroylglycerol in nanoparticles of oil-in-water emulsion. J Am Oil Chem Soc 2003, 80, 731.
[22] Kalnin D, Schafer O, Amenitsch H, et al. Fat crystallization in emulsion: influence of emulsifier concentration on triacylglycerol crystal growth and polymorphism. Cryst Growth Des 2004, 4, 1283.
[23] Relkin P, Yung J-M, Kalnin D, et al. Structural behaviour of lipid droplets in protein-stabilized nano-emulsions and stability of α-tocopherol. Food Biophys 2008, 3, 163.
[24] Lopez C, Ollivon M. Crystallisation of triacylglycerols innanoparticles. J Therm Anal Calorim 2009, 98, 29.
[25] McClements DJ. Ultrasonic determination of depletion flocculation in oil-in-water emulsions containing a non-ionic surfactant. Coll Surf A 1994, 90, 25.
[26] KloekW,Walstra P, Vliet T. Nucleation kinetics of emulsified triglyceride mixtures. J Am Oil Chem Soc 2000, 77, 643.
[27] Awad TS. Ultrasonic studies of the crystallization behavior of two palm fats O/W emulsions and its modification. Food Res Int 2004, 37, 579.
[28] Ten Grotenhuis E, Van Aken G, Van Malssen K, et al. Polymorphism of milk fat studied by differential scanning calorimetry and real-time X-ray powder diffraction. J Am Oil Chem Soc 1999, 76, 1031.
[29] Lopez C, Riaublanc A, Lesieur P, et al. Definition of amodel fat for crystallization-in-emulsion studies. J Am Oil Chem Soc 2001, 78, 1233.
[30] MacNaughtanW, Farhat I, Himawan C, et al. A differential scanningcal-

orimetry study of the crystallization kinetics of tristearin-tripalmitin mixtures. J Am Oil Chem Soc 2006, 83, 1.
[31] Höhne GWH. In: Mathot VBF, Ed. Calorimetry and thermal analysis of polymers. Munich, Vienna, New York, Hanser Publisher; 1997.
[32] Wunderlich B. Macromolecular Physics, Vol. 2. Crystal Nucleation, Growth, Annealing. New York, Academic Press; 1976.
[33] Avrami M. Kinetics of phase change. I General theory. J Chem Phys 1939, 7, 1103.
[34] Turnbull D, Fisher J. Rate of nucleation in condensed systems. J Chem Phys 1949, 17, 71.
[35] Foubert I, Fredrick E, Vereecken J, et al. Stop-and-return DSC method to study fat crystallization. Thermochim Acta 2008, 471, 7.
[36] Awad T, Sato K. Effects of hydrophobic emulsifier additives on crystallization behavior of palm mid fraction in oil-in-water emulsion. J Am Oil Chem Soc 2001, 78, 837.
[37] Suryanarayana C, Norton MG. X-ray Diffraction, A Practical Approach. Springer;1998.
[38] Müller-Buschbaum P. Grazing incidence small-angle X-ray scattering: an advanced scattering technique for the investigation of nanostructured polymer films. Anal Bioanal Chem 2003, 376, 7.
[39] Singh MA, Groves MN. Depth profiling of polymer films with grazing-incidence small-angle X-ray scattering. Acta Crystallogr A 2009, 65, 190.
[40] Tikhonov AM, Patel H, Garde S, et al. Tail ordering due to headgroup hydrogen bonding interactions in surfactant monolayers at the water-oil interface. J Phys Chem B 2006, 110, 19093.
[41] Levine JR, Cohen JB, Chung YW, et al. Grazing-incidence small-angle X-ray scattering: new tool for studying thin film growth. J Appl Crystallogr 1989, 22, 528.
[42] Renaud G, Lazzari R, Leroy F. Probing surface and interface morphology with Grazing Incidence Small Angle X-Ray Scattering. Surf Sci Rep 2009, 64, 255.
[43] Kalnin D, Garnaud G, Amenitsch H, et al. Monitoring fat crystallization in aerated food emulsions by combined DSC and time-resolved synchrotron X-ray diffraction. Food Res Int 2002, 35, 927.
[44] Ollivon M, Keller G, Bourgaux C, et al. DSC and high resolution X-ray

diffraction coupling. J Therm Anal Calorim 2006, 85, 219.
[45] Shinohara Y, Takamizawa T, Ueno S, et al. Microbeam X-ray diffraction analysis of interfacial heterogeneous nucleation of n-hexadecane inside oil-in-water emulsion droplets. Cryst Growth Des 2008, 8, 3123.
[46] Wassell P, Okamura A, Young NWG, et al. Synchrotron radiation macrobeam and microbeam X-ray diffraction studies of interfacial crystallization of fats in water-in-oil emulsions. Langmuir 2012, 28, 5539.
[47] Boode K, Walstra P. Partial coalescence in oil-in-water emulsions 1. Nature of the aggregation. Colloids Surf A 1993, 81, 121.
[48] Lopez C, Lesieur P, Keller G, et al. Thermal and structural behavior ofmilk fat-1. Unstable species of cream. J Colloid Interface Sci 2000, 229, 62.
[49] Ogden LG, Rosenthal AJ. Interactions between fat crystal networks and sodium caseinate at the sunflower oil - water interface. J Am Oil Chem Soc 1998, 75, 1841.
[50] Ogden LG, Rosenthal AJ. Interactions between tristearin crystals and proteins at the oil - water interface. J Colloid Interface Sci 1997, 191, 38.
[51] Binks BP. Particles as surfactants—similarities and differences. Curr Opin Colloid Interface Sci 2002, 7, 21.
[52] Ghosh S, Rousseau D. Triacylglycerol Interfacial Crystallization and Shear Structuring in Water-in-Oil Emulsions. Crystal Growth & Design 2012, 12, 4944.
[53] Ghosh S, Rousseau D. Freeze-thaw stability of water-in-oil emulsions. J Colloid Interface Sci 2009, 339, 91.
[54] Frasch-Melnik S, Norton IT, Spyropoulos F. Fat-crystal stabilised w/o emulsions for controlled salt release. J Food Eng 2010, 98, 437.
[55] Krog N, Larsson K. Crystallization at interfaces in food emulsions-a general phenomenon. Lipid/Fett 1992, 94, 55.
[56] Garti N, Binyamin H, Aserin A. Stabilization of water-in-oil emulsions by submicrocrystalline alpha-form fat particles. J Am Oil Chem Soc 1998, 75, 1825.
[57] Johansson D, Bergenståhl B, Lundgren E. Wetting of fat crystals by triglyceride oil and water. 1. The effect of additives. J Am Oil Chem Soc 1995, 72, 921.
[58] Johansson D, Bergenståhl B. Lecithins in oil-continuous emulsions. Fat

crystalwetting and interfacial tension. J Am Oil Chem Soc 1995, 72, 205.

[59] Ghosh S, Rousseau D. Comparison of Pickering and network stabilization in waterin-oil emulsions. Langmuir 2011, 27, 6589.

[60] Binks BP, Rocher A. Effects of temperature on water-in-oil emulsions stabilized solely by wax microparticles. J Colloid Interface Sci 2009, 335, 94.

[61] Hodge SM, Rousseau D. Flocculation and coalescence in water-in-oil emulsions stabilized by paraffin wax crystals. Food Res Int 2003, 36, 695.

[62] Street CB, Yarovoy Y, Wagner NJ, et al. TDNMR characterization of amodel crystallizing surfactant system. Colloids Surf A 2012, 406, 13.

[63] Campbell SD, Goff HD, Rousseau D. Comparison of crystallization properties of a palm stearin/canola oil blend and lard in bulk and emulsified form. Food Res Int 2002, 35, 935.

[64] Ueno S, Hamada Y, Sato K. Controlling polymorphic crystallization of n-alkane crystals in emulsion droplets through interfacial heterogeneous nucleation. Cryst Growth Des 2003, 3, 935.

[65] Katsuragi T, Kaneko N, Sato K. Effects of addition of hydrophobic sucrose fatty acid oligoesters on crystallization rates of n-hexadecane in oil-in-water emulsions. Colloids Surf B 2001, 20, 229.

[66] Kaneko N, Horie T, Ueno S, et al. Impurity effects on crystallization rates of n-hexadecane in oil-in-water emulsions. J Cryst Growth 1999, 197, 263.

[67] Awad T, Sato K. Acceleration of crystallisation of palm kernel oil in oil-in-water emulsion by hydrophobic emulsifier additives. Colloids Surf B 2002, 25, 45.

[68] Hindle S, Povey MJW, Smith K. Kinetics of crystallization in n-hexadecane and cocoa butter oil-in-water emulsions accounting for droplet collision-mediated nucleation. J Colloid Interface Sci 2000, 232, 370.

[69] McClements DJ, Dungan SR, German JB, et al. Droplet size and emulsifier type affect crystallization and melting of hydrocarbon-in-water emulsions. J Food Sci 1993, 58, 1148.

[70] Wright A, Marangoni A. Effect of DAG on milk fat TAG crystallization. J Am OilChem Soc 2002, 79, 395.

[71] Chaleepa K, Szepes A, Ulrich J. Effect of additives on isothermal crystallization kinetics and physical characteristics of coconut oil. Chem Phys Lipids 2010, 163, 390.

[72] Smith P, Furó I, Smith K, et al. The effect of partial acylglycerols on the exchange between liquid and solid tripalmitoylglycerol. J Am Oil Chem Soc 2007, 84, 325.

[73] Gülseren ,Coupland J. Surface melting in alkane emulsion droplets as affected by surfactant type. J Am Oil Chem Soc 2008, 85, 413.

[74] Gülseren ,Coupland J. The effect of emulsifier type and droplet size on phase transitions in emulsified even-numbered b i N nb/i N -alkanes. J Am Oil Chem Soc 2007, 84, 621.

[75] McClements DJ, Dickinson E, Dungan SR, et al. Effect of emulsifier type on the crystallization kinetics of oil-in-water emulsions containing a mixture of solid and liquid droplets. J Colloid Interface Sci 1993, 160, 293.

[76] Relkin P, Sourdet S, Fosseux PY. Fat crystallization in complex food emulsions: effects of adsorbed milk proteins and of a whipping process. J Therm Anal Calorim 2003, 71, 187.

[77] Arima S, Ueno S, Ogawa A, et al. Scanning microbeam small-angle X-ray diffraction study of interfacial heterogeneous crystallization of fat crystals in oil-in-water emulsion droplets. Langmuir 2009, 25, 9777.

[78] Sakamoto M, Ohba A, Kuriyama J, et al. Influences of fatty acid moiety and esterification of polyglycerol fatty acid esters on the crystallization of palm mid fraction in oil-in-water emulsion. Coll Surf B 2004, 37, 27.

[79] Awad T, Hamada Y, Sato K. Effects of addition of diacylglycerols on fat crystallization in oil-in-water emulsion. Eur J Lipid Sci Technol 2001, 103, 735.

[80] Mao L, O'Kennedy BT, Roos YH, et al. Effect of monoglyceride selfassembled structure on emulsion properties and subsequent flavor release. Food Res Int 2012, 48, 233.

[81] Ghosh S, Rousseau D. Triacylglycerol interfacial crystallization and shear structuring in water-in-oil emulsions. Cryst Growth Des 2012, 12, 4944.

[82] Tanaka L, Tanaka K, Yamato S, et al. Microbeam X-ray diffraction study of granular crystals formed in water-in-oil emulsion. Food Biophys 2009, 4, 331.

[83] Davies E, Dickinson E, Bee R. Shear stability of sodiumcaseinate emulsions containing monoglyceride and triglyceride crystals. Food Hydrocoll 2000, 14, 145.

[84] Smith K, Bhaggan K, Talbot G, et al. Crystallization of fats: influence of

minor components and additives. J Am Oil Chem Soc 2011, 88, 1085.
[85] Garti N, Aronhime J, Sarig S. The role of chain length and an emulsifier on the polymorphism of mixtures of triglycerides. J Am Oil Chem Soc 1989, 66, 1085.
[86] Arima S, Ueji T, Ueno S, et al. Retardation of crystallization-induced destabilization of PMF-in-water emulsion with emulsifier additives. Colloids Surf B 2007, 55, 98.
[87] Nik AM, LangmaidS, Wright AJ. Nonionic surfactant and interfacial structure impact crystallinity and stability of beta-carotene loaded lipid nanodispersions. J Agric Food Chem 2012, 60, 4126.
[88] Bunjes H, Koch MHJ, Westesen K. Influence of emulsifiers on the crystallization of solid lipid nanoparticles. J Pharm Sci 2003, 92, 1509.
[89] Helgason T, Awad T, Kristbergsson K, et al. Effect of surfactant surface coverage on formation of solid lipid nanoparticles (SLN). J Colloid Interface Sci 2009, 334, 75.
[90] JenningV,Mäder K, Gohla SH. Solid lipid nanoparticles (SLN) based on binarymixtures of liquid and solid lipids: a (1)H-NMR study. Int J Pharm 2000, 205, 15.
[91] Shiota M, Iwasawa A, Kotera M,et al. Effect of fatty acid composition of monoglycerides and shear on the polymorph behavior in waterin-palm oil-based blend. J Am Oil ChemSoc 2011, 88, 1103.
[92] Aronhime J, Sarig S, Garti N. Mechanistic considerations of polymorphic transformations of tristearin in the presence of emulsifiers. J Am Oil Chem Soc 1987, 64, 529.
[93] PoveyMJW, Hindle SA, Aarflot A, et al. Melting point depression of the surface layer in n-alkane emulsions and its implications for fat destabilization in ice cream. Cryst Growth Des 2005, 6, 297.
[94] Montenegro R, Antonietti M, Mastai Y, et al. Crystallization inminiemulsion droplets. J Phys Chem B 2003, 107, 5088.
[95] Macierzanka A, Szelg H, Moschakis T, et al. Phase transitions and microstructure of emulsion systems prepared with acylglycerols/zinc stearate emulsifier. Langmuir 2006, 22, 2487.
[96] Macierzanka A, Szelg H. Microstructural behavior of water-in-oil emulsions stabilized by fatty acid esters of propylene glycol and zinc fatty acid salts. Colloids Surf A 2006, 281, 125.

[97] Johansson D, Bergenståhl B. Sintering of fat crystal networks in oil during postcrystallization processes. J Am Oil Chem Soc 1995, 72, 911.

[98] Foubert I, Vanhoutte B, Dewettinck K. Temperature and concentration dependent effect of partial glycerides on milk fat crystallization. Eur J Lipid Sci Technol 2004, 106, 531.

[99] Harada T, Yokomizo K. Demulsification of oil-in-water emulsion under freezing conditions: effect of crystal structuremodifier. J Am Oil Chem Soc 2000, 77, 859.

[100] Smith PR. The effects of phospholipids on crystallisation and crystal habit in triglycerides. Eur J Lipid Sci Technol 2000, 102, 122.

[101] Bunjes H, Koch MHJ. Saturated phospholipids promote crystallization but slow down polymorphic transitions in triglyceride nanoparticles. J Control Release 2005, 107, 229.

[102] Westesen K, Siekmann B. Investigation of the gel formation of phospholipidstabilized solid lipid nanoparticles. Int J Pharm 1997, 151, 35.

[103] Rousseau D, Hodge SM, Nickerson MT, et al. Regulating the $\beta' \rightarrow \beta$ polymorphic transition in food fats. J Am Oil Chem Soc 2005, 82, 7.

7

胶体的界面流变

7.1 导语

胶体的流变性与其生产和应用都有着密切的联系。泡沫与乳液都是柔软的材料，广泛被应用与人们每天的生活及一些工业化过程中[1,2]。泡沫是气态泡泡离散的分布在表面活性溶剂的溶液中，其聚集率高于一个接近干扰发生处三分之二的临界值。

相似的是，乳液是由两种互不相溶的液体组成，如同油和水一样。当互不相溶的两种液体中的液滴成离散分布，但聚集在一起时，它们的聚集率具有科学与应用的双重性，从而使得人们关注它们。当液体中的液滴被高度压缩，并引起结构改变，则会形成泡沫结构，而泡沫与乳液都将被吸附在界面上，此时，具有表面活性的分子的固定会较为稳定，在很长的时间内保持性能稳定。

泡沫与乳液有着类似的老化机理和类似的流变特性，尤其是它们的力学响应都可以基于外加载荷的不同而表现出类固体或类液体形态[1,2]。这类胶体因而具有结构无序、亚稳定、互不相容，但柔软而富有弹性的特点[3-5]。

7.2 胶体的屈服过程

泡沫与乳液类的胶体属于复杂流体，其屈服应力 σ_y 被定义为最大剪切应力，而其力学效应是一种可逆的弹性形变，同时介于不可逆的黏性流动的设置点之上。这类流体的动态屈服应力是与数量密切相关的，推断结果显示出一条曲线，表示了应力是随着稳定应变速率变化到0的过程的变化。在实践中，屈服应力 σ_y 可以通过测量振动应变的反应来确定，也可以用其他方法[6-8]。图7-1描述了振荡技术处理泡沫与乳液的典型结果，以应变振幅 ε_0 而形成的独立复杂的剪切模量公式 $G\times(\varepsilon_0)=G'(\varepsilon_0)+iG''(\varepsilon_0)$。这种剪切模量是从基本Fourier应力应变公式中推出的。谐波出现在非线性响应机制中，并提供了额外的信息[9]。

当应变振幅 ε_0 较低的时候，和预期的一样，当响应主要是固体状弹性响应时 G' 是基本不变的并且远远大于 G''。在应力振幅最大的峰值处，$G''>G'$ 的相反趋势能够被观察到，这体现出主要响应是液体状塑性响应。在这种机制下，具有相互排斥作用的乳液和以振幅 ε_0 衰变的 G' 和 G'' 遵循力学规律。在图7-1(a)中，屈服应变 ξ_y 可以通过渐近推算力学公式得到，其中当 G' 达到 ε_0 趋近于0时的值，那么 G' 将会下降到应变幅值。另外，G' 与 G'' 曲线的交点通常被用来定义屈服应变 ε_y。在图7-1(a)中，G' 通过最

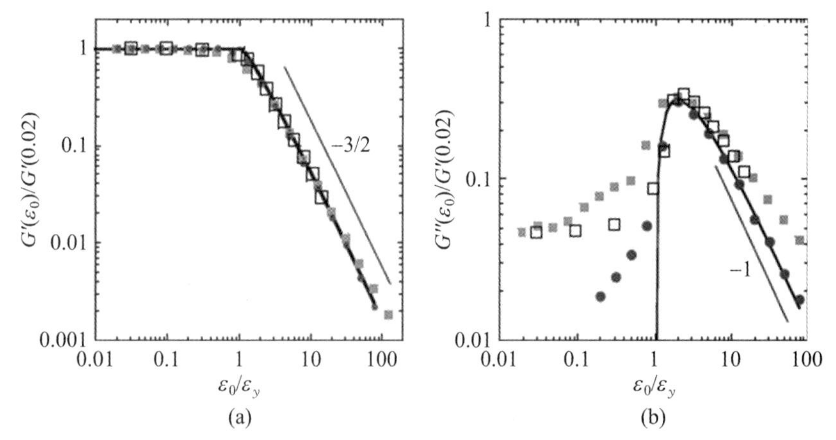

应变幅值与复杂剪切模量的关系 $G\times(\varepsilon_0)=G'(\varepsilon_0)+iG''(\varepsilon_0)$ 中，实部是图(a)中的部分，虚部是图(b)中的部分，两个值相对于 $G'(0.02)$ 为统一标准，图中绘制的是应变幅值和 ε_0 的关系，由屈服应变 ε_y 为统一标准。两个值的后者被定义为两个相似力学性质干扰，在高或低的应变幅值下用来表征实验值 $G'(\varepsilon_0)$ 的数据。$G^*(\varepsilon_0)$ 是从乳液中推算出来的($\Phi=0.83$，$R=2.4\,\mu m$，频率为1 Hz，标识：■)，小液滴体系的乳液[9-12]($\Phi=0.80$，$R=0.53\,\mu m$，频率为0.16 Hz，标识：●)，水基泡沫($\Phi=0.97$，$R=25\,\mu m$，频率为1 Hz，标识：□)。图中，实线是对一般弹塑性性能的描述，而细线则是对力学性能的表观描述

图7-1　振荡技术处理泡沫与乳液的典型结果

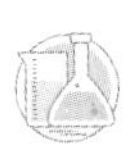

低值处的应变来描述，而 ε_0 则通过屈服应变来描述。其中，含有亚微米级的液滴具有排斥效应，而乳液具有复杂的剪切模量[10]，尺寸较大的液滴[11]和泡沫[9]组成了一条主要的曲线，其实验堆积分数范围在 $0.7 \leqslant \Phi \leqslant 0.95$ 之间[9-12]。

应变振幅 G' 是复杂流体的较大振幅震荡效应的引源，它具有一个线性弹性应力效应，并在应力达到塑性流动设定值 σ_y 时，忽略其黏性应力。

图 7-1(a)中的实线是不含任何可调参数的，与试验中在较大应变振幅时观察到的振幅公式 $G' \propto \varepsilon_0^{-3/2}$ 相符合。一个相似的模型也可以从一个基于耦合理论的模型中推断出来[13]，得到软玻璃化流变方法[14]和不含弹性塑性力的唯一成像模型，即黏性摩擦模型[15-17]。

由于理想弹性行为的作用，$G''(\varepsilon_0)$ 会伴随着应力消耗的屈服力发生变化，从而可以通过 ε_y 得出 ε_0 和由 $G'(0)$ 得出的 $G''(0)$。图 7-1(b)显示的数据说明频率在 0.1～1 Hz 之间的不同泡沫与乳液是不符合上述规律的，而这类样品的能量消耗由于弹性机制的影响，会表现出 $\varepsilon_0 < \varepsilon_y$ 的特征[16]。在非线性黏弹性的唯一成像模型中，这些现象都通过弹簧、滑块等象征性的进行表示[9,15-17]。图 7-1(b)表明，当样品 $G''(\varepsilon_0)$ 表现出超过屈服应变的近乎理想弹塑性时，在线性机制中样品的黏弹性耗能最小，与唯一成像模型的定性一致[15-17]。

为了确定液滴尺度的耗散动力学，结构变化受大振幅的振动剪切影响这一理论，最近在显微镜下被发现，个体粒子的不可逆运动所设置的应变振幅应该在低于显微镜数据的屈服应变下[10]。这说明，当 ε_0 增加到屈服应变 ε_y 时，$G''(\varepsilon_0)$ 在逐渐增加。

相互作用的胶状液滴可以定性的改变屈服行为，因为当 Φ_c 是排斥作用下的干扰堆积分数时，它是随着黏附力强度的不断增加而表现为 $\Phi < \Phi_c$。当 $\Phi > \Phi_c$ 时，随着应变振幅的改变，ε_0 也由两个峰值变成单峰[10]。

屈服应力与泡沫和乳液结构的三维数据显示，倘若界面能量在应力反应中起主导作用，则 σ_y 必须被表示为 γ/R[1]。

分散泡沫的实验符合以下经验公式，范围在 $0.75 < \Phi < 0.95$：

$$\sigma_y \cong 0.5 \frac{\gamma}{R}(\Phi - \Phi_c)^2 \tag{7-1}$$

相似的实验结果都能通过乳液实验结果得到印证[9]。堆积分数范围在 $\Phi_c < \Phi < 0.8$ 时，它们被描述为一个经验关系，其中 $G_0(\Phi)$ 由公式(7-2)给出：

$$\sigma_y = 0.2G_0(\Phi)[\Phi - \Phi_c]^{0.7} \tag{7-2}$$

由于 G_0 可以被表示为 $(\Phi-\Phi_c)$，而由公式7-1和公式7-2可以推测出的 $(\Phi-\Phi_c)$ 对 σ_y 的依赖性。于是，公式7-3可以反映表面屈服应变对堆积分数的依赖性：

$$\varepsilon_y \sim \sigma_y / G_0 = 0.2(\Phi - \Phi_c)^{0.7} \tag{7-3}$$

对于堆积分数 $\Phi > 0.7$ 的泡沫来说，这是符合实验数据的，同时它给出了一个线性增加的 $\varepsilon_y \propto (\Phi-\Phi_c)$ [10]。与普通泡沫不同的是粗化作用会导致亚微米尺寸的泡沫高度不稳定，而含有小液滴类似尺寸的乳液却可以保持稳定。这些材料的熵效应对材料的流变行为有很重要的影响：屈服应力和应变相较于堆积分数 Φ_c 来说不会降到0，同时玻璃相能够被观察到堆积分数低于 Φ_c。具有玻璃态和干扰行为的集中软颗粒悬浮液已经建立成模型[18]，并有实验研究予以确认[9]。此外，由玻璃态和差热效应贡献所诱导的额外叠加应力，也发现会干扰堆积的屈服行为[19]。

在研究泡沫与乳液时，屈服法则通常被表示为依赖于堆积分数的剪切应力 σ_y，而这个剪切屈服应力和渗透压的比值即 σ_y/Π，被发现适用于描述颗粒状悬浮液[20]。将 σ_y/Π 定义为终止角度 θ^* 的正切值，于是进一步被定义为相对于水平方向下的斜面颗粒停止流动的角度正切值。比如，在颗粒材料中，θ^* 的值通常大于 20°[20]。与固体颗粒不同的是，气泡和液滴因为不存在任何的静摩擦，所以两个独立的3D无摩擦领域的堆积受到可控约束压力的影响[21,22]，等同于堆积分数 $\Phi \approx \Phi_c$，于是等于泡沫被提升到一个低于沉浸在水槽中的斜板上，从而显示出一个接近 4° 的终止角度。当 Φ 趋近于 Φ_c 时，σ_y/Π 比值接近于0，表明在强加外压情况下的物理屈服是不同于在紧密堆积情况下的物理屈服的。

在日常应用中，会遇到很多复杂的流动，一个可行的准则需要能够预测即将发生的塑性流动。2D模型可以描述泡沫绕轨道流动的方式，是基本规律[23]，但不能推广到3D流动模型。通过两个平行板之间样品的剪切和压缩流变实验，3D流动的模型已经初步得到[24]。对于有着较宽范围堆积分

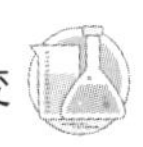

数的3D乳液类软材料，塑性流动的引发遵循von Mises准则，但这个准则通常仅适用于与塑性微观机制完全不同的结晶固体材料。在3D流变理论中，von Mises应力被表示为一个偏应力张量σ_{ij}不变的公式：

$$\sqrt{\frac{1}{2}\Sigma_{ij}\sigma_{ij}{}^{2}}=\sigma_{y} \tag{7-4}$$

这一模型模拟了复杂3D应力的屈服情况，如图7-2所示。流动实验结合了两个正交方向的剪力表明，当屈服程度达到其中一种时，在另一方向上没有静态阻力：不受干扰的状况在空间的各个方向同时发生[24]。公式7-4同样被用来估算单轴拉伸应力和乳液中观察到的剪切屈服应力的比值[25]。这项工作表明在实验时间维度上的放宽满足Deborah数字[25]。

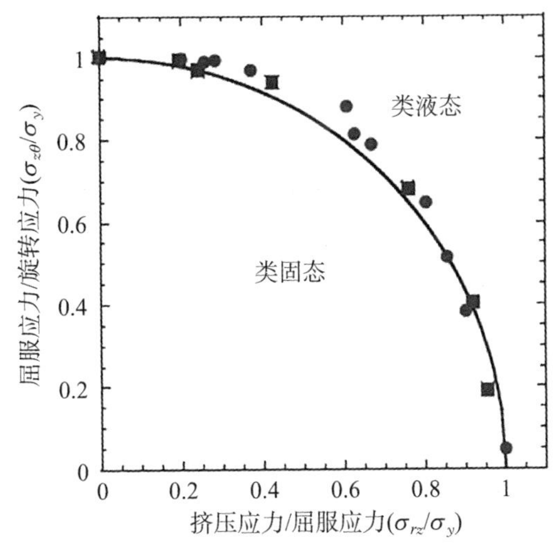

旋转剪切应力$\sigma_{z\theta}$与挤压剪切应力σ_{zr}可以通过剪切流动和挤压流动相互叠加同时发生来估算，同时产生一个具有排斥效应的乳液（$R=1\ \mu$m）：$\sigma_y=28$ Pa(■)或$\sigma_y=52$ Pa(●)。屈服应力σ_y通过简单剪切作用来推得。类固体和类液体的边缘力学响应表示von Mises 3D准则：$\sqrt{\sigma_{z\theta}^{2}+\sigma_{zr}^{2}}=\sigma_y$[59]

图7-2 von Mises的3D屈服准则

7.3 胶体的稳流行为

当表面活性剂分子在气-液界面或在两种不相溶液体（水与油性乳液

中)之间的接触点上被吸收时,它们会降低表面张力从而改变体系的力学性能[26-30],这种边界条件除了将对流动泡沫和乳液方面产生重要的影响以外,还将使得覆盖在表面的表面活性剂能够抵抗剪切和压缩作用[31-33]。

表面扩张(或压缩)的弹性模量 E_S 描述的是界面阻力对表面张力的梯度或者说是均匀扩张/界面压缩的比值。对于水溶性表面活性剂来说,由于表面黏度或者表面活性剂的扩散以及大容量的吸附会导致表面应力的松弛。所以,如果表面在一个角频率为 ω 的速度下发生了小形变,则在线性机制下的反应可以由复杂的扩张模量 $E_S^* = E'_S + E''_S$ 来进行表征。

具有大弹性模量或黏性模量的表面由于它们自身很难变形或压缩,因而被认为是刚性的。与此相反,那些具有高度可压缩性或微弱抵抗剪切性的表面被称作漂移面。

油溶性表面活性剂的界面流动取决于 Plateau 边界和薄膜部分流动的特征时间和长度尺寸,这种宏观变形适用于大部分泡沫和乳液样品[34-40]。

泡沫与乳液的界面处如出现一个"刚性"的流体动力学边界,则界面性能的作用会受到内部相的黏度影响,最终出现提升。在泡沫中,内部气泡的黏滞性要远远小于周围水相的黏滞性。与此相反,在乳液中,液态小液滴的黏滞性要比周围的悬浮液要高,使得黏性阻力在液滴中的变化可能很大,形成一个刚性的球[41,42]。

7.3.1 剪切带

当屈服应力材料发生流动的时候可以产生剪切带[43],这种现象就是共存。在均匀应力场的作用下,流动的类液体与静态弹性形变的类固体可以共存。

只要堆积分数 Φ 不是太高(通常 $\Phi \leqslant 0.95$),在 3D 泡沫和乳液中的共存行为与缺失能够通过磁共振成像(MRI)及利用流动速度场的 Couette 几何差检测出来。这种技术还可以检测径向分布的堆积分数 Φ,已知的是:乳液中 $0.75 < \Phi < 0.90$,泡沫中 $0.88 < \Phi < 0.95$[43]。堆积分数 Φ 分布是稳定在固定的 10^4,但剪切诱导粒子的体积分数的非均质性与浓悬浮液的固体颗粒相关[43]。

当在 Couette 流体中屈服应力受剪切作用时,剪切应力可以减小到 $1/r^2$,其中 r 是径向半径坐标。此时,流体可以表现出一种接近于旋转气缸

的类液体局部化剪切。当半径达到 r_{yield} 时,此时半径的应力等同于屈服应力:$\sigma(r_{yield})=\sigma_y$。局部剪切率 $\dot{\varepsilon}(r)$ 与局部速度 $v(r)$ 有这样的关系,$\dot{\varepsilon}(r)=v(r)/r-dv/dr$。对于流体的剪切运动,$\dot{\varepsilon}(r)$ 应该是间段的,$r=r_{yield}$。而作为一个简单的屈服应力流体,$\dot{\varepsilon}(r)$ 会不断减少到 0[43]。核磁共振成像研究表明,局部剪切在柔性或刚性的泡沫中($0.88<\Phi<0.95$)或在排斥性或黏附性的乳液中($0.75<\Phi<0.90$)的稳定 Couette 单元是可以通过一个持续下降的 $\dot{\varepsilon}(r)$ 来进行表征的,条件是 $r=r=r_{yield}$[44]。剪切带的缺失与其他可观测到的与量程相匹配的乳液是一致的[45]。此外,几何(Couette)流变仪检测到的和核磁共振成像数据与应力-应变率数据显示,局部速度的分布是符合唯一性、连续性、单调性的构造法则的,即当 $\dot{\varepsilon}$ 趋于 0 时,σ 趋于 σ_y。除此之外,泡沫与乳液表现出的非触变性流体行为,意味着这类流体的流变特性并不是完全依赖于牛顿流体学的[46]。比如,在测量应力-应变率关系 $\sigma(\dot{\varepsilon})$ 时,因为 $\dot{\varepsilon}$ 下降而变化的曲线叠加到随 $\dot{\varepsilon}$ 增加而变化的曲线上的现象[47],说明在指定的堆积分数范围内,泡沫和乳液能够在一个较宽的几何差范围内稳定流动,同时表现出简单屈服应力的流体行为[47]。

无论剪切作用发生在干泡沫中或是黏附性的乳液中[48],只要长期存在非均质性的流动,则这类流体的剪切带是可以保留并可观测到的[49]。当体系中含有少量的杂质,类似固体颗粒一样,这些杂质可以引发触变性的改变,从而诱导剪切带的产生,从而使得这些杂质被认定是剪切带形成的原因[50]。实验证实,因为这些杂质使得这类流体表现出了简单屈服应力液体的特征[51]。

在 2D 的泡沫中,剪切带经过研究与建模,证实它受结构无序性、气泡尺寸、分散性以及滑动摩擦的影响[52]。然而,对于剪切带形成的真正原因尚没有清楚的认知。例如,符合 Couette 几何的气泡流动尚未有关于剪切带的研究,而其流动分布是一种非局部性的流动,具有 $\xi_{\_c}\approx R\approx R$ 的特征[53]。模拟表明,干燥的 2D 泡沫受到一种准静态的剪切作用,属于 T1 型塑料在稳定机制下的空间部分重排。如果小泡沫尺寸的分子量大小是可供选择的,那么 T1 塑料的局部分布的范围将可以缩小[53]。

7.3.2 构造法则

泡沫和乳液稳定状态的法则将应变速率 ε 与应力 σ 相联系,同时阻止了剪切带和长期存在的瞬变效应的影响[54]。遵循这个法则的流程如下[54]：首先，剪切流动的剪切速率较快时会引导材料均匀的流动；其次，在一个Couette 单元中，存在一个必要条件就是 $\dot{\varepsilon}$ 必须足够的高以满足材料的流动可以贯穿整个缺口；然后，在必要条件的基础上，应用剪切速率呈现逐渐下降趋势以满足同时测得相应的应力。

用于稳定泡沫与乳液的表面活性剂的基本规律可以通过现象学上的 Herschel - Bulkley 定律（公式 7 - 5）来进行解释[55]：

$$\sigma = \sigma_y + k_c \dot{\varepsilon}^n \tag{7-5}$$

其中，σ_y 是屈服应力，k_c 是材料的共性参数，指数 n 小于 1 时，反映出泡沫和乳液是一种切力变稀的流体。

实验过程，Sauter 半径 R_{32}，表面张力 γ 以及连续相黏度 η 与 $\sigma - \sigma_y$ 之间有相关 γ/R_{32} 所建立的关系式[56]。指数值 $n \approx 1/2$ 被观察到存在于范围在 $0.7 \lesssim \Phi \lesssim 0.9$ [57]的水、油和表面活性剂组成的混合流体或黏附性乳液中，或是存在于范围在 $0.88 \lesssim \Phi \lesssim 0.95$ [58]具有柔性界面（即小于 $|E^*|$ mN/m）的泡沫中。对具有刚性界面的泡沫（即含有较大的 $|E^*|$ 约为 200 mN/m），指数 n 的范围在 0.2～0.3 之间，远远小于柔性界面的情况[59]。结果表明，泡沫和薄膜的尺寸的摩擦机制依赖于界面的刚性，这种情况多存在于壁滑移中。

当堆积分数接近于干扰转变点时，气泡和液滴几乎不发生形变，同时泡沫和乳液的流动类似于浓缩颗粒状球形悬浮运动。对于这样的材料来说，基本定律通常会以一个有效摩擦系数 μ 表示出来，具体表示为剪切应力与渗透压的比值，即 σ/Π 也称为约束压力。

摩擦系数依赖于一个无量纲的剪切速率 $I = \dot{\varepsilon} T_r T_r$，其中 T_r 是结构弛豫时间[60]：

$$\sigma/\Pi = \sigma_y/\Pi + F(I) \tag{7-6}$$

函数 F 是通过实验来确定的。从物理学上来讲，公式 7 - 6 描述了两个应力张量贡献之间的竞争关系。其中，剪切应力主导着流动行为，而渗透压使粒子之间排斥有利于类固体的流动作用。当这两个应力的比值大于临界值 $\mu^* = \sigma_y/\Pi$ 时，材料发生流动，比如，这样的行为在泡沫接近干扰转变点

时被观察到。结构弛豫时间 T_r 通过个别重排反应来确定大小[61]。实验数据发现,这些参数遵循公式 $T_r \propto \eta/\Pi$ [62]。由这个关系可以推出在颗粒悬浮液中无量纲的剪切速率 $I \propto \dot{\varepsilon}/\Pi$,在这类流动机制中,相比于黏性流动的非黏性流动惯性力可以忽略不计[63]。

泡沫样品的实验发现具有柔性界面和堆积分数接近于干扰转变点的特点,而函数 F 的指数接近于 0.4[64],与沉积状颗粒材料的结果相似。

对于固定的堆积分数,公式 7-6 相当于指数 n 为 0.4 的 Herschel-Bulkley 方程。而当公式 7-6 种的指数 n 为 0.5 时,泡沫与乳液的实验结果表明可以忽略较大的堆积摩擦力,使粒子重排的时间预期设置在一个遵循基本定律的弛豫时间内。实验和模型表明,此时界面的弹性、表面活性剂的运输以及界面黏度都控制着干燥泡沫中的弛豫时间[65]。泡沫模型[66]可以用于模拟 2D 泡沫和乳液的流变性[67]。在泡沫模型中,粒子间的相互作用可以概要地描述为除去局部牛顿摩擦力的邻粒子间平衡弹性斥力[68]。在局部范围内的线性摩擦力由于泡沫复杂的运动轨迹,转化为宏观范围上的非线性摩擦力(剪切变稀行为),从而诱导泡沫结构呈无序性[69]。当$\dot{\varepsilon}$ 很小的时候,流动模拟是通过较大速度的波动来表征的,当$\dot{\varepsilon}$ 很大的时候,层流流动分布可以被视作沿着剪切方向的粒子流动通道[70]。二维气泡模型的模拟进一步证明几个在干扰转变点附近的主导应力可以用 $(\Phi-\Phi_C)^{\triangle}$ 来表示,而应变速率可以用 $(\Phi_C-\Phi)^{\Gamma}$ 来表示,当这两个数据得到一条主曲线时,$\triangle=1$, $\Gamma=2$ [71],则这条曲线符合 Herschel-Bulkley 法则。在实验中,类似的方法被用于 3D 排斥性乳液,其中 $\triangle=2.1$, $\Gamma=3.8$ [72]。对于一个给定的堆积分数,Herschel-Bulkley 行为中指数 $n=0.55$,适用范围是 $0.65<\Phi<0.8$。

这几个模型是用来解释在堆积干扰转变点之上的泡沫和乳液的 Herschel-Bulkley 流动行为[73]。Denkov 等分析了满足剪切流动相邻粒子间的黏性流动[74],发现粒子由于渗透压和连续相的作用相互排斥挤压,最终由于挤压作用从薄膜中分离出来。与此同时,剪切运动施加了一个滑动运动即薄膜流体中的剪切运动。在较低宏观剪切速率下,联系存在时间足够长,在很大程度上液体可以被挤出薄膜。比如,Reynolds 细化会由于切线质点的运动和黏性摩擦的作用而提高剪切速率[74]。如果在某一方面宏观剪切速率较高,接触时间不够长且无法满足流体从薄膜中被挤压出来,同时同之前情况相比较保持着较高的厚度，如此，这个模型的柔性界面非线性黏性应力的剪切速率可以使用公式$\dot{\varepsilon}^{1/2}$[74]。假定总应力的弹性贡献是独立的，而且剪切速率等同于屈服应力，则此时的构造定律与观察到的堆积分数在 $0.83 < \Phi < 0.96$ 时的 Herschel - Bulkley 行为几乎相一致[74]。于是，这里考虑到的机制是不依赖于无序结构的堆积，类同于 2D 泡沫模型模拟一个指数 $n = 1/2$ 的样本[74]。另一个未解决的问题是弹性应力在泡沫与乳液流体中对剪切速率的依赖性，但这种效应可以在 3D 的流动模型中得到证实，因为此时具有黏性与弹性粒子的系统相互作用可以以一个比泡沫模型更加真实的模型表现出来，如呈聚集态的软颗粒形成的悬浮液等[68]。当这些粒子满足流动的条件时，黏性摩擦力可以当作一种弹性流体动力间的相互作用来分析。作为一种分析模型，瞬时状态的效应会由于存在薄膜变稀的作用

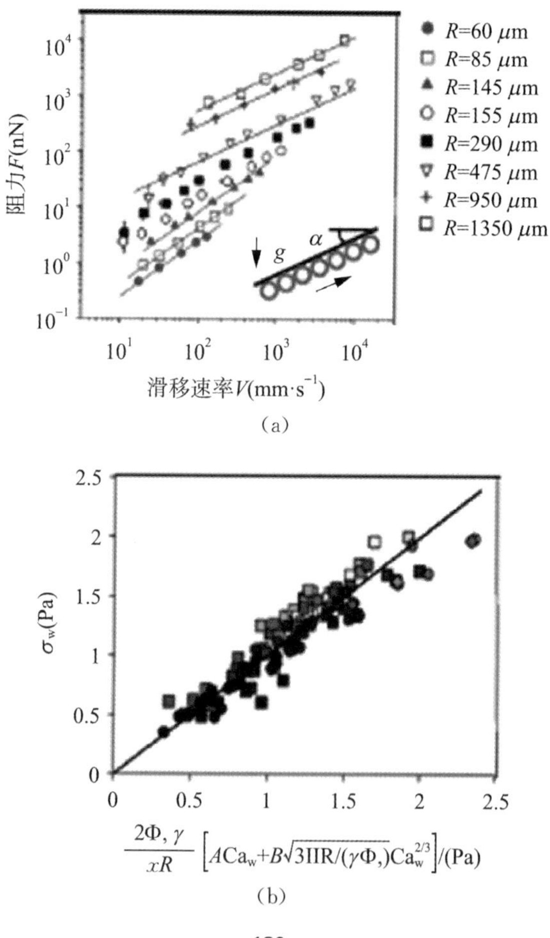

(a)

(b)

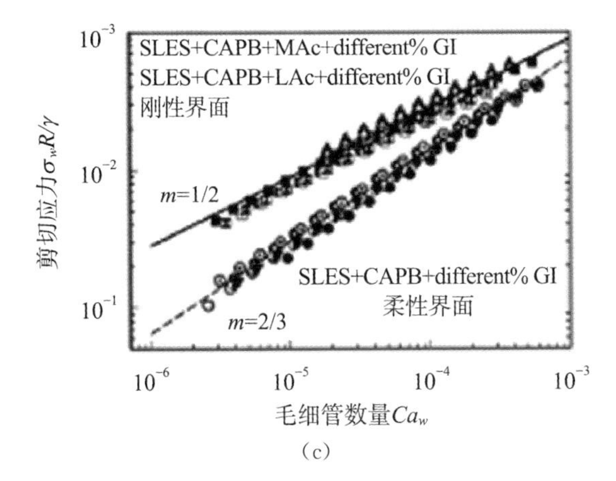
SLES+CAPB+MAc+different% GI
SLES+CAPB+LAc+different% GI
刚性界面
m=1/2
SLES+CAPB+different% GI
柔性界面
m=2/3
剪切应力σwR/γ
毛细管数量Caw

(c)

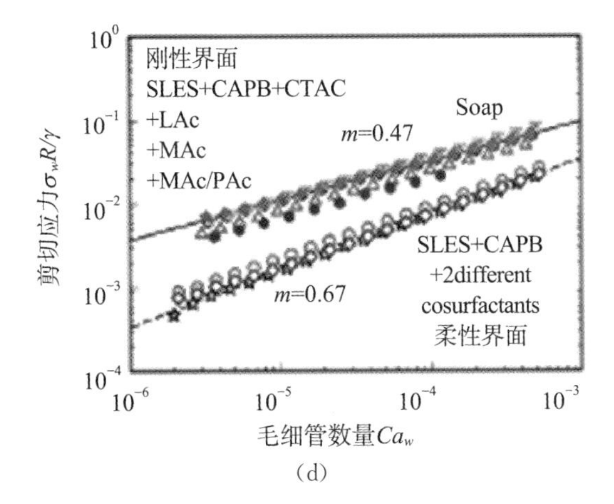
刚性界面
SLES+CAPB+CTAC
+LAc
+MAc
+MAc/PAc
Soap
m=0.47
SLES+CAPB
+2different
cosurfactants
柔性界面
m=0.67
剪切应力σwR/γ
毛细管数量Caw

(d)

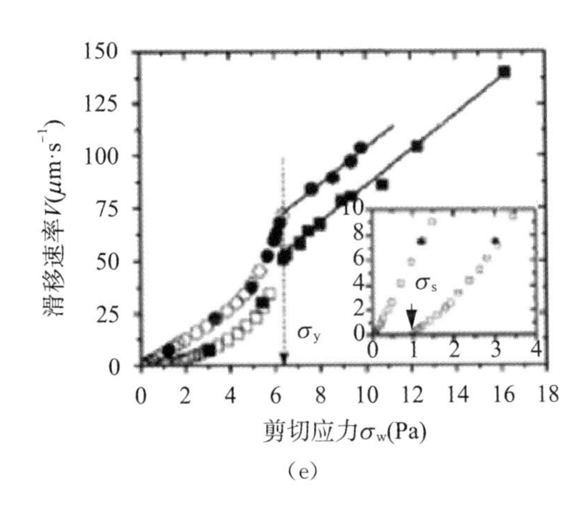
滑移速率V(μm·s⁻¹)
σy
σs
剪切应力σw(Pa)

(e)

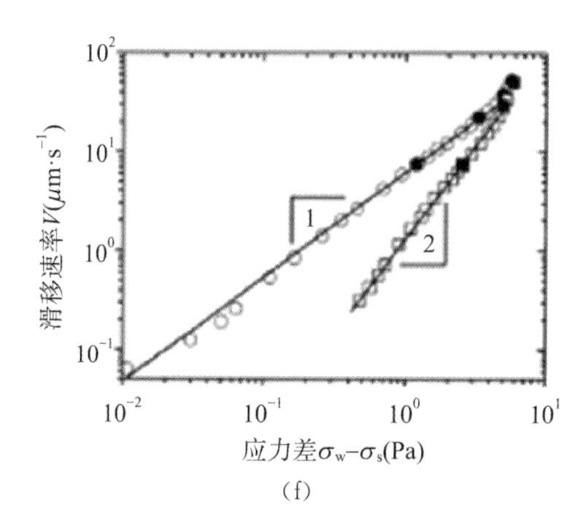

(f)

(a) 受到拖拽力作用在泡沫表面沿着光滑的亲水界面发生单层滑移，根据上图显示，由于泡沫半径不同，在柔性界面中构建以滑移速率为 v 的函数。图中的线是符合这样的数据关系：$F \propto v^{2/3}$（最上方三条线）以及 $F \propto v$（最下方三条线）[76]

(b) 壁剪切应力 σ_W 用来测量 3D 的泡沫，在干扰转变点附近，沿着光滑平面发生滑移可以测出不同标准化的渗透压 Π/Pc。毛细管数量 $C_{aw} = \eta V/\gamma$。气泡半径 $R = 41\,\mu m$，渗透压比 $\Pi/Pc \leqslant 0.01$，或是半径 $R = 58\,\mu m$，渗透压比 $\Pi/Pc \leqslant 0.02$。气泡表面所占有区域的分数 $\Phi s = 0.8$。同样的溶液图(a)。直线符合公式(6-19)，其中 $Pc \approx 2\gamma/R$，$A = 15.5$，$B = 3.2$ [76]

(c)(d)干燥泡沫的壁滑移（$\Phi = 0.90$）：σ_W 与 γ/R 统一规整得到函数 C_{aw}，对于干燥泡沫柔性或是刚性界面的显示如：图 c)η 由于甘油浓度(Gl%)的不断增加，在 1 和 11 mPa・s 之间变动；图(d)含有不同表面活性剂(柔性界面)的发泡溶液，脂肪酸或泡沫溶液(刚性界面)。这根线是参考线：$\sigma_w \propto C_{aw}^m$ [77,78]

(e)(f)排斥性乳液沿着光滑非黏胶的表面发生壁滑移的速率 v(○,●)，或者是沿着光滑且弱黏胶聚合物表面发生壁滑移速率 v(□,■)：图 e)速率 v 和 σ_W 都在乳液屈服应力 σ_y 上下变动。插图显示的是应力接近为 0 的数据，揭示了在黏胶剂情况下（$R = 1.5\,\mu m$，$\Phi = 0.75$）的滑动屈服应力 σs；图 f)相同数据下应力低于 σy 的情况，见图 e)：在非黏胶情况下（$\sigma_s = 0$），$V \propto \sigma_W$，同时，在黏胶剂的情况下，$V \propto (\sigma_W - \sigma_S)^2$ [73]

图 7-3　泡沫与乳液的壁滑移

而不适用，但与此同时指数 $n = 1/2$ 的 Herschel - Bulkley 结构定律依然是可以使用的，与定律推导出堆积分数在 $0.72 < \Phi < 0.92$ 的实验数据相吻合[68]。对在流动泡沫与乳液中耗散粒子的相互作用的理解，除了需要有对接触性薄膜动态的精确描述，还同时需要兼顾考虑界面弹性与结构突显的共同影响问题[75]。

在微通道中以不同速率流动的乳液分流速度显示，应力与应变的速率的关系并不是唯一的，通常与大量流动行为有关[74,77]。种种证据还表明封闭的

乳液流动体系是一种非局部现象，并以一种类似流动模型的方法来分析[75,77]

7.4 胶体的界面流变行为

理解液体表面活性剂的吸收机理是将其功能化和应用化的主要任务[76]。如今，有许多理论的和经验的动态过程描述界面层间的吸收理论，这对表面活性剂和聚合物大分子来说很重要，比如，广泛运用发泡剂和乳化剂的化妆品业、药业、食品业、矿业、石油业等的生产。除了大量的工业应用，研究动态层间理论仍然是很重要的基本理论，可以帮助理解大分子之间的相互作用，改变大分子构象和聚集态。

不少文献已经涉及了表面吸收与平衡[50-52]，但对于大多数现代工程技术，动态层间性质还是相当重要的。

最简单可理解的液体表面动态力学代表着动态吸收能力，或者是聚合物分子的表面张力。这些方法都是基于新形成的表面快速结构，和表面张力与时间之间的关系。但还需要综合研究动态表面的过程信息，如层间剪切、扩张流变、表面势能、界面椭圆对称、非线性光学性能。一般而言，这些信息可以应用接触角测试、核磁共振和小角衍射等得到[52]。

7.5 胶体的界面动态行为

表面活动的大分子和液体的表面吸收的密切联系源自于特殊的两亲性结构。正是因为这个性质，才使得吸收层结构的形成。这些吸收层，在平衡态是，可以用等温线来描述表面压力的大小。表面压力和每单位面积的表面自由能的变化保持一致。在前面所提到的，吸收是一个动态过程，并且吸收层的各种性质仅仅取决于吸收的机制。除此之外，对于许多工业生产过程，像乳化和发泡，界面的发生就是不同形态的局部扰动，比如膨胀、压缩和剪切，是由形态的改变和界面的成长。因此，在了解了局部扰动之后研究松弛现象是非常有意义的。

有许多不同的实验技术应用于测试，比如选择最适宜的实验工具去测试动态表面张力或者膨胀黏度[77,78]。有研究从流体界面层的角度去认识层不同复杂性之间的关系，特别是在各种液体/聚合物/表面活性剂混合解决方案[79-86]。这样的一个动态过程用特性时间来描述，并且有许多或甚至需要更多的性质来理解这个系统的复杂性。

7.6 胶体的界面流变特征

分析表面覆盖和表面压力的变化速度函数与时间的关系，能进一步了解参与机制的信息。然而，吸附层结构、成分和机械性能对扩张后的黏弹性界面/压缩或剪切有着更敏感的变化。

黏弹性，描述为一种有弹性的能量被储存在界面层之间，大多数与相关界面的表面区域覆盖的变化的界面张力的衍生有关，而与损耗无关。弹性损耗，比如，扩张黏性与界面指在界面弛豫过程层与相邻的体相交互有关[87]。当相邻相之间的交互，主要取决于扩散交换，这种发生在界面间的交换过程，是高分子的重定向，构象改变和聚集过程。所有的这些现象都受黏弹性的震动频率所影响。

动态界面流变学可以用用不同形式的形变来研究，比如瞬时或谐振区域的变化。界面的扩张黏性可以通过这个复杂的公式(式 7－7)来表示

$$\varepsilon = \frac{\mathrm{d}\gamma}{\mathrm{d}\ln A} = A\,\frac{\mathrm{d}\gamma}{\mathrm{d}A} \tag{7-7}$$

这个复杂的系数 ε 包含了一个实数部分，储存系数或者弹性组成 ε_d，和一个虚数部分，被认为是损耗系数或者黏性组成(ε_η)如式(7－8)所示；

$$\varepsilon = \varepsilon_d + i\omega\eta_d\varepsilon_\eta \tag{7-8}$$

公式 7－8 对膨胀流变学是有概括意义的[88]。

图 7－4 展示了一个黏弹性薄膜的典型的频率依赖性[87]。近期，发展和这个有关的实验技术也有文献予以发表[89,90]。

7.6.1 胶体界面的膨胀流变

有文献讨论了表面活性的分子结构对相似相容界面层间的流变性质的影响。Sharipova 等研究疏水链在丙烯胺阳离子聚合和钠烷基硫酸盐阴离子同系物对见面性质的影响[91]。Cao 还有一项类似的研究[92]是关于咪唑盐表面活性剂溶液在癸烷/水界面。膨胀流变学的测试表明，较长的疏水链

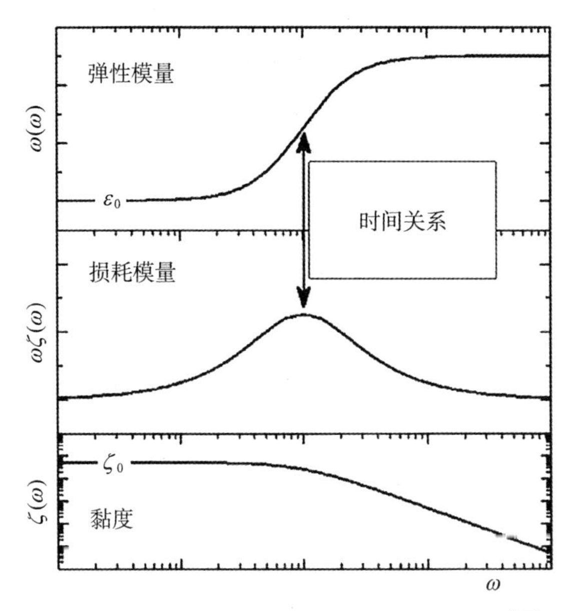

图 7-4 典型的黏弹性性质的频率依赖性[88]

在低浓度的表面活性剂溶液中，有较大的弹性。相反的是观察到较高的浓度，当表面活性剂的疏水链较长的可能更容易使解除吸附层。

Ramírez 等[93]研究在亲水基团的影响聚氧乙烯表面活性剂的流变特性。结果表明吸附表面活性剂分子进行了重新定位与体积浓度增加和表面覆盖。最近也有一些学者在流变特性研究了嵌段共聚物作为生物相容性分子[80]。

因为有一些特殊用途，所以高分子体系才会被人广泛关注，主要作用在生物医学中设计稳定的纳米乳胶粒，从而更好地理解他们与生理学媒介的作用机制。膨胀表面流变学的一个重要观点，在聚合物/表面活性剂混合表面，Noskov 等的研究具有代表性[94]。他们详细分类了包括已经讨论过的聚合电解质，提到它不能被单独吸收，但是能在加入反表面活性剂的条件下形成复合物，表现出显著的表面活动性[94]。图 7-5 显示了 SDS 的浓度与膨胀黏弹性质的关系，和 PAH/SDS 混合物的微扰频率与膨胀黏弹性质的关系[94,95]。结果表明高度动态表面弹性对低浓度表面活性剂的混合物形成可以通过聚合电解质和表面活性剂分子之间的静电作用完成，但这些界面导致了二维吸收层的不均一性[95]。显然，PAH/SDS 混合物的膨胀黏度在

低频率下比较高，当增加 SDS 的浓度时，PAH/SDS 混合物的宏观膨胀黏弹性会变得与纯 SDS 一样，说明 PAH/SDS 混合物表面层具有一定的损耗，而这个现象是由 SDS 分子单独支配的[95]。

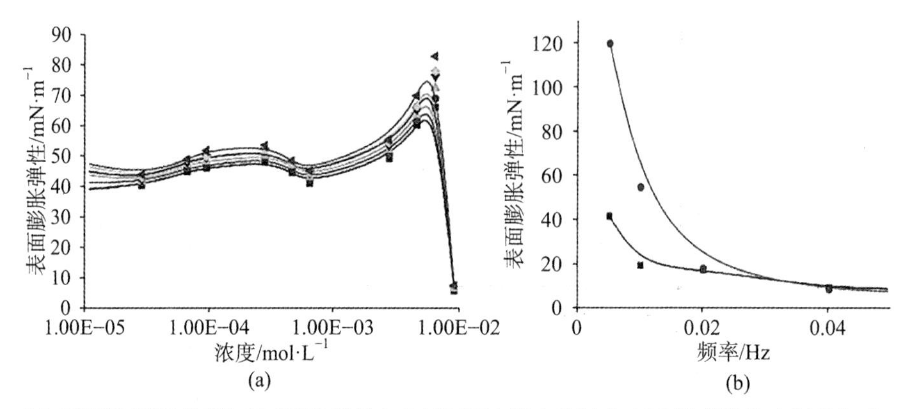

(a) 不同频率[Hz]下的表面膨胀弹性与 PAH/SDS 混合物随着 SDS 浓度增长之间的关系，PAH 的浓度为 10^{-2} M：(■)0.005；(●)0.01；(▲)0.02；(▼)0.04；(◀)0.05；(▶)0.1
(b) SDS(■)和 PAH/SDS 混合物(●)的膨胀弹性性质与频率之间的关系，PAH 的浓度为 10^{-2} M，SDS 的浓度为 7×10^{-5} M[95]

图 7－5　SDS 浓度与膨胀黏弹性质的关系

很多研究也都表明，单分子层的流变行为与微粒和表面活性剂是缓和形成混合物的[96,97]。Mendoza 等[88]回顾了他们近期在这方面的工作，原因归结为大量的新的所谓的界面黏弹性绿色层的增长[97,98]。还有一些研究表明这些系统也同样适用于生物表面活性剂[77,78]和蛋白质溶液[99,100]。其中，与经典的表面活性分子相比，蛋白质遵循一种动态不可逆吸附过程。于是，Noskov 等总结了大多数主流的界面实验技术和典型的实验结果的讨论，包括了蛋白质溶液体系[101]。

蛋白质和表面活性剂之间的相互作用和特殊效果，在液体界面的流变特性是很多课题组的研究主题，文献[102]系统回顾了许多数据。在另一项研究中，Noskov 等[103]报道了以振动环的方法研究的 β－酪蛋白混合吸附层和表面活性剂以及非离子均聚物共混体系的动态和膨胀流变特性。阐述了 β－干酪素与 PNIPAM 混合物的动态表面和表面弹性模量在不同体积和压力条件下的依赖关系，以及聚合物和蛋白质分子间的疏水作用及由此形成的不同结构。

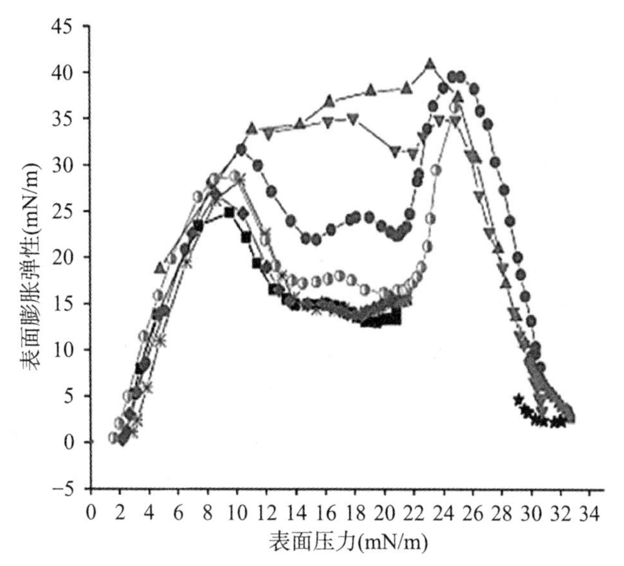

β-干酪素(0.004 mg/ml)/PNIPAM溶液的动态表面弹性系数与表面压力之间的关系，其中的摩尔配比为∞(正方形)，50/1(深色方块)，20/1(雪花)，10/1(浅色方块)，5/1(圆点)，2/1(倒三角)，1/1(正三角)，1/5(星号)[103]

图7-6 动态表面弹性系数与表面压力

也有一些对于蛋白质与其变性剂的溶液的界面层间表面结构方面的研究，发现尿素对BLG溶液的膨胀性质的影响[104]是发生在界面层，而蛋白质分子在低尿素浓聚物中的展开比在尿素晶体溶液中的舒展更容易。此外，胍盐酸盐的致变性剂也比尿素高一个级别，说明蛋白质分子的构象对溶液黏性是高度敏感的。

离子强度等的影响会增加电解性，影响层间流变性质。Sharipova等人发现聚合电解质与其反电解质的相互作用可以改变表面活性分了的表面流变性[105]。她们观察了不同的水/烷基表面和水/空气表面[106]。她们的研究还发现了疏水作用相对于吸收动力学是有特殊影响的，而形成均质蛋白吸附层和多层结构是通过界面流变学得以实现的[102-107]。

膨胀界面黏弹性对应的特征频率范围是控制在弛豫过程并发生在层间的[108]。然而，在由于重力最小而偏离球形导致振荡下跌的水滴/泡沫实验过程中，因为方法的被限制，使得现有仪器的适用性受到限制。有报道[109,110]表明，Navier Stokes方程适用于液体半月板增长下降导致的非平衡条件。

7.6.2 胶体界面的剪切流变

在剪切变形实验中，界面层的形状是可以改变的但面积保持不变。因此，压缩系数可以被忽略，而只研究横向力。因而，界面剪切流变学形成的网络可以迫使侧界面的交互层提供有关的信息。其中，可溶的活动层间混合物(Gibbs 层)或铺展开的不可溶物质(Langmuir 层)会相应的形成[111]。

在 XY 坐标图里，界面的剪切弹性系数 G_i 可以被定义为实际切应 u_{xy} 和剪切应力 t_{xy} 之比。对于固体来说，层间弹性行为(Hookian)的表达式为 $t_{xy}=G_i/u_{xy}$。与之相反的情况，纯的黏性行为(Newtonian)是被视为理想液体，$t_{xy}=\eta_i du_{xy}/dt$。这里的剪切应力与剪切速度成正比，而剪切比例因子就是界面剪切黏度[111]。

由于吸收的和流动的分子之间相互作用的影响，界面剪切模量 G_i 和 h_i 会变大。为了克服层间摩擦力，必须消耗一部分能量，才能让层间元素开始流动。由于其成分的复杂性，其大多数都有黏性和黏弹性性质。它们表现出的黏弹性和复杂的剪切系数 G_i^* 包括一部分实数部分(储存模量)G_i'和一部分虚数部分(损耗模量)G_i''。

$$G_i^*(\omega)=G_i''(\omega)+iG_i''(\omega)=G_i''+i\omega\eta_i \tag{7-9}$$

其中的 ω 是角频率。界面层的动力影响不仅通过平衡界面属性，如界面张力也被变形的速率。在任何情况下界面层与体相连接。对于一个线性关系，界面剪切应力和应变之间在某些边界条件比，其无穷小量 Boussinesq 数 Bo，定义为界面(X_i)和面下相阻力(X_v)之比[111]。

$$Bo=\frac{X_i}{lX_v} \tag{7-10}$$

其中 l 是特性长度。在经典剪切电流计中，这个长度是界面测量体的接触长度。如果 Bo 值很大，$Bo\gg 1$，则界面流几乎没有相邻的子流，而对于非常小的 $Bo\ll 1$，则这个仪器不适合进行相关的界面研究[111]。

现有测量技术可以分为间接和直接的方法[112]。直接测量技术可以确定位移，而扭矩的测量探针可以位于界面。

剪切流变特性涉及许多界面系统，例如表面活性剂、蛋白质、聚合物、脂

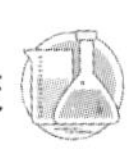

质等体系。因为这些体系与界面流变行为，泡沫和乳化剂的稳定性，发泡剂和乳化剂的性能密切相关，而泡沫稳定剂或去稳定剂的乳化剂又往往是复杂的混合物。这将使得可溶性吸附层形成的低分子量表面活性剂的流变特性非常低，难以衡量。例如，分析对十二烷基硫酸钠(SDS)的分析发现，用不同的测量技术测试的结果可以跨越两个数量级[113]。不溶性物质的流变性质在层脂质或聚合物体系里会显示一个更复杂的行为，其层间可以存在各种不同侧压力的层，且从气体类似物状态，随着侧向压力增加而对液体扩大，然后浓缩成液体类状态。

聚合物的层结构形成取决于他们的极性。聚合物与极性基团聚集在一个对应于良好的溶剂条件下会呈现扩展的构象。聚合物链与链之间是有联系的，它们可以互相渗透，形成类凝胶网络，所以疏水性聚合物一般形成一个更为简洁的构象。与溶剂条件差相对应的聚合物链是不能互相渗透的，表现的像单个粒子。比如，有机玻璃(PMMA)在溶剂条件差的表面层处于玻璃态时，就呈现粒子状态，如 Maestro 等所报道[114-116]。类似的，Hermans 和 Vermant[117]描述了二棕榈酰磷脂酰胆碱(DPPC)磷脂系统的这类现象。

文献[87]介绍了几种纳米颗粒层的剪切流变行为。Vandebril 等人[118]研究了赤铁矿纳米粒子在聚合物共混过程两个非混相之间的界面，发现赤铁矿纳米粒子形成了强烈的凝胶状层的聚合物/聚合物界面，并以此稳定了两个液体的聚结。

一些人认为纯蛋白质与表面活性剂混合物或其他蛋白质的混合对研究食品发泡剂或乳化剂的稳定是有益的，而其中的界面层剪切流变特性则为这类特殊液体形成的分散系统稳定性起了一个特别的作用[119]。

近年的研究认为疏水蛋白可以作为泡沫和乳液的稳定剂，这是因为疏水蛋白是一种具有几个二硫桥稳定结构的小分子蛋白。它结构紧凑，不会改变吸附后的层结构。此外，疏水蛋白吸附层表现出很高的剪切弹性，可以通过改变疏水蛋白与表面活性剂或其他蛋白质的混合来控制混合物的稳定性[86,120,121]

关于β-乳球蛋白原纤维的吸收和 pH 之间的联系，Rühs 等人研究了它们的水/油界面[122]。他们发现，界面流变行为与原位 pH、离子强度有关。β-乳球蛋白原纤维在水/油界面吸附的第一 pH 为 2。pH 增加到 6 时，界面存储模量和损耗模量变大。

Yang 等人[84]研究了蚕丝蛋白在水/空气界面的吸附行为。凝胶状结构形成的界面层显示，非单调性的浓度依赖通过量最大时的黏弹性行为变化对应于3个阶段。Wang 等人[123]研究了丝素蛋白在空气/水和水/油界面和不同的油极性界面的黏弹性能。根据他们的报道，水合蛋白溶液在磷酸缓冲盐相下呈伸展状态时，丝素蛋白分子会形成稳定的黏弹性层，其中的凝胶状层有可能是β-折叠结构。有意思的是，Nisal 等[124]对再生丝素蛋白的溶液研究也给出了类似的报道。

7.7 胶体界面流变学的应用

发泡剂和乳化剂的动态界面性质研究是为了更好的应用它们，其中许多研究致力于它们的界面层流变特性是为了研究它们的稳定性。

Wang 等人测定了分散液滴的破碎过程[125]。Rosenfeld 和 Fuller[126]对界面黏弹性薄液体薄膜的稳定性进行了讨论。其他一些工作，有的致力于吸附层和液膜性能之间的相关性。但必须指出，目前没有一篇明确的文章综合的研究发泡剂/乳化剂的流变性和稳定性[127-132]。此外，目前仍然没有直接的方法可以在分子尺度上进行相关的测试发泡剂和乳化剂[133]。

7.8 小结

最近，纳乳液流变学方面的研究表明，人们需要在材料宏观流变学、液滴气泡动力学以及界面物理化学三者上进行相互关联。泡沫与乳液在固体界面上的滑移主要取决于界面的纹理、渗透压和堆积分数在混合物中的相互联系，但也取决于凝胶态动力学与玻璃态动力学的相互作用，还取决于黏性或斥性粒子相互作用所引发的长链分子间的相互作用。

目前的结构与动力学研究主要通过核磁共振、X射线层析成像、共聚焦显微镜以及多束光散射等方法。但这些方法得到的结果还缺乏机理上的互相认可。

参考文献

[1] Cantat I, Cohen-Addad S, Elias F, et al. Foams, structure and dynamics.

Oxford University Press; 2013.

[2] Stevenson P. Foam engineering, fundamentals and applications. J. Wiley; 2012.

[3] Foudazi R, Masalova I, Malkin AY. The rheology of binary mixtures of highly concentrated emulsions: effect of droplet size ratio. J Rheol 2012, 56, 1299.

[4] Lexis M, Willenbacher N. Yield stress and elasticity of aqueous foams from protein and surfactant solutions. The role of continuous phase viscosity and interfacial properties. Colloids Surf A 2013, 459, 177.

[5] Farr RS, Groot RD. Close packing density of polydisperse hard spheres. J Chem Phys 2009, 131, 244104.

[6] Rouyer S, Cohen-Addad F, Höhler R. Is the yield stress of aqueous foam a well-defined quantity? Colloids Surf A 2005, 263,111.

[7] Marze S, Guillermic RM, Saint-Jalmes A. Oscillatory rheology of aqueous foams: surfactant, liquid fraction, experimental protocol and aging effects. Soft Matter 2009, 5, 1937.

[8] Ptaszek P. Large amplitudes oscillatory shear (LAOS) behavior of egg white foams with apple pectins and xanthan gum. Food Res Int 2014, 62, 299.

[9] Rouyer F, Cohen-Addad S, Höhler R, et al. The large amplitude oscillatory strain response of aqueous foam: strain localization and full stress Fourier spectrum. Eur Phys J E 2008, 27, 309.

[10] Knowlton ED, Pine DJ, Cipelletti L. A microscopic view of the yielding transition in concentrated emulsions. Soft Matter 2014, 10, 6931.

[11] Mason TG, Bibette J, Weitz DA. Elasticity of compressed emulsions. Phys Rev Lett 1995, 75, 2051.

[12] Saint-Jalmes A, Durian DJ. Vanishing elasticity for wet foams: equivalence with emulsions and role of polydispersity. J Rheol 1999, 43, 1411.

[13] Miyazaki K, Wyss HM, Weitz DA, et al. Nonlinear viscoelasticity of metastable complex fluids. Europhys Lett 2006, 75, 915.

[14] Sollich P, Lequeux F, Hébraud P, et al. Rheology of soft glassy materials. Phys Rev Lett 1997, 78, 2020.

[15] Marmottant P, Graner F. An elastic, plastic, viscous model for slow shear of a liquid foam. Eur Phys J E 2007, 23, 337.

[16] Marmottant P, Graner F. Plastic and viscous dissipations in foams: cross-

over from low to high shear rates. Soft Matter 2013, 9, 9602.
[17] Benito S, Molino F, Bruneau CH, et al. Non-linear oscillatory rheological properties of a generic continuum foam model: comparison with experiments and shear-banding predictions. Eur Phys J E 2012, 35(6), 35.
[18] Ikeda A, Berthier L, Sollich P. Disentangling glass and jamming physics in the rheology of soft materials. Soft Matter 2013, 9, 7669.
[19] Forterre Y, Pouliquen O. Flows of dense granular media. Annu Rev Fluid Mech 2008, 40, 1.
[20] Hatano T. Power - law friction in closely packed granular materials. Phys Rev E 2007, 75, 060301(R).
[21] Peyneau PE, Roux JN. Frictionless bead packs have macroscopic friction, but no dilatancy. Phys Rev E 2008, 78, 011307.
[22] Lespiat R, Cohen-Addad S, Höhler R. Jamming and flow of random-close-packed spherical bubbles: an analogy with granular materials. Phys Rev Lett 2011, 106, 148302.
[23] Cheddadi I, Saramito P, Dollet B, et al. Understanding and predicting viscous, elastic, plastic flows. Eur Phys J E 2011, 34, 1.
[24] Ovarlez G, Barral Q, Coussot P. Three-dimensional jamming and flows of soft glassy materials. Nat Mater 2010, 9, 115.
[25] Martinie L, Buggisch H, Willenbacher N. Apparent elongational yield stress of soft matter. J Rheol 2013, 57, 627.
[26] Langevin D. Rheology of adsorbed surfactant monolayers at fluid surfaces. Annu Rev Fluid Mech 2014, 46, 47.
[27] Sagis L. Dynamic properties of interfaces in soft matter: experiments and theory. Rev Mod Phys 2011, 83, 1367.
[28] Scheid B, Delacotte J, Dollet B, et al. The role of surface rheology in liquid film formation. Europhys Lett 2010, 90, 24002.
[29] Cantat I. Liquid meniscus friction on a wet plate: bubbles, lamellae and foams. Phys Fluids 2013, 25, 031303.
[30] Balmforth NJ, Frigaard IA, Ovarlez G. Yielding to stress: recent developments in viscoplastic fluid mechanics. Annu Rev Fluid Mech 2014, 46, 121.
[31] Ovarlez G, Rodts S, Ragouilliaux A, et al. Wide-gap Couette flows of dense emulsions: local concentration measurements, and comparison between macroscopic and local constitutive law measurements through mag-

netic resonance imaging. Phys Rev E 2008, 78, 036307.

[32] Ovarlez G, Krishan K, Cohen-Addad S. Investigation of shear banding in three-dimensional foams. Europhys Lett 2010, 91, 68005.

[33] Seth JR, Locatelli-Champagne C, Monti F, et al. How do soft particle glasses yield and flow near solid surfaces? Soft Matter 2012, 8, 140.

[34] Ovarlez G, Cohen-Addad S, Krishan K, et al. On the existence of a simple yield stress fluid behavior. J Non-Newtonian Fluid Mech 2013, 193, 68.

[35] Rouyer F, Cohen-Addad S, Vignes-Adler M, et al. Dynamics of yielding observed in a three-dimensional aqueous dry foam. Phys Rev E 2003, 67, 021405.

[36] Bécu L, Manneville S, Colin A. Yielding and flow in adhesive and non-adhesive concentrated emulsions. Phys Rev Lett 2006, 96, 138302.

[37] Rodts S, Baudez JC, Coussot P. From "discrete" to "continuum" flow in foams. Euro-phys Lett 2005, 69, 636.

[38] Schall P, Van Hecke M. Shear bands in matter with granularity. Annu Rev Fluid Mech 2010, 42, 67.

[39] Weaire D, Barry J, Hutzler S. The continuum theory of shear localization in two-dimensional foam. J Phys Condens Matter 2010, 22, 193101.

[40] Katgert G, Tighe B, Möbius M, et al. Couette flow of two-dimensional foams. EPL 2010, 90, 54002.

[41] Wyn A, Davies T, Cox SJ. Simulations of two-dimensional foam rheology: localization in linear Couette flow and the interaction of settling discs. Eur Phys J E 2008, 26, 81.

[42] Goyon J, Colin A, Ovarlez G, et al. Spatial cooperativity in soft glassy flows. Nature 2008, 454, 84.

[43] Denkov ND, Tcholakova S, Golemanov K, et al. The role of surfactant type and bubble surface mobility in foam rheology. Soft Matter 2009, 5, 3389.

[44] Seth JR, Mohan L, Locatelli-Champagne C, et al. Amicromechanical model to predict the flow of soft particle glasses. Nat Mater 2011, 10, 838.

[45] Cassar C, Nicolas M, Pouliquen O. Submarine granular flows down inclined planes. Phys Fluids 2005, 17, 103301.

[46] Höhler R, Cohen-Addad S, Durian DJ. Multiple light scattering as a probe of foams and emulsions. Curr Opin Colloid Interface Sci 2014, 19, 242.

[47] Le Merrer M, Cohen-Addad S, Höhler R. Bubble rearrangement duration in foams near the jamming point. Phys Rev Lett 2012, 108, 188301.

[48] Le Merrer M, Cohen-Addad S, Höhler R. Duration of bubble rearrangements in a coarsening foam probed by time-resolved diffusing-wave spectroscopy: impact of interfacial rigidity. Phys Rev E 2013, 88, 022303.

[49] Biance A-L, Cohen-Addad S, Höhler R. Topological transition dynamics in a strained bubble cluster. Soft Matter 2009, 5, 4672.

[50] Grassia P, Oguey C, Satomi R. Relaxation of the topological T1 process in a two-dimensional foam. Eur Phys J E 2012, 35, 64.

[51] Satomi R, Grassia P, Oguey C. Modelling relaxation following T1 transformations of foams incorporating surfactant mass transfer by theMarangoni effect. Colloids Surf A 2013, 438, 77.

[52] Durian DJ. Foam mechanics at the bubble scale. Phys Rev Lett 1995, 75, 4780.

[53] Langlois VJ, Hutzler S, Weaire D. Rheological properties of the soft-disk model of two-dimensional foams. Phys Rev E 2008, 78, 021401.

[54] Sexton MB, Möbius ME, Hutzler S. Bubble dynamics and rheology in sheared two-dimensional foams. Soft Matter 2011, 7, 11252.

[55] Tighe BP, Woldhuis E, Remmers JJC, et al. Model for the scaling of stresses and fluctuations in flows near jamming. Phys Rev Lett 2010, 105, 088303.

[56] Paredes J, Michels MAJ, Bonn D. Rheology across the zero-temperature jamming transition. Phys Rev Lett 2013, 111, 5.

[57] Denkov ND, Tcholakova S, Golemanov K, et al. Viscous friction in foams and concentrated emulsions under steady shear. Phys Rev Lett 2008, 100, 138301.

[58] Tcholakova S, Denkov ND, Golemanov K, et al. Theoretical model of viscous friction inside steadily sheared foams and concentrated emulsions. Phys Rev E 2008, 78, 011405.

[59] Seiwert J, Monloubou M, Dollet B, Cantat I. Extension of a suspended soap film: a homogeneous dilatation followed by new film extraction. Phys Rev Lett 2013, 111, 094501.

[60] Seiwert J, Dollet B, Cantat I. Theoretical study of the generation of soap films: role of interfacial visco-elasticity. J Fluid Mech 2014, 739, 124.

[61] Gunning AP, Kirby AR, Wilde PJ, et al. Probing the role of interfacial

rheology in the relaxation behaviour between deformable oil droplets using force spectroscopy. Soft Matter 2013, 9, 11473.

[62] Bocquet L, Colin A, Ajdari A. Kinetic theory of plastic flow in soft glassy materials. Phys Rev Lett 2009, 103, 036001.

[63] Mansard V, Colin A. Local and nonlocal rheology of concentrated particles. Soft Matter 2012, 8, 4025.

[64] Goyon J, Colin A, Bocquet L. How does a soft glassy-material flow: finite size effects, nonlocal rheology, and flow cooperativity. Soft Matter 2010, 6, 2668.

[65] Mansard V, Colin A, Chaudhuri P, et al. A molecular dynamics study of non-local effects in the flow of soft jammed particles. Soft Matter 2013, 9, 7489.

[66] Mansard V, Bocquet L, Colin A. Boundary conditions for soft glassy flows: slippage and surface fluidization. Soft Matter 2014, 10, 6984.

[67] Jop P, Mansard V, Chaudhuri P, et al. Micro-scale rheology of a soft glassy material close to yielding. Phys Rev Lett 2012, 108, 148301.

[68] Cox SJ. A viscous froth model for dry foams in the surface evolver. Coll. Surf A 2005, 263, 81.

[69] Embley B, Grassia P. Viscous froth simulations with surfactant mass transfer and Marangoni effects: deviations from plateau's rules. Coll. Surf A 2011, 382, 8.

[70] White LR, Carnie SL. The drag on a flattened bubble moving across a plane substrate. J Fluid Mech 2012, 696, 345.

[71] Bretherton F. The motion of long bubbles in tubes. J Fluid Mech 1961, 10, 166.

[72] Hodges SR, Jensen OE, Rallison JM. Sliding, slipping and rolling: the sedimentation of a viscous drop down a gently inclined plane. J Fluid Mech 2004, 512, 95.

[73] Le Merrer M, Lespiat R, et al. Linear and non-linear wall friction of wet foams. Soft Matter 2015, 11, 368.

[74] Denkov ND, Subramanian V, Gurovich D, Lips A. Wall slip and viscous dissipation in sheared foams: effect of surface mobility. Coll. Surf A 2005, 263, 129.

[75] Marze S, Langevin D, Saint-Jalmes A. Aqueous foam slip and shear regimes determined by rheometry and multiple light scattering. J Rheol

2008, 52, 1091.

[76] Denkov ND, Tcholakova S, Golemanov K, et al. Foamwall friction: effect of air volume fraction for tangentially immobile bubble surface. Coll. Surf A 2006, 282, 329.

[77] Mobius D, Miller R, Fainerman VB. Surfactants chemistry, interfacial properties and applications, Elsevier 2001.

[78] Mucic N, Javadi A, Kovalchuk N, et al. Dynamics of interfacial layers-experimental feasibilities of adsorption kinetics and dilational rheology. Adv Coll. Interface Sci 2011, 168, 167.

[79] Javadi A, Krägel J, Makievski A, et al. Fast dynamic interfacial tension measurements and dilational rheology of interfacial layers by using the capillary pressure technique. Coll. Surf A 2012, 407, 159 - 68.

[80] Torcello-Gomez A, Wulff-Perez M, Galvez-Ruiz MJ, et al. Block copolymers at interfaces: interactions with physiological media. Adv Coll Interface Sci 2013, 206, 414.

[81] Kotsmar C, Pradines V, Alahverdjieva V, et al. Equilibrium of adsorption of mixed milk protein/surfactant solutions at the W/A interface. Adv Coll. Interface Sci 2009, 150, 41.

[82] Wojciechowski K. Surface activity of saponin from Quillaja bark at the air/water and oil/water interfaces. Coll. Surf B 2013, 108, 95.

[83] Perez-Mosqueda L, Ramirez P, Alfaro M, et al. Surface properties and bulk rheology of Sterculia apetala gum exudate dispersions. Food Hydrocoll. 2013, 32, 440.

[84] Yang Y, Dicko C, Bain CD, et al. Behavior of silk protein at the air-water interface. Soft Matter 2012, 8, 9705.

[85] Baeza R, Pilosof AM, Sanchez CC, et al. Adsorption and rheological properties of biopolymers at the air-water interface. AIChE J 2006, 52, 2627.

[86] Torcello-Gomez A, Maldonado-Valderrama J, De Vicente J, et al. Investigating theeffect of surfactants on lipase interfacial behaviour in the presence of bile salts. Food Hydrocoll 2011, 25, 809.

[87] Alexandrov NA, Marinova KG, Gurkov TD, et al. Interfacial layers from the protein HFBII hydrophobin: dynamic surface tension, dilatational elasticity and relaxation times. J Coll. Interface Sci 2012, 376, 296.

[88] Mendoza AJ, Guzman E, Martinez-Pedrero F, et al. Par-ticle laden fluid interfaces: dynamics and interfacial rheology. Adv Coll. Interface Sci

2014, 206, 303.

[89] Ravera F, Liggieri L, Loglio G. In, Miller R, Liggieri L, Eds. Interfacial rheology. Prog. Coll. Interface Sci, Leiden, Brill; 2009.

[90] Liggieri L, Miller R. Relaxation of surfactants adsorption layers at liquid interfaces. Curr Opin Coll. Interface Sci 2010, 15, 256.

[91] Sharipova A, Aidarova S, Cernoch P, et al. Effect of surfactant hydrophobicity on the interfacial properties of polyallylamine hydrochloride/sodium alkylsulphate at water/hexane interface. Coll. Surf. A 2013, 438, 141.

[92] Cao C, Huang T, Zhang L, Du F-P. Interfacial rheological behavior of ionic liquid-type imidazolium surfactant. Coll. Surf A 2013,436, 557.

[93] Ramirez P, Perez LM, Trujillo LA, et al. Equilibrium and surface rheology of two polyoxyethylene surfactants (CiEOj) differing in the number of oxyethylene groups. Coll. Surf A 2011, 375, 130.

[94] Noskov BA. Dilational surface rheology of polymer and polymer/surfactant solutions. Curr Opin Coll. Interface Sci 2010, 15, 229.

[95] Sharipova A, Aidarova S, Mucic N, et al. Dilational rheology of polymer/surfactantmixtures at water/hexane interface. Coll. Surf A 2011, 391, 130.

[96] Cohin Y, Fisson M, Jourde K, et al. Tracking the interfacial dynamics of PNiPAM soft microgels particles adsorbed at the air-water interface and in thin liquid films. Rheol Acta 2013, 52, 445 - 54.

[97] Guzman E, Liggieri L, Santini E, et al. DPPC-DOPC Langmuir monolayers modified by hydrophilic silica nanoparticles: phase behaviour, structure and rheology. Coll. Surf A 2012, 413, 174.

[98] Dutschk V, Karapantsios T, Liggieri L, et al. Smart and green interfaces: from single bubbles/drops to industrial environmental and biomedical applications. Adv Coll. Interface Sci 2014, 209, 109 - 26.

[99] Seta L, Baldino N, Gabriele D, et al. Rheology and adsorption behaviour of β-casein and β-lactoglobulin mixed layers at the sunflower oil/water interface. Coll. Surf A 2014,441, 669.

[100] Ruhs P, Scheuble N, Windhab E, et al. Protein adsorption and interfacial rheology. Eur Phys J Spec Top 2013, 222, 47.

[101] Noskov BA. Protein conformational transitions at the liquid-gas interface as studied. Adv Coll. Interface Sci 2014, 206, 222.

[102] Maldonado-Valderrama J, Patino JMR. Interfacial rheology of protein-surfactant mixtures. Curr Opin Coll. Interface Sci 2010, 15, 271.

[103] Noskov BA, Milyaeva OY, Lin S-Y, et al. Dynamic properties of β-casein/ surfactant adsorption layers. Coll. Surf A 2012, 413, 84.

[104] Mikhailovskaya A, Noskov B, Nikitin E, et al. Dilational surface viscoelasticity of protein solutions. Impact of urea. Food Hydrocoll. 2014, 34, 98.

[105] Sharipova AA, Aidarova SB, Fainerman VB, et al. Effect of electrolyte on adsorption of polyallyl amine hydrochloride/sodium dodecyl sulphate at water/tetradecane interface. Coll. Surf A 2014, 460, 11.

[106] Sharipova A, Aidarova S, Fainerman V, et al. Dynamics of adsorption of polyallylamine hydrochloride/sodium dodecyl sulphate at water/air and water/hexane interfaces. Coll. Surf A 2011, 391, 112.

[107] Noskov B, Loglio G, Miller R. Dilational surface visco-elasticity of polyelectrolyte/ surfactant solutions: formation of heterogeneous adsorption layers. Adv Coll. Interface Sci 2011, 168, 179.

[108] Ravera F, Loglio G, Kovalchuk VI. Interfacial dilational rheology by oscillating bubble/ drop methods. Curr Opin Colloid Interface Sci 2010, 15, 217.

[109] Karbaschi M, Bastani D, Javadi A, et al. Drop profile analysis tensiometry under highly dynamic conditions. Coll. Surf A 2012, 413, 292.

[110] Dieter-Kissling K, Karbaschi M, Marschall H, et al. On the applicability of drop profile analysis tensiometry at high flow rates using an interface tracking method. Coll. Surf A 2014, 441, 837.

[111] Krägel J, Derkatch SR. In, Miller R, Liggieri L, Eds. Interfacial Rheology. Leiden, Brill; 2009.

[112] Ortega F, Ritacco H, Rubio RG. Interfacial microrheology: particle tracking and related techniques. Curr Opin Coll. Interface Sci 2010, 15, 237.

[113] Langevin D. Surface shear rheology of monolayers at the surface of water. Adv Coll. Interface Sci 2014, 207, 121.

[114] Maestro A, Hilles HM, Ortega F, et al. Reptation in Langmuir polymer monolayers. Soft Matter 2010, 6, 4407.

[115] Maestro A, Bonales LJ, Ritacco H, et al. Surface rheology: macro- and microrheology of poly (tert-butyl acrylate) monolayers. Soft Matter

2011, 7, 7761.

[116] Maestro A, Ortega F, Monroy F, et al. Molecular weight dependence of the shear rheology of poly (methyl methacrylate) Langmuir films: a comparison between two different rheometry techniques. Langmuir 2009, 25, 7393.

[117] Hermans E, Vermant J. Interfacial shear rheology of DPPC under physiologically relevant conditions. Soft Matter 2014, 10, 175.

[118] Vandebril S, Vermant J, Moldenaers P. Efficiently suppressing coalescence in polymer blends using nanoparticles: role of interfacial rheology. Soft Matter 2010, 6, 3353.

[119] Kragel J, Derkatch S, Miller R. Interfacial shear rheology of proteins-urfactant layers. Adv Coll. Interface Sci 2008,144, 38.

[120] Danov KD, Radulova GM, Kralchevsky PA, et al. Surface shear rheology of hydrophobin adsorption layers: laws of viscoelastic behaviour with applications to long-term foam stability. Faraday Discuss 2012, 158, 195.

[121] Blijdenstein T, Ganzevles R, De Groot P, et al. On the link between surface rheology and foam disproportionation in mixed hydrophobin HFBII and whey protein systems. Coll. Surf A 2013, 438, 13.

[122] Ruhs PA, Scheuble N, Windhab EJ, et al. Simultaneous control of pH and ionic strength during interfacial rheology of β-lactoglobulin fibrils adsorbed at liquid/liquid interfaces. Langmuir 2012, 28, 12536.

[123] Wang L, Xie H, Qiao X, et al. Interfacial rheology of natural silk fibroin at air/water and oil/water interfaces. Langmuir 2011, 28, 459.

[124] Nisal A, Kalelkar C, Bellare J, et al. Rheology and microstructural studies of regenerated silk fibroin solutions. Rheol Acta 2013, 52, 833.

[125] Wang W, Li K, Wang P, et al. Effect of interfacial dilational rheology on the breakage of dispersed droplets in a dilute oil-water droplets. Coll. Surf A 2014, 441, 43.

[126] Rosenfeld L, Fuller GG. Consequences of interfacial viscoelasticity on thin film stability. Langmuir 2012, 28, 14238.

[127] Davis J, Foegeding EA. Foaming and interfacial properties of polymerized whey protein isolate. J Food Sci 2004, 69, C404.

[128] Arabadzhieva D, Mileva E, Tchoukov P, et al. Adsorption layer properties and foam film drainage of aqueous solutions of tetraethyleneglycol

monododecyl ether. Coll. Surf A 2011, 392, 233.

[129] Zabiegaj D, Santini E, Guzman E, et al. Nanoparticle laden interfacial layers and application to foams and solid foams. Coll. Surf A 2013, 438, 132.

[130] Bouyer E, Mekhloufi G, Huang N, et al. β-lactoglobulin, gum arabic, and xanthan gum for emulsifying sweet almond oil: formulation and stabilization mechanisms of pharmaceutical emulsions. Coll. Surf A 2013, 433, 77.

[131] Santini E, Ravera F, Ferrari M, et al. A surface rheological study of non-ionic surfactants at the water-air interface and the stability of the corresponding thin foam films. Coll. Surf A 2007, 298, 12.

[132] Covis R, Desbrieres J, Marie E, et al. Dilational rheology of air/water interfaces covered by nonionic amphiphilic polysaccharides. Correlation with stability of oilin-water emulsions. Coll. Surf A 2014, 441, 312.

[133] Lexis M, Willenbacher N. Yield stress and elasticity of aqueous foams from protein and surfactant solutions-The role of continuous phase viscosity and interfacial properties. Coll. Surf A 2014, 459, 177.

8

乳液的扩散

8.1 导语

高内相比乳液是一种以分散相体积分数高于 0.74 为特点的乳液，0.74 是密集堆垛单分散球体的临界体积分数[1]。因为其高内相比，它的分散相的小液滴是多分散的和(或)畸形的可吸收的多面体形状(图 8-1)。它们被细的连续相薄膜所分开，在显微镜下与泡沫类似[1,2]。它们也被称为高浓度乳液、凝胶乳液、流动性泡沫等。高内相比乳液的连续相具有纳米结构，能够用不同的标度长度来区分。甚至，微型乳液或胶束溶液[3,4]形态的高内相比乳液已被描述为六方液晶相或是立方液晶相。

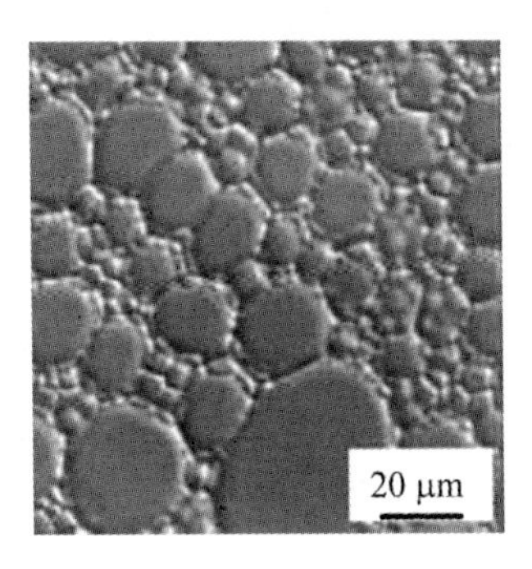

图 8-1　油包水乳液的显微镜照片[1,2]

传统的乳液可以被分为水包油(O/W)型和油包水(W/O)型。高内相比乳液不同的极性结构可以溶解亲水和亲油的分子。乳液的制备有各种各样的过程，但通常都是应用像是通过涡旋混合器、叶轮混合机、[12]均质器[13,14]等搅拌器械的机械能来进行乳化。虽然如此，由非离子乙氧基表面活性剂配制的高内相比乳液也可以由一些低能量的方法来制备，比如像是相转变温度(phase inversion temperature, PIT)法，即通过加热乳液至亲油亲水平衡温度[15-17]以上可以由水包油的微乳液中得到油包水的高内相比乳液。相转化制备法近来也被报道应用于 Pickering 的高内向乳液中，其转化是由 pH 的降低或是盐浓度的升高[18]所触发的。

高浓度乳液的一个特征是它们由于液滴的紧密排列而产生的由弹性至黏弹性的大范围流变特性。近年来许多致力于关注高内相比乳液的流变学[5-7,9-11,19,20]。然而，很少有人关注这种乳液的扩散性能，这种性能对于高内相比乳液的许多性质和应用都有显著的影响。认识并控制高内相比乳液的扩散性能可能可以为控制活性物的释放[21-23]、特别软和特别硬的材料的合理设计[15,17,24]、环境友好型分子的合成[25]、高内相比乳液化学性能和胶体稳定性的提升[26]、反乳化作用的过程[27]、甚至是结构方面的认识[28]等提供关键的信息。虽然胶体系统的乳液、纳米粒子、纳米乳液、微乳液、水凝胶等的研究被大范围地进行，但扩散性能对于亲水和亲油结构以及高内相比的长度尺度的关系及对高内相比乳液的扩散性能的研究还不如其他胶体的研究程度。早期的系统性的关于高内相比乳液分子的扩散性能的研究主要集中于在一个模拟的共同体系中药物和化妆品的活性[23]，涉及乳液化学组成对分散相的影响[29]、表面活性剂的种类和浓度[30,31]，水的分散相的离子强度等[29]。这些研究证明了在高内相比乳液的扩散性能上连续相和分散相中界面薄膜和分配系数的重要作用。20 世纪 90 年代主要针对油包水型高内相比乳液的研究提出了一种机制[21,29,30]，即释放由两个同时进行的步骤所组成(图 8－2)：分子扩散通过分散相的界面薄膜以及分子在连续相中的扩散。分子通过界面薄膜的通路被称作是极限步骤。在连续相中的已扩散的分子的浓度越高，扩散发生得越快。另外，在连续相中药品试样(如苦杏仁酸)的传输可以由胶束的传输所解释，而连续相中非电离的药品也会转变成为单体的表面活性剂[21]。另外，到目前为止的许多数学模型也被提议用作描述预测高内相比乳液的释放[22,31,32]。

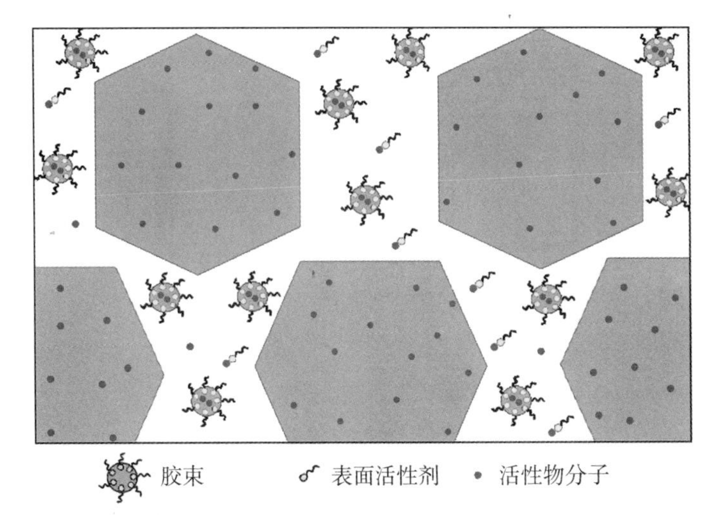

图 8-2 高浓度乳液内活性分子的扩散过程示意图

8.2 高内相比乳液的扩散性能

尽管在过去的几年中对于高内相比乳液的分子释放有许多活跃的研究，但许多活性物如苦杏仁酸、香豆素等是会扩散的[21,22,29,30,32]，而有些活性物如无机盐、枸橼酸等则不会扩散[32]。这说明在高内相比乳液扩散性能的认识方面还有不足。

药物的溶解性能对于高内相比乳液的重要作用已被证实。两种具有不同溶解度的药品试样的生物可相容的油包水型高内相比乳液的扩散性能的区别已被发现[23]。盐酸克林霉素高内相比乳液可以和水混溶，溶解过程很慢且与乳液的组成无关；这表明，分散相中的药物的溶解度相较于其界面属性，能够更大程度地控制分散相的释放。然而，可微溶于水的茶碱则表现出依赖乳液体系组成更快的释放。因为茶碱的溶解性和 pH 有关，可以通过改变高内相比乳液分散相的 pH 来引发分散相中药品的溶解度的变化。可以观察到，pH 为 4.5 的茶碱的溶解度增长，并导致其扩散系数减少两个数量级。如图 8-3 所示，在 pH 没有改变的情况下，茶碱从高内相比乳液中释放的速度是最快的。因为茶碱在此 pH 范围内的溶解度较为类似，分散相的酸化(酸性高内相比乳液)对释放比只有适量的减少。但是，在中性 pH 范围内茶碱的释放比有显著下降。这主要是由于在此范围内茶碱的溶解度有急剧的增加。

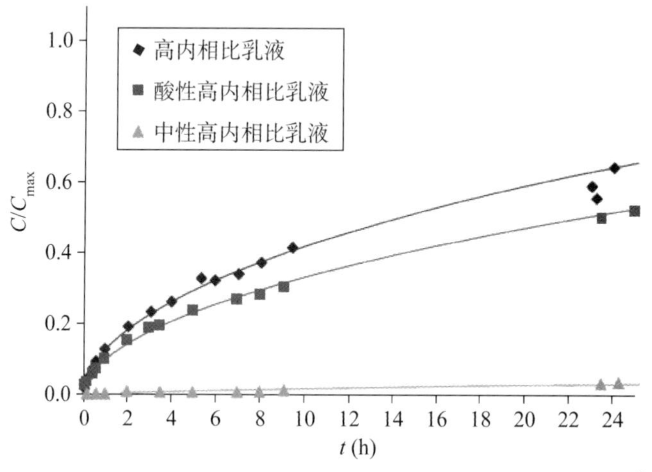

图 8-3　25 度时茶碱在不同 pH 油包水乳液中的扩散过程[23]

界面性质不是影响高内相比乳液释放比的活跃度的另一个例子可以从 Fletcher 等人的一项研究工作中看到[33]。油包水型高内相比乳液中的质量运输是由两乳液所含的不同试剂的混合所决定的，而通过比色反应可以发现，这也决定了试剂被高内相比乳液受体捕获的时间。不带电的(过氧化氢)和带电的试剂(HCl 和 NaClO)被用作并入水分散相中的扩散介质。限速步骤只对穿透油膜的扩散起作用，而令人惊讶的是，不带电和带电的介质捕获时间是相近的[33]。尽管如此，需要注意的是，笔者发现，将带负电荷的表面活性剂掺杂到界面薄膜中，其阴离子转化率将会减少。这表明扩散介质的分配系数的增加或是凝聚物、絮状物的生成都会导致质量传递的增加。

高内相比乳液扩散最值得注意的重要的特征是连续相中纳米结构的作用。这方面 Llinàs 等人已有所研究[34,35]。考虑到高内相比乳液的油连续相高于预期的药物高溶解度，这将影响到药物的分配系数和扩散系数。这可以由高内相比乳液的连续相是油包水型微乳剂(反向胶束相)或立方液晶相的例子中看出[21,29]。

场脉冲梯度核磁共振(PFG NMR)的首次研究表明，高浓度乳液对于多孔隙系统的分子运动的研究是很有价值的[36]。经研究，高浓度油包水乳液的水自扩散是为了获取分散相的动态属性(如双分子连续油相的透水性)和浓缩乳液的结构特性(如平均液滴粒度)。调整梯度自旋回声影像的方法

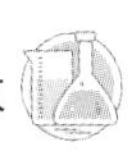

(MGSE)被用来研究高浓度油包水乳液中水、油、水溶性盐的扩散[37]。这项技术尤为适用于许多有不同化学转换的混合试样扩散的体外研究。实验结果证实,相较于 PFG 实验中分子交换能隐藏液滴尺寸的信息,在 MGSE 实验中,分子在液滴中交换会显著影响液滴中的扩散展开。

8.2.1 高内相比乳液的稳定扩散过程

高内相比乳液的化学和胶体稳定性会显著影响其成分的扩散。比如,Ostwald 熟化是指小液滴向大液滴分散相的质量转换。这种质量转换不是由浓度梯度而是由相较于大液滴的小液滴中的高 Laplace 压力所驱动。已有关于在油包水型高浓度乳液(分散相比例为 65%)中 Ostwald 熟化的动力学的研究,并尝试用 Lifshiz-Slezov-Wagner(LSW)方程来计算油相中水的扩散系数[38]。尽管高内相浓度需要一个修正系数,扩散系数仍比分子的扩散系数少 15 倍。这被认为是由于乳液液滴的凝聚时的 LSW 方程不适用于浓缩乳液研究中的扩散系数的计算导致的额外不稳定性。电解质进入分散相的结合将降低 Ostwald 熟化比率。经研究,浓缩乳液电解质稳定性中的中间介质水和其他物质如 Rhodamine C 和乙醇[39]以及由非稳定方程式计算得出的这些分子的扩散系数都比那些相应的分子扩散系数低。笔者认为,纳米分散体液滴在通过油相时起到了运送者的作用。油包水型乳液中纳米分散体液滴的存在可以被电子显微镜观察到。

高内相比乳液在食品工业中最典型的实例是蛋黄酱。这种酱是一种包含有 70%至 80%基本由蛋黄乳化所得的油的水包油型浓缩乳液或是高浓度乳液。这种产品中各成分的扩散对于其稳定性和感官感受都至关重要。其成分如盐、介质和抗氧化物都在乳液的胶体和化学稳定性中扮演重要的角色。尤其是后者,其油相成分的自氧化率对于用多脂鱼和丰富的多元不饱和 omega - 3 和 omega - 6 脂肪酸制备的蛋黄酱是极具挑战性的因素。油相的自氧化率是由低 pH 下从水相中界面薄膜中分删除的蛋黄中的卵黄高磷蛋白铁离子催化氧化所致[39,40]。有趣的是,有报道说,利用如某一带正电的蛋白质之类的阳离子表面活性剂或是利用金属螯合剂(如 EDTA 糖脂蛋白乳铁蛋白[39,40]或是酪蛋白酸钠)能防止铁离子从油水界面扩散,并增加蛋黄酱的化学稳定性[26]。考虑到其感官属性,其油水相味道的分离和对于唾液中油相液滴的扩散会被味觉接收器感知到。因此,早先被发现的在油包水型乳液水相中的极端味道(糖、盐、醋等)比那些非极端的味道(芥末、氰酸盐等)在口中更容易被感知。另外,在保质期内的蛋黄酱中有挥发性味道的成分的过快释放夜间降低其质量。

扩散过程也可以被描述成与高浓度水溶沥青乳液的稳定性有关。Acevedo 等[42]对于在水相中碳酸钠浓度增加的水溶沥青乳液的稳定性有所报道。碳酸钠在沥青中由羧酸所表现出的表面活性剂增强性能是水溶沥青乳液稳定性的原因。人们发现,随着碳酸钠浓度的增长,平均液滴尺寸下降。然而,当碳酸钠的浓度达到一个极限值,乳液就不稳定了。这可以由因为沥青中分子结构和相对分子质量不同,一部分羧酸盐离子保持溶解于界面中,而剩下的则扩散在水相中这一事实来解释。但是,当 Na_2CO_3 浓度增加,水相中羧酸盐离子变得越来越疏水,并且重新扩散回界面。Na_2CO_3 浓度进一步增加将促进不可溶的碳酸钠盐的形成和界面张力的增加。

8.2.2 高内相比乳液制模的扩散过程

将高内相比乳液用作制备材料的模板在近些年引起了越来越多的关注。可以预见,反应物分子在乳液内外相中的扩散和分离将会影响得到的材料的属性。多孔材料可由油包水型和水包油型高内相乳液制得,可以是单体在连续相中[43-46]或是分散相中[17]的聚合反应。当高内相比乳液被用在化学反应中时,反应物的分离可能会影响到产物收得率[25]。几年前关于高内相比乳液分子扩散和分离这一领域的知识还没有被人们所掌握,但近来有关高内相比乳液制得的材料的药物传送系统的应用已经有报道[47,48]。大孔聚苯乙烯固体泡沫可以由高浓度油包水型乳液连续相通过相转化温度法聚合合成,得到的固体泡沫的空隙体积很大。这种空隙十分粗糙的外表很有特色,这会导致接近于超疏水的属性。这种固体泡沫可以被用作制药中有效的运送系统。经研究,一种叫酩洛芬(ketoprofen)的亲油的药物试样可以通过延迟释放来合成固体泡沫和药物释放[47]。Sher 等[48]报道了关于由流动性高内相比乳液制得的药物运送系统所导致的胃滞留性质。在材料制备后载药量通过将多孔的共聚材料添加到含有药物(布洛芬 ibuprofen)的挥发性溶剂中并在室温下用一整晚蒸发溶剂得到实现。这种布洛芬载体材料的药物释放模式反应迟钝并且依赖于 pH 的变化。

8.3 浓缩乳液的扩散

模拟药物释放，或者更笼统的说是给定溶质从（浓缩）乳液中扩散至接受相中，是一种十分复杂的因素，因为这其中有许多物理化学方面的变化起到了重要的作用。首先，溶质必须从液滴的表面扩散至连续相中。这一步若是药物分子独立穿过界面，则可以以分子的扩散为标志；或若是药物分子在界面被压缩进胶束中则以胶束的扩散为标志。由于这最初的一步，溶质能像不可溶的分子一样或是随着合成的外来胶束一起通过连续相扩散。然而，连续相中的溶质分子独自通过界面时可能会合并进入胶束聚合物。这种现象是由于体系中的介质的本能而变得相当复杂，并因此会导致关于控制扩散过程的机制的十分具有争议性的讨论。一些研究者认为这种现象是被界面中的溶质传输所控制的[49,50]，另一些研究者则认为是分子通过溶剂进行分散来控制这个步骤[51]。

Babak 等人开发了一种物理化学试样模型来研究药物在缺乏胶束的高浓度乳液连续相中的扩散[31]。在他们的理论模型中，乳液被受体溶液从药物扩散能通过的选择性薄膜所分离。假设忽略连续油相中的药物溶解度和胶束的浓度，则通过薄膜分离的分散相液滴的扩散可以被描述成一种活化过程，这些研究者估算出在氢化和氟化的乳液中的释放率并用实验证明了这一点。

当连续相中胶束的浓度不被忽略时，药物运输动力学被另外的表面活性剂影响而发生剧烈的变化。在这种更加复杂的情况下，Dungan 和他的合作人提出了研究由油相液滴溶质向水相胶束溶液转变的理论[52]，并提出了控制方程中溶质溶解度的两个可能的原理：(1)其他人也提出过的迅速的不可逆的胶束摄取分子扩散机制；[51,52] (2)界面控制机制。根据这些研究者的研究，其溶质通过水相的分散可由下面的方程式描述：

$$\frac{\partial C_w}{\partial t}=D_w \nabla^2 C_w-\underline{v} \nabla C_w-r \tag{8-1}$$

$$\frac{\partial C_{\min}}{\partial t}=D_{\min} \nabla^2 C_{\min}-\underline{v} \nabla C_{\min}+r \tag{8-2}$$

其中：

C_w 和 $C_{\min}$ 分别指溶质溶入水和胶束的浓度；

D_w 和 $D_{\min}$ 分别指溶质在水和胶束中的扩散系数；

v 是水相的速度；

r 是溶质在胶束和周围水相中转换的反应速率。

作者给出了两种不同的反应速率表达式，这取决于溶质摄入的控制机制。在第一种机制中，胶束被看作是伪相，而在水相和胶束点中分子析出的溶质区可以用分离系数 $K_1 \equiv C_{\min}^{\mathrm{eq}}/C_w^{\mathrm{eq}}$ 来定义，其表达式如下：

$$r = \varphi_{\min} k_{r1}^{+}\left(C_w - \frac{1}{K_1}C_{\min}\right) \tag{8-3}$$

其中：

$\Phi_{\min}$ 指连续水相中胶束的体积分数；

k_{r1}^{+} 指溶质转化为胶束的速率常数。

上述第二种反应机制是一个多步骤的反应，胶束中可以含有不同数量的溶质分子，其最大值为 p：

$$r = \varphi_{\min} k_{r2}^{+}\left[C_w\left(1 - \frac{C_{\min}}{pC_{\min}}\right) - \frac{1}{K_2}\frac{C_{\min}}{pC_{\min}}\right] \tag{8-4}$$

其中：

k_{r2}^{+} 指溶质转化为胶束的速率常数；

$C_{\min}$ 指溶液中胶束的浓度；

$K_2 \equiv C_{\min}^{\mathrm{eq}}/[C_w^{\mathrm{eq}}(pC_{\min} - C_{\min}^{\mathrm{eq}})]$ 指转化得到的溶质的分离系数；

因为 p 是胶束中能含有的溶质分子的最大量，则 $pC_{\min}$ 代表了胶束中可溶性溶质的最大浓度。在液滴界面上发生的转化可以由无溶质积数的假设得到

$$k_w^{+} C_d\left(1 - \frac{C_w}{C_w^{\mathrm{eq}}}\right) + D_w \nabla_n C_w = 0 \tag{8-5}$$

其中：

k_{w}^{+} 指溶质从液滴界面到溶液中的转化率；

C_d 指液滴内的溶质浓度；

梯度表示计算所得液滴的法线方向。

Dungan 等同时也描述了溶质直接通过界面进入胶束聚合物的可能的方式如式(8-6)所示：

$$k_{\min}^{+} C_d \left(1 - \frac{C_{\min}}{C_{\min}^{\mathrm{eq}}}\right) + D_{\min} \nabla_n C_{\min} = 0 \tag{8-6}$$

其中：

$k_{\min}^{+}$ 指溶质通过液滴界面进入胶束的转化率。

在这种条件下，为了预测药物由水包油型乳液(供体细胞)向受体水溶液的输送过程中胶束的浓度，Yoon 和 Burgess 在药物疏水性的基础上列出了两个机理模型[53]。更特别的是，疏水型药物模型假设从供体向受体细胞的扩散被通过薄膜分离的传送所限制，这依赖于它的特殊性质。这是由于疏水型药物中的低油水分离系数会在几乎完全可忽略的界面热阻下导致由油相液滴转化为水连续相。另外，当它不能使药物回到液滴中，疏水性药物模型假设油相液滴和水相之间的界面会表现得像能够传送药物进入连续相中的选择性薄膜。这个假设可以由水相中极低的药物浓度和胶束中的高药物溶解度所证明。因为药物在两亲性的聚合物中的溶解能力远大于在油水界面中的扩散能力，分散相和连续相中的梯度浓度至于油相液滴中药物的数量有关。在这种条件下，最后一种药物释放的量取决于乳液两相中以及乳液和受体细胞中单体扩散的速率。

油和药物在胶束中的溶解度机理依赖于表面活性剂的性质。由离子型表面活性剂构成的胶束能够建立足够强大的静电排斥力使油水液滴界面能够抑制它们相互靠近[54]。因此，油或药物分子首先从连续相中析出然后被周围的胶束所吸收[51,55]。胶束通过吸收从连续相中进入疏水点的溶质，然后从界面扩散出去，以此来维持从液滴到连续相中的高油相扩散比。在浓缩乳液的特殊情况下，在油相液滴附近的层比它们的半径小很多，Todorov 预测油相液滴的尺寸随着时间线性减少，也就是说，每个单位的溶解率随时间线性增大[55]。在这种条件下，液滴的半径 R 随时间变化的方程如下：

$$R(t) \approx R_0 - \frac{\alpha \sqrt{(c_{\mathrm{surf}} - c_{\mathrm{surf},\,0})}\, v_{\mathrm{oil}} D_{\mathrm{oil}} c_{\mathrm{eq}}}{\sqrt{(D_{\mathrm{oil}} n_m \alpha^2 / k)} + \sqrt{(c_{\mathrm{surf}} - c_{\mathrm{surf},\,0})}}\, t \tag{8-7}$$

其中：

R_0 指液滴半径的初始值；

α 指油通过水油界面的传质系数；

C_{surf} 指溶液中总的表面活性剂浓度；

$C_{surf,0}$ 指胶束开始溶解油相的表面活性剂浓度；

v_{oil}、D_{oil}、C_{eq} 分别指油相的摩尔体积、扩散率和溶解度；

n_m 指胶束的聚合度；

k 指溶解的速率常数。

需要注意的是，在完全不溶于水的油中如果有离子型表面活性剂存在，那么连续相中将没有油扩散。在这种条件下，非离子型表面活性剂对于质量传递是十分必要的。事实上，被油水液滴界面吸收的非离子型表面活性剂中的胶束聚合物摄入油相分子后从一给定数量的油相表面析出，最后扩散到本体的连续相中在这种情况下，大体的关于本体连续相和界面中液滴尺寸随浓度收缩的梯度测量的理论方法如下：

$$\frac{dR}{dt}=\Psi(c_b-c_i) \tag{8-8}$$

其中，C_b 和 C_i 分别指本体和界面中溶质（可溶性油或是油相液滴中药物之类的溶质）的浓度，其值依赖于液滴连续相中可以被界面或本体控制的过程中溶质的分散所限制的条件[54]。如果本体的扩散控制了质量传递，那么有：$\Psi=D_s v_s/R$ 其中 D_s 和 v_s 分别指溶质的分散系数和摩尔体积。另一方面，如果界面控制了扩散，那么有：$\Psi=v_s/R_I$ 其中 R_I 指界面中抵抗扩散的值。Gandhi 和其合作者发表了一项有趣的关于溶质在胶束相中溶解度的研究理论工作[56]。这些作者研究得出，假设胶束因为共离子相互排斥作用不能被界面所吸收，胶束和连续相中界面存在溶质的质量转换。在他们的模型中，两个 Damköhler 数字是定位溶解过程时物理变化的关键。其中一个（Da）是胶束的吸附速率和溶质通过连续相的扩散速率的比值，另一个（Da_m）是胶束诱捕溶质的速率和溶质负载胶束的扩散速率的比值。这两个限制条件描述了胶束聚合物的作用：

$$Da_m \gg 1+\frac{Da}{Da_m} \tag{8-9}$$

$$Da_m \ll 1 + \frac{Da}{Da_m} \tag{8-10}$$

当满足公式 8-9 的条件时，胶束将会答复增加溶质的传送。另一方面，当公式 8-10 的条件成立时，胶束对连续相中溶质的分解没有太大的作用，这很可能是因为溶质扩散进入胶束的速度太慢和(或)溶质自身从界面分解的速度太慢。这种模型在一定程度上证明了癸烷和苯液滴进入 SDS 胶束溶液的分解速率。

8.4 小结

高内相比乳液的扩散性能在过去的几十年中都没有引起足够的重视。然而，这一过程在控制活性物释放、材料的制备、分子的合成、乳液自身的稳定性等方面都起着重要的作用。现在有许多领域仍需要探索，比如说引发活性物释放的高内相比乳液释放机理的运用、刺激响应传送系统的设计、出于解毒和净化目的的活性物的摄取等。近几年人们对于制备材料的高内相比乳液的用途方面的兴趣有所增长，当人们很少对其扩散性能有所涉足，这种性能可以提高得到材料的质量和成品率。值得注意的是，相较于油包水型高内相比乳液，关于水包油型的研究更少。另外，高内相比乳液连续相中纳米结构对分子扩散的影响还没有被研究透彻。目前我们所得到的研究成果将会对未来这一领域的研究有所激励。

参考文献

[1] Lissant KJ. The geometry of high-internal phase ratio emulsions. J Coll. Interface Sci 1966, 22, 462.

[2] Solans C, Esquena J, Azemar N, et al. In: Petsev DN, Eds. Emulsions, structure, stability and interactions. Amsterdam, Elseiver; 2004.

[3] Solans C, Pons R, Zhu S, et al. Studies on macroand microstructures of highly concentrated water-in-oil emulsions (gel emulsions). Langmuir 1993, 9, 1479.

[4] Pons R, Ravey JC, Sauvage S, et al. Structural studies on gel emulsions. Coll. Surf. A. 1993, 76, 171.

[5] Alam MM, Aramaki K. Effect of molecular weight of triglycerides on the

formation and rheological behavior of cubic and hexagonal phase based gel emulsions. J Coll. Interface Sci 2009, 336, 329.

[6] Alam MM, Aramaki K. Glycerol effects on the formation and rheology of hexagonal phase and related gel emulsion. J Coll. Interface Sci 2009, 336, 820.

[7] Alam MM, Aramaki K. Hexagonal phase based gel-emulsion (O/H1 gel-emulsion): formation and rheology. Langmuir 2008, 24, 12253.

[8] Alam MM, Ushiyama K, Aramaki K. Phase behavior, formation and rheology of cubic phase and related gel emulsion in Tween 80/water/oil systems. J. Oleo Sci. 2009, 58, 361.

[9] Alam MM, Sugiyama Y, Watanabe K, et al. Phase behavior and rheology of oil-swollen micellar cubic phase and gel emulsions in nonionic surfactant systems. J Coll. Interface Sci 2010, 341, 267.

[10] Alam MM, Shrestha LK, Aramaki K. Glycerol effects on the formation and rheology of cubic phase and related gel emulsion. J Coll. Interface Sci 2009, 329, 366.

[11] Rodríguez-Abreu C, Shrestha LK, Varade D, et al. Formation and properties of reverse micellar cubic liquid crystals and derived emulsions. Langmuir 2007, 23, 11007.

[12] Alvarez OA, Choplin L, Sadtler V, et al. Influence of semibatch emulsification process conditions on the physical characteristics of highly concentrated water-in-oil emulsions. Ind Eng Chem Res 2010, 49, 6042.

[13] Lim H, Kassim A, Huang N, et al. One-pot preparation of three-component oil-in-water high internal phase emulsions stabilize by palm-based laureth surfactants and their moisturizing properties. Colloid J 2009, 71,660.

[14] Tcholakova S, Lesov I, Golemanov K, et al. Efficient emulsification of viscous oils at high drop volume fraction. Langmuir 2011, 27, 14783.

[15] Esquena J, Sankar GSR, Solans C. Highly concentrated W/O emulsions prepared by the pit method as templates for solid foams. Langmuir 2003, 19, 2983.

[16] Kunieda H, Fukui Y, Uchiyama H, et al. Spontaneous formation of highly concentrated water-in-oil emulsions (gel-emulsions). Langmuir 1996, 12, 2136.

[17] Maekawa H, Esquena J, Bishop S, et al. Meso/macroporous inorganic

oxide monoliths from polymer foams. Adv Mater 2003, 15, 592.
[18] Sun G, Li Z, Ngai T. Inversion of particle-stabilized emulsions to form high-internal-phase emulsions. Angew Chem Int Ed 2010, 49, 2163.
[19] Masalova I, Foudazi R, Malkin AY. The rheology of highly concentrated emulsions stabilized with different surfactants. Coll. Surf. A. 2010, 368, 58.
[20] Bengoechea C, Romero A, Aguilar JM, et al. Temperature and pH as factors influencing droplet size distribution and linear viscoelasticity of O/W emulsions stabilised by soy and gluten proteins. Food Hydrocolloids 2010, 24, 783.
[21] Calderó G, García-Celma MJ, Solans C, et al. Effect of pH on mandelic acid diffusion in water in oil highly concentrated emulsions (gel-emulsions). Langmuir 2000, 16, 1668.
[22] Rocca S, Muller S, Stébé MJ. Release of model molecule from highly concentrated fluorinated reverse emulsions. Influence of composition variables and temperature. J Control Release 1999, 61, 251.
[23] Calderó G, Llinàs M, García-Celma MJ, et al. Studies on controlled release of hydrophilic drugs from W/O high internal phase ratio emulsions. J Pharm Sci 2010, 99, 701.
[24] Busby W, Cameron NR, Jahoda CA. Tissue engineering matrixes by emulsion templating. Polym Int 2002, 51, 871.
[25] Espelt L, Clapés P, Esquena J, et al. Enzymatic carbon – carbon bond formation in water-in-oil highly concentrated emulsions (gel-emulsions). Langmuir 2003, 19, 1337.
[26] Nielsen NS, Petersen A, Meyer AS, et al. Effects of lactoferrin, phytic acid, and EDTA on oxidation in two food emulsions enriched with long-chain polyunsaturated fatty acids. J Agric Food Chem 2004, 52, 7690.
[27] Guimarães AP, Maia DAS, Araújo RS, et al. Destabilization and recuperability of oil used in the formulation of concentrated emulsions and cutting fluids. Chem Biochem Eng Q 2010, 24(1), 43.
[28] Malmborg C, Topgaard D, Söderman O. NMR diffusometry and the short gradient pulse limit approximation. J Magn Reson 2004, 169, 85.
[29] Calderó G, García-Celma MJ, Solans C, et al. Influence of composition variables on the molecular diffusion from highly concentrated water-in-oil emulsions (gel-emulsions). Langmuir 1997, 13, 385.

[30] Calderó G, García-Celma MJ, Solans C, et al. Diffusion from hydrogenated and fluorinated gel-emulsion mixtures. Langmuir 1998, 14, 1580.

[31] Babak V, Stébé MJ, Fa N. Physico-chemical model for molecular diffusion from highly concentrated emulsions. Mendeleev Comm. 2003, 13 (6), 254.

[32] Pons R, Caldero G, Garcia MJ, et al. Transport properties of W/O highly concentrated emulsions (gel-emulsions). Prog Coll. Sci 1996,100, 132.

[33] Dunstan TS, Fletcher PDI. Compartmentalization and separation of aqueous reagents in the water droplets of water-in-oil high internal phase emulsions. Langmuir 2011, 27, 3409.

[34] Llinàs M, Calderó G, Aramaki K, et al. Book of Abstracts, 25th IFSCC Congress, , Vol. 3. Barcelona, 2008.

[35] Llinàs M. Estudio de la difusión de principios activos en emulsiones altamente concentradas. PhD Thesis. Universitat de Barcelona 2010.

[36] Balinov B, Linse P, Söderman O. Diffusion of the dispersed phase in a highly concentrated emulsion: emulsion structure and film permeation. J Coll. Interface Sci 1996, 182, 539.

[37] Lasic S, Aslund I, Topgaard D. Spectral characterization of diffusion with chemical shift resolution: highly concentrated water-in-oil emulsion. J Magn Reson 2009, 199, 166.

[38] Koroleva MY, Yurtov EV. Water mass transfer in W/O emulsions. J Coll. Interface Sci 2006, 297, 778.

[39] Jacobsen C, Timm M, Meyer AS. Oxidation in fish oil enriched mayonnaise: ascorbic acid and low pH increase oxidative deterioration. J Agric Food Chem 2001, 49, 3947.

[40] Jacobsen C, Adler-Nissen J, Meyer AS. Effect of ascorbic acid on iron release from the emulsifier interface and on the oxidative flavor deterioration in fish oil enriched mayonnaise. J Agric Food Chem 1999, 47, 4917.

[41] Horn AF, Nielsen NS, Jacobsen Ch. Iron-mediated lipid oxidation in 70% fish oil-in-water emulsions: effect of emulsifier type and pH. Int J Food Sci Technol 2012, 47, 1097.

[42] Acevedo S, Gutierrez X, Rivas H. Bitumen-in-water emulsions stabilized with natural surfactants. J Coll. Interface Sci 2001, 242, 230.

[43] Bokhari M, Carnachan RJ, Cameron NR, et al. Novel cell culture device enabling three-dimensional cell growth and improved cell function. Bio-

chem Biophys Res Commun 2007, 354, 1095.
[44] Ling L, Wong C, Ikem V O, et al. Macroporous polymers with hierarchical pore structure from emulsion templates stabilised by both particles and surfactants. Macromol Rapid Commun 2011, 32, 1563.
[45] Vílchez S, Pérez-Carrillo LA, Miras J, et al. Oil-in-alcohol highly concentrated emulsions as templates for the preparation of macroporous materials. Langmuir 2012, 28, 7614.
[46] Sevšek U, Krajnc P. Methacrylic acid microcellular highly porous monoliths: preparation and functionalisation. React Funct Polym 2012, 72, 221.
[47] Canal C, Aparicio RM, Vílchez A, et al. Drug delivery properties of macroporous polystirene solid foams. J Pharm Pharm Sci 2012, 15, 197.
[48] Sher P, Ingavle G, Ponrathnam S, et al. Novel/conceptual floating pulsatile system using high internal phase emulsion based porous material intended for chronotherapy. AAPS Pharm Sci Tech 2009, 10, 1370.
[49] Peña AA, Miller CA. Kinetics of compositional ripening in emulsions stabilized with nonionic surfactants. J Colloid Interface Sci 2001, 244, 154.
[50] Prak DJL, Abriola LM, Weberm WJ, et al. Solubilization rates of n-alkanes in micellar solutions of nonionic surfactants. Environ Sci Technol 2000, 34, 476.
[51] Kabalnov AS, Weers J. Kinetics of mass transfer in micellar systems: surfactant adsorption, solubilization kinetics, and ripening. Langmuir 1996, 12, 3442.
[52] Dungan RS, Tai BH, Gerhardt NI. Transport mechanisms in the micellar solubilization of alkanes in oil-in-water emulsions. Coll Surf A 2003, 216, 149.
[53] Yoon KA, Burgess DJ. Mathematical modelling of drug transport in emulsion systems. J Pharm Pharmacol 1998, 50, 601.
[54] Peña AA,Miller CA. Solubilization rates of oils in surfactant solutions and their relationship to mass transport in emulsions. Adv Colloid Interface Sci 2006, 123, 241.
[55] Todorov PD, Kralchevsky PA, Denkov ND, et al. Kinetics of solubilization of n-decane and benzene by micellar solutions of sodium dodecyl sulfate. J Coll Interface Sci 2002, 245,371.
[56] Sailaja D, Suhasini KL, Kumar S, et al. Theory of rate of solubilization into surfactant solutions. Langmuir 2003, 19, 4014.

9

现代 Hamaker 常数

9.1 导语

Hamaker 常数是一个反映材料表面分子特性的参数，被认为与范德瓦耳斯力具有同样重要性，可适用于液体和固体[1]。但与范德瓦耳斯力不同，Hamaker 常数还反映了物质的极性，且与分子结构、形状密切相关[1-25]。

9.2 经典的 Hamaker 常数

根据文献，有许多方法可以测试 Hamaker 常数，但这些方法几乎都是依据 Lifshitz[4,5]和 DLVO 理论[12]，这其中也包括应用显微镜方法[1]。事实上，Lifshitz 曾经介绍了一种改进的显微镜技术测试来 Hamaker 常数，涉及将两个具有一定的绝缘性能的物体视作连续体，但其疏忽了物体之间的互相影响[4,5,26]。我们可以注意到，在 Lifshitz 的这个方法中 van der Waals 力是其中的一个变量，因此也可以通过电磁场改变两个物体之间的距离从而影响 Hamaker 常数[4,5,26]。换言之，这也使得人们可以通过 van der Waals 力来测试 Hamaker 常数[4,5,10,26]。

基于 Lifshitz 理论的全光谱计算方法(full spectral calculation)是比较广泛被应用于测试 Hamaker 常数的一种方法，主要取决于与材料的频率相关的介电常数[4,5,10,26]。因此，这个方法测试得到的 Hamaker 常数的精度直接与介电光谱及相关的数学推导有关[10,13,19]。French 等[17,18]曾经应用真

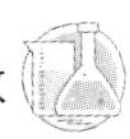

空紫外光谱测试材料的光谱性能并进一步推导也是基于 Lifshitz 理论的 Hamaker 常数测试方法[4,5,26]。为此，Tabor 和 Winterton[23]还曾经推导了一个基于 Lifshitz 理论及材料介电常数的简易公式去估算 Hamaker 常数[4,5,26]。值得一提的是，比较发现基于 Lifshitz 或 DLVO 理论得到的 Hamaker 常数值有一个规律，即基于前者的数值一般高于后者得到的数值[26-28]。

由于色散力、范德瓦耳斯力和伦敦力都是基于宏观两个物体之间的反应结果，这使得人们可以应用 Hamaker 常数去估算色散力如公式(9-1)所示[1]：

$$A=\pi^2 q^2 B \tag{9-1}$$

其中：q 每个原子的单位体积，B 是伦敦力常数。

由于每个单位的范德瓦耳斯反应自由能 E_{vdW} 在两个平行表面之间的距离 L 之间有以下关系(9-2)[1,13]：

$$E_{vdW}=A/12\pi L^2 \tag{9-2}$$

所以也可以通过伦敦力常数 B 去得到 E_{vdW} 如式(9-3)所示[13]：

$$E_{vdW}=B/L^6 \tag{9-3}$$

这意味着 Hamaker 常数 A 与 E_{vdW} 及两个球状物体的半径 R 之间的关系可以由式(9-4)进行描述[13]：

$$E_{vdW}=-AR/12L \tag{9-4}$$

基于上述的描述，Fowkes 为此进一步发展出一个很实用的方法对未知物体的 Hamaker 常数 A 进行估算[15]。他认为可以用已知色散力 γ^d 的物体为探针测试未知物体的 A。当然，前提是也可以测试两个物体之间的距离 L。公式(9-5)即是 pFowkes 方程式[15]：

$$A=6\pi L^2\gamma^d \tag{9-5}$$

值得一提的是关于公式(9-5)的应用，Fowkes 还发现 $6\pi L^2$ 值对许多实例是在 $1.44\times10^{-14}\ \text{cm}^2$[15]，所以对应用者而言仅仅需要知道已知材料色散力 γ^d 就可以非常方便地估算未知材料的 A 了[13]。

根据 Lifshitz 理论[4,5,26]和 Ninham-Parsegian 的价电反应方程式[14]，

Hough 和 White[13]也提出了一种很实用的基于接触角的 Hamaker 常数估算方法如式(9－6)所示，其中需要应用已知 Hamaker 常数的液体或固体为探针，并测试两者之间的接触角 ϑ 得到未知一方的 Hamaker 常数[13,14,22]。

$$\cos\vartheta=(2A_S/A_L)-1 \tag{9-6}$$

其中下标的 S 和 L 分别代表固体和液体。

注意到 Leong 和 Ong[29]曾经发展了一个通过临界 Z 电位测试方法来估算固体 Hamaker 常数的方法。这个方法需要应用纯非极性液体为探针并测试未知固体浸润在探针液体中的热性能[20]。

表面力测试方法也可以测试 Hamaker 常数，前提是探针与接触物体之间的几何形状是可测的[11]。类似的，原子力显微镜也可以测试固体的 Hamaker 常数[21]。

到目前为止，许多固体和液体的 Hamaker 常数 A 已经被文献报道并涉及许多方法[1-21]。但必须指出的是固体的 A_S 其实并不是唯一的，比如随不同的测试媒介、环境、测试条件等的变化而变化，甚至还与探针液体的数量有关[1-35]。例如，Hough 和 White[13]就曾经应用一系列烷烃为探针液体及公式(9－6)测试 PTFE 的 Hamaker 常数，结果发现 A_S 值随所用烷烃的数量而变化，明显不是一个具有唯一性的常数。

在众多涉及 Hamaker 常数的文献中，Helfrich 等曾经介绍了一个临界 Hamaker 常数 A_C 的概念[36,37]。根据这些研究者的成果，当两个物体间的距离发生变化时，普通的 Hamaker 常数 A 与临界的 Hamaker 常数 A_C 之间会发生或大或小的变化。但遗憾的是这个临界 Hamaker 常数仅仅是一个理论上的假设，至今无任何应用[36,37]。

9.3 现代的 Hamaker 常数

现代 Hamaker 常数其实就是临界 Hamaker 常数。这是因为只有将这个常数做到唯一，才能使其原有的意义变得真正的有效。

Zisman 曾经发明了一个著名的图，他将一系列烷烃滴在固体材料表面得到的一系列接触角 ϑ 与烷烃的表面张力 γ_L 作二维图，然后将这个图里显示的直线进行外推至 $\cos\vartheta=1$，从而得到固体的临界表面张力 γ_C[38]。

根据 Zisman 图的启示，如果应用一系列已知 Hamaker 常数 A_L 的液体及测试得到与未知固体之间的接触角 ϑ，也应该可以作出 $A_L - \cos\vartheta$ 图，并通过进一步演绎其中的曲线或直线得到属于固体的 Hamaker 常数 A_S。

表 9 - 1 和表 9 - 2 分别给出了一系列烷烃溶剂[13]及一些常用溶剂的 Hamaker 常数[39]。

表 9 - 1 烷烃溶剂的 Hamaker 常数，A_L[13]

烷烃	$A_L/10^{-20}$ J
C_9H_{20}	4.66
$C_{10}H_{22}$	4.82
$C_{11}H_{24}$	4.88
$C_{12}H_{26}$	5.04
$C_{13}H_{28}$	5.05
$C_{14}H_{30}$	5.10
$C_{15}H_{32}$	5.16
$C_{16}H_{34}$	5.23

表 9 - 2 常用溶剂的 Hamaker 常数，A_L[39]

溶液	$A_L/10^{-20}$ J
水	4.62
甲醇	3.94
乙醇	4.39
氯仿	5.34
苯	4.66
氯	5.40
二硫化碳	5.07
甘油	6.70
水银	33.0

含氟聚合物是一种具有碳-氟链的高分子，Zisman 等曾经以此类材料为代表，研究其润湿性能[38]。聚四氟乙烯 PTFE 是 Zisman 等的一个研究对象[38]，应用一系列烷烃为探针测试其与 PTFE 之间的接触角，然后将烷烃的表面张力 γ_L 与余弦接触角 $\cos\vartheta$ 作图，他们得到了 PTFE 的临界表面张力，γ_C[13]。参照 Zisman 的作图方法，图 9-1 将一系列烷烃溶液的 A_L 与 $\cos\theta$ 作图，发现 PTFE 在测试所涉及的两种条件下也都呈现出很好的线性现象，这意味着如进一步应用 Zisman 的处理临界表面张力 $\gamma_{C,}$ 的方法[38]也可以推导出 PTFE 的临界 Hamaker 常数 A_C。将图中所示直线按 $\cos\vartheta = l$ 的临界湿润条件进行外推，果然图 9-1 显示了 PTFE 在水和空气两个不同测试条件下的临界 Hamaker 常数 A_C。

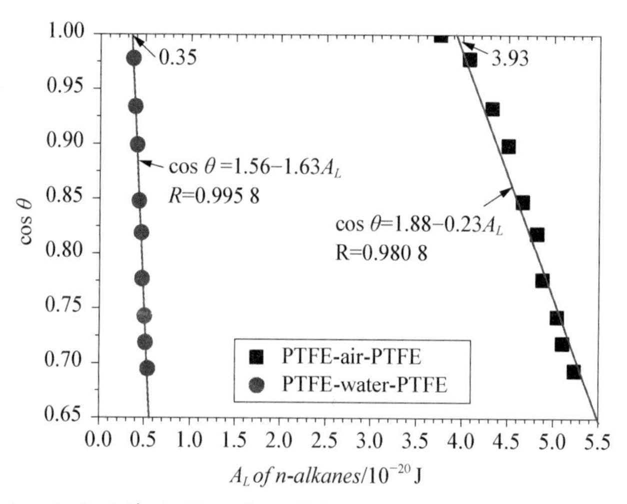

图 9-1　溶液的普通 Hamaker 常数 A_L 与 PTFE 之间在水与空气条件下的接触角 $\cos\theta$ 关系[40]

根据图(9-1)可以很清楚地知道，PTFE 的普通 Hamaker 常数 A_S 是随接触角测试所用溶液的数量及测试条件而变化的，所以并不是一个真正意义上的常数，其中 A_S 随应用溶液的数量而变化明显是非理想的结果。而外推得到的临界 Hamaker 常数 A_C 是一个不仅仅集聚了所有被应用的溶液给出的普通 A_S 值，而且还确确实实是一个唯一值。事实上，图 9-1 给出非常好的线性度也说明这个外推是有效的，其得到的相应临界值也是可信的。据此可知，PTFE 的 A_C 值在空气中是 3.93×10^{-20} J，在水中的值是

0.35×10^{-20} J。

因为 PTFE 的普通 Hamaker 常数 A_S 值在空气和水中分别是 3.80×10^{-20} J 和 0.33×10^{-20} J[13]，两者都比 A_{C-A} 和 A_{C-W} 小，但这个大小的规律确与临界 Hamaker 常数 A_C 是一致的，也符合 Hamaker 常数的普遍常理[13]。

由于 A_C 值是基于润湿方法得到的，而文献报道的 A_S 来源于不同的测试方法，所以两者的差异是可以理解的。但必须指出的是前者可能更有效的代表色散力反应的结果[11,13]，而其他方法，尤其是光学方法，得到的更可能是综合的结果，未必是 Hamaker 本人最早认定的其常数范畴[1-25]。

根据图(9－1)，可以肯定的是这个得到的 A_C 在一种测试条件下是唯一的，且符合人们对常数的理解。根据图(9－1)，可以进一步知道液体的普通 Hamaker 常数 A_L 与临界 Hamaker 常数 A_C 之间的关系如式(9－7)所示：

$$\cos\vartheta=k'(A_L-A_C) \tag{9-7}$$

其中 k' 是 A_L 和 A_C 之间的一个相关常数。

由公式(9－7)可知，未知固体的 A_C 或未知 A_L 的液体都是可以通过接触角方法进行测试得知的，前提是用已知一个的液体或固体为探针，然后测试两者之间的接触角。

由于 Neumann 等曾经研究了含氟高分子材料 FC721 和 FC722 的润湿性[32-35]，这为研究这些材料的临界 Hamaker 常数提供了可能。基于这些研究者给出的接触角数据及表(9－1)和表(9－2)，图(9－2)描述了相应的 $A_L-\cos\vartheta$ 关系。类似上面的外推方法，发现 FC721 和 FC722 在空气和水里的临界 Hamaker 常数是一致的，比如在空气中 A_{C-A} 都是 3.05×10^{-20} J 而在水里 A_{C-W} 都是 0.22×10^{-20} J。这说明 FC 721 和 FC 722 具有完全一样的色散力成分，但这确实是以前我们不知道的[32-35]。由此可知，临界 Hamaker 常数可能比普通 Hamaker 常数更容易或更精确的描述和反映固体和液体中的色散力成分。

由图 9－2 还发现 FC721 和 FC722 的 A_C 也是在空气中大于水里，这与 PTFE(图 9－1)和普通 Hamaker 常数的规律一致[13]。

氟化乙丙烯 FEP 是含氟高分子材料中的一种，但不同于 PTFE，FEP 具有很好的加工性能这是因为其具有熔点的性能所以可以与其他高分子一

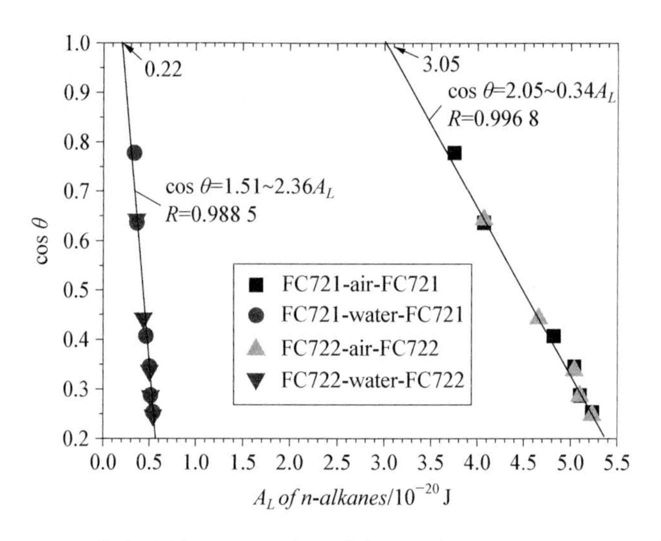

图 9-2　溶液的普通 Hamaker 常数 A_L 与 FC721 和 FC722 在水与空气条件下的接触角 cosϑ 之间的关系

样通过热加工方法成型。以经典的 FEP 和 FET 中的特氟龙(Teflon)1 600 为代表,图 9-3 描述了它们的溶液 A_L 与相应的接触角 cosθ 之间的关系及外推得到的 A_C,如前者在 0.303×10^{-20} J,后者在 0.237×10^{-20} J。这些数字很实际的说明了特氟龙 1 600 具有很强的抗润湿能力,即很好的疏水性。

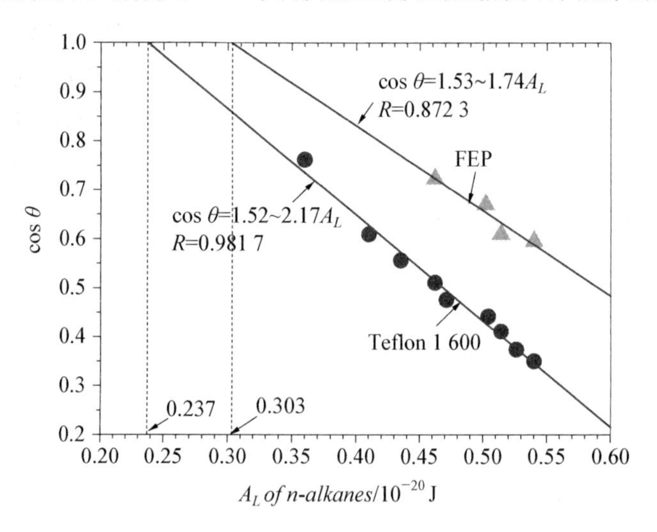

图 9-3　溶液的普通 Hamaker 常数 A_L 与 Teflon 1 600 和 FEP 的接触角 cosϑ 之间的关系[40]

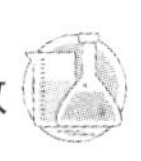

Zisman 等还曾经研究了一系列全氟金酸的润湿性[39]。表 9 - 3 即是这些样品的熔点[41]与我们得到的他们的临界 Hamaker 常数 A_C 之间的关系。

表 9 - 3 全氟金酸的熔点与临界 Hamaker 常数 A_C

全氟金酸	熔点/℃	$A_C/10^{-20}$ J
1	11.2～13.4	2.61
2	54.9～55.6	2.71
3	87.4～88.2	2.86
4	112.6～114.7	2.95

根据 Zisman 等的研究，已知这些样品具有很低的表面能从而具有很好的疏水性能，但这些性能都与其氟酸链的多少有关[39,41]。根据 van Oss 等[39]提供的 cosϑ 及 Zisman 等的数据[41]，图 9 - 4 描述了溶液的 A_L 与全氟金酸的接触角 cosϑ 之间的关系及外推至临界接触角时得到的 A_C。由此图得到的 A_C 值也被表 9 - 3 并入以便进一步了解其与熔点的关系。由表 9 - 3 可知，全氟金酸的碳酸链短的样品如 1 号具有最小的 A_C，反之则相反。这充分说明了全氟金酸的润湿性是由其碳酸链的长度决定的。

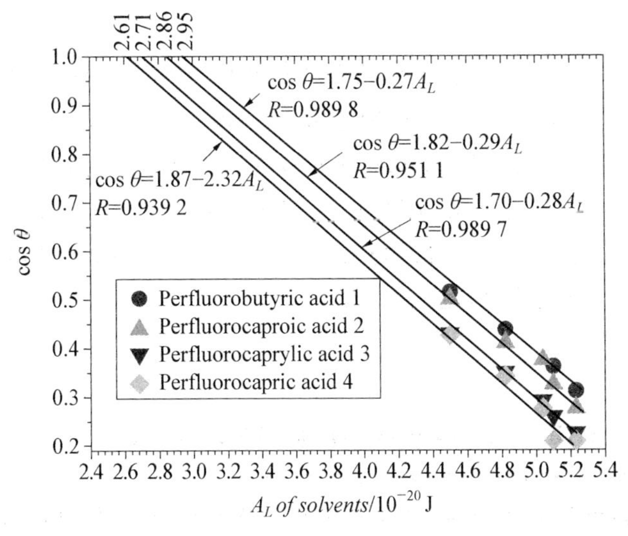

图 9 - 4 溶液的普通 Hamaker 常数 A_L 与系列全氟金酸接触角 cosθ 之间的关系[40]

应用接触角技术及上述方法，我们还研究报道了木材树脂的临界表面张力 γ_C 和临界 Hamaker 常数，其中的溶液 A_L 与取自挪威云杉的木材树脂 $\cos\theta$ 之间的关系如图 9－5 所示。我们曾经发现该样品的 γ_C 约在 18.48 mN/m，而 A_C 约在 4.18×10^{-20} J[43]。说明该木材树脂的疏水性非常好。

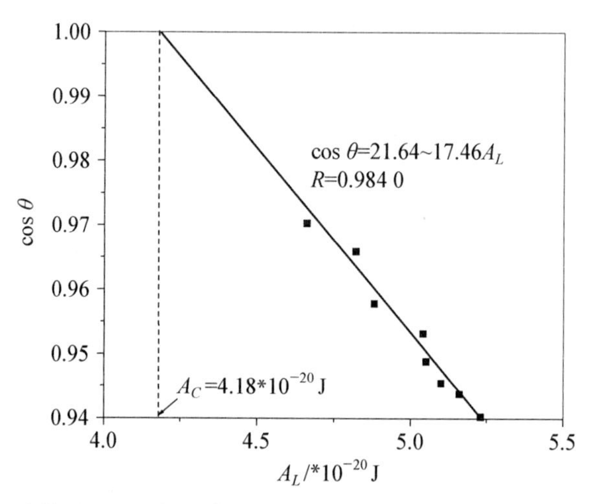

图 9－5　烷烃的普通 Hamaker 常数 A_L 与木材树脂接触角 $\cos\vartheta$ 之间的关系[43]

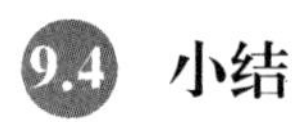 9.4 小结

通过采取 Zisman 的作图得到临界表面张力的方法，本章介绍了近年来采用类似作图方法测试得到材料临界 Hamaker 常数 A_C 的过程及应用。其基本过程是用已知普通 Hamaker 常数的液体 A_L，去润湿未知的固体，或反之，得到两者之间的接触角，然后应用 Zisman 的外推至临界接触角 $\cos\vartheta=1$ 的方法得到未知材料的 A_C。这个 A_C 值是一个真正的唯一值，集合和代表了所有液体得到的单一的 A_C 值。

参考文献

[1] Hamaker HC. The London-Van der Waals attraction between spherical particles. Physica, 1937, 4, 1058－1072.

[2] Parsegian VA. Van der Waals Forces: A Handbook for Biologists, Engineers, and Physicists, Cambridge University Press, UK, 2005.

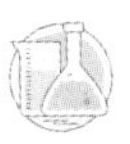

[3] Wood SE, Gray JA. The Volume of Mixing and the Thermodynamic Functions of Binary Mixtures. III. Cyclohexane-Carbon Tetrachloride. J. Am. Chem. Soc. 1952, 74, 3729 - 3733.
[4] Lifshitz EM. The theory of molecular attractive forces between solids. Soviet Physics. JETP 1956, 2, 73 - 83.
[5] Dzyaloshinskii IE, Lifshitz EM, Pitaevskii LP. The general theory of van der Waals forces. Adv. Phys. 1961, 10,165 - 209.
[6] Shen Q. Interfacial characteristics of wood and cooking liquor in relation to delignification kinetics. Åbo Akademi University Press, Finland, 1998.
[7] Eichinger BE, Flory PJ. Thermodynamics of polymer solutions. 1. Natural rubber and benzene. Trans. Faraday Soc. 1968, 64, 2035 - 2053.
[8] Min Y, Akbulut M, Kristiansen K, et al. The role of interparticle and external forces in nanoparticle assembly. Nat. Mater. 2008, 7, 527 - 538.
[9] Fronczak SG, Dong J, Browne CA, et al. A New "Quasi-Dynamic" Method for Determining the Hamaker Constant of Solids Using an Atomic Force Microscope. Langmuir, 2017, 33, 714 - 725.
[10] Bergstrom L. Hamaker constants of inorganic materials. Adv. Coll. Interface Sci. 1997, 70, 125 - 169.
[11] Israelachvili J. Intermolecular and Surface Forces, 2nd Ed. Academic Press, San Diego, USA, 1992.
[12] Drew M. Surfaces, Interfaces and Colloids: Principles and Applications, 2nd Ed. John Wiley & Sons, Inc. USA, 1999.
[13] Hough DB, White LE. The calculation of Hamaker constant from Lifshitz theory with applications to wetting phenomena. Adv. Coll. Interface Sci. 1980, 14, 3 - 41.
[14] Parsegian VA, Weiss GH. Spectroscopic Parameters for Computation of Van Der Waals Forces. J. Coll. Interface Sci. 1981, 81, 285 - 289.
[15] Luo Y, Gao X, Tian R, et al. Approach to Estimation of Hamaker Constant as Taking Hofmeister Effects into Account. J. Phys. Chem. C, 2018, 122, 9432 - 9440.
[16] Visser J. On Hamaker constants: A comparison between Hamaker constants and Lifshitz-Van der Waals constants. Adv. Coll. Interface Sci. 1972, 3, 331 - 363.
[17] French RH, Cannon RM, DeNoyer LK, et al. Full spectral calculation of non-retarded Hamaker constants for ceramic systems from interband tran-

sition strengths. Solid State Ionics, 1995, 75, 13 - 33.

[18] French RH, Winey KI, Yang MK, et al. Optical Properties and van der Waals - London Dispersion Interactions of Polystyrene Determined by Vacuum Ultraviolet Spectroscopy and Spectroscopic Ellipsometry. Aust. J. Chem. 2007, 60, 251 - 263.

[19] Masuda T, Matsuki Y, Shimoda T. Spectral parameters and Hamaker constants of silicon hydride compounds and organic solvents. J. Coll. Interface Sci. 2009, 340, 298 - 305.

[20] Medout-Marere V. A Simple Experimental Way of Measuring the Hamaker Constant A11 of Divided Solids by Immersion Calorimetry in Apolar Liquids. J. Coll. Interface Sci. 2000, 228, 434 - 437.

[21] Argento C, French RH. Parametric tip model and force distance relation for Hamaker constant determination from atomic force microscopy. J. Appl. Phys. 1996, 80, 6081 - 6091.

[22] Hiemenz PC, Rajagopalan R. Principles of Colloid and Surface Chemistry, Marcel Dekker Inc, New York, 1997.

[23] Tabor D. Junction growth in metallic friction: the role of combined stresses and surface contamination. Proc. Roy. Soc. A. 1959, 251, 378 - 393.

[24] Ortega-Vinuesa JL, Martin-RodriGuez A, Hidalgo-Álvarez R. Colloidal Stability of Polymer Colloids with Different Interfacial Properties: Mechanisms. J. Coll. Interface Sci. 1996, 184, 259 - 267.

[25] Tagawa M, Gotoh K, Yasukawa A, et al. Estimation of Surface Free Energies and Hamaker Constants for Fibrous Solids by Wetting Force Measurements. Coll. Polym. Sci. 1990, 268, 589 - 594.

[26] Drummond CJ, Chan DY. van der Waals Interaction, Surface Free Energies, and Contact Angles: Dispersive Polymers and Liquids. Langmuir, 1997, 13, 3890 - 3895.

[27] Butt HJ, Kappl M. Surface and Interfacial Forces, John Wiley & Sons, USA, 2009.

[28] Fuchs N. Dispersion-Theoretic Approach to Current Algebras. Phys. Rev. Lett. 1967, 18, 373.

[29] Leong YK, Ong BC. Critical zeta potential and the Hamaker constant of oxides in water. Powder Tech. 2003, 134, 249 - 254.

[30] Fotland P, Askvik KM. Determination of Hamaker constants for asphaltenes in a mixture of pentane and benzene. Coll. Surf. A. 2008, 324, 22 -

27.

[31] Senden TJ, Drummond CJ, Kekicheff P. Atomic Force Microscopy: Imaging with Electrical Double Layer Interactions. Langmuir 1994, 10, 358-362.

[32] Kwok DY, Li D, Neumann AW. Evaluation of the Lifshitz-van der Waals/Acid-Base Approach to Determine Interfacial Tensions. Langmuir 1994, 10, 1323-1328.

[33] Kwok DY, Neumann AW. Contact angle measurement and contact angle interpretation. Adv. Coll. Interface Sci. 1999, 81, 226-232.

[34] Kwok DY, Neumann AW. Contact angle interpretation: Re-evaluation of existing contact angle data. Coll. Surf. A. 2000, 161, 49-62.

[35] Tavana H, Lam CNC, Grundke K, et al. Neumann AW. Contact angle measurements with liquids consisting of bulky molecules. J. Coll. Interface Sci. 2004, 279, 493-502.

[36] Helfrich W. Effect of thermal undulations on the rigidity of fluid membranes and interfaces. J. Phys. (Paris) 1985, 46,1263-1268.

[37] Helfrich W. In: Handbook of Biological Physics, Vol. 1, Ed. Lipowsky R, Sackman E, Elsevier, 1995, Chap. 14.

[38] Zisman WA. Contact Angle: Wetting and Adhesion. Advances in Chemistry, ACS. Washington DC, 1964.

[39] van Oss CJ, Chaudhury MK, Good RJ. Interfacial Lifshitz-van der Waals and polar interactions in macroscopic systems. Chem. Rev. 1998, 88, 927-941.

[40] Shen Q. New insight on critical Hamaker constant of solid materials, Mater. Res. Bull. 2021, 133, 111082.

[41] Balkenendevan AR, de Boogaard HJAP, Scholten M, et al. Evaluation of Different Approaches To Assess the Surface Tension of Low-Energy Solids by Means of Contact Angle Measurements. Langmuir 1998, 14, 5907-5912.

[42] Hare EF, Shafrin EG, Zisman WA. Properties of films of adsorbed fluorinated acids. J Phys Chem 1954, 58, 236-239.

[43] 沈青,挪威云杉树脂的临界表面张力和临界 Hamaker 常数[J]. 林产化学与工业,2004,24(增刊),78-79.

10

混合体系的界面行为

10.1 导语

油和水不能互溶是一个经典的胶体化学现象，但有意思且必须一提的是胶泥表面出现的干扰色是一个相反的互溶证明，即混合油是可以通过水表面进行扩散的[1,2]。事实上，历史上也有一些油在水上扩散的记录。比如古罗马人和古希腊人熟知可以通过给船舶浇油让周围的波浪得以平缓，而B. 富兰克林（B. Franklin）发现甘蔗中的油会在水中进行扩散[1,2]。Franklin 还发现一茶匙的油在池塘上扩散的面积可以达到半英亩[1,2]。尽管有人认为这是扩散颗粒形成的膜，而富兰克林事实上也从未推导出其平均厚度，但这个膜的厚度还是在一百多年后由 L. 瑞利（L. Rayleigh）推导得出约为 2 nm[1,2]。

无论如何，日常经验表明：油在水中的扩散（或用胶体化学术语——润湿来表达）是一个普遍存在的现象，但必须同时指出：最简单的油分子、直链烷烃是不能在（纯）水中进行扩散的[1,2]。

本章所涉及的化学符号缩写如下。十二烷基三甲基溴化铵：DTAB、十四烷基三甲基溴化铵：TTAB、十六烷基三甲基溴化铵：CTAB、十八烷基三甲基溴化铵：STAB、长度为 n 的烷基三甲基溴化铵：C_nTAB、非离子型的聚（乙二醇）烷基醚：C_nE_m、十二烷基硫酸钠：SDS、二辛基磺基琥珀：AOT、氯化十六烷基吡啶：CPC、聚二甲基硅氧烷：PDMS、四甲基十二烷基硫酸钠：TMADS、聚乙二醇山梨糖醇酐单月桂酸酯：TWEEN 20。

10.2 油水混合体系的界面行为

一般情况下，放置在平坦表面的一个液滴会显示出三种截然不同的润湿行为中的一种（图 10－1）。从概念上讲，最明显的结果是液滴将扩散到覆盖在整个表面而形成均匀的膜，或保持为表面的悬浮颗粒。20 世纪 90 年代，Bonn 等将前者描述为完全润湿后者描述为局部湿润。这通常是大多数在水面上的直链烷烃的情况，比如完全润湿局限于戊烷和庚烷[1,2-7,8,9]。第三种行为是中间物在润湿形态下的滴状扩散，在平衡表面形成均匀的微观厚膜，被称为假局部润湿[3,10]，这是一种常遇到的油滴在空气/表面活性剂溶液形成的界面，即有油、水和表面活性剂共同组成的混合体系。

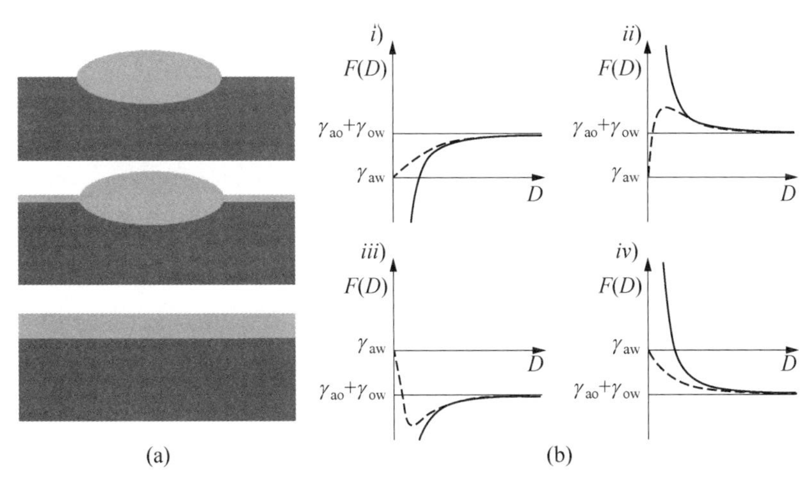

(a)油滴的润湿行为放置于的水溶液表面上，顶部及部分润湿，中间局部润湿，底部完全润湿。(b)为油膜厚度效果的示意图，D：自由能(上虚线)，$F(D)$：空气/水界面。远程范德瓦耳斯的作用如实线所示 i)$S_i<0$ 且 $A>0$，ii)$S_i<0$ 且 $A<0$，iii)$S_i>0$ 且 $A>0$，iv)$S_i>0$ 且 $A<0$[15]

图 10－1 三种不同的润湿行为

图(10－1A)中表示出的三种润湿可能性的本质是受力的影响。对于一个足够厚的膜，其自由能仅仅是空气/油和油/水界面的界面张力的总和。如果膜的厚度与远距离分散范围内透过膜的水和空气发生相互作用，则 F(D)与膜的厚度 D 的关系如公式(10－1)所描述：

$$F(D)=\gamma_{ow}+\gamma_{ao}-\frac{A_{aow}}{12\pi D^2} \tag{10-1}$$

其中 γ_{ow} 和 γ_{ao} 的分别是油/水和空气/水的界面张力，并且最后阶段接近远程范德瓦耳斯透过膜($D>$分子尺寸)的相互作用。

在等式(10-1)中关于长期作用的效果与它的一个重要点相关，就是 Hamaker 常数 A_{aow}。负的 Hamaker 常数会导致膜变厚(有利于完全润湿)的自由能减少，而正的 Hamaker 常数可以促进膜变薄。以正戊烷为例，其 Hamakerr 常数是负的，导致净排斥力(范德瓦耳斯力)诱导了完整的润湿行为。对于较高级的正烷烃，Hamaker 常数的分散性具有很大的贡献，占主导地位，会导致净吸引力在空气/水界面上形成界面。

短期自由能的贡献可以被视为等式(10-2)，并作为薄膜厚度趋向于零的行为。在此限制下，系统的自由能降低，平整的空气/水界面产生初始扩展系数 S_i。

$$P(D\rightarrow 0)=\gamma_{aw}-(\gamma_{ow}+\gamma_{ao})=S_i \tag{10-2}$$

初始扩展系数的符号确定系统的自由能在油膜的存在下的表现。如果 $S_i<0$，油将不会润湿水，而如果 $S_i>0$ 则有利于润湿。实际上这两个表达式描述的净能量不利(或有利)于空气/水界面随后变为空气/油和油/水界面。正戊烷的例子可以再次用来说明润湿行为短期作用的影响、相关的表面张力，因此 S_i 是依赖于温度的。当加热温度超过 25℃，S_i 改变符号由负到正且发生从局部到伪局部润湿的一阶湿透转变[5]。

结合长程、短程受力有 4 种可能发生的情况，如图 10-1(b)所示。当 $S_i<0$ 时有利于局部湿润的青睐，与 Hamaker 常数的符号无关。当 $S_i>0$ 且 Hamaker 常数为负时，发生完全润湿(当这两种效应有利于扩散/膜增厚时)。最后，当 $S_i>0$(有利于扩散)和 Hamaker 常数也是正的(促进膜变薄)薄膜处于不完全润湿状态。在后面的这种情况下 $F(D)$的最小值出现某些有限的 D 值[图 10-(b)]。因此，在多余油的存在条件下，该系统的平衡状态是晶体油共存($D\rightarrow\infty$)的膜的厚度决定的。

n-戊烷的润湿性能可以基于图 10-2 进行理解，如 Bonn 所示[5]。在温度较低时，初始扩散系数是负的且 Hamaker 常数是正的，从而导致局部湿润。25℃时初始扩散系数改变符号，并有从部分到伪局部的一阶过渡湿

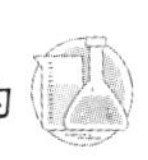

润。53℃时，Hamaker 常数改变符号并有一个第二步，连续的过渡完成润湿(应当指出，戊烷的正常沸点是 36℃且这些实验在饱和蒸汽压存在下进行)。较低的温度转变的一阶性质是与 Cahn 理论[11]的预测一致的。类似的润湿转换已经在己烷和庚烷的水系统中得以发现[12]，比如正己烷-盐水[6]、正庚烷-盐水体系[3]。

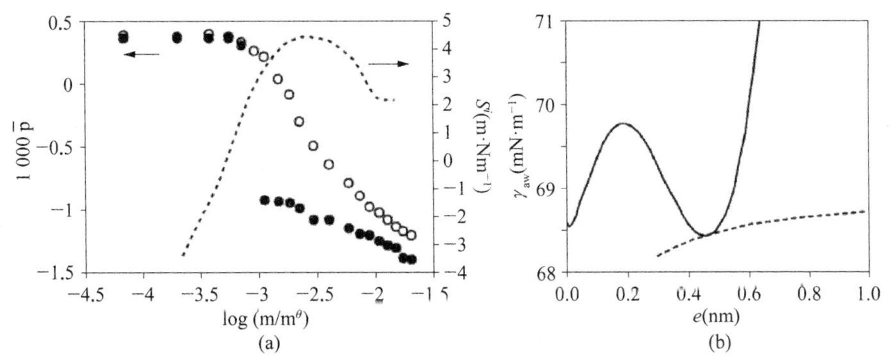

(a)DTAB/十六烷烃混合体系的浓度变化一阶湿润示意图，实心圆和空心圆分别代表椭圆率的系数存在及不存在。(b)短程力(实线)和远程力(虚线)对 DTAB/十六烷烃混合体系形成的膜厚度的影响[23]

图 10-2 n-戊烷的润湿性能

10.2.1 表面活性剂对油水混合体系的润湿影响

只有短链正烷烃显示出润湿纯净水表面上的转换。但是，如果表面活性剂引入到亚相，较长链烷烃的润湿转换就可诱发产生。表面活性剂影响初始扩散系数、平衡传播系数，并在一定程度上影响 Hamaker 常数。Aveyard 和他的同事们以及 Aratono 关于用单层表面活性剂的混合油已经展开详细研究。Bain 和同事使用中子反射率、表面张力计量、接触角的测量、椭偏仪、线张力测量和理论模型的组合。

Aveyard 等人表明油中的阳离子表面活性剂 CTAB 和正烷烃的混合单分子膜的表面取决于烷烃的链长，更容易穿透表面活性剂的单分子层[13]。关于一系列 CnEm 正构烷烃系统的实验揭示了两个竞争行为[14]。几乎不考虑表面活性剂的话，短链烷烃(链长度为 9 个碳原子或以下的)完全润湿界面表示厚(>100 nm)的薄膜的干涉色的外观。较长的烷烃表现为假性局部湿润。用 Gibbs 方程的表面张力数据分析表明，烷烃分子吸附到现有的表面活性剂单层的摄取增加与烷烃活性线性理想气体等温线等。稀释的烷烃，角鲨烷(假设非吸附)用于控制烷烃的活性，虽然角鲨烷本身的阳离子表面活性剂 DTAB 的解决方案呈现伪局部湿润[15]。

表面活性剂和链状烷烃组合的中子反射率实验表明，烷烃可以深入到阳离子 CnTAB 单层离子 CnEm 或阴离子 SDS 单分子膜，其中的烷烃优先与表面活性剂在链尾发生重叠[16-18]。在所有情况下，湿润的空气在溶液界面会引起表面的单分子层发生倾斜使得表面活性剂的尾部朝表面法线的方向进行变化，而表面活性剂的表面过剩对于油的吸附则无明显改变。对 CnTAB、CnEm、AOT 和 CPC 油吸附的单层测试发现，其具有多种不同的结构，与传播压力接近零的环己烷、全氟辛烷和 PDMS 的情况非常接近[19]。

Aratono 等发现正十六烷从局部湿润到假性局部湿润的一阶转变过程中会使得表面活性剂 TMADS 的浓度增加[20]。为此他们建议这个转变可以被视作是正十六烷由于表面吸附而产生的一种一阶润湿转变或是作为十六烷存在下诱导的表面活性剂的单分子层气体和液体膨胀转变过程，但前者较为普遍[21]。Bain 等用椭偏仪研究 DTAB 的吸附等温线在有油存在条件下的连续过程发现，如其中没有油的存在这个体系仍表现出一阶润湿转变。图 10－2(a)表现了椭圆率系数和 DTAB/十六烷作为表面活性剂时的浓度函数与初始扩展系数之间的关系。椭圆率系数在此提供了一个衡量体系是否具有过量电介质的界面参数。十六烷存在下的椭圆率系数不连续性标志着该体系初始的扩展系数是有变化的，与一阶转变或部分是假性局部湿润基本一致。椭圆率显示，当单一表面活性剂单层膜的厚度在大约 0.7 nm 时会发生润湿转变[23]。

对各种结构油的润湿行为的普遍研究都可以通过椭偏仪和表面张力测量组合找到解决方案，研究已经发现润湿转变普遍存在于癸烷、十二烷、十六烷、丁基环己烷和角鲨烷 DTAB 以及基于十二烷、十六 TTAB 角鲨烷和十六烷的氢氧化物体系[15,22]。在所有情况下形成的混合层具有一定的单层厚度，而其中的链烷烃的链长和表面活性剂浓度会诱导润湿过渡，其基本原因是较长的烷烃形成的膜具有较大的焓。这表明油和表面活性剂的结构是不局限于简单的线性烷烃的；而润湿转换虽然常见，但不会发生在基于 AOT 的链烷烃体系中[15,22]。

图 10－1(b)说明了基于短程力和长程力作用的界面是可以直观了解其润湿作用的，但不能准确描述薄膜厚度的自由能曲线，也不能提供润湿转变的顺序解释。在极限条件 $D \to 0$ 的色散作用下，短程力相互作用变得重要，使得过程中的自由能曲线如图 10－1(b)而且复杂。Matsubara 等曾经根据正规溶液理论建模做出一个二维气态点阵的短距离相互作用关系，同时考虑了油和表面活性剂分子之间的混合单分子膜的界面相互作用中[23]。根据这些研究人员，非滞后的范德瓦耳斯条件形式所描述的远程力相互作用可以用等式(10－1)进行描述，其中的厚度包括单层的混合单分子膜和任何油膜。有研究发现，该模型提供的结果与发生润湿转变的膜的组合物的浓度实验值一致，说明 DTAB、十二烷、十六烷和 TTAB/十六烷的润湿过渡是真实存在的。该模型已被成功地应用于描述在 CTAB/十六烷烃系统中的润湿转变[24]。图 10－2(b)中描述的短程力和长程力范围内包含晶格模型表面自由能的贡献，并将 0.9 mmol/kg 的十六烷烃/DTAB 溶液作为薄膜厚度的函数。

10.2.2 表面活性剂对油水混合体系线张力的影响

当烷烃晶体被放置在表面活性剂溶液的表面，可以形成三相接触线。于是在两种介质之间的界面都形成了一个相关的表面张力，其中有一个关联的线张力。线张力可以被认为是一种与气-液-油接触线单位长度有关的能量，对确定油的晶体相对尺寸有着至关重要的作用。正线张力通过凝聚小晶体有利于最大限度地减少接触线，而负线张力有利于由晶体变形或裂变创造接触线。

线张力的大小和符号有过相当大的争论，正如 Aveyard 等人(发明了干涉线张力的测量技术[25])所讨论的。这是因为干涉条纹在空气/水界面所记录的图像和图 10－3(a)和图 10－3(b)中相似，也都被用来描述图 10－3(c)所示的晶体的干扰轮廓。其中所涉及的系统二面角 δ、晶体半径 r、界面张力 γ 以及线张力 τ 之间的关系可以用等式(10－3)进行描述：

$$\gamma_{ao}\cos\left(\frac{\gamma_{ow}\delta}{\gamma_{ao}+\gamma_{ow}}\right)+\gamma_{ow}\cos\left(\frac{\gamma_{ao}\delta}{\gamma_{ao}+\gamma_{ow}}\right)=\gamma_{aw}-\frac{\tau}{r} \qquad (10-3)$$

等式(10－3)左边部分相比于 r^{-1} 然后得到线张力。事实上，利用这一

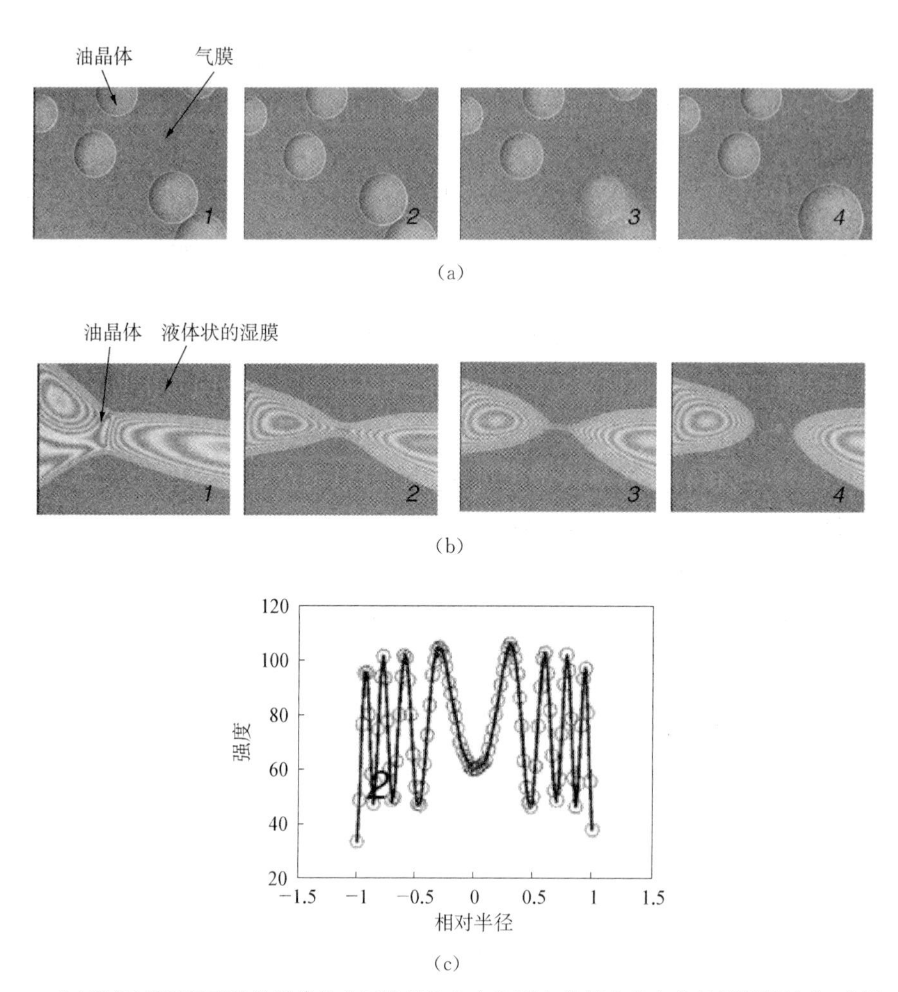

(a)和(b)随时间变化的影像的十四烷镜头上方和下方的部分发生伪局部润湿转变，分别采用TTAB解决方案。通过镜头观察部分润湿转变，以及裂变伪局部润湿标准。白条代表50 μm。(c)是典型反映对线张力的计算中使用的相对半径的反射光强度[31]

图 10-3　线张力变化示意图

方法，Aveyard得到了在空气/水界面下一个十二烷醇晶体的线张力大约是 1.6×10^{-11} N，与理论预测的值在 $10^{-11}\sim10^{-12}$ N范围内是基本一致的。虽然现在有一个普遍的共识，那就是线张力的量级是一个因素，但其在界润湿转变过程的精确行为及可应用于测量晶体的线张力依然是一个较为普遍的研究内容[26-28]。

DTAB、TTAB和CTAB[24,29,30]溶液表面处的十六烷烃晶体的线张力

 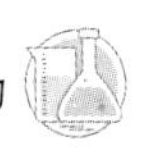

和 TTAB[31]溶液表面处的十四烷晶体已使用 Aveyard 等人类似的方法进行过测量。发现表面活性剂的线张力经历了一个符号从正到负的不连续变化并与润湿转变过程非常相似。线张力的变化在图 10－3(a)和图 10－3(b)中可以直观发现,其中显示了 CTAB 溶液在上下表面处的十六烷烃晶体的润湿转变。在润湿转变及表面具有更大的晶体并处于平衡时,小晶体会消失[图 10－3(a)],而上述湿润发生转变时发生相反的行为如图 10－3(b)所示。这种现象与热力学所描述的三相接触线线张力的看法是一致的,属于一个正线张力促成的凝聚或负线张力形成的晶体裂变[24,29-31]。

Indekeu 在固态界面运用一个界面转移模型预测了一阶转变是如何从部分到完全润湿的线张力符号的变化[32]。根据这个理论,线张力的符号是由表面自由能的符号及膜的厚度函数所决定的。根据 Matsubara 等人展示的点阵模型,在空气/水界面的润湿转变是从局部润湿到假局部润湿开始的,其中转变线张力符号是发生变化的[24,30]。

Matsubara 和他的同事们还发现 TTAB 溶液在空气/水界面的十四烷烃的假局部润湿膜的表面凝结线张力符号也经历了从负到正的变化过程[31]。但必须指出的是,若应用一个改性的界面转移模型来描述凝固相表面的自由能轮廓的精确形状是困难的,但它确实可以证实中间膜厚度上的表面自由能在这个过程中的贡献[31]。

10.3 混合体系的界面行为

10.3.1 气/水界面的凝固行为

在液体发生凝结的情况下,较有序的表面与更有序的块状一般也是共存的,这会使表面在更低的温度条件下发生融化,并通过晶体的减少过程来进行表现,这是因为在此过程中表面分子具有相对于块状更高的熵[33]。由于表面凝结这种行为并不是常见的,所以这种行为也成了一个判断正构型烷烃分子的方法[33]。

表面凝结的烷烃链和混合物已被广泛研究,并发现具有 16 到 50 个碳原子长度的直链烷烃在 3℃的温度条件下会发生表面转变[34]。应用椭圆光度法、[35]频率综合光谱、[36]X 射线衍射以及反射测量法都发现了不同烷烃的链长会影响凝聚相[37]。对直立链的旋转观察还发现，链长度为 16 和 29 个碳原子之间及 30 到 43 个碳原子之间的链长度都会随着链长的增长而发生倾斜旋转。当链长超过 43 个碳原子时，没有发生旋转的结晶表面凝结，而其固体层的厚度在小于凝结点时基本没有变化，即表面凝固层在膨胀相只发生部分润湿[37]。

在空气/水界面表面活性剂和烷烃的混合单层中的伪局部润湿相已经观察到了表面凝结[38]。这些转变已经被认为会发生两种方式，无论是在表面活性剂存在下诱导的表面凝结的传播烷烃单层，或是烷烃链吸附的表面活性剂的单分子层渗透提高了总的表面过剩，直到表面链密度足够液-气相发生。

通过和频振动光谱(sum frequency generation, SFG)和椭圆光度法可以研究空气/水界面下的混合单分子膜的固液相转换[39]。当 CTAB 溶液表面出现液态烷烃晶体时，热相变行为已经在一系列正构烷烃、十一烷到十七烷上被观测到，并从椭圆率的系数不连续性确定了其表面凝结转变温度的函数[图 10-4(a)]。这说明表面活性剂和链状烷烃在转变时都变得有序了。转变温度还被发现能增长烷烃链的增长，然而，烷烃链长增长时会引起表面凝结的 $\Delta T = Ts$ 和 Tb 的减小。

应用 X 射线反射率测量方法，Sloutskin 等发现从十二烷到十七碳烷的一系列正构烷烃[40]和 C_{16}TAB 的混合单分子膜的表面凝固会引发表面张力的变化并形成Ⅱ型固相双层结构(图 10-4)。空气/CTAB 溶液界面的单分子层厚度为 8 Å。固相中的固态 CTAB/正十六烷混合单分子层厚度为 20.4 Å，与椭偏测量的数据十分吻合[39]。衍射测量还发现固体单分子层含有无倾斜的六角形和一个 19.83 $Å^2$ 的分子区域，其中每细胞单元有两个分子。这与观测到的在空气/正烷烃界面凝结单分子膜的表面结构基本吻合。事实上，在转变温度下表面张力斜率的变化计算出的熵变也与烷烃溶解时的表面凝固十分相似，表明这些过程的热力学原理是相同的。在这类混合体系里，液相单分子层的厚度大体上保持恒定，主要是表面凝固单分子层的厚度随正烷烃链长度而增加[39,40]。

图 10-4(a)也显示出表面活性剂十八烷、十九烷和二十烷混合单分子膜的温度变化时出现的不同类型的行为，其特征在于在转变温度下椭圆率会发生较大的变化，而这两种不同过渡被称为Ⅰ型(短链烷烃)和Ⅱ型(长链烷烃)。其中Ⅱ型行为发生时，十八烷、十九烷和二十烷的膜厚度为 39.4 Å，

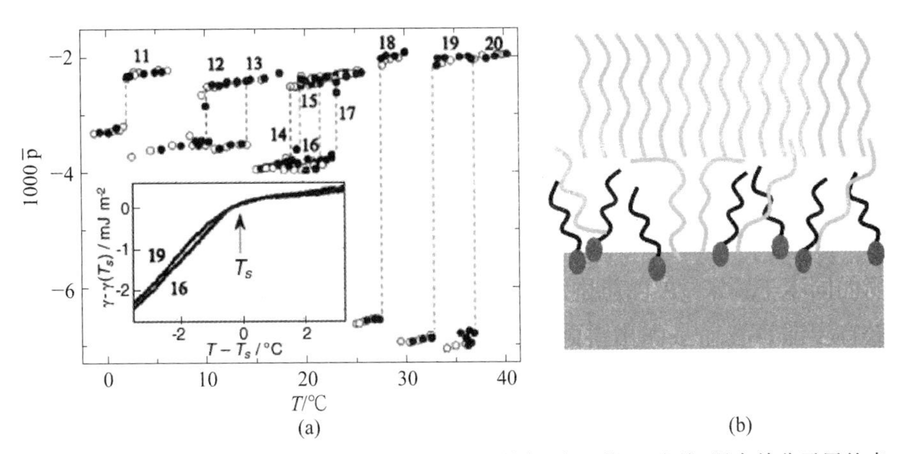

(a)基于椭圆光度法发现在空气/水界面 CTAB 和正烷烃(十一烷-二十烷)混合单分子层的表面凝结,其中插图显示 CTAB/正十六烷和 CTAB/十九(碳)烷混合单分子层的相凝结转变引出的表面张力变化。(b)说明这是一种Ⅱ型固相双层结构[41]

图 10-4 气水界面凝固行为

与表面活性剂尾端加上直链烷烃展开的长度相似,意味着形成了Ⅱ型双分子层结构[图 10-4(b)][41]。固相双分子层的上下表面有完全不同的结构,上层是正构烷烃链完全展开的表面凝固层,垂直于表面取向;下表面的液相结构不变,保持了液相无序混合单分子膜的结构。

由于Ⅱ型系统的转变温度与烷烃膨胀熔化点十分接近,所以在大多数情况下低于规整烷烃表面的凝结温度。因此,Ⅱ型转变被认为是纯烷烃表面凝固层在空气/溶液界面的混合单分子层在液体状态的一种润湿。由于这些混合单层的Ⅰ型凝结不利于表面活性剂尾端的长链烷烃运动,使得烷烃链会伸出Ⅰ型凝固分子层表面,从而导致了范德瓦耳斯相互作用。

DTAB 和正十六烷混合单分子膜也发生Ⅱ型行为。Matsubara 等人通过记录椭圆率系数作为许多表面活性剂浓度温度的函数确定了 DTAB/正十六烷系统三相点的位置,其中三相点在温度为 17.3℃且表面活性剂摩尔浓度为 0.75 mmol/kg 时出现[42]。液/固相边界对于大量的表面活性剂浓度起重要影响,但对较低单分子层的润湿转变和Ⅱ型转变没有明显的影响,这是因为 TTAB/正十四碳烷混合单分子层的Ⅰ型凝结具有负斜率的液/固相边界[43]。由此可知,气/固相边界是Ⅱ型系统,当正十六烷晶体凝结时斜率改变,变得几乎垂直,使得凝固晶体和凝固膜之间的转移动力学变化缓慢。而当晶体和分子层都凝固时,气/固转变的熵变是正的,且 Clapeyron

方程的斜率也是正的[43]。

10.3.2 液/液界面的凝固行为

在整齐的烷烃/水界面是无法观察到其表面凝结的，当温度变化时其单层间相态会发生转变[44]。Schlossman 和他的同事们曾经讨论了这一现象[45-48]。Richmond 和他的同事们也曾经运用 VSFS 研究这一现象[49]。Bain 和他的同事们报道了分子水平上的油/水界面图片[50]。由于表面活性剂尾端通常易发生渗透，所以集中在平面上的油/水界面易由表面活性剂的尾端长度所决定，而可溶性表面活性剂的水相增加可以导致凝结转变发生在油/水体系的表面[50-52]。

在相同的表面活性剂浓度下，分散油/水界面的表面凝结比在空气/水界面要困难[52]。在阳离子表面活性剂 CTAB 和正十四碳烷的体系中，温度会影响其界面张力，但其中存在一个影响表面过剩的转变温度（图 10－5）[52]。用外推法可以得知引发烷烃表面凝结的表面凝固层表面活性剂的摩尔分数小于 0.1，当表面凝结时温度被降低，$d\gamma/dT$ 的斜率符号由负变为

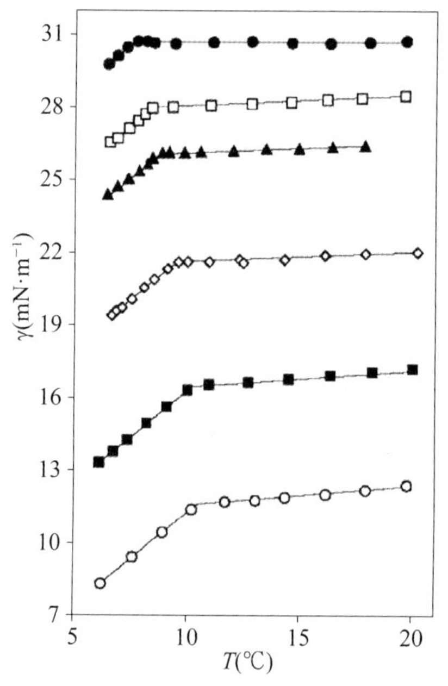

从上到下分别是 0.6、0.45、0.3、0.2、0.15、0.1 mM 的 CTAB 水溶液[52]

图 10－5 温度和浓度对正十四碳烷界面张力的影响

正;对于 STAB/正十六烷系统,界面张力可以用来引发 STAB 聚合[51]。事实上,这种方式调整的油/水界面张力已经被应用于自发形成微乳液[52]。

烷烃中的表面凝结是固体相成核的重要后果。根据 Shinohara 等人的发现,当表面活性剂 TWEEN 20 以乳液形式存在时,正十六烷的热力学稳定会形成斜晶系固相[53]。如应用一系列表面活性剂为探针作进一步的研究时发现,这个成核行为是取决于表面活性剂尾端长度的[54]。当正十六烷和尾链结构密切相关时,旋转导致固相强烈快速成核形成三斜晶系相。而十六烷分子在三斜晶相是面向其长轴方向垂直于液滴界面的[54]。

10.3.3 固/液界面的润湿行为

固液界面的润湿行为与许多自然和工业生产过程有关,比如在水和油存在下的矿物表面润湿行为就与从裂缝储层中回收原油有关。Hirasaki 等曾经研究了薄层油的分散性,并考虑了在固体基材上的吸附效果[55-57],还进行了关于一系列多孔介质内不同表面活性剂的性能的研究[58,59]。

Hammond 等发现初始油湿的毛细管与没有表面活性剂的涂料的外部压力梯度以及的表面活性剂溶液的渗透行为[60-63]。他们发现 Tiberg 等人以前的方法是不适用于被迫吸收条件的[64,65]。

在涂布过程中,当所施加的压力低于毛细管压力阈值时,表面活性剂溶液只能进到毛细管;但表面活性剂的吸附弯液面的接触角是可以有限改变的,如此条件下则表面活性剂的扩散速度会明显加快,使得表面活性剂可从弯液面迅速转移到毛细管与溶液形成的界面。事实上,当毛细管压力阈值增加时,表面活性剂会更加迅速地进行扩散[66-68]。

Greuner 和 Huber 曾经提出过一种具有自吸界面的结构[69]。通过调查由二十四碳烷烃和充满空气的纳米级二氧化硅毛孔组成的体系及吸收动力学与温度的关系,他们发现温度的梯度函数是随吸收率的变化而变化的,并可以导致空气/二十四烷界面发生凝结的转变[69]。显然,这意味着表面凝结与表面活性剂、体系的吸收率都是相关的[69,70]。

10.4 小结

表面活性剂的存在会使得在空气/水界面的油的润湿行为被减缓,使扩散系数在很宽的范围内发生变化。在局部假性湿润中，表面活性剂和烷烃的混合单分子膜会形成表面整齐的凝固态，但这种润湿和表面凝固在发生转变的同时也都会使空气/水界面的线张力发生变化。混合体系具有两类不同结构的表面凝固相，即表面凝固混合单层Ⅰ型和不寻常的包括较低的单层液体和单层固体的双层结构Ⅱ型。Ⅰ型表面凝结也可以在油/水界面被观测到，但其凝固相的稳定范围比在空气/水界面的凝固要困难。Ⅱ型结构被认为是烷烃表面凝固成液体混合单层的一种润湿转变的结果。

在空气/水或油/水混合体系的界面，表面凝固相的存在会影响体系的其他性能，如微乳形成、晶体成核和毛细管上升。由于含油混合物、水和表面活性剂存在于许多真实场景中，研究这些混合体系的界面行为及特性是具有科学与应用相关意义的。

参考文献

[1] Bonn D, Ross D. Wetting transitions. Rep Prog Phys 2001, 64, 1085.
[2] Bonn D. Wetting transitions. Curr Opin Colloid Interface Sci 2001, 6, 22.
[3] Bertrand E, Dobbs H, Broseta D, et al. First-order and criticalwetting of alkanes on water. J. Phys Rev Lett 2000, 85, 1282.
[4] Ragil K, Bonn D, Broseta D, et al. Wetting of alkanes on water from a Cahntype theory. J Chem Phys 1996, 105, 5160.
[5] Ragil K, Meunier J, Broseta D, et al. Experimental observation of critical wetting. Phys Rev Lett 1996, 77, 1532.
[6] Bonn D, Pauchard L, Shahidzadeh N, et al. Optical studies of low-dimensionalphase transitions. Physica A 1999, 263, 78.
[7] Boinovich L, Emelyanenko A. Wetting and surface forces. Adv Colloid Interface Sci 2011, 165, 60.
[8] Boinovich LB, Emel'yanenko AM. Alkane films on water: stability and wettingtransitions. Russ Chem Bull 2008, 57, 263.
[9] Boinovich L, Emelyanenko A. Wetting behavior of pentane on water. The analysisof temperature dependence. J PhysChem B 2007, 111, 10217.
[10] Brochard-wyart F, Dimeglio JM, Quere D, et al. Spreading of nonvolatileliquids in a continuum picture. Langmuir 1991, 7, 335.
[11] Cahn JW. Critical-point wetting. J Chem Phys 1977, 66, 3667.
[12] Pfohl T, Mohwald H, Riegler H. Ellipsometric study of the wetting of

air/water interfaceswith hexane, heptane, and octane from saturated alkane vapors. Langmuir 1998, 14, 5285.

[13] Aveyard R, Binks BP, Cooper P, et al. Mixing of oils with surfactant monolayers. Prog Colloid Polym Sci 1990, 81, 36.

[14] Aveyard R, Binks BP, Fletcher PDI, et al. Interaction of alkanes with monolayersof nonionic surfactants. Langmuir 1995, 11, 2515.

[15] Wilkinson KM, Bain CD, Matsubara H, et al. Wetting of surfactant solutionsby alkanes. ChemPhysChem 2005, 6, 547.

[16] Lu JR, Li ZX, Thomas RK, et al. The structure ofmonododecylpentaethylene glycol monolayers with and without added dodecaneat the air/solution interface: a neutron reflection study. J Phys Chem B 1998, 102, 5785.

[17] Lu JR, Thomas RK, Aveyard R, et al. Structure andcomposition of dodecanc layers spread on aqueous solutions of tetradecltrmethy-lammoniumbromide-neutron reflection and surface-tension measurements. J Phys Chem 1992, 96, 10971.

[18] Lu JR, Thomas RK, Binks BP, et al. Structure and composition ofdodecane layers spread on aqueous solutions of dodecyl- and hexadecyltrimethylammoniumbromides studied by neutron reflection. J Phys Chem 1995, 99, 4113.

[19] Binks BP, Crichton D, Fletcher PDI, et al. Adsorptionof oil into surfactantmonolayers and structure ofmixed surfactant plus oil films. Colloids Surf A 1999, 146, 299.

[20] Aratono M, Kawagoe H, Toyomasu T, et al. Interfacialfilms and wetting behavior of the air/hexadecane/aqueous solution of a surfactantsystem. Langmuir 2001, 17, 7344.

[21] Matsubara H, Ikeda N, Takiue T, et al. Interfacial films and wetting behavior of hexadecane on aqueous solutions of dodecyltrimethylammoniumbromide. Langmuir 2003, 19, 2249.

[22] Matsubara H, Shigeta T, Takata Y, et al. Effect ofmolecular structure of oil on wetting transition on surfactant solutions. Colloids Surf A 2007, 301, 141.

[23] Matsubara H, Aratono A, Wilkinson KM, et al. Lattice model for the wetting transition of alkanes on aqueous surfactant solutions. Langmuir 2006, 22, 982.

[24] Matsubara H, Ikebe Y, Ushijima Y, et al. First-order wettingtransition and line tension of hexadecane lens at air/water interface assistedby surfactant adsorption. Bull Chem Soc Jpn 2010, 83, 1198.

[25] Aveyard R, Clint JH, Nees D, et al. Size-dependent lens angles for small oillenses on water. Colloids Surf A 1999, 146, 95.

[26] Schimmele L, Napiorkowski M, Dietrich S. Conceptual aspects of line tensions. J Chem Phys 2007, 127, 164715.

[27] Tadmor R. Line energy, line tension and drop size. Surf Sci 2008, 602, L108.

[28] David R, Neumann AW. Empirical equation to account for the length dependenceof line tension. Langmuir 2007, 23, 11999.

[29] Takata Y, Matsubara H, Kikuchi Y, et al. Line tensionand wetting behavior of an air/hexadecane/aqueous surfactant system. Langmuir 2005, 21, 8594.

[30] Takata Y, Matsubara H, Matsuda T, et al. Study on linetension of air/hexadecane/aqueous surfactant system. Colloid Polym Sci 2008, 286, 647.

[31] Ushijima Y, Ushijima B, Ohtomi E, et al. Line tensionat freezing transition of alkane wetting film on aqueous surfactant solutions. Colloids Surf A 2011, 390, 33.

[32] Indekeu JO. Line tension near the wetting transitionresults from an interface displacement model. Physica A 1992, 183, 439.

[33] Penfold J. The structure of the surface of pure liquids. Rep Prog Phys 2001, 64, 777.

[34] Lang P. Surface induced ordering effects in soft condensed matter systems. J Phys Condens Matter 2004, 16, R699.

[35] Pfohl T, Beaglehole D, Riegler H. An ellipsometric study of the surface freezing ofliquid alkanes. Chem Phys Lett 1996, 260, 82.

[36] Sefler GA, Du Q, Miranda PB, et al. Surface crystallization of liquid n-alkanesand alcohol monolayers studied by surface vibrational spectroscopy. Chem Phys Lett 1995, 235, 347.

[37] Ocko BM, Wu XZ, Sirota EB, et al. Surface freezing in chainmolecules: normal alkanes. Phys Rev E 1997, 55, 3164.

[38] McKenna CE, KnockMM, Bain CD. First-order phase transition inmixed-monolayersof hexadecyltrimethylammonium bromide and tetradecane at

the air-water interface. Langmuir 2000, 16, 5853.

[39] Wilkinson KM, Lei QF, Bain CD. Freezing transitions in mixed surfactant/alkane monolayers at the air-solution interface. Soft Matter 2006, 2, 66.

[40] Sloutskin E, Sapir Z, Tamam L, et al. Freezing transition ofLangmuir-Gibbs alkane films on water. Thin Solid Films 2007, 515, 5664.

[41] Sloutskin E, Sapir Z, Bain CD, et al. Wetting, mixing, and phase transitions in Langmuir – Gibbs films. Phys Rev Lett 2007, 99, 136102.

[42] Matsubara H, Ohtomi E, Aratono M, et al. Wetting and freezing of hexadecane onan aqueous surfactant solution: triple point in a 2 – D film. J Phys Chem B 2008, 112, 11664.

[43] Ohtomi E, Takiue T, Aratono M, et al. Freezing transition of wetting film oftetradecane on tetradecyltrimethylammonium bromide solutions. Colloid Polym Sci 2010, 288, 1333.

[44] Tikhonov AM, Mitrinovic DM, Li M, et al. An X-ray reflectivitystudy of the water-docosane interface. J Phys Chem B 2000, 104, 6336.

[45] Schlossman ML, TikhonovAM. Molecular ordering and phase behavior of surfactantsat water – oil interfaces as probed by X-ray surface scattering. Annu Rev Phys Chem 2008, 153.

[46] Schlossman ML. Liquid – liquid interfaces: studied by X-ray and neutron scattering. Curr Opin Colloid Interface Sci 2002, 7, 235.

[47] Pingali SV, Takiue T, Luo GM, et al. X-ray studiesof surfactant ordering and interfacial phases at the water – oil interface. J Dispersion Sci Technol 2006, 27, 715.

[48] Pingali SV, Takiue T, Luo GM, et al. X-ray reflectivityand interfacial tension study of the structure and phase behavior of the interfacebetween water and mixed surfactant solutions of CH(3)[CH(2)](19)OHandCF(3)[CF(2)](7)[CH(2)](2)OH in hexane. J Phys Chem B 2005, 109, 1210.

[49] McFearin CL, Beaman DK, Moore FG, et al. From Franklin to today: towarda molecular level understanding of bonding and adsorption at the oil – water interface. J Phys Chem C 2009, 113, 1171.

[50] Knock MM, Bell GR, Hill EK, et al. Sum-frequency spectroscopy ofsurfactant monolayers at the oil – water interface. J Phys Chem B 2003, 107, 10801.

[51] Sloutskin E, Bain CD, Ocko BM, et al. Surface freezing of chain molecules atthe liquid - liquid and liquid - air interfaces. Faraday Discuss 2005, 129, 339.
[52] Lei Q, Bain CD. Surfactant-induced surface freezing at the alkane - water interface. Phys Rev Lett 2004, 92, 176103.
[53] Shinohara Y, Kawasaki N, Ueno S, et al. Observationof the transient rotator phase of n-hexadecane in emulsified droplets with timeresolvedtwo-dimensional small- and wide-angle X-ray scattering. Phys Rev Lett 2005, 94, 097801.
[54] Shinohara Y, Takamizawa T, Ueno S, et al. Microbeam X-ray diffraction analysis of interfacial heterogeneous nucleation of nhexadecaneinside oil-in-water emulsion droplets. Cryst Growth Des 2008, 8, 3123.
[55] Hirasaki GJ. Wettability: fundamentals and surface forces. SPE Form Eval 1991, 6, 217.
[56] Morrow NR, Mason G. Recovery of oil by spontaneous imbibition. Curr Opin Colloid Interface Sci 2001, 6, 321.
[57] Alava M, Dube M, Rost M. Imbibition in disordered media. Adv Phys 2004, 53, 83.
[58] Babadagli T, Boluk Y. Oil recovery performances of surfactant solutions by capillaryimbibition. J Colloid Interface Sci 2005, 282, 162.
[59] Curbelo FDS, Neto ELB, Dutra TV, et al. Oil recovery performanceof surfactant solutions and adsorption in sandstone. Pet Sci Technol 2008, 26, 77.
[60] Hammond PS, Pearson JRA. Pore-scale flow in surfactant flooding. Transp Porous Media 2010, 83, 127.
[61] Hammond PS, Unsal E. Spontaneous and forced imbibition of aqueous wettabilityaltering surfactant solution into an initially oil-wet capillary. Langmuir 2009, 25, 12591.
[62] Hammond PS, Unsal E. Forced and spontaneous imbibition of surfactant solutioninto an oil-wet capillary: the effects of surfactant diffusion ahead of the advancingmeniscus. Langmuir 2010, 26, 6206.
[63] Hammond PS, Unsal E. Spontaneous imbibition of surfactant solution into an oil-wetcapillary: wettability restoration by surfactant - contaminant complexation. Langmuir 2011, 27, 4412.
[64] Zhmud BV, Tiberg F, Hallstensson K. Dynamics of capillary rise. J

Colloid Interface Sci 2000, 228, 263.
[65] Tiberg F, Zhmud B, Hallstensson K, et al. Capillary rise of surfactant solutions. Phys Chem Chem Phys 2000, 2, 5189.
[66] Gupta R, Mohanty KK. Wettability alteration mechanism for oil recovery from fracturedcarbonate rocks. Transp Porous Media 2011, 87, 635.
[67] Salehi M, Johnson SJ, Liang J-T. Mechanistic study of wettability alteration usingsurfactants with applications in naturally fractured reservoirs. Langmuir 2008, 24, 14099.
[68] Standnes DC, Austad T. Wettability alteration in chalk 2. Mechanism for wettability alteration from oil-wet to water-wet using surfactants. J Pet Sci Eng 2000, 28, 123.
[69] Gruener S, Huber P. Spontaneous imbibition dynamics of an n-alkane in nanopores: evidence of meniscus freezing and monolayer sticking. Phys Rev Lett 2009, 103, 174501.
[70] Piroird K, Clanet C, Quere D. Detergency in a tube. Soft Matter 2011, 7, 7498.

11

水的界面行为

11.1 导语

水性界面在自然界是普遍存在的，对水界面的了解对于理解世界上的许多事情都是有帮助的，也对大气科学、地球化学、电化学、腐蚀科学等许多学科的知识具有挑战性。大约 50%的 CO_2 被地球海洋所吸收，而其初始发生是在空气/海洋界面处[1]。电化学反应过程在其液/固界面的特性是由双电层的性质所控制的、其中涉及水的界面[2]。

与固体表面相比，人们对水界面的了解非常有限。主要是在同时使用实验和理论方法来研究这些界面依然存在问题，所以至今仍然还是一个挑战。有一个实验挑战水溶液在环境温度下的高蒸气压，并成功应用于表征清洁和被吸附物覆盖的金属、半导体和氧化物表面。但这个过程的复杂性在于受控条件下制备清洁的含水界面十分困难，原因是背景压力的升高和应用泵送使得液体中的扩散加速也同时导致大体积污染物在界面处快速积聚[2]。与固体/吸附物界面相比，水溶液界面的理论建模也更具挑战性，这是由于例如液体中的原子位置的高波动，其需要对许多不同构造进行取样，以及存在的困难是难以充分描述了水分子之间的分子间相互作用。

图 11-1 中示意性地描绘了日常生活中最常见的几个水性界面，其中的液体/固体界面[图 11-1(a)]在诸如光电化学反应、岩石的风化和腐蚀过程中都起着关键作用。

虽然液体/固体界面的研究是表面科学中最大的研究[3,4]，但是在操作

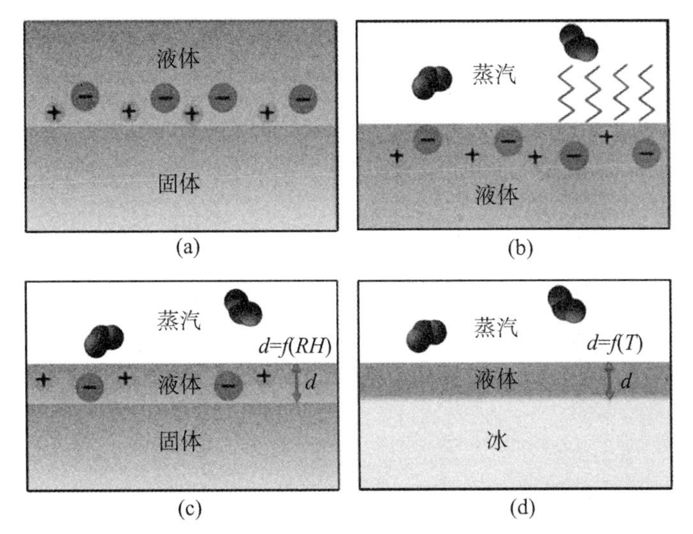

(a)液体/固体、(b)液体/蒸汽、(c)在环境相对湿度下的固体表面薄水膜与蒸汽、(d)冰上的液体与蒸汽

图 11-1　水的界面的几种情形

条件和分子尺度上的理解仍然缺乏。这是因为液体/固体界面处的完整研究需要测量四个不同区域的化学组成：本体液体、界面处的双电层、与液体接触的固体界面、固体的表面下区域。其中电双层的化学物质和电势分布的直接测量是一项挑战。在几纳米厚的界面区域的实验测量由于需要增强来自相邻的本体液相和固相界面信号而变得复杂，而双电层的性质和相邻固体基体的近界面区域的质量和电荷传输会影响这些过程的速率[3,4]。

液体/蒸汽界面[图 11-1(b)]在自然过程中十分普遍。例如，它们强烈影响在大气和环境化学中驱动异质过程的痕量气体分子的丰度和反应性。这是因为不同离子对于界面的倾向性具有差异，而水溶液与蒸汽界面的化学组成可能与本体的化学组成显著不同。表面活性剂可以改变离子对界面的倾向[5]，并严重影响冷凝和蒸发速率[6]。到目前为止，关于液体/蒸汽界面处的溶液相物质的浓度了解甚少，而关于在此界面处的气相物质的非均相反应的基本研究途径也很少。通过组合非线性光谱、X 射线吸收光谱和光发射光谱实验与分子动力学(molecular dynamics，MD)模拟，目前对液体的本体浓度、pH 和表面活性剂的存在对于水溶液/蒸汽界面的化学组成有了一些新的发现[7]。

与液体/固体和液体/蒸汽界面的性质密切相关的是在固体基质上水的

反应和吸附的初始阶段与溶液膜厚度的关系及发展。在有限的大约几个纳米的溶液层中,液体/固体和液体/蒸汽界面相互作用并共同决定薄溶液膜的性质[图 11-1(c)]。在相对湿度环境下固体表面形成薄的水或溶液层主要取决于基体的表面性质和其在饱和相对湿度条件下的发展,如润湿或不润湿。含水界面的一个普通例子是冰与水蒸气形成的界面[图 11-1(d)],其在许多环境过程中起主要作用,包括雷暴云起电、霜冻起伏和在大气和极地区域中的非均相化学反应。在环境和大气条件下冰表面的性质,特别是在接近熔点的温度条件下的冰表面存在液体层有许多问题没有被了解。有研究报道在接近熔点的温度条件下这个液体层的厚度大概是 2 个数量级的因子变化[8]。但这个层厚由于受吸附物的影响,可能影响预熔化的开始温度。微量气体与冰的相互作用在过去几十年中也引起了相当大的关注,因为其与大气和极地研究有关。吸附在冰表面上的微量气体可以引发臭氧层和上层对流层中的氮氧化物储存以及相关的化学和光化学过程[8]。

11.2 金属表面的超薄水层

现代表面实验科学技术和计算机模拟使得水与金属系统的界面研究有了一些进展,揭示了水在许多金属表面的原子结构。低温条件下水吸收过程中的结构形成及体系已经有综述进行了评论[9-12]。但水如何与基材进行结合呢?水与水及水与固体键合的作用是什么?晶格参数和对称性对水的界面影响是什么?水在界面处的分子取向是什么?水是否会形成类似冰的双层?是否会发生分离?最后是形成多层还是改性?重组界面?等一系列问题需要进行研究。

水通常在过渡金属表面上是被弱吸附的,其结合能类似于块状冰上的水。这种弱相互作用的结果是水仅能通过与金属的直接键合并与其他水分子的氢键组合而达到稳定。例如,Ag(111)和 Cu(111)是疏水的而且不能被润湿,而 Cu(110)和 Pt(111)形成稳定的水界面层[9]。在几个紧密填充的金属表面上可以观察到$(\sqrt{3}\times\sqrt{3})R30^{\circ}$结构,并与冰的晶格间距紧密匹配,形成简单的六边形类似冰双层结构如图 11-2(a)所示[10,11]。

在这种结构中,水中的氧气与金属原子顶端结合,而水的上层形成氢键网络,使得水占据假四面体环境,其上部水分子上的未配位质子指向金属表

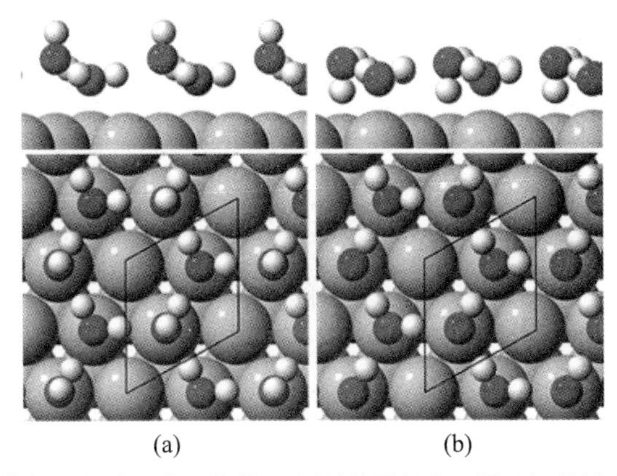

其中(a)是水上未配位的 H 原子的假想水双层,(b)是远离表面("H-up")或修饰的双层结构指向"H 下"金属

图 11-2 在密堆积表面上有序($\sqrt{3}\times\sqrt{3}$)R30°水结构的示意图

面。Feibelman 认为 Ru(0001)上吸附的水与三维冰相比应该是不稳定的,并且吸附可以部分离解物而稳定从而形成混合的 OH/水结构[12,13]。新的实验发现($\sqrt{3}\times\sqrt{3}$)R30°[9,14,15]和 c(2×2)结构[16]通常由羟基共吸收形成。这说明完整水的吸附比预期更复杂,并对形成表面的化学性质、对称性更敏感。事实上,在图 11-2(a)中设想的类似冰双层在任何金属表面上都没有被观察到[16]。在理解水与金属界面方面的进展目前主要依赖于计算机模拟,尤其是密度泛函理论(density functional theory, DFT)。

11.2.1 低温,亚稳群

当在 4 K 下沉积时,水吸附作为一种单体、采用平坦几何形状可以接近金属的顶部位点[17],从而优化了 O 上的 $1b_1$ 孤对电子与金属的相互作用[18]。扫描隧道显微镜(scanning tunneling microscope, STM)和振动光谱显示在 $T\geqslant 20$ K 的聚集和成簇会形成高于 135 K 的长程有序的氢键网络在其表面。尽管水/羟基结构可以稳定在 220 K 或更高温度下,但是水在 160 K(块体冰)和约 180 K 之间时在超高真空中是升华的[18]。

图 11-3 显示了几个金属表面上的水的 STM 图像,说明了其吸附行为及范围。根据金属和表面温度,水可以形成氢键合的水分子的零维(0D)结构)、延伸的(一维 1D)链或(二维 2D)片状网络。STM 实验能够操纵水组

装成已知大小的群集并通过与 DFT 计算进行比较来检查其结构。在矩形 Cu(110)表面上 Kumagai 等人[24,25]发现水的三聚体链可以发展成六聚体并沿 Cu 密排列。尽管氢键数目减少，但三聚体在能量上更倾向于“铁电”链的形式形成环状结构，从而突出水与底物之间的相互作用及在稳定吸附水分子中的关键作用。随着氢键的角度增加，环状簇会变得更有利于形成四聚体[24]。具有 3D 对称性的紧密堆积的金属面，能够产生不同的簇。Pt(111)上的水二聚体 STM 图像发现其与不对称二聚体的旋转相关。一部分水分子与金属平面连接，而另一部分水分子则用作受体使得离金属更远的下层水周围的相邻顶部位置产生跳跃[27]。水的六聚体由于其惰性而紧密堆积在 Ag 和 Cu 表面上[28]。但模拟发现这些六聚体被压而屈服，使得其中 3 个水分子结合在金属的顶上，而另外 3 个水分子通过氢键保持在第 2 层中，形成具有 3 个长和 3 个短氢键的不对称结构。六聚体的弯曲不能直接成像，但是更远的水分子优先附着到下部水分子(其是更好的 H 供体)以形成直到九聚体的簇[28]。

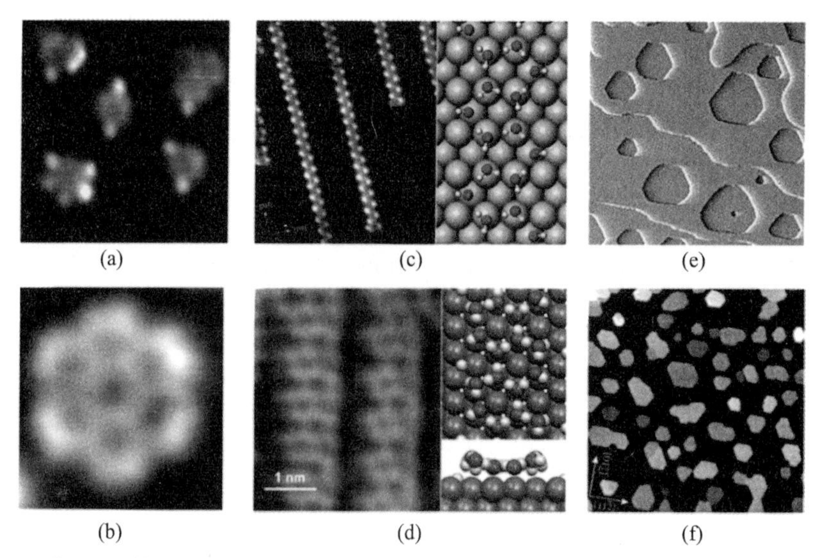

(a)在 130 K 的 Ru(0001)和(b)在 100 K 的 Pd(111)的一维簇；(c)150 K 下 Cu(110)和(d)145 K 下 Ru(0001)的 2D 链；在(e)140 K 下 Pt(111)上的 2D 层；(f)Pt(111)在 140 K 下的 3D 膜生长

图 11－3　在金属表面形成的不同类型的水结构

在如 Pd 和 Ru(不同于 Ag 和 Cu，可形成润湿层)等更具化学反应性的

金属表面上，六聚体结合形成平坦表面[29]。其中金属的晶格参数和 O—O 氢键长度之间的接近允许所有 6 个水分子都结合在金属顶上来补偿 H 键合网络的变形。在 100 K 以下的 Pd(111)(图 11－3)上观察到包含具有双受体位点的多个环的小簇，以及水六聚体的亚稳态 1D 链[20]。这个链是由平坦的水六聚体组成的一种动力学结构，可以通过最小数量的具有双受体构型的水分子连接形成延伸的链，并在延伸后形成 2D 形状[29]。

11.2.2 一维水结构

尽管小簇和链是在低温条件下稳定的，并在退火过程会聚结形成延伸的 2D 结构，但是在 Cu(110)[10]和 Ru(001)[20]上形成 1D 结构将优先于 2D 网络。在 Cu(110)上，水形成了垂直于紧密堆积的延伸链，而当表面水饱和时会重构形成 2D 相结构[10]。Cu(2.55 Å)上的短金属间距会妨碍六聚体环的形成，所以必须横向压缩约 1 Å 以使得水位于顶部的最佳位置。相反，水分子可以形成面共享的五聚体链，其中每个五聚体由吸附在 Cu 顶部的 4 个水分子和在双受体构型中结合的最终水组成完整的环[图 11－3(c)][10]。在具有较大的晶格参数(2.65 Å)的 Ru(0001)上，水形成面共享六聚体的链结构[21][图 11－3(d)]。如在 Cu(110)上，这些链由吸附在平面钌顶端的水分子吸收，而每个环具有一个双受体水。在这两种情况下，链结构在提供相对强的氢键网络的同时也使得水-金属的键合最大化。与 2D 网络相比，这些链中减少的 H 键配位清楚地说明氢键的数目不是确定水结构的稳定性的首要因素[21]。

11.2.3 二维水结构

由于水在一些表面上更倾向于形成 1D 链而不是 2D 网络结构[10,20,21]，这使得水在许多紧密填充的表面上形成大的复杂单元的 2D 相要比预期的双层模型更为复杂。在 Pt(111)上形成的饱和度$\sqrt{39}$和亚饱和度$\sqrt{37}$水层的图像显示存在三角形凹陷，并由通过与金属简单链接的预期方向旋转 30°的水的六边形环分开(图 11－3)。电子结构的计算表明：水网络是由紧密地结合到金属的平坦的水的六聚体构成的，其被五元和七元环包围，并将平面六聚体嵌入到水的六边形网络内如图 11－4 所示，其中未配位的 H 原子点向下朝向金属表面。

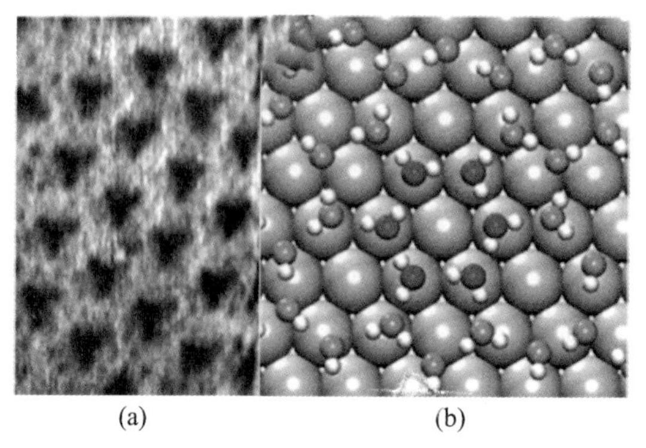

(a)水在Pt(111)上的STM图像,(b)凹陷中的水的结构显示出其为五元和七元环包围、并将平面六聚体嵌入到水的六边形网络,其中红色的是O原子

图11-4 平面六聚体嵌入到水的六边形网络二维结构

该结构允许中心水六聚体和金属之间的强相互作用,以及强的、相对无约束的氢键网络。模拟再现在Pt(111)上观察到的STM图像,并且与通过X射线吸收光谱[31](XAS)和反射吸收红外光谱(RAIRS)[32]发现的平面和H向下的水一致。在其他表面上形成的无序簇中已经观察到类似于该单元的结构[33],证明这可能是用于紧密堆积的金属表面上至少在水-金属相互作用相对弱的地方的2D润湿层的一般模型。

证明水-金属结合的作用并且迫使水进入简单的2D相称的双层结构(例如Figure 2中)的一种方式是通过使金属合金化以产生与其他网络不相容的模板。用Sn替代为Pt(111)产生了稳定简单的$(\sqrt{3}\times\sqrt{3})R30°$,H向下水双层[34]的Sn模板,其类似于图11-2(b)所示的结构。这种结构在具有较小的金属间距的合金上不稳定,这意味着如通过计算预测的[36,37]模板必须与O—O间隔体积紧密地匹配[35]。

11.2.4 羟基稳定结构

如前所述,通过水与O($O+H_2O\rightarrow 2OH$)的反应或通过电子损伤或者通过水的部分离解形成OH和H,羟基可以容易地在金属表面形成而且对第一层结构也有较大的影响。OH的存在使水/羟基结构与表面对准,使得它们在STM中更容易成像。Pt(111)形成化学计量的2D结构,组成为1OH∶1H_2O,每个O原子被三个H原子包围,以形成平坦的六方形$(\sqrt{3}\times$

$\sqrt{3}$)R30°氢键结构且没有未配位的H原子[9,38,39]。虽然OH/H_2O组成似乎发生了变化,但其他过渡金属也显示出类似的相称网络[14]。在Cu(110)上混合的OH/H_2O链通过使用STM尖端的操作组装,这证明由振动激发触发的H转移[40]。在没有水的情况下,OH在Cu上的短桥位点中结合形成(OH)2二聚体,其中受体指向远离表面的方向[41]。水解离被激活,形成具有不同OH/H_2O比率的一系列结构。在其他fcc(110)表面上也可以看到的c(2×2)结构其由组成为2H_2O∶1OH的变形2D六边形网络组成。除了形成完整的氢键网络,多余的水通过形成包含OH Bjerrum缺陷的平伏的水网络来稳定。这种分布使水与金属的键合最大化以及通过向OH供给形成的强氢键的数量最大化。在较高温度下出现化学计量的1OH∶1H_2O相,其由在紧密堆积的Cu行上方的1D锯齿形链中吸收的水组成,每个水贡献给在桥位中结合的OH。这种结构允许两种物种采取他们最佳的吸附位点和几何形状,同时形成水和OH间强的氢键。所有这些研究的共同主题是OH是不良的H供体,但是良好的受体,因此涉及水和OH的结构将倾向于水平面地结合在金属的上方将H给予水或者以损失较弱的键的代价来给予OH[16]。在Ru(0001)上形成的部分解离相也由1D链组成,但是结构非常不同[21],其由平面的单受体水分子修饰的一个六聚体宽的面共享链组成。在这种情况下,OH嵌入在六边形链中,使得结构保持平坦并且使其在Ru顶上平坦水的量最大化。OH吸附行为的这种突然变化简单地证明了第一层结构如何灵敏地反映金属基材上不同的水和羟基相互作用。

11.2.5 多层生长

为了更好地了解水如何与金属表面接触,有多层膜如何生长以及如何修改第一层水以稳定较厚的冰膜方面的相关研究,但这些实验有表征难度。目前已知的是:第一层的性质非常强烈并影响到水多层的生长行为,而这取决于第一层的重排和稳定多余的水的能力。疏水表面表现出会形成两个水层组成的簇的倾向[42],其中水结构显示出复杂的形态,不是简单的紧密堆积在冰基底的平面。而在该层紧密结合的表面上又不利于水层在多层吸附期间的松弛。例如,在Ru(0001)上和在Pt(111)上形成的混合OH/H_2O结构上,第一层是不润湿的;相反,水会形成3D簇,而当膜为几百层厚时才会完全覆盖表面。相比之下，Cu(110)上的混合 OH/H_2O 相包含了过量的 H 原子，使得该表面可以自由的吸附第二层的水，这意味着这个过程可能是通过松弛第一层以稳定多层水的。因为 Pt(111)上的第一层水是被优化以结合到金属上的，所以没有可用作 H 供体的游离 OH 基团，这对多层的最初吸附是不利的[45]，但是进一步的水吸附将重建第一层以形成不相称的冰岛且被定位在金属紧密堆积中[46]。根据 STM，平坦多层冰晶体的形成能够反映重构第一层水以产生大体积的冰-Pt 界面[23]。较厚的膜的生长一般通过形成螺旋位错而增强，而螺旋位错是通过阶梯流动而生长的，从而避免了需要新的水层来成核并导致立方冰的形成而不是形成六边形的冰[47]。

实验和 DFT 计算的组合已经证明水-金属界面是可测的，可以据此揭示关于水的一些行为甚至一般的模型。但目前的问题是：探测埋入界面的原子结构能力是有限的。同时我们对如 Cu(110)[48]等矩形(110)表面上形成的大单位晶胞结构，或是水在正方形 fcc(100)表面的行为了解很少。这使得人们有时只能用相对简单的广义梯度近似(GGA)函数去预测金属表面的水结构及相对稳定性。然而，当涉及大量的液体水时[49]，广泛使用的 GGA 具有记录不足的缺点。范德瓦耳斯力的色散力在需要知道吸收能量的精确量时特别重要[50,51]，但这个似乎目前还只能依靠 DFT 交换相关函数进行预测[52]。

11.3 大体积的水/金属界面

对具有大体积的水溶液/金属界面的研究对广泛的科学和技术领域是至关重要的，涉及电化学、多相催化和能量存储等领域[53-62]。

在现实环境条件下，当金属界面与液态水接触时，由于其在单层覆盖和超高真空条件下界面的分子结构是不可以直接获得的，所以需要设计特别的实验。最近的一些实验提供了对水-金属界面的新见解，例如，借助温度对冰-金属界面的解吸附研究发现其中第一层的单层水中弱的相互作用[45]。类似的弱相互作用也可以从未解离的水分子[31]或者混合的水/羟基覆盖层[9]的润湿行为中得以推断出来。金属在一定的相对湿度(relative humidity, RH)和温度条件下证明了其表面羟基对润湿性的重要性，比如 Cu(110)在 5%的 RH 下被混合的羟基/水层所覆盖，但是 Cu(111)在相同

的RH下不显示分子水的存在，这是由于水在较低反应性(111)表面具有很高的解离阻碍[62,63]。电化学动力学测量还揭示，在一些情况下，金属的弛豫时间可能出乎意料地长[64]，而这也得到了电子弛豫探针研究的认可[65]。在水-金界面的X射线研究还发现，界面水结构是会随环境发生改变的[66]。

由于缺少直接的实验结果，目前对液态水-金属界面的理解主要还是来自于理论和分子模拟。在分子水平建模扩展的水-金属界面是比较困难的，因为许多原因使得水的建模成了一项具有挑战性的工作，如准确描述表面潜在能量和许多从水-水和水-基质相互作用的微妙平衡所带来的关于结构和水的具体的动态问题。这种平衡已经在简单平面金属表面上的单层覆盖处表现出来，其中STM实验已经显示出了各种各样的二维氢键结构。在环境温度下，熵效应混合了许多这些近乎简并的构型，这种平衡也是明显的并且可导致从疏水性到亲水性的宽范围的润湿行为[45,61,67]。

除了分子间相互作用的细节之外，液体与金属接触的统计性质对于热波动的充分处理是必要的以便于精确地计算热力学期望值。这意味着必须适当地采样相位空间，需要产生许多独立构型的方式来填充适当的波尔兹曼分布。独立构型通常可以通过分子动力学模拟产生，也已经发现其受到在异质环境中液体的常见的长相关时间阻碍[73]。对于大多数体系，需要固定温度、体积、颗粒数和金属内的附加电势；而在实践中进一步发现，金属界面附近的水的分子动力学模拟有两种变化，这基于的是电子结构理论从头算的结果和经验力场的结果。前者的力通常使用DFT在“飞行中”进行计算[74]。尽管该方法对水分子之间以及水、金属表面和溶质之间的相互作用的形式提供了最低限度的假设，但是其相对较高的计算成本限制了体系的尺寸[75]。图11-5描述了上述两种类型的仿真结果。

事实上，图11-5强调了基于模拟的DFT在描述键断裂和键合制造中的优点，如在氢键键合的水分子之间的质子转移，但其中也牺牲了可基于力场方法接近的大的长度和时间尺度。此外，从头计算的目的主要是模拟化学键和反应而不是界面水的动态属性，所以涉及强的非键合相互作用，从头计算模型前在水的数值描述方面遇到的困难。金属表面上的水分子的相互作用的数值描述现在已经获得了一些成功，比如金属表面上的吸附能量差异可以通过具有标准的GGA功能件(例如PBE和RPBE)的DFT来进行描述，这与混合功能件或波函数方法相比在计算成本上还是相对低廉的。

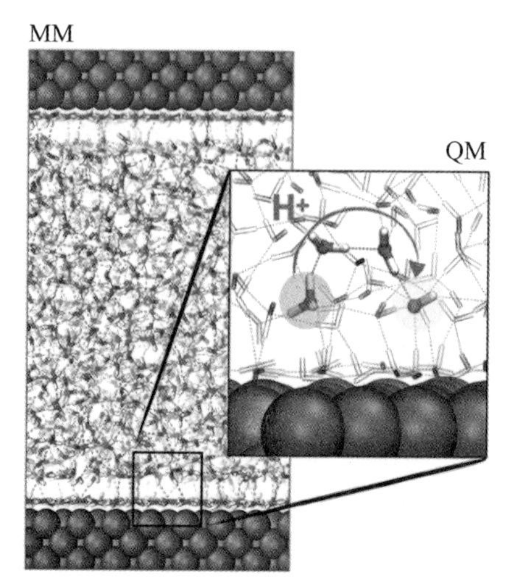

这两个分子图示大致显示出了关于经验分子力学(MM)和起始力(QM)可接近的模拟尺寸的当前状态。经验模型能够在数百纳秒上模拟 10^4～10^5 分子,而从头算模型能够在 10～100 ps 之后遵循 10^2～10^3 分子。然而,只有后者能够捕获对于完整描述电化学相关现象十分重要的化学键重排。该图仅是示意性的并不表示 QM 区域实际嵌入 MM 环境中

图 11－5　从水-铂界面的分子动力学模拟得到的表征照片

目前已知,在单层和亚单层覆盖的理论水平上预测的基态结构与低温 STM 实验中观察到的基态结构是一致的[10,79,80]。由于范德瓦耳斯分散力的各种功能件近来已经被开发并应用于水/固体界面[81-84],所以这些官能团能提供对水-水与水-表面相互作用的稳定性的描述[50]。更重要的是,从头计算得到的水-金属界面还能够描述解离吸附和混合氢氧化物或水-氢的界面实例、探索水-金属界面的结构和动力学[74,85-90]。

对包含金属-水界面的小系统的电化学反应的建模发现,这需要物质如质子或抗衡离子的交换,因此在分子动力学模拟中就显得不易[91,92]。近年来,这方面的从头计算模型有了一些改进[85,93-95]。如在 DFT 框架[96-99]内已经制定了具有连续变化数目的电子的大规模标准,然而这些方法尚未得到广泛地使用,主要是由于这个过程没有考虑离子的化学势[92]。这也有专门针对静电电化学的方法,可以使用电子功函数作为绝对电极电位的标度[88,100-102]。由于离子的数量保持恒定,而这些体系仍然不与离子化学势平衡,所以可以使用功函数作为模拟单元中的电位标度和可变数量的质子,模

拟测量 pH 和电位[86]。电化学反应,包括跨越水-金属界面的电荷转移和其对界面水结构的依赖现在也可以用从头计算的模型进行计算[85,95]。但这些方法在很大程度上仍然需要通过重现实验进行结果验证。使用这种方法,Jinnouchi 和 Anderson[100]准确计算了水铂电极的零电荷电位。

虽然最近许多液态水从头计算已经扩展到了金属界面,但是基于经验力场使用经典分子动态模拟的研究的历史更长。这些研究过程通常使用静态电子结构来计算分子间的电位参数化并处理 $10^4 \sim 10^5$ 分子的系统和 10～100 ns 的轨迹。尽管其中存在许多水的分子间电位,但是研究还是发现水-金属界面存在不同的电位[88,103],而这些电位通常以单分子结合能的扩散阻挡电位层[88,104]。由于其中的大多数不显示单个单层的复杂基态结构,所以不能应用从头模型准确描述水-水和水-金属的相互作用[67,105]。此外,大多数经典模型对于合并键断裂和电荷转移方面的研究也发现其不够灵活[106,107]。因此,在合理保证计算统计聚集的热动力学性质时,可以研究界面内和附近的水取向动力学、[108,113,114] 离子吸附[112,115,116] 和溶剂化[67,117,118]。由于缺陷位点处的相互作用及复杂性,这使得这些研究受限于无缺陷的低折射率 fcc 表面,因而在很大程度上还受限于不发生解离吸附的情况。

电化学反应研究的相关性已通过对恒定电势集合进行组合[119]。Siepmann 和 Sprik[105]开发了其中极通用的方法之一,可用于通过 STM 尖端研究水层之间的相互作用。Madden 和同事[120]改造了电化学电池的计算,发现每个电极上的电荷分布是动态变化的,且受到固定静电电位的限制,该过程可以使用电极上的电荷波动与其电化学响应相关联的 Johnson-Nyquist 方程计算电池的电容[121,122]。这也使得恢复界面上的已知电容和电位降得以变成可能,还可以用于测试关于电子转移和液体的重组、驱动力和时间[123,124]。通过计算离电极不同距离处的标准氧化还原对的垂直能隙,Willard 等发现该能隙是 Marcus 理论预期的高斯型[125]。Limmer 等发现对强吸附界面水的约束可以导致一系列溶剂运动的时间尺度具有不同的等级,其范围在皮秒松弛时间到在加层内的水的偶极波动的 10～100 ns[67]。显然,这些发现对于金属/溶液界面处的化学研究是极为重要的。

许多工作致力于结合描述水/金属界面上从头计算方法带来的精度和计算的易处理性,特别是它们描述长程相关性和缓慢的动态过程的能力,其中包括了键的形成、断裂和电荷转移。Golze 等实施了用于吸附物-金属系统的混合量子力学/分子力学模拟的方法[108]。该方法结合水-铂相互作用的经验力模型提供了液态水的密度函数理论处理结果，该方法减少了与金属的电子结构相关的复杂性，同时允许在液体内的键断裂，但存在与其他经验模型结果之间的互认困难。Voth 等使用力匹配参数化研究过量质子和氢氧化物的水的反应模型，并应用于广义水-金属电势的离解吸附[126]。使用神经网络[127]或其他机器学习方法[128]或许多主体扩展方法也可以应用于研究电位、[129]描述水-金属相互作用。

11.4 水/氧化物界面

水/氧化物界面影响许多自然过程，例如地球表面的水动力学性质或大气中的云成核[130-132]。薄的水层在许多环境反应和技术应用中也十分重要，因为在相对湿度下，厚度在亚纳米到几纳米范围内的薄的水层或溶液层将覆盖大多数表面[图 11－1(c)]，而且由于绝大多数金属和半导体在环境条件下被天然氧化物层覆盖，大部分固体表面在环境和技术应用中是氧化物。以上表明，我们对于低温下金属薄水层的结构和性能的理解在过去几十年中已经有了显著提高。由于它们对于环境和工艺过程的普遍性和重要性，在环境温度和水蒸气压力条件下将这种原子水平的理解扩展到水性膜是非常重要的。如图 11－6 所示，这些研究中的主要实验挑战是升高水的蒸汽压和高的吸附/解吸速率[133]。

大多数薄水膜实验在低于 200 K 的温度下进行，其中水蒸气压力可以忽略不计。如果将环境温度定义为高于 240 K 的温度，则测量必须在毫托至几十托水蒸气分压范围内进行，以免膜从表面蒸发。在过去几十年中，已经开发了能够在这些环境条件下操作的一系列表面灵敏技术，包括红外和非线性光学光谱[134]、扫描探针显微镜[135]和基于 X 射线的核心水平光谱法[136]。通过使用表面灵敏的 X 射线衍射方法获得在分子级的氧化物表面上的界面水的结构[137,140]。在真实环境条件下，不仅在实验上，而且在计算上，研究氧化物表面上的水吸附难度都更大。计算研究是具有挑战性的，因

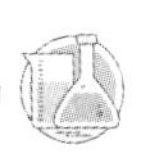

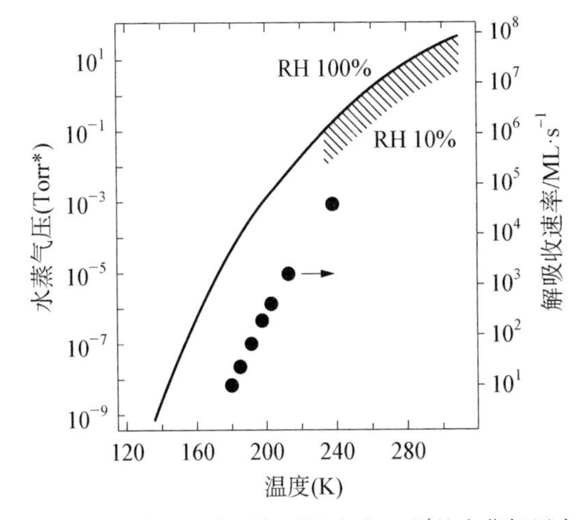

图中还针对环境温度显示出了相对湿度为10%的水蒸气压力。从冰获得的测量的解吸速率,取自文献[133],显示为实心圆。这些数据显示在环境相对湿度下的实验的两个障碍:水蒸气的高背景压力,以及在偏离平衡相对湿度时大量液体和冰样品的快速冷凝/蒸发速率

图 11-6 水蒸气压力和温度的函数(实线)

为在模型中包括大规范变量如 pH 和静电势都是不可忽略的。许多具有经典或者初始力场的分子动力学模拟确实提供了关于界面水结构的信息。这些必须通过独立于电化学变量来解释。换句话说,不清楚在哪种 pH 和电极电位下这些结构是现实存在的。

这些研究中的一些主要的开放式问题是分子与离解水吸附、水吸附的开始相对湿度和可能形成的羟基层、污染层的存在对水吸附的影响以及存在的氢氧化物/分子水层对底物对气相分子的反应性的影响。另外一个重要的问题是基底对水层结构和性能的影响,也就是说层片厚度在多少的时候薄膜的性质和这些大量水一样(图 11-7)。

相反,从大部分溶液/固体和大部分溶液/气体界面的观点来看,可以考虑超薄液体膜的性质,多少体积溶液厚度会使固体/液体界面的物理化学性质影响到这些液体/蒸气界面或者反之?假设在环境相对湿度下氧化物表面上的许多溶液层的厚度为几纳米或更小的量级,这对于理解在真实环境条件下的表面的非均匀化学性质是重要的问题。到目前为止,我们对这些

* torr,流体压力的非法定计量单位,1 Torr=133.322 Pa。

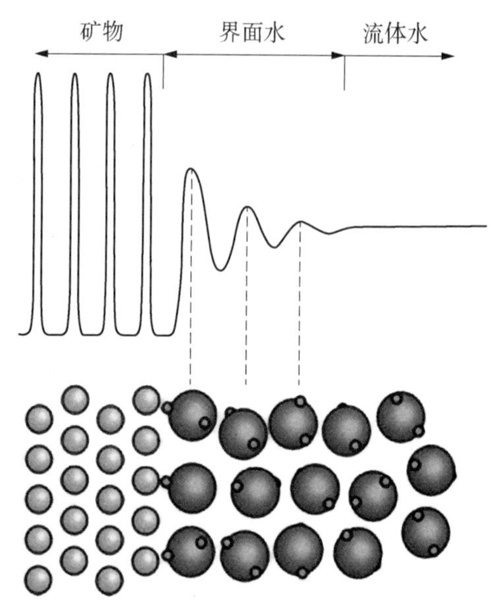

作为到界面的距离的函数的平均水密度的微观扰动。这些扰动通常在表面的10 Å内衰减

图 11-7　基底对水层结构和性能的影响

问题的基本理解只有一小部分。

电化学实验和理论连续静电模型已经应用了几十年来表征氧化物/溶液界面上的界面水特别是电双层。介电常数作为极重要的宏观量之一，据报道在界面上与体积水相比低一个数量级。例如，在云母上，与在体积水中的约78相比，在界面处约为4[138]。这可以通过水分子与氧化物/溶液界面处的电场的相互作用来合理化。因此与具有对本体性质的弱扰动相比，预期介电常数对于具有强重排序相互作用的界面有着显著的变化。然而，介电常数是宏观性质，并且像其他连续变量一样不提供令人满意的微观描述。尽管它们有着悠久的历史，电化学方法是探测溶液/固体界面的间接方式，因为它们只直接检测电极到电极的传输以及没有关于界面水结构的直接信息。

无论如何，固体/液体界面是令人感兴趣的现象[139,140]。

11.4.1　云母

云母表面被广泛地研究，尤其是白云母，这是因为其是层状铝硅酸盐组

 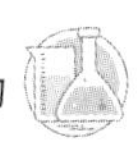

成的表面，而延伸出来的是相邻(Al, Si)O_2 层之间的弱结合，可以通过使用胶带切割来制备扩展的平坦(0001)基面平面。早期的第一原理分子动力学模拟(涉及小的模拟单元和非常短的动力学轨迹)显示云母(0001)表面在第一水层上的强模板效应，其中吸附水的氢(供体)键与云母表面中的氧的优先取向形成二维氢键网络[141]。这使得第一水单层的结构没有任何悬空的氢键和具有正极指向表面的净偶极矩。该模型已经由振动和频率谱(VSFS)[142]和 Kelvin 探针显微镜[143]测量的结果所支持，其显示在相对湿度低于 80%(即在单层覆盖下)[142]下没有检测到悬挂 OH 键，云母的表面电位在水吸收时减少[143]，与水偶极子的取向一致，阳极端朝向基底。VSFS 测量还显示，在存在多层水的较高相对湿度下，观察到悬挂 OH 键，暗示在第二层中一定程度的无序，其中在室温下测量第一层中一些顺序损失。

较强的模板如上述所说的云母也已经使用近边缘 X 射线吸收精细结构光谱和 MD 模拟的组合在非氧化物如 BaF_2(111)表面上的水单层被观察到。鉴于其晶格常数与冰(0001)[145]基面的紧密匹配，BaF_2(111)已经被广泛研究。Kaya 等人最近结合偏振相关 XAS 和 MD 研究[144]显示在 BaF_2(111)上的第一单层水显示出非常高的密度(1.23 g/cm^3)[144]。这种高密度是由于第一层中的水分子在垂直于 BaF_2(111)表面的方向上的非常窄的分布以及该层内的第二配位壳的塌陷，其中 O—O 距离约为 3.3 Å，相比之下体积水为 4.4。只是在 BaF_2(111)上的水单层下表面本身提供用于压缩该层的驱动力的情况下，这个小的第二配位壳半径与极高密度水(VHDL)可以相比。

关于水/云母界面，考虑到云母表面在大量水存在下其相邻水具有模板效应，这也在高分辨率 X 射线反射率研究中得到证明[146]，也与 Monte Carlo 研究定量一致[147]。水中氧原子在界面处的密度分布显示多于 4 个可区分的峰，其中最接近云母界面的 2 个水层的氧密度约为整体水的两倍。同时，水密度在任何点都不会明显降低到体积密度以下，导致如上面关于 BaF_2(111)所讨论的云母界面处的总体增加的水密度。在离界面约 1 nm 内的距离处可以观察到密度振荡。即使在云母/水界面存在水的强有序性和水密度的增加，限制在两个云母表面之间的厚度$<$2.5 nm 的水层的剪切动力学的分子动力学计算显示出界面层的高流动性[148]。这个发现可以通过水的水合作用通过水分子快速旋转和转化动力学来进行解释[148]。

11.4.2 二氧化硅

云母是更广泛和重要的二氧化硅矿物(SiO_2)的二维亚种，它们是地壳的主要成分。新裂解的二氧化硅表现出配位不饱和的 Si—O 键，其将与大气水分快速反应表面形成(Si—OH)基团。通过例如 VSFS 实验研究在二氧化硅/水界面处的界面层揭示界面水分子的取向受到与石英表面中的氧的静电相互作用和氢键强烈影响[134,149]。二氧化硅/水界面的理论研究集中于例如使用多个具有代表性的二氧化硅表面的从头开始的分子动力学对二氧化硅表面基于酸的化学[150]。这些研究表明硅烷醇基团仅存在于应变或缺陷表面上，pKa 值约为 4.5。对羟基化二氧化硅表面的水的结构和动力学性质的经典 MD 模拟显示界面水较慢的动力学[151]。

11.4.3 氧化镁

在环境相对湿度下，水氧化物表面的解离吸附和表面羟基对氧化物的吸湿性能的影响。这些研究大部分是应用环境压力条件下的 X 射线光电子能谱(APXPS)[152-154]，这也是一种确定羟基化和水吸附的相对湿度(RH)的好方法，因为它可以通过各自不同的 O1s 光电子能谱的化学位移来区分氧化物、氢氧化物和水分子的种类。近来，APXPS 已用于研究水在 TiO2 (110)、[155] $\alpha-Fe_2O_3$(0001)、[156] Fe_3O_4(001)、[157] MgO(100)/Ag(100)薄膜、[158,159] SiO_2/Si(111)、[160] Al_2O_3/Al、[161] Al_2O_3/NiAl[162] 和 Cu_2O/Cu (111)[163]原生氧化物等单晶氧化物的表面吸附。图 11-8 显示了水蒸气与 MgO(100)反应的 APXPS 结果，这个结果与理论研究表面水吸附的结果非常接近[164,165]。

APXPS 和红外(IR)光谱数据都表明，羟基和水吸附是在 RH<0.1% 时开始的，而氢氧化层的生长终止在约 1 ml 在大约 0.1% RH 且这个厚度是随着水层的相对湿度增加而增加的，并在约 20%相对湿度时达到 1～2 ml。在水吸附的初始阶段，羟基表面发生比 H_2O—H_2O 键合更强的 OH—H_2O 键合，使得大量水分子在 MgO(001)表面共存稳定。

11.4.4 二氧化钛

另一个重要的羟基形成和作用的氧化物/水界面是二氧化钛/水界面研

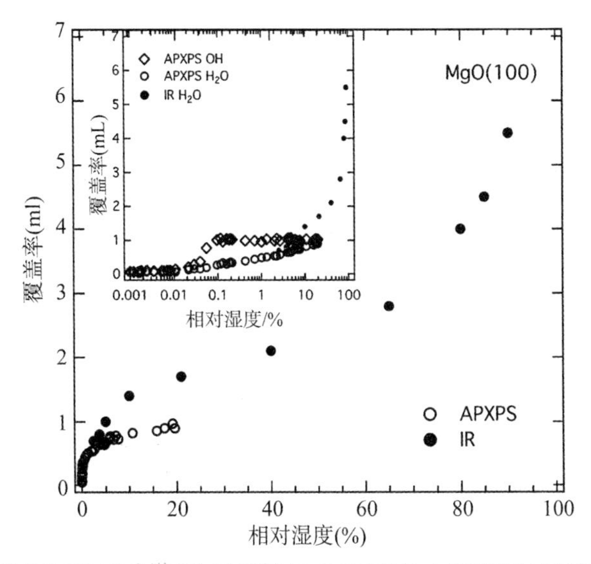

APXPS(圆圈)和红外光谱(黑点)检测 MgO(0001)的水膜厚度与相对湿度的函数。图中显示了低 RH 区域的特写，绘制以羟基化层在 MgO(0001)上的厚度显示为空心菱形对 RH 的对数。APXPS 数据显示开始羟基化和水吸附 α－Fe_2O_3(0001)已经低于 0.1%RH。IR 和 APXPS 显示在 RH 高于 20%RH 下存在 1～2.5 μm 厚的水层[159-166]

图 11－8　水蒸气与 MgO(100)反应的 APXPS 结果

究[167]。TiO_2 以三种晶体结构存在：金红石、锐钛矿和板钛矿。其中金红石是被最广泛研究的一种，尤其是其最稳定的界面[即(110)]，有实验证据证明水解离发生在 TiO_2 缺陷处[168]。对 TiO_2/水的表面理论研究也发现这是一个完整与解离吸附的问题[169-183]。但这中间有一个争议的问题，主要是因为完整的和解离的水分子状态之间的能量差是非常小的(<0.1 eV)。图 11－9 揭示了解离水的相对能量与 TiO_2 板层数之间的函数关系，说明了这与理论预测的水在 TiO_2(110)表面结果是一致的。

从图 11－9 可以清楚地看出，振荡的幅度取决于具体交换相关函数，因此也可以解释那明显矛盾的结果[184]。从图 11－9 还可以清楚地看出，板必须具有足够的厚度才可能预测完整的水在原始表面的解离。Liu 等人的 MD 模拟金红石上的水膜发现该界面的水会形成明确的接触层，其中水分子可以结合到基体的 Ti 位点[169,185]。这种表面强键合的第一界面层中的水移动是明显慢于水分子在它上面层的移动，而第一、第二水覆盖层中的水分

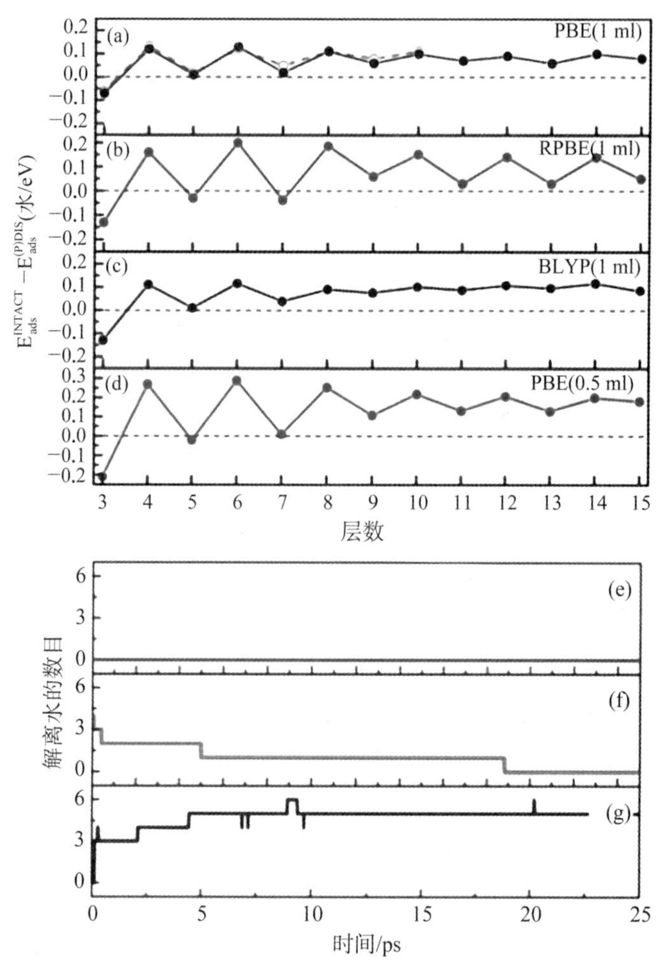

完整和部分(1 单层，ml)或完全(0.5 ml)解离状态对于 TiO_2 板模型中 TiO_2 层数的计算能量差异；TiO_2 层被定义为一个 O—Ti—O 三层；(a)1 ml PBE；(b)1 ml RPBE；(c)1 ml BLYP；(d)PBE a 在 TiO_2 表面上的解离的水分子的数目作为在 1 ml 的覆盖范围内的三个从头的分子动力学模拟的模拟时间的函数；(e)完整水分子在四层 TiO_2 板上的重叠，在模拟期间不发生解离；(f)四层板上的覆盖层，其中 8 个水分子中的 4 个最初解离。随着模拟进行，水分子重新结合直到约 20 ps，没有离解的水分子保留下来(即所有吸附的 OH 和 H 基团重新结合)；(g)最初完整的水分子在三层板上的覆盖层。与四层板不同，可以据此迅速观察到水分子的解离，该结果是在 360 K 条件下的 PBE 功能

图 11-9　解离水的相对能量与 TiO_2 板层数的函数关系

子之间的交换动力学研究发现这与电子刺激的解吸测量结果是一致的[186]，也与 Kataoka 等人进行的 VSFS 实验结果一致。Uosaki 等人的实验表明水与 TiO_2 是强结合到其表面的[187,188]。Liu 等人使用足够厚的 4 层 TiO_2 板时发现形成完整的非解离水膜，如图 11－9(f)所示[185]，这与≤1 ml 的模拟结果一致。如果使用不够厚的三层 TiO_2 板来支撑液体水膜，则水分子的解离如图 11－9(g)所示。然而，已经进行改进的一个重要领域是在有限 pH 下的水界面的从头计算建模。完整和解离的水吸附之间的微妙平衡可以通过 pH 的改变实现。Cheng 等人研究了使用自由能扰动方法从头计算的 MD 模拟来计算解离常数中的 pH 作用[146]，发现水在 0.6 eV 下解离比标准 pH 条件下的完整吸附更不稳定，这与从图 11－9 得出的结论是一致的。

11.4.5 赤铁矿

超薄水膜在环境条件下可以含有溶解的离子并且通过与碳质材料例如来自大气的 CO_2 的反应或吸附表面活性剂而其溶解的离子浓度不发生变化。为了更好地理解这些污染物在吸附水层中的影响，重要的是确定它们的化学状态和相对于溶液/固体界面和溶液/气体界面在吸附层内的相对位置。在具有几纳米或更小厚度的溶液层中，因为它们将在相对湿度低于 100%时存在，所以应用 APXPS 与驻波(standing wave, SW)协同的方法可以进行相关的研究[189]。驻波的波长大约为多少层的厚度，通过一些界面(例如通过在摇摆曲线中改变布拉格角周围的入射角)进行扫描，并因此在 XPS 实验中增加深度分辨率[190]。驻波方法的优点是它提供了内置的标尺即驻波的周期，以确定贯穿探测体积的化学物质的绝对深度分布。Nemšák 等人使用这种方法研究了在相对湿度为 8%的多晶赤铁矿基底上的混合 CsOH/NaOH 溶液层[189]，发现 Na 结合到赤铁矿表面使得 Cs 从固/液界面得以排除(图 11－10)。在该研究中他们还观察到两种不同的碳物质：一种是亲水性的碳酸盐或羧酸分布在整个溶液膜中，而另一种是疏水性的脂肪族碳位于溶液/蒸气界面。

11.4.6 其他本体溶液/氧化物界面

本体水/氧化物界面的实验研究主要是通过非线性光谱和 X 射线衍射方法，通常结合理论进行模拟。对于赤铁矿已经发现的各种表面终端，也因

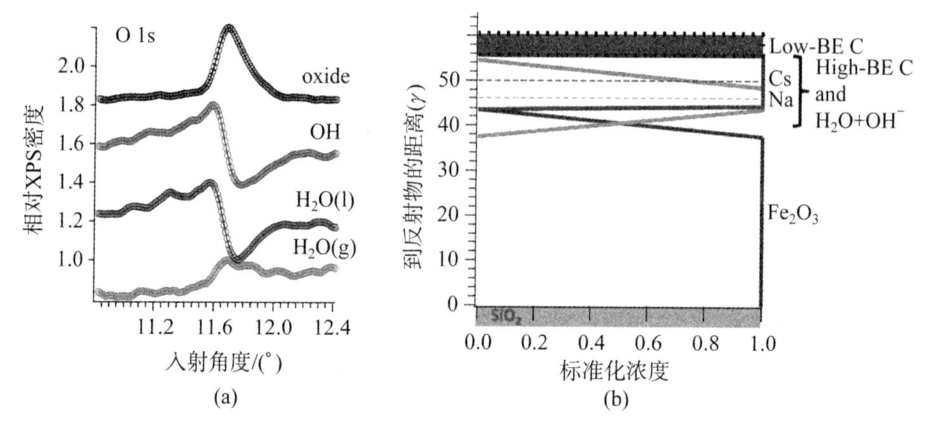

(a)来自沉积在赤铁矿薄膜样品上的(Cs，Na)OH 薄膜的 O 1s 摇摆曲线，其又在 3.4 nm 周期的 Mo—Si 多层样品上生长。测量期间的相对湿度为 8%。入射光子能量为 910 eV，导致约 11.7°的一阶布拉格角。氧化物和 OH/H_2O 摇摆曲线峰位置和形状的差异表明这些物质位于多层光栅上方的不同位置

(b)Cs 4d、Na2p、C1s、O1s 和 Fe2p 摇摆曲线的分析提供在多层上方距离函数的不同组分的空间分布，其中 Na 接近赤铁矿/溶液薄膜界面。亲水性碳酸盐均匀分布在整个膜中，而疏水性组分位于溶液/蒸气界面处

图 11-10 相对湿度为 8%时多晶赤铁矿基底上的混合 CsOH/NaOH 溶液层

此可以预测其水界面结构的多样性[137]。DFT 计算表明在室温下 $p(H_2O)$ 为 10^{-4} 托或更高压下的含水(0001)表面将被羟基化[191]，这与 APXPS 数据是一致的[156]。Catalano 等人在(012)、(110)和(001)面上的 X 射线反射率研究证明了在大量水的存在下该表面结晶学的函数与界面水层之间的关系[192]。说明与赤铁矿接触的致密含水层是一种层状结构，从表面开始的 1 nm(相当于 3～4 层)内开始发生本体性质的逐渐变化，类似于云母的界面水层[146]。根据分子动力学模拟的水/赤铁矿界面性质，来自液相中的水具有特别稳定的线性氢键，其提供给赤铁矿(012)和(110)面上的 3 个配位表面氧[193]，而(001)面则显示更弱水层会发生重排序。对于羟基氧化铁，特别是针铁矿(FeOOH)上的界面水，其很可能在潮湿条件下与本体水接触从而使赤铁矿被羟基氧化物层所覆盖[194]。

对于类似于普通氧化铁的晶体结构，如 α-氧化铝(Al_2O_3)，因为其具有与赤铁矿类似的晶体结构，所以其界面水结构会因为电子效应而发生不同的变化。氧化铝在比铁氧化物高的相对湿度下被羟基化，而 α-氧化铝上的水分层相比而言弱得很多使其具有更薄的界面区域[137,191]。水对 α-Al_2O_3

(0001)和 AlOOH(101)的初始分子动力学模拟发现了表面羟基和界面水之间的相互作用是不同的[195,196]，其中表面羟基的贡献来自于水分子的键和表面的水分子重排序。与铝相比，$\alpha-Al_2O_3$(0001)参数化的力场研究预测发现[197]，其羟基化表面具有更好的润湿，并与 Monte Carlo 模拟的结果一致[198]。

总之，氧化物表面上的界面水的共同特征包括界面(结构化)区域的宽度为 10～30 Å 相比于直接与氧化物表面接触的第一水层具有较慢的动态。从实验和模拟也已经确定，界面水的分子取向由 pH、表面电荷和静电环境以及离子的存在决定。包含这些因素的数值模拟仍然是一个挑战。此外，大多数模拟使用经典力场，为了在特定材料和特定方面再现实验结果而被参数化。尽管它们在过去 5 年中迅速获得了快速发展，但如果要在水中再现长程效应，那么从头计算方法在计算上仍然是比较昂贵的。当然，我们对横向排序的理解仍然有限，这在实验中也是一个巨大的挑战。对于氧化物表面上的超薄水层的极限情况，出现了其中羟基化和分子水吸附在远低于环境中相对湿度(<1%)的大多数氧化物表面，其结果像风化的岩石和云成核过程。

11.5 疏水表面上的水

疏水界面是一种特别的表面，疏水表面的水分子结构对于一些技术应用和生物系统有特别的意义。与疏水性溶质的水分子相比，在相对于本体不需要断开氢键的情况下，延长的疏水性表面上界面水分子平均每个分子牺牲一个氢键，其相应的非氢键合的 OH 基团会因此指向疏水表面，类似于在液体/蒸气界面的指向[199,200]。

实验证明疏水界面水分子具有断裂的氢键或振动和频率光谱获得的游离 OH[201]。比如，在约 3 680 cm^{-1} 为中心的频谱中存在相对尖锐的带，说明具有近似疏水性表面的单个悬挂 OH 键的水分子存在(图 11-11)。事实上，这说明在界面处有两个悬挂的 OH 水分子的存在[202]。基于确切的峰位置可以判断疏水表面的化学基团[203]，这也被其他人所证实[203-206]，这是因为这类尖锐的悬挂 OH 峰会比较容易出现在光谱中。在相对低的波数(约 3 200 cm^{-1})处的该宽谱带的存在主要由于强氢键的形成，其最初还被解释为疏水介质诱导超过界面水分子的第一单层有序的能力[202]。但这种解释最近已被一些新的研究所质疑，因为在烷基硅烷疏水界面处及不同 pH 条件下的光谱测量发现在键合的 OH 区域中观察到的效应不是由于水与疏水单层的相互作用，而是下面的石英基底的影响[205]。

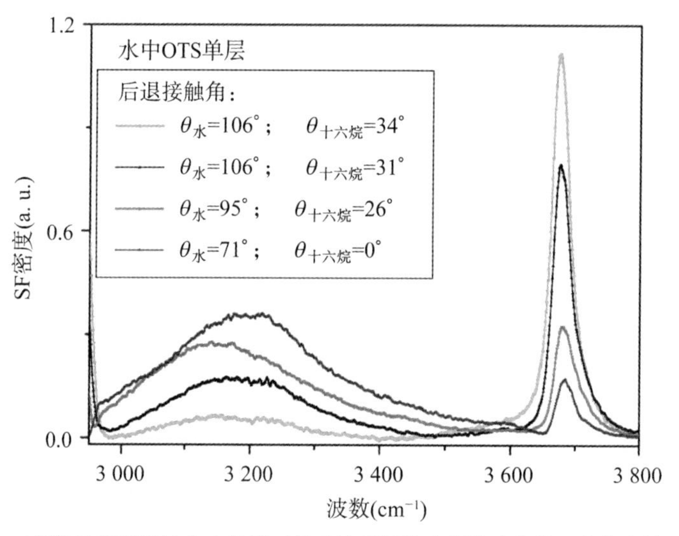

二氧化硅表面通过十八烷基三氯硅烷单层的自组装疏水化。在水中的后退接触角($\theta_{水}$)，特别是十六烷($\theta_{十六烷}$)似乎与单层中的顺序和/或缺陷相关，接触角的平均误差为±3°

图 11－11 在具有不同有序程度的 4 个疏水化的二氧化硅/水界面的 OH 伸缩区域中的总光谱

使用高浓度的吸附离子可以导致宽 OH 伸缩带基本消除[203]。还有研究发现，通过自组装的渗透可以使水进入到固体基质中[203]。对不同疏水单层的测量还发现，纯水中的宽 OH 特征会因为无缺陷的烷基硅烷单层而消失，但同时会使悬挂 OH 的峰强度增加(图 11－11)[206]。这是因为光谱中 OH 水分子比较灵敏，因而可以提供体积各向同性的疏水性单层的表面性质[206]。在一些研究中，还发现界面分子性质和宏观后退接触角之间有明显的相关性，特别是在十六烷的接触角测量中(图 11－11)[206]。这意味着在水中的静态和前进接触角之间是没有这种相关性的[199]。

事实上，表面诱导的有序性基本上都限于第一水层，这是因为两个疏水表面之间有吸引力的疏水相互作用。当使用力测量技术时，由于固有的表

面疏水性(真正的疏水力)导致的相互作用在 10～20 nm 数量级距离[199,207,208]。所以通过硅烷或硫醇化学制备的各种疏水表面的原子力显微镜测量发现,其吸引力的强度和范围是随接触角增加的[209,210]。有一种解释认为这种吸引力的起源与两个接近表面之间的水分子有序性变化有关系[199,211]。

通过 X 射线[212-215]和中子反射率可以获得[216,217]来自扩展的疏水/水界面的信息,并可以基于其度敏感原则上得知界面的水密度分布。根据 VSFS 研究烷基硅烷封端的单层在二氧化硅表面上的自组装结果,可以知道邻近疏水性表面具有高密度耗尽层的存在,但这种间隙的实际厚度是有争论的,因为有研究发现烷基硅烷单层约为 1.5 Å 或更小的数量级[213,215,218,219],即只是水单层的一部分[203,206]。但这个间隙的确认具有一些不确定性,主要是与仪器的分辨率有关[215,219]。根据对不同碳氟链长度的全氟化自组装单层的 X 射线反射率(XRR)(图 11－12)研究也确认了界面耗尽层的存在[215]。但制备无缺陷的氟碳自组装单层比等效的烷基硅烷单层更难[220,221]。

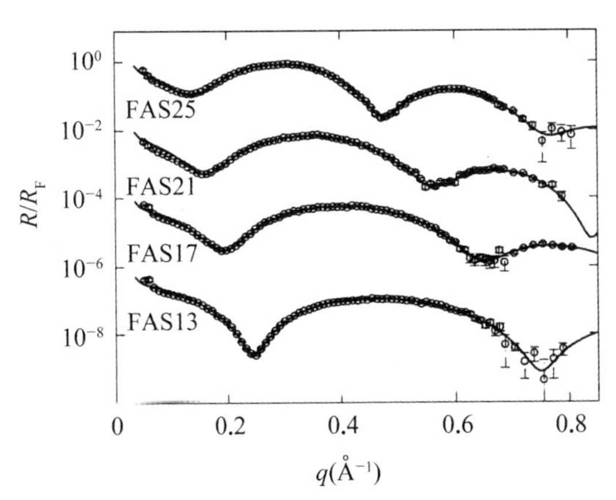

一系列氟烷基硅烷单层 $CF_3(CF_2)n(CH_2)_2SiCl_3$ 的 X 射线反射率数据,其具有与水接触的不同长度的 CF_2 基团。对于 FAS13、FAS17、FAS21 和 FAS25, n 的值分别等于 5、7、9 和 11。对光谱的拟合显示为实线。对于较长链单层(FAS21 和 FAS25),仅观察到具有仅仅几分之一埃的最小置信误差的明确间隙

图 11－12　氟烷基硅烷单层 X 线反射率

XRR和VSFS结果的比较表明，表观密度耗尽层与水分子通过悬浮OH键连接与疏水表面直接接触。然而，VSFS光谱清楚地表明那些悬挂的OH以及烷基硅烷单层的末端甲基基团在真空或空气中都不振动。这通过相对于与空气接触时的游离OH和CH_3拉伸模式的约25 cm^{-1}和约3 cm^{-1}的红外位移可以得以证明[202,203,206]。但值得一提的是：在全氟烷基硅烷单层中，OH悬挂模式的相对移动仅限于大约10 cm^{-1}[203]。还必须指出的是虽然目前缺乏近乎固体疏水性表面的和频率响应的分子模型，但是对于具有末端-CH_3和—CF_3基团的单层之间有广泛的理论支持其存在低密度间隙，其界面间隙的宽度在1～2 Å，并已经得到XRR论证[213,222-224]。相关的分子模拟表明，对于亲水性表面存在的较低密度层，即—$CONH_2$表面为0.9 Å的表面层，其间隙宽度和表面疏水性之间存在相关性[224]。计算的表面密度分布一般显示近乎延伸的疏水性表面的水分子在离界面高达7～9 Å距离处呈现表面结构化，其密度振荡呈现最大值[224-226]，且可能与悬挂OH的水分子相关[223,224]。

虽然油/水界面附件的水分子结构与固体-疏水界面的情况相比可用信息非常有限[272]，但是VSFS研究的界面，包括水/CCl_4[204]和水/烷烃体系的研究得到一些有效的信息[202,204,228]。比如，在所有类似于烷基硅烷单层体系的情况下，已经检测到悬挂OH的水分子[204,228]。有意思的是，在一系列平面油/水界面的椭圆计量研究过程还发现了仅仅几分之一埃(0.3～0.4 Å)的耗尽层存在[229]，说明计算出的间隙厚度可能依赖于模型。

对于油/水的弯曲界面，即曲率半径相对于分子尺度较大的界面，比如烷烃/水纳米滴(直径约275 nm)的界面，用振动和频率散射研究发现这些界面处可以观察到非解离的OH键[230]。说明近似疏水表面的水的表面结构非常值得研究。

11.6 液/气界面

液体水和水溶液与蒸汽的界面，以液态水的氢键模式终止。与大量液体水中的那些相比，在完整表面处的水分子平均具有数量减少的氢键。对于纯水，这导致会出现如文献[231]中所讨论的各种表面特定现象。我们将在这一部分主要关注水溶液的表面，这是与环境科学高度相关和疏水界面的

模型。在大气科学中,液-气界面的作用是气候变化的一个重要但不充分的因素[232]。特别是由于其高的表面积与体积比,大气气溶胶的性质受界面分子规模现象的强烈影响。

这些上下文中的关键问题是溶液表面的组成如何不同于本体的组成。在图 11-13 中示意性地表示出了一些理想化的情况。

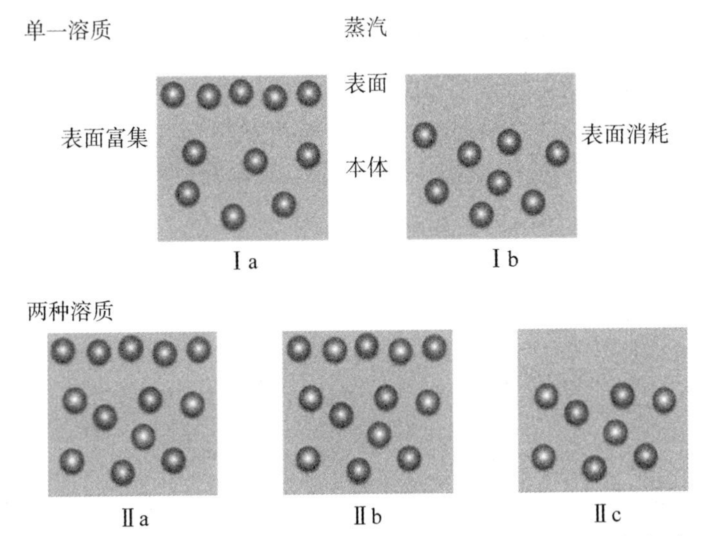

对于具有单一溶质(Ⅰa 和Ⅰb)或两种溶质(Ⅱa、Ⅱb 和Ⅱc)的溶液,溶液表面的组成如何可以不同于本体的组成的示意图

图 11-13 溶液表面组成理想化情况示意图

虽然溶质均匀地分布在溶液的主体中,但是溶质在近表面区域中的空间分布通常是不同的。虽然一些溶质可以在表面富集如图 11-13(Ia)所示,但也易被其他溶质所耗尽如图 11-13(Ib)所示。在具有两种或更多种溶质的溶液中,接近表面的溶质分布可以是彼此独立的但也可以是一种组合,如图 11-13(II)的各种描述所示。

11.6.1 方法

为了探测水和水溶液的表面,已经有一些实验技术可进行选择,其中包括液体微射流[236]和基于盐晶体[5]的 VSFS[233-235]和 XPS。此外,其他技术如中子散射[237]以及各种基于 X 射线的方法[238]也是可以用于研究水性表面上的两亲性分子的单层的。VSFS 允许从振动模式中推导关于组成和取向分布的结构信息。XPS 可以直接监测化合物，通过光电子的检测显示化学和结构信息以及物质的空间分布。VSFS 的表面灵敏度依赖于界面处的反转对称性的破坏，XPS 是通过在凝聚相中发射的光电子的短衰减长度获得表面灵敏度。在 VSFS 中，水表面离子和分子在空间分布有不精确性。在 XPS 测试过程，水中光电子的衰减长度取决于光电子的动能尤其是不精确的较低动能，会出现各种对称性中断变化的位置。此外，表面区域的厚度只能估计，这在解释空间分布方面的表面敏感光谱实验的结果时产生额外的不确定性。

VSFS 和 XPS 实验都可以在室温条件下进行。在液体微射流实验中，由于溶液表面可以持续发生变化，可以避免 XPS 实验中波束被损坏的问题。与此相反的是，VSFS 实验中使用静态样品中制备无污染表面是极具挑战性的[239-241]。

11.6.2 水界面的结构和化学成分：纯水

从 VSFS 对纯水界面结构的研究来看，单个的 OH 基团可以进入没有氢键的气相中，并显示在 3 700 cm^{-1}[202,242]处的峰。我们可以注意到，甲基封端的固体疏水/水界面的峰具有蓝位移约 20 cm^{-1}，而在 3 200 cm^{-1} 附近的峰被称为类似冰结构，即是四面体和水分子的强结合，而 3 450 cm^{-1} 附近的峰被认为是无序的水分子[243,244]。但同位素实验对这个解释持怀疑态度[245,246]，因为这个方法认为随着 HDO 浓度的增加，两个波段会合并成一个波数。此外，分子动力学模拟也反对类似冰结构的说法，认为分子间的耦合更重要[246-249]。而且，分子动力学模拟的结果表明，在水/蒸气界面的特定情况下，悬挂的 OH 峰实际上来源于表面的顶部单层[248,250]。关于质子的空间分布和水界面处的氢氧根离子，实验结果和理论预测结果存在很大的差异[235,239,251]。

11.6.3 水界面的结构和化学成分

生物、环境和大气的许多基本过程都发生在水-水界面，然而，人们对于界面处的离子、有机分子、无机分子的行为理解仍在不断地研究中。

小的无机离子，例如卤化物，通常会在表面耗尽，如图 11 - 13(Ib)所示，原因是在空气-水界面之外缺少可极化的溶剂[252]。目前大致上的认同是：

与较小的、极性较小的离子相比，大的可极化卤化物阴离子在表面上消耗较少，而碘化物可以富集如图 11－13(Ia)所示。但对定量值还存在相当大的分歧[235,256]。除了对纯卤盐影响方面的研究，它们的混合物也有一些研究[257]。一般认为，离子之间的相互作用取决于确切的混合物，不同能量具有不同的熵效应及驱动。在接近界面区域，化合物中的水越来越少，这将影响离子的溶解及盐浓度/离子强度与水合之间的竞争，从而影响离子配对，例如溶剂分离的离子对及接触离子对和在界面处的络合物形成[258-262]。

无机离子会出现表面富集或表面耗尽的现象，但有机分子的表现却与之相反。这是因为有机分子通常只在界面处富集，使得表面张力下降、表面浓度大于体积浓度，甚至一些表面活性剂可以在水界面处显示取向效应[263]。有一个著名的例子即是：有机分子或离子的烷基链可以在单层覆盖处垂直于水表面进行取向性排列[263-265]。据此，溶液的界面结构可以根据有机溶质的性质，比如乙酸、甲醇、丙酮等，得到控制并在表面形成中心对称或反平行双层的结构[266-269]。

基于无机离子和蛋白质混合物的实验，Hofmeister[270]创立了诸如盐析和盐溶等术语。指出阳离子和阴离子对有机化合物的溶解度的影响是由溶质之间的直接和间接相互作用引起的，而在接近界面处的其他两亲有机分子也会影响到界面行为[271]。一些实验表明，有机化合物和溶解离子之间的直接相互作用会有效地改变溶质在水性界面的空间分布和取向[261,272]。

如已有的文献[231]中所讨论的，纯水表面与氢氧根和水合氢离子不同，与此相关的是酸或碱在水性表面的行为[273-275]。其中乙酸的结果如图 11－14 所示。假设活性相同，质子化和去质子化形式在等体积的 pH 为 4.8 的

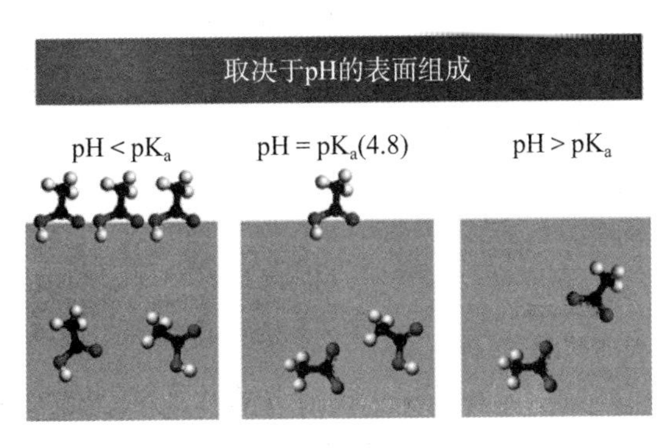

图 11－14　水性乙酸的表面和内部之间的 pH 差异示意图[231]

溶液中会以相同浓度存在,但在表面质子化将占优势,当 pH ≪ pKa 时,体积由质子化物质占主导,进行表面富集;而当 pH ≫ pKa 时,去质子化的物质会占主体,使得表面上物质很少。这个现象也得到酸体系的证明[266,273,274]。因为己酸水滴的质谱分析发现其酸的去质子化可以发生在 pH 远低于 pKa 的表面[251]。

图 11-14 说明,在许多液-气界面的问题具有可讨论性。对纯水,存在例如悬挂 OH 基团的数目以及 pK_W 和 pH 不同的问题;对分子和离子的水溶液,物质会在水界面处的空间形成不同的分布,并具有相关联的不同效应,例如双层的形成、取向及协同。

分子动力学模型比较依赖所使用的力场,主要适应比较小的系统和纯水体系[276,277]。图(11-15)是一个不同方法得到的结果之间的比较。

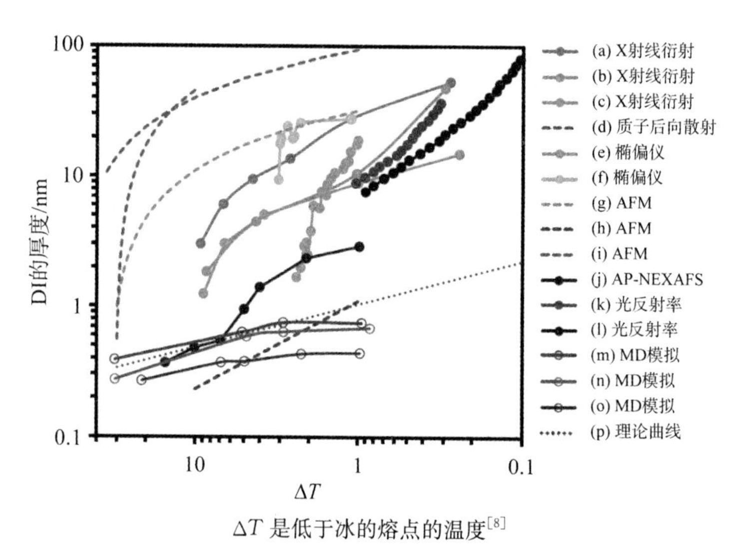

图 11-15　使用各种实验和理论方法测定的温度对液体状层的厚度变化函数图

11.7 冰/蒸汽界面

与大多数固体一样,冰在低于本体熔点的温度下在固体-蒸气界面处会经历熔融转变[278,279]。也正是基于该发现,冰表面可基本上将其性质从固

体-蒸气改变为液体-蒸气界面，前提是温度得当。无序的液体层LLL的存在会影响冰表面的摩擦和黏附以及微量气体在其表面发生的吸附、反应和释放。1859年，基于对彼此接触的两个冰球之间的接触面积的增长的观察，Michael Faraday首先提出冰面上存在LLL，并认为存在移动的冰面[280]。在20世纪末，应用几种表面敏感的方法证实了冰面确实会出现预熔转变。但必须指出：LLL的性质远未被理解，因为其最基本的两个特性，即表面熔化的开始温度和厚度-温度函数关系都是不一致的，而其参数方面我们知道的就更少了，例如LLL的密度、黏度、氢键强度及离子电导率等。

11.7.1 液体状层的厚度

为了研究LLL的起始温度和厚度，已经使用过质子通道、掠入式X射线衍射、VSFS、原子力显微镜(AFM)、椭偏仪和XAS[8]。根据测量结果，在给定温度下，LLL的厚度变化高达2个数量级的差异，而这个巨大的差异有可能来自两个因素：一是不同技术引出的，如X射线衍射有利于测量晶格位置的无序性、椭圆光度法容易测量复折射率的变化、AFM有利于测量尖端和冰表面；二是存在的杂质在冰的表面熔化中可能有一定的作用[281-285]。

Dosch等人在制备的六角(00.1)和面(10.0)以及(11.0)冰表面上进行了掠射角X射线散射实验，其中具有8.3 keV光子能量的X射线以全外反射的角度，约0.14°，入射在其表面上[286]。研究发现在这个条件下，入射角是从5 nm到100 nm之间发生变化。而X射线散射实验进一步发现基底为−13.5℃和非基底表面为−12.5℃的冰表面有一个预熔化的开始温度，对于基底和非基底表面及在−1℃下，这个时候的LLL厚度分别为30 nm和10 nm。这与Henson[287]等人的晶格计算得到的界面自由能的最小化热力学模型结果是一致的，也符合Landau-Ginzburg哈密尔顿算子和粗粒度水模型额和分子动力学简单场论理论模拟的冰-水界面描述[288-301]。

经典MD模拟聚焦在LLL的形成，预测到LLL的形成温度低于冰的熔化温度，并且会随着温度接近熔化温度增加其厚度。图11－16展示了一个经典MD仿真的示例。冰纳米颗粒在低于纳米颗粒的熔融温度，但超过30 K条件下其表面出现一些构型紊乱的水分子，无明显的LLL。但在低于纳米颗粒熔融温度仅几度的条件下，LLL形成大约几个纳米的厚度。图11－16还说明在纳米颗粒中有利于预熔化，这是因为这个过程是先发生在晶体的角落处，然后是在面之间，最终是在平坦表面处。这意味着熔融温度与配位程度有关，而熔融温度对纳米颗粒尺寸具有很强的依赖性。

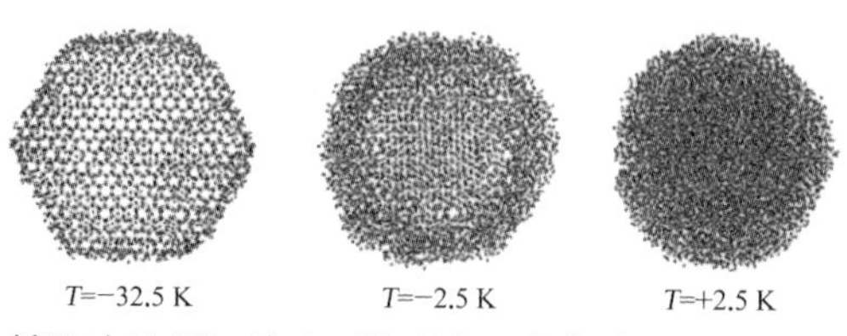

低温时（左图），冰表面构型有一些紊乱，没有明显的LLL特征；在低于熔化温度几个摄氏度条件下（中图、右图），此时一个清晰的LLL出现，其时的纳米颗粒含有约10 000个水分子

图 11－16　MD 模拟冰纳米晶体的尺寸和形貌与温度之间的关系

11.7.2　冰与吸附物的反应

事实上，上述实验中有一个未解决的问题是表面污染的存在，而其又不易使用X射线散射进行检测。冰表面的杂质可来自于周围大气或对外界的吸附，或是在自身生长、储备过程感染到的。目前应用环境压力X射线光电子光谱法（XAS）和氧气K边缘的X射线吸收光谱结合的方法可以同时测量冰的表面化学成分和表面紊乱程度。用该方法发现温度约为−20℃时的多晶冰样有预熔性[285]，这与掠入式X射线散射实验得到的结论一致，表明来自真空室背景的外来碳污染会增加预熔温度。

图11－17是说明性的实例，其中最初清洁的冰表面暴露于大气中的重要气体 NO_2 中[302]，实验在−43℃下进行。XPS和XAS都显示通过 NO_2 与水的反应在冰表面形成了硝酸盐物质。图11－17中的左图显示了清洁冰（蓝线）的XAS光谱，在0.003托的 NO_2 分压（绿点）下形成冰表面上的硝酸盐亚单层覆盖物，在 NO_2 部分分压为0.05托时形成硝酸盐溶液液滴状，在532 eV处的峰是硝酸盐中的氧[303]，在535 eV处的峰强度增加意味着可见固体冰到硝酸溶液的转变。相比于冰的溶液，主边缘强度（537 eV）峰的增加高于后边缘（542 eV）的峰。图11－17中的右图显示纯冰与纯溶液光谱是可以线性拟合的，以获得适合的亚单层硝酸盐覆盖的光谱。用0.8洁净冰加上0.2硝酸溶液进行配比，发现这两种组分共存一致，而没有由于硝

酸的存在引起的额外预熔化。用丙酮、[304]乙酸[305]和 2 -丙醇[306]进行冰/吸附物界面的实验也得到上述类似的结果。

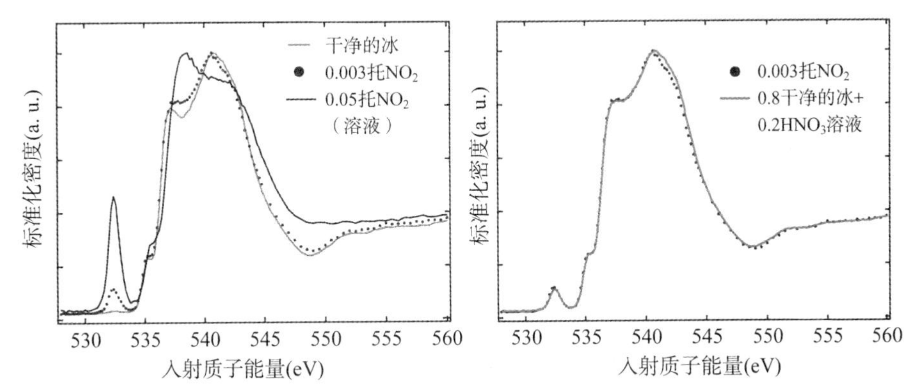

HNO_3 覆盖的冰的 XAS 数据(点)及 XAS 光谱。冰：细黑线；HNO_3 溶液：粗黑线，且以 0.8/0.2 的比例组合(右图)

图 11-17　230 K 时，HNO_3 的亚单层的存在对冰面的影响

上述研究对理解杂质对冰表面性质的影响具有重要意义。目前的理想实验是组合应用 X 射线晶体学和 XPS。

11.8 小结

水以及水与其他物质形成的界面是生活中最常见的普通事。虽然已经有了不少的研究，但依然存在许许多多的问题未能得到解释和解决。这说明在水-固体、水-蒸气界面等方面的研究仍然是一个具有挑战的领域，不仅需要新的实验方法，也需要理论的进展。

参考文献

[1] Carpenter LJ, Nightingale PD. Chemistry and Release ofGases from the Surface Ocean. Chem. Rev. 2015, 115, 4015.

[2] Gileadi E. Physical Electrochemistry; Wiley VCH: Weinheim, Germany, 2013.

[3] Zaera F. Probing Liquid/Solid Interfaces at the Molecular Level. Chem. Rev. 2012, 112, 2920.

[4] Zaera F. Surface Chemistry at the Liquid/Solid Interface. Surf. Sci. 2011, 605, 1141.
[5] Krisch MJ, D'Auria R, Brown MA. et al. The Effect ofan Organic Surfactant on the Liquid-Vapor Interface of an ElectrolyteSolution. J. Phys. Chem. C 2007, 111, 13497.
[6] Davies JF, Miles REH, Haddrell AE, et al. Influence of Organic Films on the Evaporation and Condensation of Water in Aerosol. Proc. Natl. Acad. Sci. 2013, 110, 8807.
[7] Jungwirth P, Tobias DJ. Specific Ion Effects at the Air/WaterInterface. Chem. Rev. 2006, 106, 1259.
[8] Bartels-Rausch T, Jacobi HW, Kahan TF, et al. A Review of Air-Ice Chemical and Physical Interactions. Atmos. Chem. Phys. 2014, 14, 1587.
[9] Hodgson A, Haq S. Water Adsorption and the Wetting of MetalSurfaces. Surf. Sci. Rep. 2009, 64, 381.
[10] Carrasco J, Michaelides A, Forster M, et al. A One Dimensional Ice Structure Built from Pentagons. Nat. Mater. 2009, 8, 427.
[11] Thiel PA, Madey TE. The Interaction of Water with Solid Surfaces: Fundamental Aspects. Surf. Sci. Rep. 1987, 7, 211.
[12] Maier S, Salmeron M. How Does Water Wet a Surface? Acc. Chem. Res. 2015, 48, 2783.
[13] Feibelman PJ. Partial Dissociation of Water on Ru(0001). Science 2002, 295, 99.
[14] Shavorskiy A, Gladys MJ, Held G. Chemical Compositionand Reactivity of Water on Hexagonal Pt-group Metal Surfaces. Phys. Chem. Chem. Phys. 2008, 10, 6150.
[15] Clay C, Haq S, Hodgson A. Hydrogen Bonding in MixedOverlayers on Pt (111). Phys. Rev. Lett. 2004, 92, 046102.
[16] Forster M, Raval R, Hodgson A, et al. Water-Hydroxyl Overlayer on Cu (110): A Wetting Layer Stabilized by Bjerrum Defects. Phys. Rev. Lett. 2011, 106, 046103.
[17] Okuyama H, Hamada I. Hydrogen-bond Imaging and Engineering with a Scanning Tunnelling Microscope. J. Phys. D. 2011, 44, 464004.
[18] Michaelides A, Ranea VA, de Andres PL, et al. General Model for Water Monomer Adsorption on Close-PackedTransition and Noble Metal Surfaces. Phys. Rev. Lett. 2003, 90, 216102.

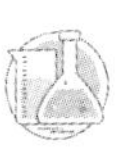

[19] Salmeron M, Bluhm H, Tatarkhanov N, et al. Water Growth on Metals and Oxides: Binding, Dissociation and Role of Hydroxyl Groups. Faraday Discuss. 2009,141, 221.

[20] Cerda J, Michaelides A, Bocquet ML, et al. Novel Water Overlayer Growth on Pd(111) Characterized with Scanning Tunneling Microscopy and Density Functional Theory. Phys. Rev. Lett. 2004, 93, 116101.

[21] Maier S, Stass I, Cerda JI, et al. Unveiling the Mechanism of Water Partial Dissociation on Ru(0001). Phys. Rev. Lett. 2014, 112, 126101.

[22] Standop S, Redinger A, Morgenstern M, et al. Molecular Structure of the H_2O Wetting Layer on Pt(111). Matter Mater. Phys. 2010, 82, 161412.

[23] Thürmer K, Bartelt NC. Nucleation-limited Dewetting of Ice Films on Pt (111). Phys. Rev. Lett. 2008, 100, 186101.

[24] Kumagai T, Kaizu M, Hatta S, et al. Direct Observation of Hydrogen-Bond Exchange within a Single Water Dimer. Phys. Rev. Lett. 2008, 100,166101.

[25] Kumagai T, Okuyama H, Hatta S, et al. Water Clusters on Cu(110): Chain versus Cyclic Structures. J. Chem. Phys. 2011, 134, 024703.

[26] Motobayashi K, Matsumoto C, Kim Y, et al. Vibrational Study of Water Dimers on Pt(111) using a Scanning Tunneling Microscope. Surf. Sci. 2008, 602, 3136.

[27] Ranea VA, Michaelides A, Ramirez R, et al. Water Dimer Diffusion on Pd{111} Assistedby an H-Bond Donor-Acceptor Tunneling Exchange. Phys. Rev. Lett. 2004, 92, 136104.

[28] Michaelides A, Morgenstern K. Ice Nanoclusters at Hydro-phobic Metal Surfaces. Nat. Mater. 2007, 6, 597.

[29] Haq S, Clay C, Darling GR, et al. Growth of Intact Water Ice on Ru (0001) between 140 and 160K: Experiment and Density Functional Theory Calculations. Phys. Rev. B. 2006, 73, 115414.

[30] Nie S, Feibelman PJ, Bartelt NC, et al. Pentagons and Heptagons in the First Water Layer on Pt(111). Phys. Rev. Lett. 2010, 105, 026102.

[31] Ogasawara H, Brena B, Nordlund D, et al. Structure and Bonding of Water on Pt(111). Phys. Rev. Lett. 2002, 89, 276102.

[32] Haq S, Harnett J, Hodgson A. Growth of Thin Crystalline Ice Films on Pt(111). Surf. Sci. 2002, 505, 171.

[33] Maier S, Stass I, Mitsui T, et al. Adsorbed Water-molecule Hexagons

with Unexpected Rotations in Islands on Ru(0001) and Pd(111). Phys. Rev. B. 2012, 85, 155434.

[34] McBride F, Darling GR, Pussi K, et al. Tailoring the Structure of Water at a Metal Surface: A Structural Analysis of the Water Bilayer Formed on an Alloy Template. Phys. Rev. Lett. 2011,106, 226101.

[35] Massey A, McBride F, Darling GR, et al. The Role of Lattice Parameter in Water Adsorption and Wetting of a Solid Surface. Phys. Chem. Chem. Phys. 2014, 16, 24018.

[36] Cox SJ, Kathmann SM, Purton JA, et al. Non-hexagonal Ice at Hexagonal Surfaces: The role of Lattice Mismatch. Phys. Chem. Chem. Phys. 2012, 14, 7944.

[37] Zhu CQ, Li H, Huang YF, et al. Microscopic Insight into Surface Wetting: Relations Between Interfacial Water Structure and the Underlying Lattice Constant. Phys. Rev. Lett. 2013, 110, 126101.

[38] Michaelides A, Hu P. A Density Functional Theory Study of Hydroxyl and the Intermediate in the Water Formation Reaction on Pt. J. Chem. Phys. 2001, 114, 513.

[39] Michaelides A, Hu P. Catalytic Water Formation on Platinum: A First-principles Study. J. Am. Chem. Soc. 2001, 123, 4235.

[40] Kumagai T, Shiotari A, Okuyama H, et al. H-atom Relay Reactions in Real Space. Nat. Mater. 2012, 11, 167.

[41] Forster M, Raval R, Carrasco J, et al. Water-hydroxyl Phases on an Open Metal Surface: Breaking the Ice Rules. Chem. Sci. 2012, 3, 93.

[42] Mehlhorn M, Morgenstern K. Height Analysis of Amorphousand Crystalline Ice Structures on Cu(111) in Scanning Tunneling Microscopy. New J. Phys. 2009, 11, 093015.

[43] Haq S, Hodgson A. Multilayer Growth and Wetting of Ru(0001). J. Phys. Chem. C 2007, 111, 5946.

[44] Zimbitas G, Gallagher ME, Darling GR, et al. Wetting of Mixed OHH(2)O Layers on Pt(111). J. Chem. Phys. 2008,128, 074701.

[45] Kimmel GA, Petrik NG, Dohnálek Z, et al. Crystalline Ice Growth on PT(111): Observation of a Hydrophobic Water Monolayer. Phys. Rev. Lett. 2005, 95, 166102.

[46] Zimbitas G, Haq S, Hodgson A. The Structure and Crystallization of Thin Water Films on Pt(111). J. Chem. Phys. 2005, 123, 174701.

[47] Thürmer K, Bartelt NC. Growth of Multilayer Ice Films andthe Formation of Cubic Ice Imaged with STM. Phys. Rev. B. 2008, 77, 195425.

[48] Schiros T, Haq S, Ogasawara H, et al. Structure of Water Adsorbed on the Open Cu(110) Surface: H-up, H-down, or Both? Chem. Phys. Lett. 2006, 429, 415.

[49] Khaliullin RZ, Kühne TD. Microscopic Properties of Liquid Water from Combined ab initio Molecular Dynamics and Energy Decomposition Studies. Phys. Chem. Chem. Phys. 2013, 15, 15746.

[50] Carrasco J, Santra B, Klimeš J, et al. To Wet or not to Wet? Dispersion Forces Tip the Balance for Water Ice on Metals. Phys. Rev. Lett. 2011, 106, 026101.

[51] Ma J, Michaelides A, Alfè D, et al. Adsorption and Diffusion of Water on Graphene from First Principles. Phys. Rev. B. 2011, 84, 003402.

[52] Becke AD. Perspective Fifty Years of Density-functionalTheory in Chemical Physics. J. Chem. Phys. 2014, 140, 18A301.

[53] Taylor CD, Neurock M . Theoretical Insights into the Structure and Reactivity of the Aqueous/Metal Interface. Curr. Opin. Solid State Mater. Sci. 2005, 9, 49.

[54] Norskov JK, Bligaard T, Rossmeisl J, et al. Towards the Computational Design of Solid Catalysts. Nat. Chem. 2009, 1, 37.

[55] Somorjai GA, Li Y. Introduction to Surface Chemistry and Catalysis, 2nd ed. ; Wiley: Hoboken, NJ, 2010.

[56] Aurbach D. Review of Selected Electrode-Solution Interactions which Determine the Performance of Li and Li Ion Batteries. J. Power Sources 2000, 89, 206.

[57] Vayenas CG. Modern Aspects of Electrochemistry, 2nd ed. ; Wiley: 2002; Vol. 36.

[58] Bard A, Faulkner L. Electrochemical Methods Fundamentals and Application; Wiley & Sons: New York, 2001; Vol. 1.

[59] Verdaguer A, Sacha GM, Bluhm H, et al. Molecular Structure of Water at Interfaces: Wetting at the Nanometer Scale. Chem. Rev. 2006, 106, 1478.

[60] Henderson MA. The Interaction of Water with Solid Surfaces: Fundamental Aspects Revisited. Surf. Sci. Rep. 2002, 46, 1.

[61] Schiros T, Takahashi O, Andersson KJ, et al. The Role of Substrate Electrons in the Wetting of a Metal Surface. J. Chem. Phys. 2010, 132, 094701.

[62] Yamamoto S, Andersson K, Bluhm H, et al. Hydroxyl-Induced Wetting of Metals by Water at Near-Ambient Conditions. J. Phys. Chem. C 2007, 111, 7848.

[63] Andersson K, Ketteler G, Bluhm H, et al. Autocatalytic Water Dissociation on Cu(110) at Near Ambient Conditions. J. Am. Chem. Soc. 2008, 130, 2793.

[64] Hansen HA, Viswanathan V, Norskov JK. et al. Unifying Kinetic and Thermodynamic Analysis of 2e- and 4e- Reduction of Oxygen on Metal Surfaces. J. Phys. Chem. C 2014, 118, 6706.

[65] Bovensiepen U, Gahl C, Stähler J, et al. A Dynamic Landscape from Fem to seconds to Minutes for Excess Electrons at Ice-Metal Interfaces. J. Phys. Chem. C 2009, 113, 979.

[66] Velasco-Velez JJ, Wu CH, Pascal TA, et al. The Structure of Interfacial Water on Gold Electrodes Studied by X-ray Absorption Spectroscopy. Science 2014, 346, 831.

[67] Limmer DT, Willard AP, Madden P, et al. Hydration of Metal Surfaces can be Dynamically Heterogeneous and Hydrophobic. Proc. Natl. Acad. Sci. USA. 2013, 110, 4200.

[68] Gillan JM, Alfè D, Michaelides A. How good is DFT forwater? J. Chem. Phys. 2016, 144, 130901.

[69] Hamada I, Lee K, Morikawa Y. Interaction of Water with a Metal Surface: Importance of van der Waals Forces. Phys. Rev. B. 2010, 81, 115452.

[70] Carrasco J, Klimeš J, Michaelides A. The Role of van der Waals Forces in Water Adsorption on Metals. J. Chem. Phys. 2013,138, 024708.

[71] Meng S, Wang EG, Gao SW. Water Adsorption on Metal Surfaces: A General Picture from Density Functional Theory Studies. Phys. Rev. B. 2004, 69, 195404.

[72] Poissier A, Ganeshan S, Fernández-Serra MV. The Role of Hydrogen Bonding in Water-Metal Interactions. Phys. Chem. Chem. Phys. 2011, 13, 3375.

[73] Safran S. Statistical Thermodynamics of Surfaces and Interfaces; Addison-

Wesley: New York, 1994; Vol. 103.
[74] Tonigold K, Groß A. Dispersive Interactions in Water Bilayersat Metallic Surfaces: A Comparison of the PBE and RPBE Functional Including Semiempirical Dispersion Corrections. J. Comput. Chem. 2012, 33, 695.
[75] VandeVondele J, Borštnik U, Hutter J. Linear Scaling Self-Consistent Field Calculations with Millions of Atoms in the Condensed Phase. J. Chem. Theory Comput. 2012, 8, 3565.
[76] Meng S, Wang EG, Gao S. Water Adsorption on Metals: A General Picture from Density Functional Theory Studies. Phys. Rev. B. 2004, 69, 195404.
[77] Perdew JP, Burke K, Ernzerhof M. Generalized Gradient Approximation Made Simple. Phys. Rev. Lett. 1996, 77, 3865.
[78] Hammer B, Hansen LB, Nørskov JK. Improved Adsorption Energetics within Density-functional Theory using Revised Perdew-Burke-Ernzerh of Functionals. Phys. Rev. B. 1999, 59, 7413.
[79] Tatarkhanov M, Ogletree DF, Rose F, et al. Metal- and Hydrogen-Bonding Competition during Water Adsorption on Pd(111) and Ru(0001). J. Am. Chem. Soc. 2009, 131, 18425.
[80] Feibelman PJ, Kimmel GA, Smith RS, et al. A Unique Vibrational Signature of Rotated Water Monolayers on Pt (111): Predicted and Observed. J. Chem. Phys. 2011, 134, 204702.
[81] Klimes J, Michaelides A. Advances and Challenges in Treatingvan der Waals Dispersion Forces in Density Functional Theory. J. Chem. Phys. 2012, 137, 120901.
[82] Tkatchenko A. Current Understanding of Van der Waals Effects in Realistic Materials. Adv. Funct. Mater. 2015, 25, 2054.
[83] Schnur S, Groß A. Properties of Metal-Water Interfaces Studied from First Principles. New J. Phys. 2009, 11, 125003.
[84] Møgelhøj A, Kelkkanen AK, Wikfeldt KT, et al. Ab Initio van der Waals Interactions in Simulations of Water Alter Structure from Mainly Tetrahedral to High-Density-Like. J. Phys. Chem. B 2011, 115, 14149.
[85] Skuálason E, Tripkovic V, Björketun ME, et al. Modeling the Electrochemical Hydrogen Oxidation and Evolution Reactions on the Basis of Density Functional Theory Calculations. J. Phys. Chem. C 2010, 114, 18182.
[86] Rossmeisl J, Chan K, Ahmed R, et al. pH in Atomic Scale Simulations of

Electrochemical Interfaces. Phys. Chem. Chem. Phys. 2013, 15, 10321.
[87] Pedroza L, Poissier A, Fernández-Serra MV. Local Order ofLiquid Water at Metallic Electrode Surfaces. J. Chem. Phys. 2015, 142,034706.
[88] Filhol JS, Neurock M. Elucidation of the Electrochemical Activation of Water over Pd by First Principles. Angew. Chem. 2006,118, 416.
[89] Chen H, Gan W, Lu R, et al. Determination of Structure and Energetics for Gibbs Surface Adsorption Layers of Binary Liquid Mixture 2. Methanol+Water. J. Phys. Chem. B 2005,109, 8064.
[90] Roman T, Groß A. Change of the Work Function of Platinum Electrodes Induced by Halide Adsorption. Catal. Today 2013, 202,183.
[91] Lynch GC, Pettitt BM. Prediction of the Water Content inProtein Binding Sites. J. Chem. Phys. 1997, 107, 8594.
[92] Nielsen M, Björketun ME, Hansen MH, et al. Towards First Principles Modeling of Electrochemical Electrode-Electrolyte Interfaces. Surf. Sci. 2015, 631, 2.
[93] Cheng J, Sprik M. Alignment of Electronic Energy Levels at Electrochemical Interfaces. Phys. Chem. Chem. Phys. 2012, 14, 11245.
[94] Koper MT. Ab Initio Quantum-Chemical Calculations in Electrochemistry. Mod. Aspects Electrochem. 2003, 36, 51.
[95] Skuálason E, Karlberg GS, Rossmeisl J, et al. Density Functional Theory Calculations for the Hydrogen Evolution Reaction in an Electrochemical Double Layer on the Pt (111) Electrode. Phys. Chem. Chem. Phys. 2007, 9, 3241.
[96] Lozovoi AY, Alavi A, Kohanoff J, et al. Ab Initio Simulation of Charged Slabs at Constant Chemical Potential. J. Chem. Phys. 2001, 115, 1661.
[97] Bonnet N, Morishita T, Sugino O, et al. First-Principles Molecular Dynamics at a Constant Electrode Potential. Phys. Rev. Lett. 2012, 109, 266101.
[98] Crispin X, Geskin V, Bureau C, et al. A Density Functional Model for Tuning the Charge Transfer Between a Transition Metal Electrode and a Chemisorbed Molecule via the Electrode Potential. J. Chem. Phys. 2001, 115, 10493.
[99] Hamada I, Sugino O, Bonnet N, et al. Improved Modeling of Electrified Interfaces using the Effective Screening Medium Method. Phys. Rev. B. 2013, 88, 155427.

[100] Jinnouchi R, Anderson AB. Electronic Structure Calculations of Liquid-Solid Interfaces: Combination of Density Functional Theory and Modified Poisson-Boltzmann Theory. Phys. Rev. B. 2008, 77, 245417.

[101] Taylor C, Kelly RG, Neurock M. Theoretical Analysis ofthe Nature of Hydrogen at the Electrochemical Interface Between Water and a Ni(111) Single-Crystal Electrode. J. Electrochem. Soc. 2007, 154, F55.

[102] Bonnet N, Marzari N. First-Principles Prediction of the Equilibrium Shape of Nanoparticles Under Realistic Electrochemical Conditions. Phys. Rev. Lett. 2013, 110, 086104.

[103] Spohr E, Heinzinger K. Molecular Dynamics Simulation of a Water/Metal Interface. Chem. Phys. Lett. 1986, 123, 218.

[104] Spohr E, Heinzinger K. Computer Simulations of Water and Aqueous Electrolyte Solutions at Interfaces. Electrochim. Acta 1988, 33, 1211.

[105] Siepmann JI, Sprik M. Influence of Surface Topology and Electrostatic Potential on Water/Electrode Systems. J. Chem. Phys. 1995, 102, 511.

[106] Warshel A, Weiss RM. An Empirical Valence Bond Approach for Comparing Reactions in Solutions and in Enzymes. J. Am. Chem. Soc. 1980, 102, 6218.

[107] Knight C, Voth GA. The Curious Case of the Hydrated Proton. Acc. Chem. Res. 2012, 45, 101.

[108] Golze D, Iannuzzi M, Nguyen MT, et al. Simulation of Adsorption Processes at Metallic Interfaces: An Image Charge Augmented QM/MM Approach. J. Chem. Theory Comput. 2013, 9, 5086.

[109] Wilhelm F, Schmickler W, Nazmutdinov RR, et al. AModel for Proton Transfer to Metal Electrodes. J. Phys. Chem. C. 2008, 112, 10814.

[110] Schmickler W, Wilhelm F, Spohr E. Probing the Temperature Dependence of Proton Transfer to Charged Platinum Electrodes by Reactive Molecular Dynamics Trajectory Studies. Electrochim. Acta 2013, 101, 341.

[111] Wilhelm F, Schmickler W, Spohr E. Proton Transfer to Charged Platinum Electrodes. A Molecular Dynamics Trajectory Study. J. Phys. 2010, 22, 175001.

[112] Cao Z, Kumar R, Peng Y, et al. Proton Transportunder External Applied Voltage. J. Phys. Chem. B 2014, 118, 8090.

[113] Spohr E. Computer Simulation of the Water/Platinum Interface.

Dynamical Results. Chem. Phys. 1990, 141, 87.

[114] Willard AP, Limmer DT, Madden PA, et al. Characterizing Heterogeneous Dynamics at Hydrated Electrode Surfaces. J. Chem. Phys. 2013, 138, 184702.

[115] Glosli JN, Philpott MR. Molecular Dynamics Simulation ofAdsorption of Ions From Aqueous Media onto Charged Electrodes. J. Chem. Phys. 1992, 96, 6962.

[116] Rose DA, Benjamin I. Adsorption of Na^+ and Cl^- at the Charged Water-Platinum Interface. J. Chem. Phys. 1993, 98, 2283.

[117] Spohr E. Ion Adsorption on Metal Surfaces. The Role of Water-Metal Interactions. J. Mol. Liq. 1995, 64, 91.

[118] Spohr E. A Computer Simulation Study of Iodide Ion Solvation in the Vicinity of a Liquid Water/Metal Interface. Chem. Phys. Lett. 1993, 207, 214.

[119] Limmer DT, Willard AP, Madden PA, et al. Water Exchange at a Hydrated Platinum Electrode is Rare and Collective. J. Phys. Chem. C 2015, 119, 24016.

[120] Limmer DT, Willard AP. Nanoscale Heterogeneity at the Aqueous Electrolyte-Electrode Interface. Chem. Phys. Lett. 2015, 620,144.

[121] Limmer DT, Merlet C, Salanne M, et al. Charge Fluctuations in Nanoscale Capacitors. Phys. Rev. Lett. 2013, 111, 106102.

[122] Bonthuis DJ, Gekle S, Netz RR. Dielectric Profile of Interfacial Water and its Effect on Double-Layer Capacitance. Phys. Rev. Lett. 2011, 107, 166102.

[123] Reed SK, Madden PA, Papadopoulos A. Electrochemical Charge Transfer at a Metallic Electrode: A Simulation Study. J. Chem. Phys. 2008, 128, 124701.

[124] Heinzinger K, Spohr E. Computer Simulations of Water Metal Interfaces. Electrochim. Acta 1989, 34, 1849.

[125] Willard AP, Reed SK, Madden PA, et al. Water at an Electrochemical Interface - A Simulation Study. Faraday Discuss. 2009, 141, 423.

[126] Knight C, Voth GA. The Curious Case of the Hydrated Proton. Acc. Chem. Res. 2012, 45, 101.

[127] Lorenz S, Scheffler M, Gross A. Descriptions of Surface Chemical Reactions using a Neural Network Representation of the Potential-Energy

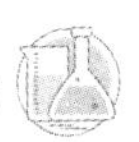

Surface. Phys. Rev. B. 2006, 73, 115431.

[128] Bartok AP, Csanyi G. Gaussian Approximation Potentials: A Brief Tutorial Introduction. Int. J. Quantum Chem. 2015, 115, 1051.

[129] Babin V, Medders GR, Paesani F. Toward a Universal Water Model: First Principles Simulations from the Dimer to the Liquid Phase. J. Phys. Chem. Lett. 2012, 3, 3765.

[130] Sposito G. The Surface Chemistry of Soils; Oxford University Press: 1984.

[131] Hochella MF, White AF. Mineral-Water InterfaceGeochemistry: An Overview. Rev. Mineral. Geochem. 1990, 23, 1.

[132] Parks GA. Surface Energy and Adsorption at Mineral/Water Interfaces: An Introduction. Rev. Mineral. Geochem. 1990, 23, 133.

[133] Haynes DR, Tro NJ, George SM. Condensation and Evaporation of Water on Ice Surfaces. J. Phys. Chem. 1992, 96, 8502.

[134] Du Q, Freysz E, Shen YR. Vibrational Spectra of Water Molecules at Quartz/Water Interfaces. Phys. Rev. Lett. 1994, 72, 238.

[135] Hu J, Xiao XD, Ogletree DF, et al. Imaging the Condensation and Evaporation of Molecularly Thin Films of Water with Nanometer Resolution. Science 1995, 268, 267.

[136] Bluhm HJ. Photoelectron Spectroscopy of Surfaces under Humid Conditions. Electron Spectrosc. Relat. Phenom. 2010, 177, 71.

[137] Fenter P, Sturchio NC. Mineral-Water InterfacialStructures Revealed by Synchrotron X-ray Scattering. Prog. Surf. Sci. 2004, 77, 171.

[138] Teschke O, Ceotto G, de Souza EF. Interfacial Aqueous Solutions Dielectric Constant Measurements using Atomic Force Microscopy. Chem. Phys. Lett. 2000, 326, 328.

[139] Henderson MA. A Surface Science Perspective on TiO_2 Photocatalysis. Surf. Sci. Rep. 2011, 66, 185.

[140] Brown GE, Calas G. Mineral-Aqueous SolutionInterfaces and their Impact on the Environment. Geochem. Perspect. 2012, 1, 483.

[141] Odelius M, Bernasconi M, Parrinello M. Two DimensionalIce Adsorbed on Mica Surface. Phys. Rev. Lett. 1997, 78, 2855.

[142] Miranda PB, Xu L, Shen YR, et al. Icelike Water Monolayer Adsorbed on Mica at Room Temperature. Phys. Rev. Lett. 1998, 81, 5876.

[143] Bluhm H, Inoue T, Salmeron M. Formation of Dipole-Oriented Water

Films on Mica Substrates at Ambient Conditions. Surf. Sci. 2000, 462, L599.

[144] Kaya S, Schlesinger D, Yamamoto S, et al. Highly Compressed two-Dimensional Form of Water at Ambient Conditions. Sci. Rep. 2013, 3, 1074.

[145] Ewing GR. Ambient Thin Film Water on Insulator Surfaces. Chem. Rev. 2006, 106, 1511.

[146] Cheng L, Fenter P, Nagy KL, et al. Molecular-Scale Density Oscillations in Water Adjacent to a Mica Surface. Phys. Rev. Lett. 2001, 87, 156103.

[147] Park SH, Sposito G. Structure of Water Adsorbed on a Mica Surface. Phys. Rev. Lett. 2002, 89, 085501.

[148] Leng Y, Cummings PT. Fluidity of Hydration Layers Nanoconfined between Mica Surfaces. Phys. Rev. Lett. 2005, 94,026101.

[149] Ostroverkhov V, Waychunas GA, Shen YR. New Information on Water Interfacial Structure Revealed by Phase-Sensitive Surface Spectroscopy. Phys. Rev. Lett. 2005, 94, 046102.

[150] Leung K, Nielsen IMB, Criscenti LJ. Elucidating the Bimodal Acid-Base Behavior of the Water-Silica Interface from First Principles. J. Am. Chem. Soc. 2009, 131, 18358.

[151] Gupta PK, Meuwly M. Dynamics and Vibrational Spectroscopy of Water at Hydroxylated Silica Surfaces. Faraday Discuss. 2014, 167, 329.

[152] Siegbahn H. Electron Spectroscopy for Chemical Analysis of Liquids and Solutions. J. Phys. Chem. 1985, 89, 897.

[153] Salmeron M, Schlögl R. Ambient Pressure Photoelectron Spectroscopy: A New Tool for Surface Science and Nanotechnology. Surf. Sci. Rep. 2008, 63, 169.

[154] Starr DE, Liu Z, Hävecker M, et al. Investigation of Solid/Vapor Interfaces using Ambient Pressure X-ray Photoelectron Spectroscopy. Chem. Soc. Rev. 2013, 42, 5833.

[155] Ketteler G, Yamamoto S, Bluhm H, et al. The Nature of Water Nucleation Sites on TiO_2(110) Surfaces Revealed by Ambient Pressure X-ray Photoelectron Spectroscopy. J. Phys. Chem. C 2007, 111, 8278.

[156] Yamamoto S, Kendelewicz T, Newberg JT, et al. Water Adsorption on α-Fe_2O_3(0001) at near Ambient Conditions. J. Phys. Chem. C 2010,

114, 2256.

[157] Kendelewicz T, Kaya S, Newberg JT, et al. X-ray Photoemission and Density Functional Theory Study of the Interaction of Water Vapor with the Fe_3O_4(001) Surface at Near-Ambient Conditions. J. Phys. Chem. C 2013, 117, 2719.

[158] Newberg JT, Starr DE, Porsgaard S. Formation of Hydroxyl and Water Layers on MgO Films Studied with Ambient Pressure XPS. Surf. Sci. 2011, 605, 89.

[159] Newberg JT, Starr DE, Porsgaard S, et al. Autocatalytic Surface Hydroxylation of MgO(100) Terrace Sites Observed under Ambient Conditions. J. Phys. Chem. C 2011, 115, 12864.

[160] Verdaguer A, Weis Ch, Oncins G, et al. Growth and Structure of Water on SiO_2 Films on Si Investigated by Kelvin Probe Microscopy and in Situ X-raySpectroscopies. Langmuir 2007, 23, 9699.

[161] Deng X, Herranz T, Weis Ch, et al. Adsorption of Water on Cu 2 O and Al_2O_3 Thin Films. J. Phys. Chem. C. 2008, 112, 9668.

[162] Shavorskiy A, Müller K, Newberg JT, et al. Hydroxylation of Ultrathin Al_2O_3/NiAl (110) Films at Environ-mental Humidity. J. Phys. Chem. C 2014, 118, 29340.

[163] Deng X, Verdaguer A, Herranz T, et al. Surface Chemistry of Cu in the Presence of CO_2 and H_2O. Langmuir 2008, 24, 9474.

[164] Włodarczyk R, Sierka M, Kwapiená K, et al. Structures of the Ordered Water Monolayer on MgO(001). J. Phys. Chem. C 2011, 115, 6764.

[165] Hu XL, Klimes J, Michaelides A. Proton Transfer in Adsorbed Water Dimers. Phys. Chem. Chem. Phys. 2010, 12, 3953.

[166] Foster M, D'Agostino M, Passno D. Water on MgO(100) -An Infrared Study at Ambient Temperatures. Surf. Sci. 2005, 590, 31.

[167] Diebold U. The Surface Science of Titanium Dioxide. Surf. Sci. Rep. 2003, 48, 53.

[168] Teobaldi G, Hofer WA, Bikondoa O, et al. Modelling STM Images of TiO_2(1 1 0) from First-Principles: Defects, Water Adsorption and Dissociation Products. Chem. Phys. Lett. 2007, 437, 73.

[169] Liu LM, Zhang C, Thornton G, et al. Structure and Dynamics of Liquid Water on Rutile TiO_2(110). Phys. Rev. B. 2010, 82, 161415.

[170] Langel W. Car-Parrinello Simulation of H_2O Dissociation on Rutile.

Surf. Sci. 2002, 496, 141.

[171] Kowalski PM, Meyer B, Marx D. Composition, Structure, and Stability of the Rutile TiO_2 (110) Surface: Oxygen Depletion, Hydroxylation, Hydrogen Migration, and Water Adsorption. Phys. Rev. B. 2009, 79, 115410.

[172] Lindan PJD, Harrison NM, Holender JM, et al. First-Principles Molecular Dynamics Simulation of Water Dissociationon TiO_2 (110). Chem. Phys. Lett. 1996, 261, 246.

[173] Liu LM, Zhang C, Thornton G, et al. Comment on 'Structure and dynamics of liquid water on rutile TiO_2(110)'. Phys. Rev. B. 2012, 85, 167402.

[174] Cheng J, Sprik M. Acidity of the Aqueous Rutile TiO_2 (110) Surface from Density Functional Theory Based Molecular Dynamics. J. Chem. Theory Comput. 2010, 6, 880.

[175] Cheng J, Sprik M. Aligning electronic energy levels at theTiO_2/H_2O interface. Phys. Rev. B. 2010, 82, 081406.

[176] Serrano G, Bonanni B, Di Giovannantonio M, et al. Molecular Ordering at the Interface Between Liquid Water and Rutile TiO_2 (110). Adv. Mater. Interfaces 2015, 2, 1500246.

[177] Bandura AV, Sykes DG, Shapovalov V, et al. Adsorption of Water on the TiO_2 (Rutile) (110) Surface: A Comparison of Periodic and Embedded Cluster Calculations. J. Phys. Chem. B 2004, 108, 7844.

[178] Mamontov E, Vlcek L, Wesolowski DJ. Suppression of the Dynamic Transition in Surface Water at Low Hydration Levels: A Study of Water on Rutile. Phys. Rev. E 2009, 79, 051504.

[179] Mamontov E, Wesolowski DJ, Vlcek L, et al. Dynamics of Hydration Wateron Rutile Studied by Backscattering Neutron Spectroscopy and Molecular Dynamics Simulation. J. Phys. Chem. C 2008, 112, 12334.

[180] Mamontov E, Vlcek L, Wesolowski DJ, et al. Dynamics and Structure of Hydration Water on Rutile andCassiterite Nanopowders Studied by Quasielastic Neutron Scatteringand Molecular Dynamics Simulations. J. Phys. Chem. C 2007, 111, 4328.

[181] Fitts JP, Machesky ML, Wesolowski DJ, et al. Second-Harmonic Generation and Theoretical Studies of Protonation at the Water/α-TiO_2 (110) Interface. Chem. Phys. Lett. 2005, 411, 399.

[182] Predota M, Bandura AV, Cummings PT, et al. Electric Double Layer at the Rutile (110) Surface. 1. Structure of Surfaces and Interfacial Water from Molecular Dynamics by use of ab initio Potentials. J. Phys. Chem. B 2004, 108, 12049.

[183] Wesolowski DJ, Sofo JO, Bandura AV, et al. Comment on"Structure and Dynamics of Liquid Water on Rutile TiO_2 (110). Phys. Rev. B. 2012, 85, 167401.

[184] Bredow Th, Giordano L, Cinquini F, et al. Electronic Properties of Rutile TiO_2 Ultrathin Films: Odd-evenOscillations with the Number of Layers. Phys. Rev. B. 2004, 70, 035419.

[185] Liu LM, Zhang C, Thornton G, et al. Structureand Dynamics of Liquid Water on Rutile TiO_2(110). Phys. Rev. B. 2010, 82, 161415.

[186] Petrik NG, Kimmel GA. Hydrogen Bonding, H-D Exchange, and Molecular Mobility in Thin Water Films on TiO_2 (110). Phys. Rev. Lett. 2007, 99, 196103.

[187] Kataoka S, Gurau MC, Albertorio F, et al. Investigation of Water Structure atthe TiO_2/Aqueous Interface. Langmuir 2004, 20, 1662.

[188] Uosaki K, Yano T, Nihonyanagi S. Interfacial Water Structure at As-Prepared and UV-Induced Hydrophilic TiO_2 Surfaces Studied by Sum Frequency Generation Spectroscopy and Quartz Crystal Microbalance. J. Phys. Chem. B 2004, 108, 19086.

[189] Nemšák S, Shavorskiy A, Karslioglu O, et al. Concentration and Chemical-State Profiles atHeterogeneous Interfaces with sub-nm Accuracy from Standing-Wave Ambient-Pressure Photoemission. Nat. Commun. 2014, 5, 5441.

[190] Fadley CS. Hard X-ray Photoemission with Angular Resolution and Standing-Wave Excitation. J. Electron Spectrosc. Relat. Phenom. 2013, 190, 165.

[191] Trainor TP, Chaka AM, Eng PJ, et al. Structure and Reactivity of the Hydrated Hematite (0001) Surface. Surf. Sci. 2004,573, 204.

[192] Catalano JG. Weak Interfacial Water Ordering on Isostructural Hematite and Corundum (001) Surfaces. Cosmochim. Acta 2011, 75, 2062.

[193] Kerisit S. Water Structure at Hematite-Water Interfaces. Cosmochim. Acta 2011, 75, 2043.

[194] Liu H, Chen T, Frost RL. An Overview of the Role of Goethite Surfaces

in the Environment. Chemosphere 2014, 103, 1.

[195] Gaigeot MP, Sprik M, Sulpizi M. Oxide/Water Interfaces: How the Surface Chemistry Modifies Interfacial Water Properties. J. Phys. 2012, 24, 124106.

[196] Huang P, Pham TA, Galli G, et al. Alumina-(0001)/Water Interface: Structural Properties and Infrared Spectrafrom First-Principles Molecular Dynamics Simulations. J. Phys. Chem. C 2014, 118, 8944.

[197] Argyris D, Ho TA, Cole DR. Molecular Dynamics Studies of Interfacial Water at the Alumina Surface. J. Phys. Chem. C 2011, 115, 2038.

[198] Janeček J, Netz RR, Flörsheimer M, et al. Influence of Hydrogen Bonding on the Structure of the (001) Corundum-Water Interface. Density Functional Theory Calculations and Monte Carlo Simulations. Langmuir 2014, 30, 2722.

[199] Israelachvili JN. Intermolecular and Surface Forces, 3rd ed.; Elsevier: Oxford, U.K., 2011.

[200] Chandler D. Interfaces and the Driving Force of Hydrophobic Assembly. Nature 2005, 437, 640.

[201] Richmond GL. Molecular Bonding and Interactions atAqueous Surfaces as Probed by Vibrational Sum Frequency Spectroscopy. Chem. Rev. 2002, 102, 2693.

[202] Du Q, Freysz E, Shen YR. Surface Vibrational Spectroscopic Studies of Hydrogen Bonding and Hydrophobicity. Science 1994, 264, 826.

[203] Hopkins AJ, McFearin CL, Richmond GL. SAMS UnderWater: The Impact of Ions on the Behavior of Water at SoftHydrophobic Surfaces. J. Phys. Chem. C 2011, 115, 11192.

[204] Scatena LF, Brown MG, Richmond GL. Water at Hydrophobic Surfaces: Weak Hydrogen Bonding and Strong Orientation Effects. Science 2001, 292, 908.

[205] Ye S, Nihonyanagi S, Uosaki K. Sum Frequency Generation (SFG) Study of the pH-Dependent Water Structure on a Fused Quartz Surface Modified by an Octadecyltrichlorosilane (OTS) Monolayer. Phys. Chem. Chem. Phys. 2001, 3, 3463.

[206] Tyrode E, Liljeblad JFD. Water Structure Next to Orderedand Disordered Hydrophobic Silane Monolayers: A Vibrational Sum Frequency Spectroscopy Study. J. Phys. Chem. C 2013, 117, 1780.

[207] Donaldson SH, Røyne A, Kristiansen K, et al. Developing a General Interaction Potential for Hydrophobic and Hydrophilic Interactions. Langmuir 2015, 31, 2051.

[208] Hammer MU, Anderson TH, Chaimovich A, et al. The Search for the Hydrophobic Force Law. Faraday Discuss. 2010, 146, 299.

[209] Li Z, Yoon RH. Thermodynamics of Hydrophobic Interaction between Silica Surfaces Coated with Octadecyltrichlorosilane. J. Colloid Interface Sci. 2013, 392, 369.

[210] Wang J, Yoon RH, Eriksson JC. Excess Thermodynamic Properties of Thin Water Films Confined between Hydrophobized Gold Surfaces. J. Colloid Interface Sci. 2011, 364, 257.

[211] Eriksson JC, Ljunggren S, Claesson PM. A Phenomenological Theory of Long-Range Hydrophobic Attraction Forces Based on a Square-Gradient Variational Approach. Faraday Trans. 2 1989, 85, 163.

[212] Jensen TR, Østergaard JM, Reitzel N, et al. Water in Contact with Extended Hydrophobic Surfaces: Direct Evidence of Weak Dewetting. Phys. Rev. Lett. 2003, 90, 086101.

[213] Mezger M, Sedlmeier F, Horinek D, et al. On the Origin of the Hydrophobic Water Gap: An X-ray Reflectivity and MD Simulation Study. J. Am. Chem. Soc. 2010,132, 6735.

[214] Poynor A, Hong L, Robinson IK, et al. How Water Meets a Hydrophobic Surface. Phys. Rev. Lett. 2006, 97, 266101.

[215] Uysal A, Chu M, Stripe B, et al. What X-rays Can Tell us About the Interfacial Profile of Water near Hydrophobic Surfaces. Phys. Rev. B. 2013, 88, 035431.

[216] Doshi DA, Watkins EB, Israelachvili JN, et al. Reduced Water Density at Hydrophobic Surfaces: Effect of Dissolved Gases. Proc. Natl. Acad. Sci. USA. 2005, 102, 9458.

[217] Maccarini M, Steitz R, Himmelhaus M, et al. Density Depletion atSolid-Liquid Interfaces: a Neutron Reflectivity Study. Langmuir 2007, 23, 598.

[218] Mezger M, Reichert H, Schöder S, et al. High-Resolutionin situ X-ray Study of the Hydrophobic Gap at the Water-Octadecyl-Trichlorosilane Interface. Proc. Natl. Acad. Sci. USA. 2006, 103, 18401.

[219] Chattopadhyay S, Uysal A, Stripe B, et al. How Water Meets a Very

Hydrophobic Surface. Phys. Rev. Lett. 2010, 105, 037803.

[220] Hopkins AJ, McFearin CL, Richmond GL. SAMs under Water: The Impact of Ions on the Behavior of Water at Soft Hydrophobic Surfaces. J. Phys. Chem. C 2011, 115, 11192.

[221] Brzoska JB, Azouz IB, Rondelez F. Silanization of SolidSubstrates: A Step Toward Reproducibility. Langmuir 1994, 10, 4367.

[222] Pal S, Weiss H, Keller H, et al. Effect of Nanostructure on the Properties of Water at the Water-Hydrophobic Interface: A Molecular Dynamics Simulation. Langmuir 2005, 21, 3699.

[223] Janeček J, Netz RR. Interfacial Water at Hydrophobic and Hydrophilic Surfaces: Depletion versus Adsorption. Langmuir 2007, 23, 8417.

[224] Godawat R, Jamadagni SN, Garde S. Characterizing Hydrophobicity of Interfaces by using Cavity Formation, Solute Binding, and Water Correlations. Proc. Natl. Acad. Sci. USA. 2009,106, 15119.

[225] Lee CY, McCammon JA, Rossky PJ. The Structure of Liquid water at an Extended Hydrophobic Surface. J. Chem. Phys. 1984, 80, 4448.

[226] Dalvi VH, Rossky PJ. Molecular Origins of Fluorocarbon Hydrophobicity. Proc. Natl. Acad. Sci. USA. 2010, 107, 13603.

[227] Knock MM, Bell GR, Hill EK, et al. Sum-Frequency Spectroscopy of Surfactant Monolayers at the Oil-Water Interface. J. Phys. Chem. B 2003, 107, 10801.

[228] Strazdaite S, Versluis J, Backus EHG, et al. Enhanced Ordering of Water at Hydrophobic Interfaces. J. Chem. Phys. 2014, 140, 054711.

[229] Day JPR, Bain CD. Ellipsometric Study of Depletion at Oil-Water Interfaces. Phys. Rev. E 2007, 76, 041601.

[230] Samson JS, Scheu R, Smolentsev N, et al. Sum Frequency Spectroscopy of the Hydrophobic Nanodroplet/Water Interface: Absence of Hydroxyl Ion and Dangling OH Bond Signatures. Chem. Phys. Lett. 2014, 615, 124.

[231] Agmon N, Bakker HJ, Campen RK, et al. Protons and HydroxideIons in Aqueous Systems. Chem. Rev. 2016, 116,1－10.

[232] Intergovernmental Panel on Climate Change. Climate Change 2013: The Physical Basis; 2013.

[233] Johnson CM, Baldelli S. Vibrational Sum Frequency Spectroscopy Studies of the Influence of Solutes and Phospholipids at Vapor/Water

Interfaces Relevant to Biological and Environmental Systems. Chem. Rev. 2014, 114, 8416.

[234] Richmond GL. Structure and Bonding of Molecules atAqueous Surfaces. Annu. Rev. Phys. Chem. 2001, 52, 357.

[235] Petersen PB, Saykally RJ. Is the Liquid Water Surface Basicor Acidic? Macroscopic vs. Molecular-Scale Investigations. Chem. Phys. Lett. 2008, 458, 255.

[236] Winter, B. Liquid Microjet for Photoelectron Spectroscopy. Nucl. Instrum. Methods Phys. Res. A 2009, 601, 139.

[237] Als-Nielsen, J.; Jacquemain, D.; Kjaer, K.; et al. Principles and Applications of Grazing Incidence X-ray and Neutron Scattering from Ordered Molecular Monolayers at the Air-Water Interface. Phys. Rep. 1994, 246, 251.

[238] Stefaniu C, Brezesinski G. X-ray investigation of Monolayers Formed at the Soft Air/Water Interface. Curr. Opin. Colloid Interface Sci. 2014, 19, 216.

[239] Hub JS, Wolf MG, Caleman C, et al. Thermodynamics of Hydronium and Hydroxide Surface Solvation. Chem. Sci. 2014, 5, 1745.

[240] Sun L, Li X, Hede T, et al. Molecular Dynamics Simulations of the Surface Tension and Structure of Salt Solutions and Clusters. J. Phys. Chem. B 2012, 116, 3198.

[241] Jungwirth P, Winter B. Ions at Aqueous Interfaces: From Water Surface to Hydrated Proteins. Annu. Rev. Phys. Chem. 2008, 59,343.

[242] Du Q, Superfine R, Freysz E, et al. Vibrational Spectroscopy of Water at the Vapor/Water Interface. Phys. Rev. Lett. 1993, 70, 2313.

[243] Du Q, Freysz E, Shen YR. Vibrational Spectra of WaterMolecules at Quartz/Water Interfaces. Phys. Rev. Lett. 1994, 72, 238.

[244] Ostroverkhov V, Waychunas GA, Shen YR. New Information on Water Interfacial Structure Revealed by Phase-Sensitive Surface Spectroscopy. Phys. Rev. Lett. 2005, 94, 046102.

[245] Sovago M, Kramer Campen R, Bakker HJ, et al. Hydrogen Bonding Strength of Interfacial Water Determined with Surface Sum-Frequency Generation. Chem. Phys. Lett. 2009, 470, 7.

[246] Nihonyanagi S, Ishiyama T, Lee T-k, et al. Unified Molecular View of the Air/WaterInterface Based on Experimental and Theoretical $\chi(2)$

Spectra of an Isotopically Diluted Water Surface. J. Am. Chem. Soc. 2011, 133, 16875.

[247] Auer BM, Skinner JL. Vibrational Sum-Frequency Spectroscopy of the Water Liquid/Vapor Interface. J. Phys. Chem. B 2009, 113, 4125.

[248] Ishiyama T, Imamura T, Morita A. Theoretical Studies of Structures and Vibrational Sum Frequency Generation Spectra at Aqueous Interfaces. Chem. Rev. 2014, 114, 8447.

[249] Nagata Y, Ohto T, Backus EHG, et al. Molecular Modeling of Water Interfaces: From Molecular Spectroscopy to Thermodynamics. J. Phys. Chem. B 2016, 120, 3785.

[250] Morita A, Hynes JT. A Theoretical Analysis of the Sum Frequency Generation Spectrum of the Water Surface. Chem. Phys. 2000, 258, 371.

[251] Mishra H, Enami S, Nielsen RJ, et al. Brønsted Basicity of the Air-Water Interface. Proc. Natl. Acad. Sci. USA. 2012, 109, 18679.

[252] Onsager L, Samaras NNT. The Surface Tension of Debye-Hückel Electrolytes. J. Chem. Phys. 1934, 2, 528.

[253] Otten DE, Shaffer PR, Geissler PL, et al. Elucidating the Mechanism of Selective Ion Adsorption to the Liquid Water Surface. Proc. Natl. Acad. Sci. USA. 2012, 109, 701.

[254] Caleman C, Hub JS, van Maaren PJ, et al. Atomistic Simulation of Ion Solvation in Water Explains Surface Preference of Halides. Proc. Natl. Acad. Sci. USA. 2011, 108, 6838.

[255] Huang Z, Hua W, Verreault D, et al. Salty Glycerolversus Salty Water Surface Organization: Bromide and Iodide Surface Propensities. J. Phys. Chem. A 2013, 117, 6346.

[256] Piatkowski L, Zhang Z, Backus EHG, et al. Extreme Surface Propensity of Halide Ions in Water. Nat. Commun. 2014, 5, 4083.

[257] Ottosson N, Heyda J, Wernersson E, et al. The Influence of Concentration on the Molecular Surface Structure of Simple and Mixed Aqueous Electrolytes. Phys. Chem. Chem. Phys. 2010, 12, 10693.

[258] Venkateshwaran V, Vembanur S, Garde S. Water-Mediated Ion-Ion Interactions are Enhanced at the Water Vapor-LiquidInterface. Proc. Natl. Acad. Sci. USA. 2014, 111, 8729.

[259] Werner J, Wernersson E, Ekholm V, et al. Surface Behavior of

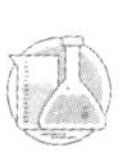

Hydrated Guanidinium and Ammonium Ions: A Comparative Study by Photoelectron Spectroscopy and Molecular Dynamics. J. Phys. Chem. B 2014, 118, 7119.

[260] Xu M, Tang CY, Jubb AM, et al. Nitrate Anions and Ion Pairing at the Air-Aqueous Interface. J. Phys. Chem. C 2009, 113, 2082.

[261] Plath KL, Valley NA, Richmond GL. Ion-Induced Reorientation and Distribution of Pentanone in the Air-Water Boundary Layer. J. Phys. Chem. A 2013, 117, 11514.

[262] Okur HI, Kherb J, Cremer PS. Cations Bind Only Weaklyto Amides in Aqueous Solutions. J. Am. Chem. Soc. 2013, 135, 5062.

[263] Donaldson DJ, Vaida V. The Influence of Organic Films at the Air-Aqueous Boundary on Atmospheric Processes. Chem. Rev. 2006, 106, 1445.

[264] Can SZ, Mago DD, Esenturk O, et al. Balancing Hydrophobic and Hydrophilic Forces at the Water/Vapor Interface: Surface Structure of Soluble Alcohol Monolayers. J. Phys. Chem. C 2007, 111, 8739.

[265] Walz M-M, Caleman C, Werner J, et al. Surface Behavior of Amphiphiles in Aqueous Solution: A Comparison Between Different Pentanol Isomers. Phys. Chem. Chem. Phys. 2015, 17, 14036.

[266] Johnson CM, Tyrode E, Kumpulainen A, et al. Vibrational Sum Frequency Spectroscopy Study of the Liquid/Vapor Interface of Formic Acid/Water Solutions. J. Phys. Chem. C 2009, 113, 13209.

[267] Tyrode E, Johnson CM, Baldelli S, et al. A Vibrational Sum Frequency Spectroscopy Study of the Liquid-Gas Interface of Acetic Acid-Water Mixtures: 2. Orientation Analysis. J. Phys. Chem. B 2005, 109, 329.

[268] Chen H, Gan W, Wu B-H, et al. Determination of Structure and Energetics for Gibbs Surface Adsorption Layers of Binary Liquid Mixture 1. Acetone+Water. J. Phys. Chem. B 2005, 109, 8053.

[269] Chen H, Gan W, Lu R, et al. Determination of Structure and Energetics for Gibbs Surface Adsorption Layers of Binary Liquid Mixture 2. Methanol+Water. J. Phys. Chem. B 2005, 109, 8064.

[270] Kunz W, Henle J, Ninham BW. 'Zur Lehre von der Wirkung der Salze' (about the Science of the Effect of Salts): Franz Hofmeister's Historical Papers. Curr. Opin. Colloid Interface Sci. 2004, 9, 19.

[271] Wang C, Lei YD, Endo S, et al. Measuring and Modeling the Salting-out

Effect in Ammonium Sulfate Solutions. Environ. Sci. Technol. 2014, 48, 13238.

[272] Okur HI, Kherb J, Cremer PS. Cations Bind Only Weaklyto Amides in Aqueous Solutions. J. Am. Chem. Soc. 2013, 135, 5062.

[273] Pruyne JG, Lee MT, Fábri C, et al. The Liquid-Vapor Interface of Formic Acid Solutions in Salt Water: A Comparisonof Macroscopic Surface Tension and Microscopic X-ray Photoelectron Spectroscopy Measurements. J. Phys. Chem. C 2014, 118, 29350.

[274] Ottosson N, Wernersson E, Söderström J, et al. The Protonation State of Small Carboxylic Acids at the Water Surface from Photoelectron Spectroscopy. Phys. Chem. Chem. Phys. 2011, 13, 12261.

[275] Lewis T, Winter B, Stern AC, et al. Does Nitric Acid Dissociate at the Aqueous Solution Surface? J. Phys. Chem. C 2011, 115, 21183.

[276] Adriaanse C, Cheng J, Chau V, et al. Aqueous Redox Chemistry and the Electronic Band Structure of Liquid Water. J. Phys. Chem. Lett. 2012, 3, 3411.

[277] Adriaanse C, Sulpizi M, VandeVondele J, et al. The Electron Attachment Energy of the Aqueous Hydroxyl Radical Predicted from the Detachment Energy of the Aqueous Hydroxide Anion. J. Am. Chem. Soc. 2009, 131, 6046.

[278] Dash JG, Fu H, Wettlaufer JS. The Premelting of Ice and its Environmental Consequences. Rep. Prog. Phys. 1995, 58, 115.

[279] Petrenko VI, Whitworth RW. Physics of Ice; Oxford University Press: Oxford, 1999.

[280] Faraday M. Note on Regelation. Proc. R. Soc. London 1859, 10,440.

[281] Wettlaufer JS. Impurity Effects in the Premelting of Ice. Phys. Rev. Lett. 1999, 82, 2516.

[282] McNeill VF, Loerting T, Geiger FM, et al. Hydrogen Chloride-Induced Surface Disordering on Ice. Proc. Natl. Acad. Sci. USA. 2006, 103, 9422.

[283] McNeill VF, Geiger FM, Loerting T, et al. Interaction of Hydrogen Chloride with Ice Surfaces: The Effects of Grain Size, Surface Roughness, and Surface Disorder. J. Phys. Chem. A 2007, 111, 6274.

[284] Huthwelker T, Ammann M, Peter T. The Uptake of Acidic Gases on Ice. Chem. Rev. 2006, 106, 1375.

[285] Bluhm H, Ogletree DF, Fadley Ch, et al. The Premelting of Ice Studied with Photoelectron Spectroscopy. J. Phys. Condens. Matter 2002, 14, L227.

[286] Dosch H, Lied A, Bilgram JH. Disruption of the Hydrogen-Bonding Network at the Surface of Ih Ice near Surface Premelting. Surf. Sci. 1996, 366, 43.

[287] Henson BF, Voss LF, Wilson KR, et al. Thermodynamic Model of Quasiliquid Formation on H_2O Ice: Comparison with Experiment. J. Chem. Phys. 2005, 123, 144707.

[288] Limmer DT, Chandler D. Premelting, Fluctuations, and Coarse-Graining of Water-Ice Interfaces. J. Chem. Phys. 2014, 141,18C505.

[289] Kroes GJ. Surface Melting of the (0001) Face of TIP4P Ice. Surf. Sci. 1992, 275, 365.

[290] Furukawa Y, Nada H. Anisotropic Surface Melting of an Ice Crystal and Its Relationship to Growth Forms. J. Phys. Chem. B 1997,101, 6167.

[291] Nada H, Furukawa Y. Anisotropy in Structural Phase Transitions at Ice Surfaces: A Molecular Dynamics Study. Appl. Surf. Sci. 1997, 121-122, 445.

[292] Carignano MA, Shepson PB, Szleifer I. Molecular Dynamics Simulations of Ice Growth from Supercooled Water. Mol. Phys. 2005, 103, 2957.

[293] Ikeda-Fukazawa T, Kawamura K. Molecular-Dynamics Studies of Surface of Ice Ih. J. Chem. Phys. 2004, 120, 1395.

[294] Conde MM, Vega C, Patrykiejew A. The Thickness of a Liquid Layer on the Free Surface of Ice as Obtained from Computer Simulation. J. Chem. Phys. 2008, 129, 014702.

[295] Watkins M, Pan D, Wang EG, et al. Large Variation of Vacancy FormationEnergies in the Surface of Crystalline Ice. Nat. Mater. 2011, 10, 794.

[296] Bishop CL, Pan D, Liu LM, et al. On Thin Ice: Surface Order and Disorderduring Pre-melting. Faraday Discuss. 2009, 141, 277.

[297] Pan D, Liu L-M, Tribello GA, et al. Surface Energy and Surface Proton Order of Ice Ih. Phys. Rev. Lett. 2008, 101, 155703.

[298] Pan D, Liu L-M, Slater B, et al. Melting the Ice: On the Relation between Melting Temperature and Size for Nanoscale Ice Crystals. ACS Nano 2011, 5, 4562.

[299] Pan D, Liu L-M, Tribello GA, et al. Surface Energy and Surface Proton Order of the Ice Ih Basal and Prism Surfaces. J. Phys. Condens. Matter 2010, 22, 074209.

[300] Buch V, Groenzin H, Li I, et al. Proton Order in the Ice Crystal Surface. Proc. Natl. Acad. Sci. U. S. A. 2008,105, 5969.

[301] Sun Z, Pan D, Xu L, et al. Role of Proton Ordering in Adsorption Preference of Polar Molecule on Ice Surface. Proc. Natl. Acad. Sci. USA. 2012, 109, 13177.

[302] Krepelová A, Newberg JT, Huthwelker T, et al. The Nature of Nitrate at the Ice Surface Studied by XPS and NEXAFS. Phys. Chem. Chem. Phys. 2010, 12, 8870.

[303] Smith JW, Lam RK, Shih O, et al. Properties of Aqueous Nitrate and Nitrite from X-ray Absorption Spectroscopy. J. Chem. Phys. 2015, 143, 084503.

[304] Starr DE, Pan D, Newberg JT, et al. Acetone Adsorption on Ice Investigated by X-ray Spectroscopy and Density Functional Theory. Phys. Chem. Chem. Phys. 2011, 13, 19988.

[305] Krepelová A, Bartels-Rausch Th, Brown MA, et al. Adsorption of Acetic Acid on Ice Studied by Ambient-Pressure XPS and Partial-Electron-Yield NEXAFS Spectroscopy at 230-240 K. J. Phys. Chem. A 2013, 117, 401.

[306] Newberg JT, Bluhm H. Adsorption of 2 - Propanol on Ice Probed by Ambient Pressure X-ray Photoelectron Spectroscopy. Phys. Chem. Chem. Phys. 2015, 17, 23554.

12

异性聚电解质混合溶液的界面相行为

12.1 导语

可再生的、生物可降解的生物聚电解质是科学家和工程师共同感兴趣的一个研究课题。这是因为这类材料不仅在理论上具有许多有意思的特点，而且在应用方面也有着与众不同的特点。在众多的这类材料中，具有正电荷的壳聚糖 CS 和负电荷的磺化木质素 LGS 组成的复合物就是这类材料中的一对典型，已经被广泛研究和应用[1-7]。

自然界中的纤维素是众所周知的最大的天然材料，但与之结构非常接近和相似的壳聚糖是仅次于纤维素的来自于自然界的第二大类，因为其主要来自于甲壳素[1-7]。壳聚糖具有 β(1→4)连接的 D-葡萄糖氨基结构[1-7]。

磺化木质素 LGS 是纸浆生产过程产生的木质素的衍生物，而木质素几乎存在于所有的植物中[5,8-11]。LGS 具有非常低的表面张力，因其分子结构同时具有疏水和亲水两种官能团使得其具有一些特别的应用[8]。

CS 和 LGS 都是生物聚电解质[8,12-15]，它们的混合物是一种新的表面活性剂[12]。由于 CS 和 LGS 各自都具有一些优点，比如它们都具有良好的生物相容性、生物可降解性、无毒性[1,8,16]，因而都得以广泛地研究和应用[1-16]。至今，这两个生物大分子已经被组合形成了复合物、[17]多层膜、[5]混合乳液、[17]复合纳米颗粒、[18,19]结构化涂层[20]和磁性复合物[21]。

考虑到 CS/LGS 复合物存在着他们本身具有的天然相对立的电荷及反应，而这种特点明显会影响到他们的应用，Fredheim 和 Christensen[17]曾经研究了 CS/LGS 复合物。他们发现这个特别的复合体系在几乎所有的 pH 环境下都是可以溶解的，但唯一不能溶解的是在 pH 等于 4.5 这个特定条件。根据文献报道还可以知道，具有相反电荷的电解质形成的混合溶液会出现一些特别的性能且完全不同于其他的混合溶液[18-20,22-30]。这是因为许多混合溶液是被其对立电荷引出的排斥力和重力所控制的[31-37]，而由相反电荷组成的这类特别体系的最主要反应力则是由引力与排斥力包括位能和静电力形成的[22-24]。

考虑到 CS/LGS 复合物的形成过程本身就是一个有意义的科学与应用研究课题，而这个过程一定会受到许多因素的影响，但报道甚少，所以本章主要介绍这个复合物体系形成过程的动态界面相行为。

12.2 壳聚糖/磺化木质素混合溶液的界面动态相行为

将纯的 CS 和 LGS 溶液分别进行制备，且各自的浓度都设定为 2 mg/ml[5,6]，可以直观地发现刚制备的 CS 纯溶液是无色的，而 LGS 纯溶液则是深褐色的。在准备 CS/LGS 混合溶液的过程（25℃，pH=4.1[5,19]）中会出现非常有意思的现象，因为使褐色的 LGS 纯溶液慢慢流进无色的 CS 纯溶液时[17]发现这个过程会形成具有明显层状特点的 CS/LGS 混合溶液，反之则不会出现这个现象。

按照 Wills 等的方法[37]，图 12－1 显示了一系列刚准备好的 CS/LGS 混合溶液的照片。

由图 12－1 可以知道，刚准备好的 CS/LGS 静态混合溶液具有明显的界面行为，其中的层高度直接与混合的比例相关。其中，纯的 LGS 溶液位于最右面，颜色均一说明溶解的很好、形成的溶液很均匀。对混合溶液而言，它们的顶部有一层非常薄的深褐色层，显然是由 LGS 中的不溶解物质组成，这是因为 LGS 的制备过程一般都不可避免的含有一些不能溶解的低密度物质[5-11]。从图 12－1 还可以发现非常有意思的是 CS/LGS 静态混合溶液都是将褐色的 LGS 溶液置于上部，无色透明的 CS 溶液置于底部。显然，这个特别的界面行为第一次告诉我们具有对立电荷的聚电解质混合溶液是可以呈现可控界面的。根据图 12－1 给出的明显的界面边界还可以知道，这个 CS 和 LGS 溶液形成的混合溶液体系可以具有相对稳定的界面。

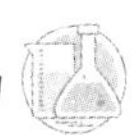

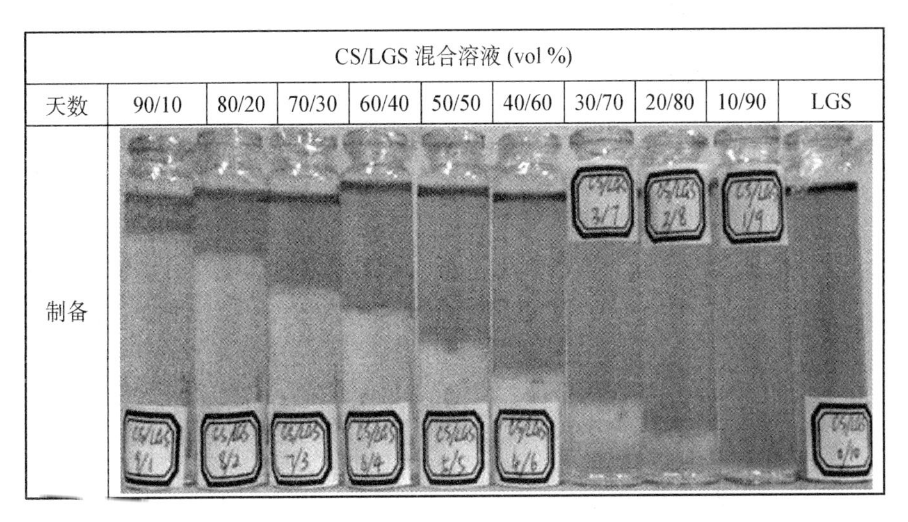

CS/LGS 混合溶液 (vol %)										
天数	90/10	80/20	70/30	60/40	50/50	40/60	30/70	20/80	10/90	LGS
制备										

图 12-1 刚混合 300 s 的一系列混合比例不同的 CS/LGS 混合溶液照片

换言之，在混合初期，比如 300 s 内，CS 和 LGS 溶液的混合过程没有发生较大的静电反应，这也与文献所报道的一致[28]。这个界面现象也说明了这个混合过程是由重力主导的，而缓慢的流入过程不仅避免了相对立的电荷进行激烈的反应，也使这些电荷各自保持了稳定状态。

图 12-1 反映的界面层高度与混合比例之间的关系也类似于 Al-Rashed 等人的发现[19]。这进一步说明这个界面行为是由溶液的密度和表面张力所控制的，而表面张力相对低的溶液将保持在混合溶液的上部。事实上，在这两个纯溶液中，LGS 溶液的表面张力确实比 CS 溶液低[7,38]。

一般认为，影响聚电解质混合溶液反应和稳定性的因素主要有密度、高分子链的柔韧性与构型、疏水性、聚合度、聚电解质的反电荷离子特性等[39]。根据 Ninham 的研究[39]，两个具有对立电荷的聚电解质开始反应时会有一个复合过程，其中这些对立的电荷会出现很强的静电诱导的合作与关联。由此可知，应用电导方法可以动态测试这个混合过程，因为电导值可以直接描述聚电解质[39]。

在混合初期的 1 h 内，电导测试反映了这个过程的动态变化。图 12-2(a)反映的是静态混合过程这个系列的混合溶液的电导值随混合时间而发生的变化，可以发现最初的混合过程电导是没有变化的，即没有发生强烈的静电反应，而随着混合时间在 320 s 左右时电导会突然的快速增加并迅速达到峰值，说明静电反应是在混合进行到一定程度发生质变后才开始快速进行的。

从图 12－2 也可以知道，剧烈的静电反应发生时间是很短的，因为所有混合溶液在混合一定时间后都出现了稳定不变的电导值，比如从 2 500 s 到 1 h 内都是同样不变的电导值。由图 12－2(a)还可以知道，当混合溶液中含有较多的 LGS 溶液时，其电导值也是相应的较大的，意味着 LGS 在这个混合溶液体系中有控制混合过程的能力，如控制静电反应的时间、程度等。事实上，这类混合溶液最后呈现的稳定性也说明其是由 LGS 浓度所控制的。当然，这是因为 LGS 电荷具有较 CS 电荷更大的电导[4,40]。这个结论也可以由图 12－2(b)得到证明。这说明在这个混合溶液体系的形成过程中，LGS 溶液有着绝对的主导作用。

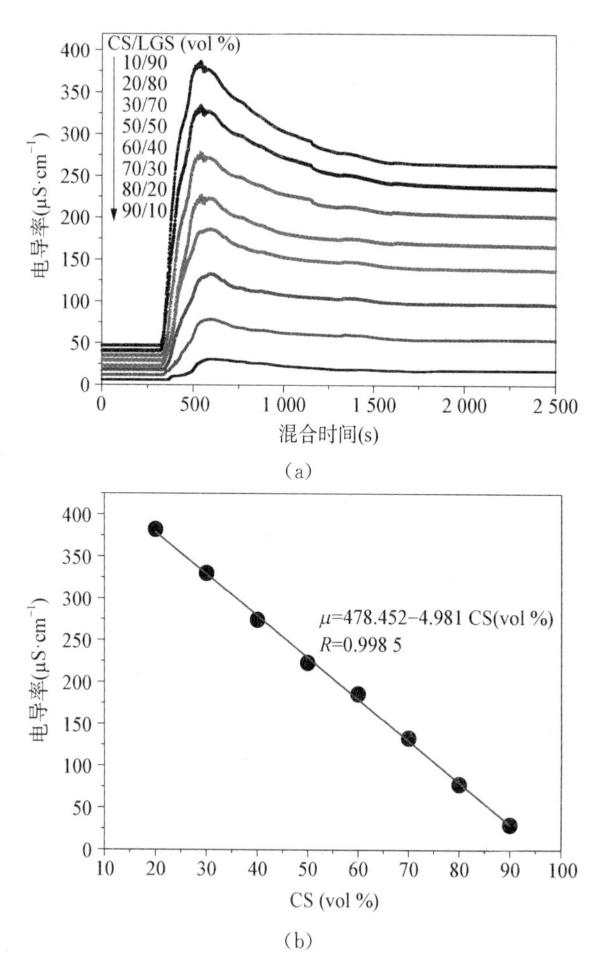

CS/LGS 混合溶液的静态混合过程电导值与混合时间之间的关系(a)，
及电导峰值与混合溶液的 CS 百分比浓度之间的关系(b)

图 12－2　混合溶液过程电导测试动态变化示意图

根据图 12-2(a)，这个混合溶液体系的混合过程有三个阶段，第一个是 0～300 秒段的引导期，此时静电反应基本上没有发生，至少是没有激烈发生。第二阶段是以电导增加到恢复到下一个稳定值为代表的，大致时间在 1 700～1 800 s，这个阶段静电反应是迅速激烈的发生而后又迅速地降低，可以认为此时具有对立电荷的 CS 和 LGS 分子的伸缩有明显增加[15]。在第三阶段，也即最后的阶段，对应的时间是在 1 800 s 之后，此时电导值达到一个新的稳定值，意味着对立电荷的 CS 和 LGS 之间的静电反应基本结束并达到了一个新的平衡状态，这说明 CS/LGS 混合溶液形成了一个新的稳定的界面。因此，图 12-2(a)反映了一个真实的、动态的 CS 和 LGS 溶液形成混合溶液的过程。

必须指出的是，由于纯的 LGS 水溶液的电导值被文献报道是在 10 372 μs/cm[40]，而图 12-2 给出的电导值都小于此值，即使是图中的混合溶液中含有 90%的 LGS。这说明 CS 的离子具有相当强大的中和作用，并已经使得大部分 LGS 离子在这个静态混合过程得到中和[39]。

由图 12-2(b)可知，混合溶液的峰值电导与混合溶液中的 CS 含量之间是一种非常好的线性关系。这个发现实际上说明了 LGS 的两性特征不仅导致了混合过程的 π-π 反应[40]，而且进一步导致了 CS 的阳离子-π 键之间的反应[41]，类似于一个纯的电子的吸附过程[42]。

图 12-3 给出了 CS/LGS 系列混合溶液在静态混合 3 天、12 天和 15 天后的照片。与图 12-2 比较可以明显发现这些混合溶液的界面有了新的变化，其中大部分出现了三层两界面的行为。这个发现事实上也印证了图 12-2(a)的电导值变化规律。

由于 CS 和 LGS 溶液混合过程存在着不可避免的由对立电荷导致的静电反应，而且由图 12-2 知道发生在混合过程进展到一定时间后，所以图 12-3 显示的界面相行为是可以理解的。因此，可以从图 12-3 给出的界面变化，比如从清晰到模糊，再到半清晰可以直观的动态知道混合过程的界面行为。根据图 12-3 可以基本知道，CS 和 LGS 溶液的静态混合过程是由位于上层的 LGS 溶液在重力作用下向下层 CS 溶液进行渗透和扩散的过程，而这个过程的静电反应程度是伴随着渗透与扩散程度而同步进展的。而图 12-2 就是对这些过程步骤的一个动态描述。

图 12-3 说明混合溶液在混合几天后出现的三层两界面现象与含 LGS

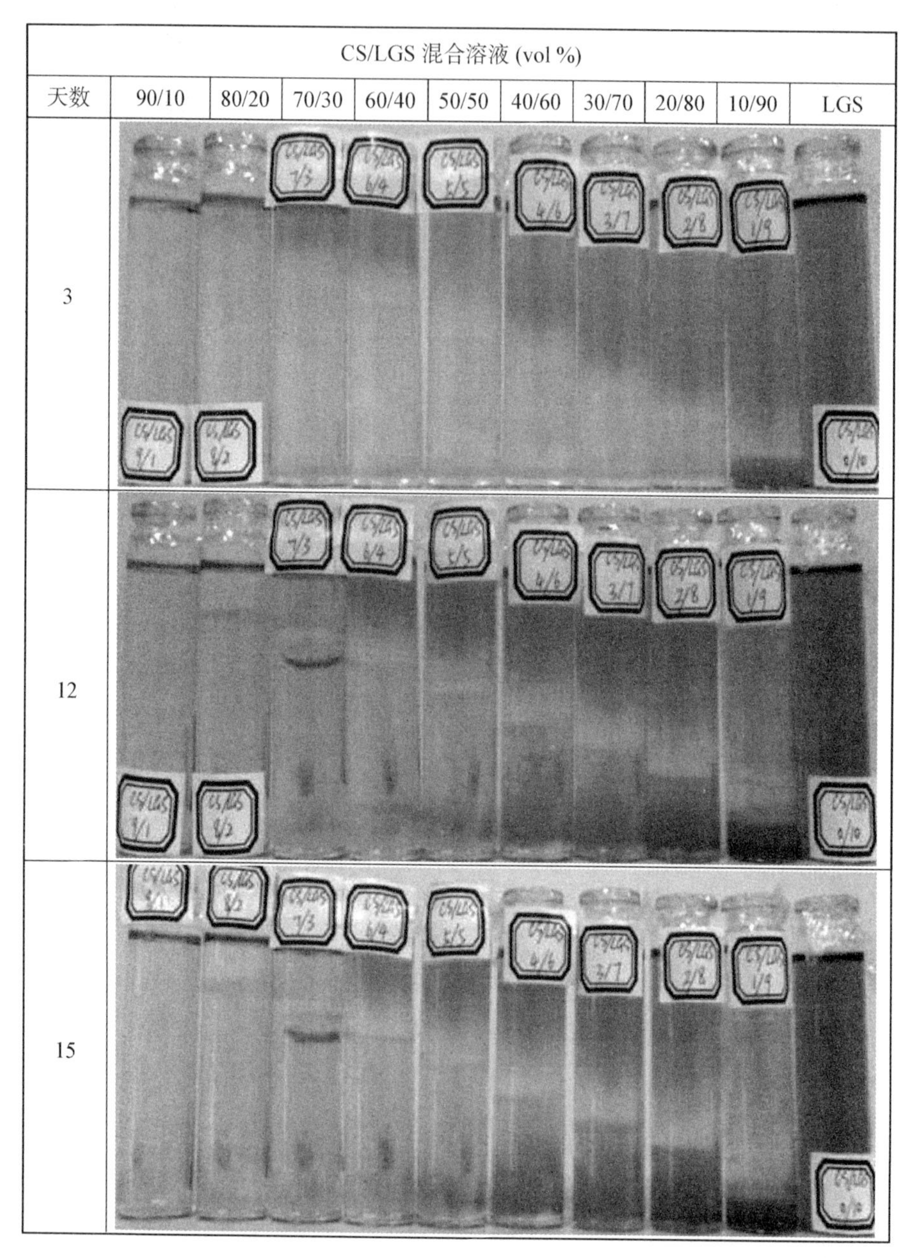

图 12-3　CS/LGS 系列混合溶液在经过静态混合 3 天、12 天和 15 天后的照片

溶液的量不仅有关，而且关系密。比如，混合进展到第 3 天后，含 90％LGS 的混合溶液有明显的三层，其中非常明显的是无色的 CS 层是位于中间层，

形成一个三明治结构。但其中的其他两个界面边界都是比较模糊的,这说明CS和LGS离子在这两个界面的反应还在进行中。在这些具有三层两界面的混合溶液中,位于底层的颜色都是深褐色的,且明显深于纯LGS溶液(图12-1)。这意味着这个层是由CS/LGS复合物形成的聚集体形成的。换言之,CS/LGS形成的聚集体具有比LGS更深的褐色。

比较可以发现,上述混合溶液的两个界面边界的清晰度是不一样的,因为位于CS层上面的界面边界较CS层下面的界面明显更模糊,即使是经过12天或者15天后也是可以直观发现的(图12-3)。

上述界面行为说明静电反应发生在不同层的界面是不一样的,这个反应的激烈程度是上面界面比下面界面强烈。这也意味着最底层的形成物是CS/LGS聚集体,所以缺乏再溶解、再发生反应的能力。换言之,CS/LGS聚集体具有比较稳定的结构,不易被破坏。显然,这个发现对应用这对混合材料是有借鉴意义的。

事实上,两个界面的比较也说明了在静态混合过程中发生的静电反应是随着渗透和扩散同步进行的,是由重力主导自上而下发生的。在这个例子中,由于LGS溶液的低表面张力特征使得其自然而然的位于上层,所以其分子是逐渐的与位于下层的CS分子发生静电反应的,如图12-2所示的动态过程。

根据图12-3,CS/LGS混合溶液的比例将影响形成的CS/LGS复合物的结构。这是因为在三层中形成了两种复合物,且呈现出不同的颜色。比如,位于最底层的深褐色物质明显是CS/LGS聚集体,位于中间的具有淡褐色的应该是另外一种CS/LGS复合物,如悬浮物。根据这个三层现象与混合天数之间的关系,可以基本假设这个CS/LGS复合物是一种复合胶束。这个假设是有理由的,因为图12-3也实际反映了底层物质的颜色是随CS的浓度增加而逐步淡化的。这其实就说明了在CS/LGS复合物中,CS浓度主导了胶束结构的形成,而LGS浓度则主导了聚集体结构的形成。

由此可知,CS/LGS混合溶液将随着混合比例的变化而形成两种不同的复合物,一种是LGS浓度高形成的复合聚集体,另一种是CS浓度高形成的复合胶束。由于CS/LGS复合物具有一些应用[17-20],所以这个发现必定会有利于这类材料的应用拓展。事实上,图12-3揭示的正是这个说法,因为CS浓度高的混合溶液确实在底层没有形成深褐色物质，只能说明形成的是胶束。

由于含90% CS的混合溶液只显示了一个相，但它的颜色又不是纯CS那种无色状态而是一种均匀的淡黄(图12-3)，这说明这个混合溶液中的10%LGS与90% CS进行了比较完整的反应，没有产生可沉淀的聚集体，而是产生了均匀的胶束。换言之，控制CS与LGS的比例是一个可以有效调控制备CS/LGS复合物结构的参数。反观具有10%CS的混合溶液，图12-3明显指出这个比例形成的混合溶液将保持三相两界面的行为，其中不同的相里会具有不同的CS/LGS复合物结构，如底层具有CS/LGS复合聚集体，上面两层里会具有CS/LGS复合胶束。

这些发现其实非常有意义，这不仅在于这些现象是首次被发现，还在于其可能的可控应用方面，尤其是重力驱使的可控静电反应，对具有对立电荷的聚电解质体系有着特别的研究和应用需求。比较文献报道的相转移现象[26-28,33-37]，可以知道图12-2和图12-3给出的相行为是一种非常直观的动态相行为，其中电导方法更是直观描述了CS/LGS混合溶液的形成过程。

从图12-3还可以发现，混合12天与15天后的溶液似乎没有明显的变化，比如，LGS浓度高的混合溶液具有三相行为说明这种比例体系可以形成稳定的三相结构。根据混合15天后的相行为(图12-3)，纯LGS溶液始终保持它原始的均匀黄色，说明这个溶液是非常稳定的。这其实揭示了一个事实，即LGS的溶解是非常容易的、形成的溶液是很均匀的。一旦与CS进行混合，具有不同电荷的CS分子将渗透、扩散进入LGS溶液形成CS/LGS复合物，但这类复合物的结构是可控的，可以简单地通过两者的混合比例进行调控。

根据图12-2和图12-3，CS/LGS复合聚集体是沉淀的具有深褐色，而CS/LGS复合胶束是非沉淀的具有淡黄色。

为了进一步知道混合15天后CS/LGS混合溶液里面形成的复合物情况，图12-4给出了两种不同比例的混合溶液的粒径测试结果。比较可知，在CS浓度高的混合溶液里形成的胶束的尺寸基本在200 nm左右[图12-4(a)]，而在LGS浓度高的混合溶液里形成的沉淀聚集体的尺寸基本上在1 285 nm左右[图12-4(b)]。

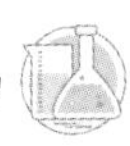

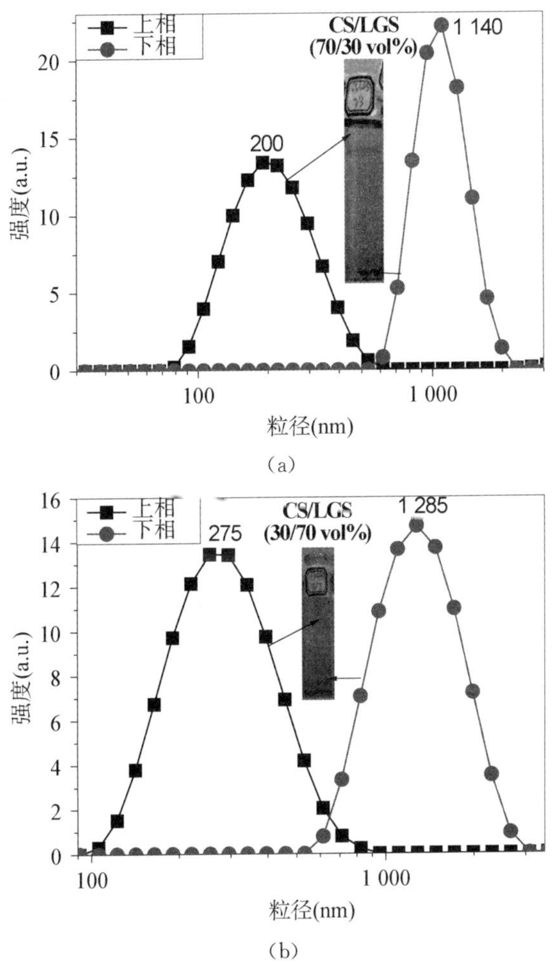

图 12-4 混合 15 天后的两种 CS/LGS 混合溶液[(a)70/30%；(b)30/70%]的粒径分析与分布

事实上，粒径分析的结果再次说明 CS/LGS 混合溶液的相行为和形成过程是可以调控的，其中形成的复合物结构也是可以调控的。值得一提的是，上述胶束的尺寸与 Ninham[39] 和 Al-Rashed 等[19] 报道的结果是一致的。根据 Al-Rashed 等的报道[19]，CS/LGS 复合物的尺寸与浓度有关并从纳米尺寸变化为微米尺寸。对于 CS 浓度高的混合溶液，CS 和 LGS 分子可以形成离子键并导致复合物的尺寸发生变化；对于 CS 浓度低的混合溶液，其中的 CS 和 LGS 分子形成的复合物尺寸与混合时间有着直接的关系，其中涉及分子链的缠结[19]。

基于上述研究的结果，可以基本上知道 CS 与 LGS 形成混合溶液的过程存在着两种机理，分别对应于CS浓度高或LGS浓度高的不同情况。也即是比例不同所对应的两种形成机制。对于CS浓度高的情况，这个混合机理是CS分子将LGS分子包起来形成胶束，而在LGS浓度大的条件下则相反，但形成的复合物是沉淀的聚集体如图12-5(a)所示。

在图12-5中，混合溶液里含有少量LGS时，LGS将扮演表面活性剂的角色并利用其亲水基团与CS分子进行反应形成尺寸小的胶束；在CS量少的体系中，大量的LGS分子不仅可以完全与CS分子发生反应，而且还可以将两者的复合物进行完全包覆使得复合物表现为颜色深的大尺寸的聚集体沉淀物。

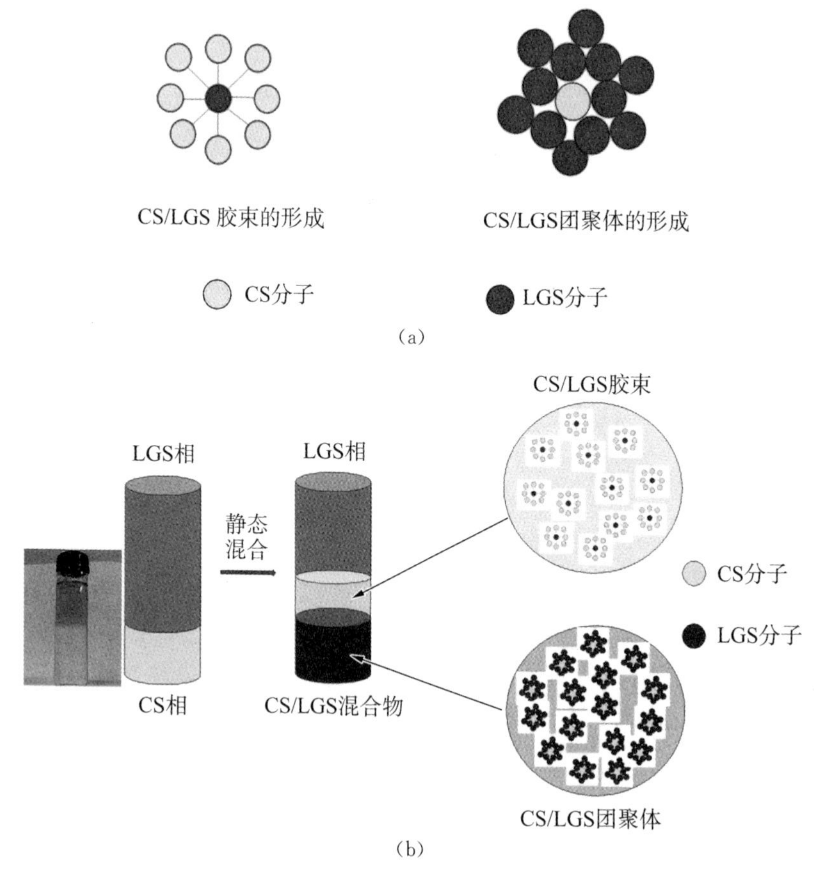

当CS和LGS浓度分别高时出现两种不同的复合机制(a)，对LGS浓度高的混合溶液，其形成三层两界面(b)

图12-5　CS/LGS混合溶液的混合机制

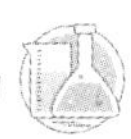

必须指出，在静态混合过程中，电荷度将是一个重要的影响因素，如图12-5所揭示的那样。因此，在这类对立电荷的混合体系中，最简单的控制方法就是通过浓度的改变影响排斥力和重力主导的混合体系[28,43]。

12.3 小结

通过研究CS/LGS混合溶液在静态状态下的混合过程相行为，可以知道对立电荷的溶液体系在混合过程会出现相变化。对所研究的CS/LGS混合溶液体系，它们的初始状态是两层结构，但随着混合时间的延长，这个两相会逐渐变成三层结构或三相结构。而且，改变不同电荷物资的浓度，这类混合体系还会出现悬浮的胶束或沉淀的聚集体两种不同的结构复合物。

不同电荷的混合溶液体系因比例不同而出现不同反应机埋和所形成的新复合物对新材料的研制是非常有益的，而上述的实际研究例子和结果对应用CS和LGS也是具有直接借鉴意义的[44]。

参考文献

[1] Jolles P, Muzzarelli RAA. Eds. Chitin and Chitinases, Birkhauser Verlag, Basel, Switzerland, 1999.

[2] Yang Q, Dou FD, Liang BR, et al. Studies of cross-linking reaction on chitosan fiber with glyoxal, Carbohydr. Polym. 2005, 59, 205-210.

[3] Yang Q, Dou FD, Liang BR, et al. Investigations of the effects of glyoxal cross-linking on the structure and properties of chitosan fiber, Carbohydr. Polym. 2005, 61, 393-398.

[4] Shao W, Ding HG, Wang X, et al. Surface Properties of Chitosan and the Influence of Degree of Deacetylation and Degree of Polymerization, J. Cellu Sci Technol, 2006, 14(1), 35-40.

[5] Tao H, Shen Q, Ye F, et al. Structure and Properties of Layer-by-Layer Self-Assembled Chitosan/Lignosulfonate Multilayer Film, Mater. Sci. Eng. C, 2012, 32, 2001-2006.

[6] Ye JR, Chen L, Zhang Y, et al. Turning the Chitosan Surface From Hydrophilic to Hydrophobic via Layer-by-Layer Electro-Assembly, RSC Adv. 2014, 4, 58200-58203.

[7] Chen L, Ye JR, Shen Q. Formation of Chitosan Film with Controlled and

Enhanced Hydrophilicity by Layer-by-Layer Electro-Assembly, Mater Sci Eng C. 2015, 56, 518 - 521.

[8] Shen Q, Zhang T, Zhu MF. A Comparison of the Surface Properties of Lignin and Sulfonated Lignins by FTIR Spectroscopy and Wicking Technique, Coll. Surf. A. 2008, 320, 57 - 60.

[9] Dong JQ, Shen Q. Enhancement in Solubility and Conductivity of Polyaniline with Lignosulfonate Modified Carbon Nanotube, J Polym. Sci. B. 2009, 47, 2036 - 2046.

[10] Dong JQ, Shen Q. Comparison of the Properties of Polyaniline Doped by Lignosulfonates with Three Different Ions, J. Appl. Polym. Sci. 2012, 126(S1), E10 - E16.

[11] Li LL, Gu ZJ, Chen L, et al. Fabrication and Characterization of Urchin-Like Polyaniline Microspheres Using Lignosulfonate as Template, Mater Sci in Semicond Processing. 2015, 35, 34 - 37.

[12] Rana D, Neale GH, Hornof V. Surface tension of mixed surfactant systems: lignosulfonate and sodium dodecyl sulfate, Colloid Polym. Sci. 2002, 280, 775 - 778.

[13] Liu Y, Gao L, Sun J. Noncovalent Functionalization of Carbon Nanotubes with Sodium Lignosulfonate and Subsequent Quantum Dot Decoration. J. Phys. Chem. C. 2007, 111, 1223 - 1229.

[14] Qiu X, Yan M, Yang D, et al. Effect of straight-chain alcohols on the physicochemical properties of calcium lignosulfonate, J. Colloid Interface Sci. 2009, 338, 151 - 155.

[15] Jiang LH, Shen Q. Effect of electric-wetting on the surface free energy of cellulose and chitosan, J. Solid State Electrochem. 2018, 22, 3311 - 3315.

[16] Lauten R, Myrvold B, Gundersen S. In: Surfactants from Renewable Sources; Kjellin, M., Johansson, I., Eds.; John Wiley & Sons: Chichester, 2010, Chapter 14.

[17] Fredheim GE, Christensen BE. Polyelectrolyte Complexes: Interactions Between Lignosulfonate and Chitosan. Biomacromolecules 2003, 4, 232 - 239.

[18] Nguyen MH, Hwang IC, Park HJ. Enhanced Photoprotection for Photo-Labile Compounds Using Double-Layer Coated Corn Oil-Nanoemulsions With Chitosan and Lignosulfonate, J. Photochem. Photobiology B. 2013,

125, 194 - 201.

[19] Al-Rashed MM, Niknezhad S, Jana SC. Mechanism and Factors Influencing Formation and Stability of Chitosan/Lignosulfonate Nanoparticles, Macromol. Chem. Phys. 2019, 220, 1800338.

[20] Kim S, Fernandes MM, Matama T, et al. Chitosan-lignosulfonates sonochemically prepared nanoparticles: Characterisation and potential applications, Coll SurfB. 2013, 103, 1 - 8.

[21] Pan Y, Zhan J, Pan H, et al. Effect of Fully Biobased Coatings Constructed via Layer-by-Layer Assembly of Chitosan and Lignosulfonate on the Thermal, Flame Retardant, and Mechanical Properties of Flexible Polyurethane Foam, ACS Sustainable Chem. Eng. 2016, 4, 1431-1438.

[22] Abraham T, Glasson S. Interactions of partially screened polyelectrolyte layers with oppositely charged surfactant in confined environment, Colloids Surf. A 2001, 180, 103 - 110.

[23] Bremmell KE, Jameson GJ, Biggs S. Forces between surfaces in the presence of a cationic polyelectrolyte and an anionic surfactant, Colloids Surf. A 1999, 155, 1 - 10.

[24] Gundersen SA, Ese MH, Sjoblom J. Langmuir surface and interface films of lignosulfonates and Kraft lignins in the presence of electrolyte and asphaltenes: correlation to emulsion stability, Colloids Surf. A 2001, 182, 199 - 218.

[25] Lapitsky Y, Kaler EW. Formation of surfactant and polyelectrolyte gel particles in aqueous solutions, Colloids Surf. A 2004, 250, 179 - 187.

[26] Hansson P. Interaction between polyelectrolyte gels and surfactants of opposite charge, Curr. Opin. Colloid Interface Sci. 2006, 11, 351 - 362.

[27] Petzold G, Dutschk V, Mendea M, et al. Interaction of cationic surfactant and anionic polyelectrolytes in mixed aqueous solutions, Colloids Surf. A 2008, 319, 43 - 50.

[28] Bain CD, Claesson PM, Langevin D, et al. Complexes of surfactants with oppositely charged polymers at surfaces and in bulk. Adv. Colloid Interface Sci. 2010, 155, 32 - 49.

[29] Chen Y, Lapitsky Y. Interactions of anionic surfactants with cationic polyelectrolyte gels: Competitive binding and application in separation processes, Colloids Surf. A 2010, 372, 196 - 203.

[30] Zeng W, Liu YG, Hu XJ, et al. Decontamination of methylene blue from

aqueous solution by magnetic chitosan lignosulfonate grafted with graphene oxide: effects of environmental conditions and surfactant, RSC Adv. 2016, 6, 19298 - 19307.

[31] Bhattacharjee S, Ko CH, Elimelech M. DLVO Interaction between Rough Surfaces, Langmuir 1998, 14, 3365 - 3375.

[32] Churaev NV. The DLVO theory in Russian colloid science, Adv. Colloid Interface Sci. 1999, 83, 19 - 32.

[33] Liang YC, Hilal N, Langston P, et al. Interaction forces between colloidal particles in liquid: Theory and experiment, Adv. Colloid Interface Sci. 2007, 134, 151 - 166.

[34] Boinovich L. DLVO forces in thin liquid films beyond the conventional DLVO theory, Curr. Opin. Colloid Interface Sci. 2010, 15, 297 - 302.

[35] Frith WJ. Mixed biopolymer aqueous solutions - phase behaviour and rheology, Adv. Colloid Interface Sci. 2010, 161, 48 - 60.

[36] Hierrezuelo J, Vaccaro A, Borkovec M. Stability of negatively charged latex particles in the presence of a strong cationic polyelectrolyte at elevated ionic strengths, J. Coll. Interface Sci. 2010, 347, 202 - 208.

[37] Wills PW, Lopez SG, Burr J, et al. Segregation in Like-Charged Polyelectrolyte-Surfactant Mixtures Can Be Precisely Tuned via Manipulation of the Surfactant Mass Ratio, Langmuir 2013, 29, 4434-4440.

[38] Notley SM, Norgren M. Adsorption of a Strong Polyelectrolyte To Model Lignin Surfaces, Biomacromolecules 2008, 9, 2081 - 2085.

[39] Ninham BW. On progress in forces since the DLVO theory, Adv. Colloid Interface Sci. 1999, 83, 1 - 17.

[40] Vincekovica M, Bujana M, Smitb I, et. al. Phase behavior in mixtures of cationic surfactant and anionic polyelectrolytes, Colloids Surf A, 2005, 255, 181 - 191.

[41] Ouyang X, Deng Y, Qian Y, et al. Adsorption Characteristics of Lignosulfonates in Salt-Free and Salt-Added Aqueous Solutions, Biomacromolecules 2011, 12, 3313 - 3320.

[42] Pillai KV, Renneckar S. Cation-π Interactions as a Mechanism in Technical Lignin Adsorption to Cationic Surfaces, Biomacromolecules 2009, 10, 798 - 782.

[43] Kizilay E, Kayitmazer AB, Dubin PL. Complexation and coacervation of

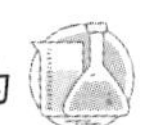

polyelectrolytes with oppositely charged colloids, Adv. Colloid Interface Sci. 2011, 167, 24 - 37.

[44] Zhang MY, Shen Q. Phase behaviors of chitosan/lignosulfonate mixedsolutions, Phase Transitions, 2021, 94, 667 - 677.

后　　记

这本书的不少章节及校对都是在疫情期间完成的，确实难以言情。

新冠病毒在 2022 年最流行的一个种类是奥密克戎，其中有一种存在形式是气溶胶，这就是一种胶体实物的形式。

自 2000 年回国后，这是我在国内写的第 6 本书了，也是第 5 本中文学术专著。

我查了一下，《现代胶体化学》一书开始写的时间是 2011 年，时间之长超过了我的 80 万字著作《分子酸碱化学》写作了 10 年的记录。其中最主要的原因是一些新的想法需要得到研究的支持及相关论文在国际上的发表以得到认可。比如，关于 Hamaker 常数的非常数行为其实是我在 20 世纪就关注的一个问题，但这方面的最新的论文是我在 2020 年才发表的。

胶体和表面化学是我攻读博士学位的主要方向，在这本书完成之际，不由自主地又使我回想起早年的留学生涯。尤其是那些教授过我相关课程的老师们，我的导师 Jarl B. Rosenholm 教授（芬兰 Abo Akademi University）、B. Lindman 教授（瑞典 Lund University）、P. Stenius 教授（芬兰 Aalto University）、K. L. Mittal 博士（Journal of Adhesion Science and Technology 主编）。

此时，我也希望借此书纪念我已故的父亲沈传庸和母亲胡佩章，是他们养育和培养了我。